普通高等教育机电类系列教材

控制工程基础

主　编　吴　涛
副主编　蔡晓明　李富玉
参　编　胡　晓　杨丛丛　周小华
　　　　李振淼　孙家辉

机械工业出版社

本教材主要面向机械类、机器人类及其他非控制专业本科生，内容包括控制的基本概念、发展历程，控制系统的动态数学模型、时域瞬态响应分析、误差分析和计算、频率特性、稳定性分析、综合与校正，以及各章相关的 MATLAB 仿真。

本教材基于二十大报告中关于“深入实施科教兴国战略、人才强国战略、创新驱动发展战略”的要求，在详细讲授基础理论知识的同时融入探索性实践内容，以增强学生的自信心和创造力，即用学科理论知识促进学生活跃思维、敢于创新，尽可能地将新思路在实践中进行创造性的转化，推动科学技术实现创新性发展。

本教材融入了智能制造和智能控制的新技术内容，可供相关领域的科技人员参考，也适应拓宽专业口径的需要，不苛求严格的数学推导，采用 MATLAB 现代仿真软件分析和设计系统，编写体系符合教学规律，好教易学，适合作为普通高等教育机电类相关专业控制工程课程的教材。

本教材为二维码新形态教材，读者可以使用手机微信扫码免费观看相关视频。同时，为了配合本教材的使用，还配有多媒体课件，选用本教材的老师，可在机工教育网（www.cmpedu.com）以教师身份注册后下载。

图书在版编目（CIP）数据

控制工程基础/吴涛主编. —北京：机械工业出版社，2021.6（2024.2 重印）

普通高等教育机电类系列教材

ISBN 978-7-111-68287-5

Ⅰ.①控…　Ⅱ.①吴…　Ⅲ.①自动控制理论-高等学校-教材　Ⅳ.①TP13

中国版本图书馆 CIP 数据核字（2021）第 097261 号

机械工业出版社（北京市百万庄大街 22 号　邮政编码 100037）
策划编辑：余　皞　责任编辑：余　皞
责任校对：李　杉　封面设计：张　静
责任印制：张　博
北京建宏印刷有限公司印刷
2024 年 2 月第 1 版第 3 次印刷
184mm×260mm · 14.75 印张 · 363 千字
标准书号：ISBN 978-7-111-68287-5
定价：44.80 元

电话服务　　　　　　　　　　网络服务
客服电话：010-88361066　　机　工　官　网：www.cmpbook.com
　　　　　010-88379833　　机　工　官　博：weibo.com/cmp1952
　　　　　010-68326294　　金　书　网：www.golden-book.com
封底无防伪标均为盗版　　　　机工教育服务网：www.cmpedu.com

前　言

控制工程基础课程已在全国各高等院校的机械类、仪器类等非控制专业普遍开设，云南省将我校本课程确定为云南省级一流本科课程，昆明理工大学机械工程专业也被确定为国家级一流本科专业，随着学科建设的发展，我们深感自身责任的加重，于是由目前在教学第一线的教师总结各自多年的教学经验着手编写了本教材。通过教材的编写也对自身过去20多年在机电控制领域的教学科研工作进行了回顾、归纳。

本教材作为一门学科基础课程教材，力求阐明机械工程控制理论的基本概念，数学模型的建立，时域、频域、稳定性的分析，系统的综合与校正。在此基础上结合最新研究热点——智能制造和智能控制，介绍当今科技发展的新方向。

本教材作为工科课程教材，始终贯彻系统性思维和反馈、修正的思想，教学中积极融入思政教育，使学生树立不断反思、改正、提升的思想，并通过该学科的奠基人钱学森的先进事迹，结合当今时代的科技发展，引导学生建立正确的工程伦理观，养成严谨的学术作风和职业道德，逐步树立科技报国的家国情怀。

工科学生注重工程实践，由于仿真技术在安全性和经济性的特殊优势，在教学过程中融入了MATLAB仿真。MATLAB作为控制工程基础教学及工程实际问题分析的重要数字仿真软件，为控制工程的学习提供了更为直观的认识，带来了极大的便利。因此，在本教材相关章节中，提供了相应的MATLAB应用实例，方便读者进一步理解该章内容。

在本教材的编写过程中，广泛参考了国内外同类教材和其他有关文献，保持并突出以下特点：

(1) 将机械运动作为主要受控对象，并对其数学模型和分析综合进行重点研究。

(2) 对自控原理基本内容表达清楚，着重基本概念的建立和解决机电控制问题的基本方法的阐明，并简化或略去了与机电工程距离较远、较艰深的严格数学推导内容。

(3) 融入现代仿真软件MATLAB的应用。

(4) 反映智能制造和智能控制的新技术和新分析方法。

本教材由昆明理工大学机电工程学院控制工程基础课程教学团队编写。其中第1章、第5章、第6章由吴涛编写，第2章由蔡晓明、李富玉、吴涛共同编写，第3章由李富玉编写，第4章由蔡晓明、胡晓编写，附录及每章中的MATLAB仿真案例由吴涛、杨丛丛、周小华、孙家辉、李振淼编写。全书由吴涛整理统稿。

本教材得到了教育部产学合作协同育人项目“基于新工科的机电控制系统设计与实践”（项目编号：201702068002），“应用型工科大学生创新创业人才培养模式研究与探索”（项目编号：201802202002）的经费资助，在此表示衷心感谢。

本教材能够得以出版，还要感谢开来科技（深圳）有限公司李昌奎总经理，比亚迪股份有限公司张文杰工程师的大力帮助。感谢北京科技大学郭啸老师，山东大学李世振老师，天津大学刘源老师，昆明理工大学任伟老师提出的宝贵建议。

鉴于作者水平所限，书中难免存在不足和疏漏之处，恳请广大读者不吝赐教和指正，在此表示诚挚感谢。

编　者

目 录

前言

第 1 章　绪论 …… 1

1.1　自动控制的基本概念 …… 1

1.2　自动控制的发展历史 …… 7

1.3　自动控制系统的分类 …… 16

1.4　自动控制系统的分析与设计仿真工具 …… 17

1.5　课程的主要内容及学时安排 …… 19

1.6　小结及习题 …… 20

第 2 章　控制系统的数学模型 …… 23

2.1　系统的微分方程 …… 24

2.2　系统的传递函数 …… 30

2.3　系统传递函数框图及其化简 …… 36

2.4　系统信号流图及梅森（Mason）公式 …… 47

2.5　考虑扰动的反馈控制系统的传递函数 …… 50

2.6　系统建模实例 …… 52

2.7　MATLAB 中数学模型的表示及转换 …… 55

2.8　小结及习题 …… 60

第 3 章　时间响应分析 …… 65

3.1　时间响应及其组成 …… 65

3.2　典型输入信号 …… 66

3.3　一阶系统 …… 68

3.4　二阶系统 …… 70

3.5　系统误差分析与计算 …… 81

3.6　Routh 稳定判据 …… 88

3.7　MATLAB 在线性系统的时域分析中的应用 …… 96

3.8　小结及习题 …… 104

第 4 章　频率特性分析 …… 107

4.1　频率特性概述 …… 107

4.2　频率特性的图示法 …… 110

4.3　控制系统的开环频率特性 …… 122

4.4　频率特性法分析系统稳定性 …… 127

4.5　Bode（伯德）稳定判据 …… 135

4.6　稳定裕度 …… 137

4.7　MATLAB 在频域分析中的应用 …… 139

4.8　小结及习题 …… 146

第 5 章　控制系统的综合与校正 …… 150

5.1　校正的基本概念 …… 150

5.2　性能指标 …… 152

5.3　串联校正 …… 156

5.4　基本控制规律分析 …… 163

5.5　反馈校正 …… 170

5.6　用频率法对控制系统进行综合与校正 …… 172

5.7　复合校正 …… 176

5.8　应用 MATLAB 进行系统校正 …… 177

5.9　小结及习题 …… 190

第 6 章　智能制造与智能控制 …… 193

6.1　对智能制造的认识 …… 193

6.2　智能制造核心技术 …… 195

6.3　智能控制的概念与发展 …… 199

6.4　模糊控制 …… 201

6.5　神经网络控制 …… 202

6.6　专家控制 …… 206

6.7　学习控制 …… 208

6.8　小结及习题 …… 211

附录 …… 213

参考文献 …… 229

第1章

绪　论

在人类认识世界和改造世界的过程中，自动控制思想及其工程实践随着社会的发展和科技的进步不断演进，应用也越来越广泛。近年来，自动控制技术已经渗透到人类社会的各个方面，在航空航天、军事、医学、自动化生产装备和生产线、石油化工、交通运输、机械工程、采矿、冶金、水利水电、环境保护、食品、纺织等行业都得到了极为广泛的应用，人们的生产活动乃至日常生活的各个方面几乎都受到自动控制技术的积极影响。在航空航天领域，天问一号、嫦娥探月工程、天宫空间站等，能按照预定航线自动起落和飞行的无人驾驶飞机，以及能自动攻击目标的导弹发射系统和制导系统等，都是自动控制系统的实例；在交通领域，无人驾驶汽车能精确又安全地从一个地方到达另一个地方；在日常生活中，智能家居已经广泛应用，给人们的生活带来了极大的便利；在机械加工中，数控机床或加工中心能按预先设定的工艺程序自动切削工件，从而加工出预期的几何形状。

控制理论不仅是一门重要的学科，还是一门卓越的方法论。它提出的思考、分析与解决问题的思想方法符合唯物辩证法。将控制论与机械工程结合起来，就可运用控制理论与方法分析与解决机械工程中的问题。在机械工程领域，控制工程以经典控制理论为基础，以机械工程系统为研究对象，实现应用控制理论中的基本概念和基本方法来分析、研究和解决机械工程控制问题的任务。

自动控制技术在机械工程中有广泛的应用，它能使生产过程具有高度的准确性，能有效地提高产品的性能和质量，同时节约能源和降低材料消耗；它能极大地提高劳动生产率，同时改善劳动条件，减轻人员的劳动强度。另外，控制理论的观点和思维方法向机械工程领域渗透，给机械工程注入新的活力。当前，机械工程中机电产品或机械系统的显著特点是系统控制自动化，很多典型的机械装备都广泛应用了控制理论，现代机械工程正向自动化和智能化方向发展。

1.1　自动控制的基本概念

在许多工业生产过程中或生产设备运行中，为了保证正常的工作条件，往往需要对某些物理量（如温度、压力、流量、液位、电压、位移、转速等）进行控制，使其尽量维持在某个数值附近，或使其按一定规律变化。要满足这种需要，就应该对生产机械或设备进行及时操作，以消除外界干扰的影响。这种操作通常称为控制，用人工操作称为人工控制，用自动装置来完成称为自动控制。

图 1. 1. 1a 所示是人工控制的水位系统。水池中的水位是被控制的物理量，简称被控量。水池这个设备是被控制的对象，简称被控对象。当水位在给定位置且流入量、流出量相等

时，它处于平衡状态；当流出量发生变化或水位期望值发生变化时，就需要对流入量进行必要的控制。在人工控制方式下，操作人员用肉眼观看水位情况，用脑比较水位与期望值的差异并根据经验做出决策，确定进水阀门的调节方向与幅度，然后用手操作进水阀门进行调节，最终使水位等于期望值。只要水位偏离了期望值，操作人员便要重复上述调节过程。

图 1.1.1b 所示是简单的水池水位自动控制系统。图中用浮子代替人的眼睛，来测量水位高低；另用一套杠杆机构代替人的大脑和手的功能，来进行比较、计算误差并实施控制。杠杆的一端由浮子带动，另一端则连接进水阀门。当用水量增大时，水位开始下降，浮子也随之降低，通过杠杆的作用将进水阀门开大，使水位回到期望值附近。反之，若用水量变小，则水位及浮子上升，进水阀门关小，水位自动下降到期望值附近。在整个过程中无须人工直接参与，控制过程是自动进行的。

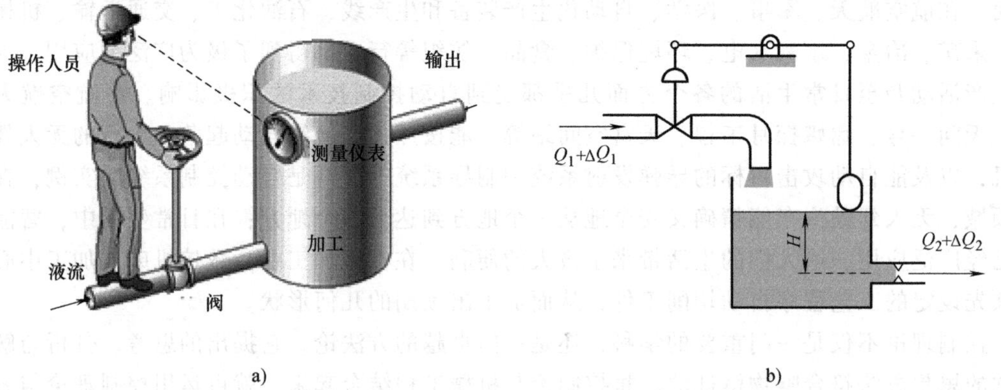

图 1.1.1　水位控制

a) 人工控制　b) 自动控制

1. 自动控制

在没有人直接参与的情况下，利用外加的设备或装置（称为控制装置或控制器），使机器、设备或生产过程（通称被控对象）的某个工作状态或参数（即被控量）自动地按照预定的规律运行称为自动控制。

图 1.1.2 所示是温度控制系统。实现恒温自动控制可以参考人工控制的过程。图 1.1.2a 所示为人工控制的恒温箱，可以通过调压器改变电阻丝的电流，以达到控制温度的目的。图 1.1.2b 所示为其控制原理及信号流向框图。图 1.1.2c 所示为加入了一个热电偶作为测温环节的电路，省去了人工测量。不论是人工测量还是仪器测量，如果没有测温环节，温度是多少不知道，控制的精度很差。增加了测温环节，则控制的误差将得到极大缩小。这个测温环节将实际的温度反作用于系统，这种将输出反作用于输入的环节称为反馈环节。有反馈环节的系统称为闭环系统，反之，则称为开环系统。

从输入到输出的信号流向通道称为前向通道或向前通道。从输出到输入的信号流向通道称为反馈通道。反馈是控制论的核心思想。工业上用的控制系统，根据有无反馈作用可分为两类。开环控制系统与闭环控制系统。

1）开环控制系统。如果系统的输出端和输入端之间不存在反馈回路，输出量对系统的控制作用没有影响，这样的系统称为开环控制系统。

2）闭环控制系统。反馈控制系统也称为闭环控制系统。这种系统的特点是系统的输出端和输入端之间存在反馈回路，即输出量对控制作用有直接影响。闭环的作用就是应用反馈来减小偏差。闭环控制突出的优点是精度高，不管出现何种干扰，只要被控量的实际值偏离期望值，闭环控制就会产生控制作用来减小这一偏差。

闭环控制系统工作的本质机理是：将系统的输出信号引回输入端，与输入信号进行比较，利用所得的偏差信号对系统进行调节，达到减小偏差或消除偏差的目的。这就是负反馈控制的原理，它是构成闭环控制系统的核心。

一般来说，开环控制系统的优点是结构比较简单，成本较低；缺点是控制精度不高，抑制干扰能力差，而且对系统参数变化比较敏感。开环控制系统一般用于可以不考虑外界影响或精度要求不高的场合。

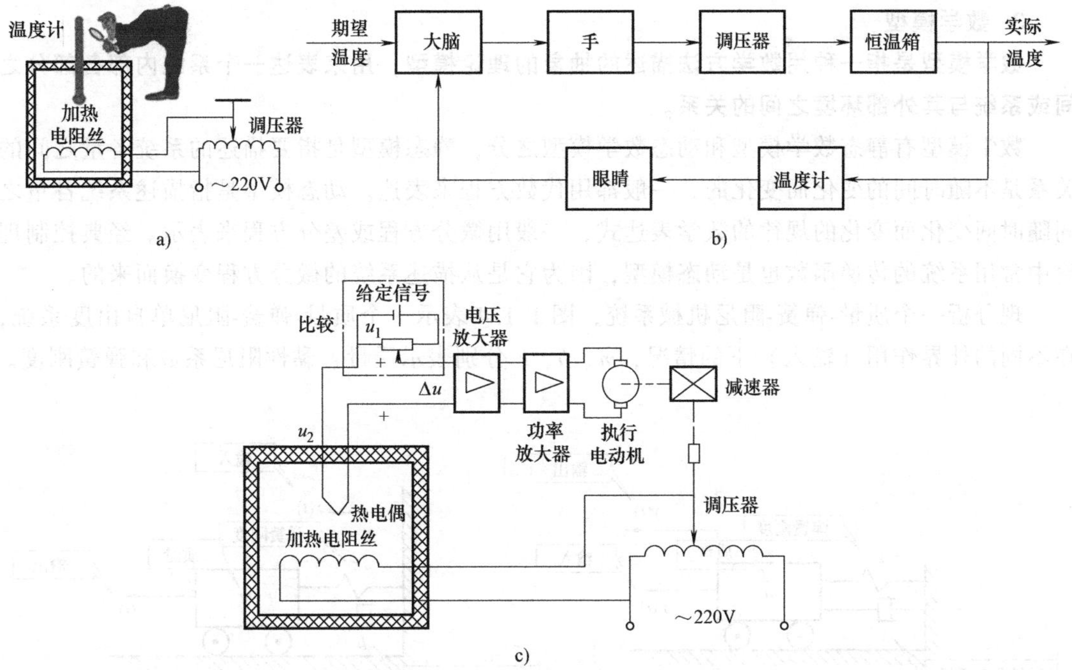

图 1.1.2 温度控制系统

a）人工控制的恒温箱 b）人工控制原理及信号流向系统框图 c）具体控制电路

2. 系统

随着工业生产及科学技术的不断发展，机械工程面临许多高精度、高速度、高压、高温的复杂问题，这就必然要涉及系统或过程的动态特性（或动力特性）、瞬态过程及具有随机过程性质的统计动力学特性等。**所谓“系统”是由相互联系、相互作用的若干部分构成，而且是有一定目的或一定运动规律的一个整体，一般是指能完成一定任务的一些部件的组合。**控制工程中所指的系统是广义的，广义系统不限于前面所指的物理系统（如一台机器），它也可以是一个过程（如切削过程、生产过程）；同时，它还可以是一些抽象的动态现象（如在人机系统中研究人的思维及动态行为），可把它们视为广义系统进行研究。机械系统是以实现一定的机械运动、输出一定的机械能，以及承受一定的机械载荷为目的的系统。对于机械系统，其输入和输出分别称为“激励”和“响应”。机械工程控制论所研究的系统是极为广泛的，这个系统可大可小，可繁可简，完全由研究的需要而定。例如，当研究机床在切削加工过程中的动力学问题时，切削加工本身可作为一个系统；当研究此台机床所加工工件的某些质量指标时，这一工件本身又可作为一个系统。图 1.1.3 所示为控制系统输入、输出与系统本身的关系。

图 1.1.3　控制系统输入、输出与系统本身的关系

3. 数学模型

数学模型是指一种用数学方法描述的抽象的理论模型，用来表达一个系统内部各部分之间或系统与其外部环境之间的关系。

数学模型有静态数学模型和动态数学模型之分，静态模型是指要描述的系统各量之间的关系是不随时间的变化而变化的，一般都用代数方程来表达。动态模型是指描述系统各量之间随时间变化而变化的规律的数学表达式，一般用微分方程或差分方程来表示。经典控制理论中常用系统的传递函数也是动态模型，因为它是从描述系统的微分方程变换而来的。

现分析一个质量-弹簧-阻尼机械系统，图 1.1.4 表示一个质量-弹簧-阻尼单自由度系统，在不同的外界作用（输入）下的情况，m、b、k 分别表示质量、黏性阻尼系数和弹簧刚度。

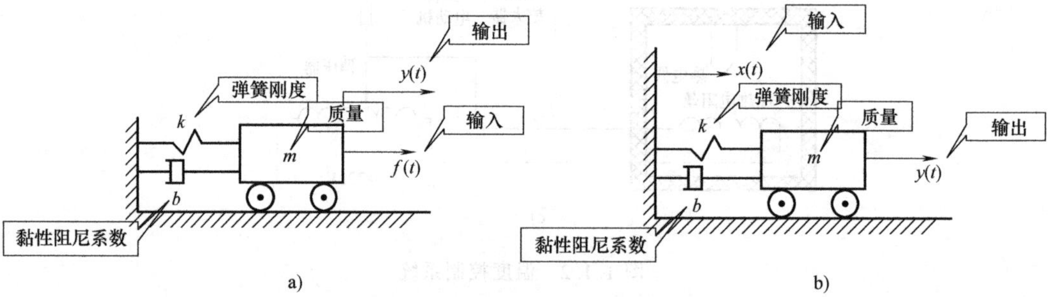

图 1.1.4　质量-弹簧-阻尼单自由度系统

对于图 1.1.4a 所示的系统，系统质量受外力 $f(t)$ 的作用，质量块位移为 $y(t)$，系统动力学方程为

$$\begin{cases} m\ddot{y}(t)+b\dot{y}(t)+ky(t)=f(t) \\ y(0)=y_0,\dot{y}(0)=\dot{y}_0 \end{cases} \tag{1.1.1}$$

对于图 1.1.4b 所示的系统，支座受位移 $x(t)$ 的作用，质量块位移为 $y(t)$，系统动力学方程为

$$\begin{cases} m\ddot{y}(t)+b\dot{y}(t)+ky(t)=b\dot{x}(t)+kx(t) \\ y(0)=y_0,\dot{y}(0)=\dot{y}_0 \end{cases} \tag{1.1.2}$$

令 $p=\mathrm{d}/\mathrm{d}t$，代入式（1.1.1）和式（1.1.2）有

$$(mp^2+bp+k)y(t)=f(t) \tag{1.1.3}$$

$$(mp^2+bp+k)y(t)=(bp+k)x(t) \tag{1.1.4}$$

初始状态：$y(0)=y_0$，$\dot{y}(0)=\dot{y}_0$。

mp^2+bp+k 分别为式（1.1.3）和式（1.1.4）左边的算子，它由系统本身的结构和参数决定，反映了与外界无关的系统本身的固有特性。

1 和 $bp+k$ 分别为式（1.1.3）和式（1.1.4）右边的算子，它反映了系统与外界的关系。$x(t)$和$f(t)$称为系统的输入或激励，它反映了系统外界的作用。$y(t)$为系统对输入的响应（系统的输出）。上式中 $y(t)$为微分方程的解，显然它是由系统的初始条件、系统的固有特性、系统的输入及系统与输入之间的关系决定。

输入的结果是改变该系统的状态，并使系统的状态不断改变，这就是力学中所说的强迫运动；而当系统的初始状态不为零时，即使没有输入，系统的状态也会不断改变，这也就是力学中所说的自由运动。因此，从使系统的状态不断发生改变这点来看，将系统的初始状态看作一种特殊的输入，即“初始输入”或“初始激励”也是十分合理的。

4. 反馈

反馈是机械工程控制理论中一个最基本、最重要的概念，是工程系统的动态模型或许多动态系统的一大特点。**一个系统的输出，部分或全部地被用于控制系统的输入，称为系统的反馈**。系统之所以有动态历程，系统及其输入、输出之间之所以有动态关系，就是由于系统本身有着信息的反馈。其实，广而言之，反馈在自然界、人类社会、人的本身、工程等方面，无不存在。

反馈分为正反馈和负反馈。负反馈减小偏差，正反馈加大偏差。必须指出，在控制系统主反馈通道中，只有采用负反馈才能达到控制的目的。若采用正反馈，将使偏差越来越大，导致系统发散而无法工作。

负反馈主要是通过输入量、输出量之间的差值作用于控制系统的其他部分。这个差值就反映了我们要求的输出和实际的输出之间的差别。控制器的控制策略是不停地减小这个差值。负反馈形成的系统，控制精度高，系统运行稳定。负反馈一般是由测量元件测得输出值后，将其送入比较元件与输入值进行比较而得到。

反馈还有内反馈和外反馈之分。在系统或过程中存在的各种自然形成的反馈，称为内反馈。它是系统内部各个元素之间相互耦合的结果。内反馈是造成机械系统存在一定的动态特性的根本原因，纷繁复杂的内反馈的存在使得机械系统变得异常复杂。读者对于机械系统中普遍存在的内反馈现象应引起足够的重视。

在自动控制系统中，为达到某种控制目的而人为加入的反馈，称为外反馈。经典控制理论中常用外反馈。

5. 机械工程控制理论的研究对象与任务

机械工程控制理论是研究机械工程中广义系统的动力学问题，即工程技术中的广义系统在一定的外界条件（输入或激励、外加控制和外加干扰）作用下，从系统的一定的初始状态出发，所经历的由其内部的固有特性（由系统的结构与参数所决定的特性）所决定的整个动态历程。研究这一系统及其输入、输出之间的动态关系。例如，在机床数控技术中，调整到一定状态的数控机床就是系统，数控指令是输入，而数控机床的运动是输出。

可以将控制系统所涉及的研究问题划分为以下几类。

1）当系统已经确定且输入已知而输出未知时，要求确定系统的输出（响应）并根据输出来分析和研究该控制系统的性能，此类问题称为**系统分析**。

2）当系统已经确定且输出已知而输入未施加时，要求确定系统的输入（控制）以使输出尽可能满足给定要求，此类问题称为**最优控制**。

3）当系统已经确定且输出已知而输入已施加但未知时，要求识别系统的输入（控制）或输入中的有关信息，此类问题称为**滤波与预测**。

4）当输入与输出已知而系统结构参数未知时，要求确定系统的结构与参数，即建立系统的数学模型，此类问题称为**系统辨识**。

5）当输入与输出已知而系统尚未构建时，要求设计系统使系统在该输入条件下尽可能符合给定的最佳要求，此类问题称为**最优设计**。

从本质上来看，问题1是已知系统和输入求输出；问题2和3是已知系统和输出求输入；问题4与5是已知输入和输出求系统。

6. 环节

我们前面分析了水位控制和温度控制系统，虽然组成的元件不同，但在控制系统中所起的作用类似，具体可以归纳为以下几个环节，如图1.1.5所示。

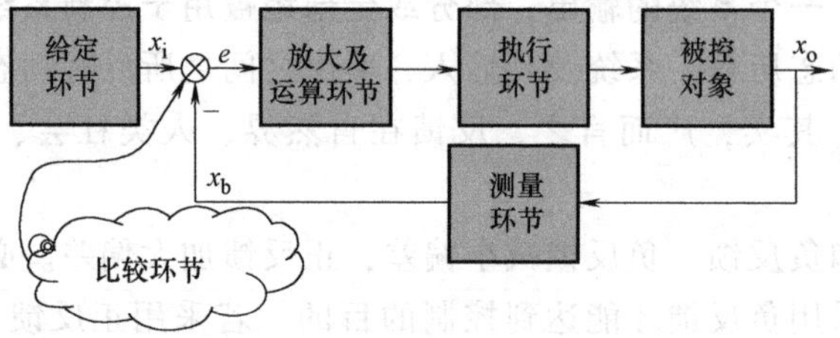

图1.1.5　闭环反馈控制系统组成

1）**测量环节**。它测量被控量或输出量，产生反馈信号，该信号与输出量存在确定的函数关系（通常为比例关系），如浮球、热电偶等。

2）**给定环节**。主要用于产生给定信号或输入信号。

3）**比较环节**。用来比较输入信号和反馈信号之间的偏差。可以是一个差接的电路，它往往不是一个专门的物理元件，如运算放大器、自整角机、旋转变压器、机械式差动装置、单片机的输入口都是物理比较元件。

4）**放大及运算环节**。对偏差信号进行放大和功率放大的元件，如伺服功率放大器、电液伺服阀等。

5）**执行环节**。直接对控制对象进行操作的元件，如执行电动机、液压马达等。

6）**被控对象**。控制系统所要操纵的对象，它的输出量即为系统的被控量，如水箱、机床工作台等。

此外，有的反馈控制系统还含有校正环节，或称校正装置，用以稳定、提高控制系统性能。

7. 自动控制系统的要求

自动控制系统根据其控制目标的不同，要求也往往不一样。评价一个控制系统的好坏，其指标是多种多样的。但自动控制技术是研究各类控制系统共同规律的一门技术，对控制系统有一个共同的要求，一般可归结为稳定性、准确性与快速性三个方面。

1）**稳定性**。它是指系统在受到外界扰动作用时，系统的输出将偏离平衡位置，在这个扰动作用去除后，系统恢复到原来的平衡状态或者趋于一个新的平衡状态的能力。由于系统存在惯性，系统的各个参数匹配不妥将会引起系统的振荡，从而使系统失去正常工作的能力。稳定性就是指动态过程的振荡倾向和系统恢复平衡状态的能力，**稳定性是系统工作的首要条件**。

2）**准确性**。这是指在调整过程结束后输出量与输入量之间的偏差，也称为静态精度或稳态精度，通常以稳态误差来表示，这也是衡量系统工作性能的重要指标。例如，数控机床精度越高，加工精度也越高，而一般恒温和恒速系统的控制精度都很高。

3）**快速性**。这是在系统稳定的前提下提出的，快速性是指当系统输出量与输入量之间产生偏差时，消除这种偏差过程的快速程度。

综上所述，对控制系统的基本要求是在稳定的前提下，系统要准和快。由于受控对象的具体情况不同，各种系统对稳、准、快的要求各有侧重。例如，随动系统对快速性要求较高，而调速系统则对稳定性提出较严格的要求。同一系统的稳、准、快是相互制约的，快速性好，可能会有强烈振荡；改善稳定性，控制过程可能又过于迟缓，精度也可能变差。例如，对于机械动力学系统的要求，首要的也是稳定性，因为过大的振荡将会使部件过载而损坏，此外还要降低噪声、增加刚度等。

1.2 自动控制的发展历史

自动控制思想及其工程实践历史悠久。它是在人类认识世界和改造世界的过程中产生的，并随着社会的发展和科学水平的进步而不断发展。概括地说，控制理论发展经过了三个阶段。

第一阶段是20世纪40年代末到50年代的经典控制理论时期，着重研究单机自动化，解决单输入单输出（Single Input Single Output，SISO）系统的控制问题；它的主要数学工具是微分方程、拉普拉斯变换和传递函数；它的主要研究方法是时域法、频域法和根轨迹法；它的主要问题是控制系统的快速性、稳定性及其精度。

第二阶段是20世纪60年代的现代控制理论时期，着重解决自动化和生物系统的多输入多输出（Multi-input Multi-output，MIMO）系统的控制问题；它的主要数学工具是一次微分方程组、矩阵论、状态空间法等；其主要方法是变分法、极大值原理、动态规划等；其重点是最优控制和自适应控制，能处理时变、非线性等复杂的问题；它的核心控制装置是电子计算机。

第三阶段是20世纪70年代末至今。这个时期控制理论向着“大系统理论”和“智能控制”方向发展，前者是控制理论在广度上的开拓，后者是控制理论在深度上的挖掘，着重解决生物系统、社会系统、复杂工业过程和航空航天技术等的多变量大系统的综合自动化问题。

1. 经典控制理论

早在公元前300年，古希腊就运用反馈控制原理设计了浮子调节器，并应用于水钟和油灯中。上面的蓄水池提供水源，中间蓄水池浮动水塞保证恒定水位，以确保其流出的水滴速度均匀，从而保证下面水池中带有指针的浮子均匀上升，并指示时间信息。同样，我国古代先后发明了铜壶滴漏计时器（见图 1.2.1）、指南车（见图 1.2.2）等控制装置。《天工开物》记载有程序控制思想（Computerized Numerical Control，CNC）的提花织机（1637 年）（见图 1.2.3）。这些发明促进了当时社会经济的发展。自动控制的真正应用开始于工业革命时期。首次应用于工业的自动控制器是瓦特（J. Watt）为控制蒸汽机转速设计的飞球调速器（见图 1.2.4）。

控制理论的形成远比控制技术的应用要晚，直到离心调速器在蒸汽机转速控制上得到普遍应用，才开始出现研究控制理论的需要。

1868 年以前，自动控制装置和系统的设计还处于直觉阶段，没有系统的理论指导，因此在控制系统各项性能的协调控制方面经常出现问题。19 世纪后半叶，许多科学家基于数学理论开始进行自动控制理论的研究，并对控制系统的性能改善产生了积极的影响。

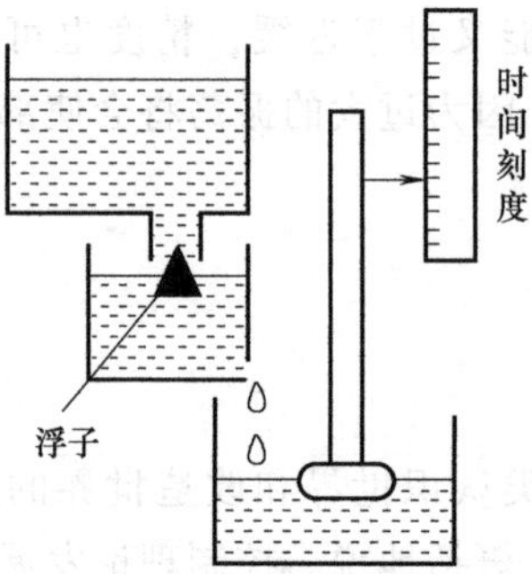

图 1.2.1　铜壶滴漏计时器

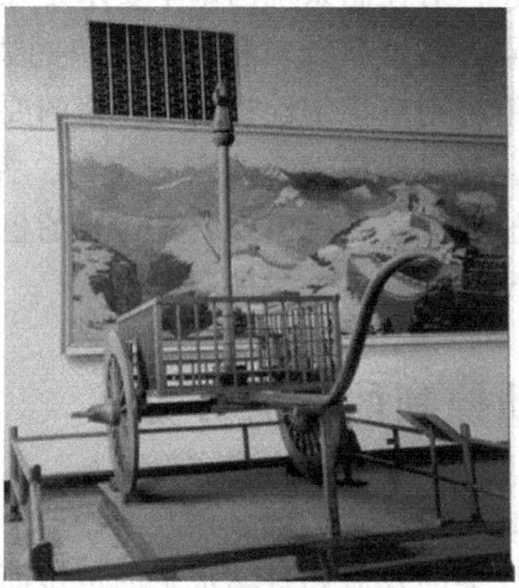
图 1.2.2　指南车

图 1.2.3　提花织机

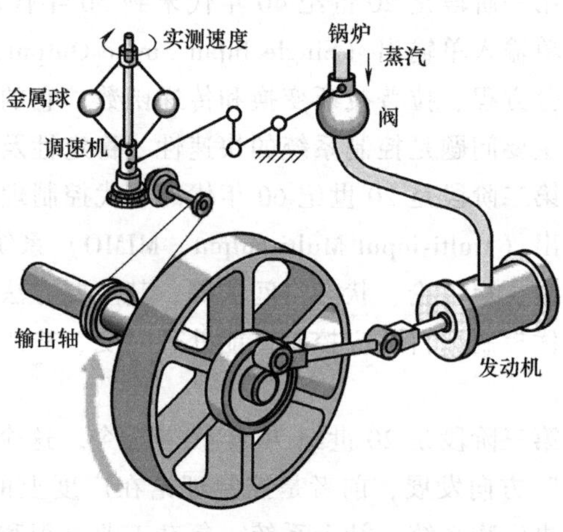

图 1.2.4　飞球调速器

1868 年，英国物理学家麦克斯韦（J. C. Maxwell）通过对调速系统线性常微分方程的建立和分析，解释了瓦特蒸汽机控制系统中的不稳定问题，并提出了稳定性判据，开辟了用数学方法研究控制系统的途径。1877 年，英国科学家劳斯（E. J. Routh）提出了不求系统微分方程根的稳定性判据——劳斯判据。1895 年，德国科学家赫尔维茨（A. Hurwitz）也独立提出了和劳斯类似的赫尔维茨稳定判据。1892 年，俄国学者李雅普诺夫（A. M. Lyapunov）在其博士论文《论运动稳定性的一般问题》中，提出了用适当的能量函数（李雅普诺夫函数）在正定性及其导数的负定性上判别系统的稳定性准则。

控制理论是在工业革命的背景下，在生产和军事需求的刺激下，自动控制、电子技术、计算机科学等多种学科相互交叉发展的产物。控制理论的奠基人美国科学家维纳（N. Wiener）从1919 年开始萌发了控制理论的思想，1940 年提出了数字电子计算机设计的5点建议。第二次世界大战期间，维纳参与了火炮自动控制的研究工作，他把火炮自动打飞机的动作与人狩猎的行为做了对比，并且提炼出了控制理论中最基本和最重要的“反馈”概念。他提出，准确控制的方法可以把运动结果所决定的量，作为信息再反馈回控制仪器中，这就是著名的负反馈概念。驾驶车辆也是由人参与的负反馈调节着，人们不是盲目地按着预定不变的模式来操纵车上的方向盘，而是发现靠左了，就向右边做一个修正；反之亦然。因此他认为，目的性行为可以引发反馈，可以把目的性行为这个生物所特有的概念赋予机器。于是，维纳等在 1943 年发表了《行为，目的和目的论》。同时，火炮自动控制的研制获得成功，其是控制理论萌芽的重要实物标志。1948 年，维纳所著《控制论》的出版，标志着这门学科的正式诞生。控制的思想也在各学科领域得到应用，比如在生物学中的应用产生了生物控制论，在社会领域的应用产生了社会控制论，在工程领域的应用产生了工程控制论。

20 世纪对控制论发展做出杰出贡献的主要有美国数学家维纳、美国科学家伊万斯（W. R. Evans）及中国科学家钱学森。维纳把控制论引起的自动化同第二次产业革命联系起来，并于 1948 年出版了《控制论——关于在动物和机器中控制与通信的科学》。该书中论述了控制理论的一般方法，推广了反馈的概念，为控制理论这门学科奠定了基础。1948 年，伊万斯创立了根轨迹方法，为分析系统性能随系统参数变化的规律性提供了有力工具，被广泛应用于反馈控制系统的分析和设计中。1954 年，钱学森发表《工程控制论》，引起了控制领域的轰动。

经典控制理论的研究对象是单输入单输出的自动控制系统，特别是线性定常系统。经典控制理论的特点是以输入输出特性（主要是传递函数）为系统数学模型，采用频率响应法和根轨迹法等分析方法，分析系统性能和设计控制装置。经典控制理论的数学基础是拉普拉斯变换，主要的分析和综合方法是频域法。

经典控制理论在解决比较简单的控制系统的分析和设计问题方面是很有效的，至今仍不失其实用价值。其存在的局限性主要表现在只适用于单变量系统且仅限于研究定常系统。

1868 年，英国科学家麦克斯韦首先解释了瓦特速度控制系统中出现的不稳定现象，指出振荡现象的出现同由系统导出的一个代数方程根的分布形态有密切关系，开辟了用数学方法研究控制系统中运动现象的途径。英国数学家劳斯和德国数学家赫尔维茨推进了麦克斯韦的工作，分别在 1877 年和 1895 年独立建立了直接根据代数方程的系数判别系统稳定性的准则，即稳定性判据。

1932 年，美国物理学家奈奎斯特（H. Nyquist）运用复变函数理论的方法建立了根据频率响应判断反馈系统稳定性的准则，即奈奎斯特稳定判据。这种方法比当时流行的基于微分方程的分析方法有更大的实用性，也更便于设计反馈控制系统。奈奎斯特的工作奠定了频率响应法的基础。随后，伯德（H.W. Bode）和尼科尔斯（N. B. Nichols）等在 20 世纪 30 年代末和20世纪40年代进一步将频率响应法加以发展，使之更为成熟，经典控制理论遂开始形成。

1948年，美国科学家伊万斯（W. R. Evans）提出了控制系统分析和设计的根轨迹法，用于研究系统参数（如增益）对反馈控制系统的稳定性和运动特性的影响，并于1950年进一步应用于反馈控制系统的设计，构成了经典控制理论的另一核心方法，即根轨迹法。到20世纪40年代末和20世纪50年代初，频率响应法和根轨迹法被推广用于研究采样控制系统和简单的非线性控制系统，标志着经典控制理论已经成熟。经典控制理论在理论上和应用上所获得的广泛成就，促使人们试图把这些原理推广到生物控制机理、神经系统、经济及社会过程等非常复杂的系统，其中，美国数学家维纳在1948年出版的《控制论——关于在动物和机器中控制与通信的科学》最为重要，影响最大。

2. 现代控制理论

现代控制理论是建立在状态空间法基础上的一种控制理论，以状态空间法为基础，以最优控制理论为特征，是自动控制理论的一个主要组成部分。在现代控制理论中，对控制系统的分析和设计主要是通过对系统状态变量的描述来进行的。现代控制理论比经典控制理论所能处理的控制问题要广泛得多，包括线性系统和非线性系统、定常系统和时变系统、单变量系统和多变量系统。它所采用的方法和算法也更适合在数字计算机上进行。现代控制理论还为设计和构造具有指定性能指标的最优控制系统提供了可能性。

现代控制理论是在20世纪50年代中期迅速兴起的空间技术的推动下发展起来的。空间技术的发展迫切要求建立新的控制原理，以解决把宇宙飞船、火箭和人造卫星用最少燃料或最短时间准确发射到预定轨道这一类的控制问题。这类控制问题十分复杂，采用经典控制理论难以解决。1958年，苏联科学家庞特里亚金提出了名为极大值原理的综合控制系统的新方法。在这之前，美国学者贝尔曼（Bellman）于1954年创立了动态规划，并在1956年将其应用于控制过程。他们的研究成果解决了空间技术中出现的复杂控制问题，并开拓了控制理论中最优控制理论这一新的领域。1960—1961年，美国学者卡尔曼（Kallman）和布什（Bush）建立了卡尔曼—布什滤波，考虑控制问题中存在的随机噪声的影响，把控制理论的研究范围扩大，涉及了更为复杂的控制问题。几乎在同一时期，贝尔曼、卡尔曼等把状态空间法系统地引入控制理论中。状态空间法对揭示和认识控制系统的许多重要特性具有关键作用。其中，能控性和能观测性尤为重要，成为控制理论两个最基本的概念。20世纪60年代初，以状态空间法、极大值原理、动态规划、卡尔曼—布什滤波为基础分析和设计控制系统的新的原理和方法已经确立，这标志着现代控制理论的形成。

现代控制理论所包含的学科内容十分广泛，主要有线性系统理论、最优控制、系统辨识、自适应控制、最优滤波等。

（1）线性系统理论

线性系统理论是现代控制理论中最基本和比较成熟的一个分支，着重于研究线性系统中状态的控制和观测问题，其基本的分析和综合方法是状态空间法。

线性系统理论是以状态空间法为主要工具研究多变量线性系统的理论。与经典线性理论相比，现代线性系统理论的主要特点是其研究对象一般是多变量线性系统，而经典线性系统理论则以单输入单输出系统为对象；现代线性系统除输入变量和输出变量外，还描述系统内部状态的变量；在分析和综合方法方面以时域法为主，而经典理论主要采用频域法；非线性系统使用更多数学工具。低阶线性定常系统的稳定分析，既可以采用李雅普诺夫稳定性判据的第一法则，即求系统微分方程的解，根据解的性质判断系统的稳定性，也可采用李雅普诺夫稳定性判据的第二法则，即不求解系统微分方程，而是构造李雅普诺夫函数，并根据标量函数的正定性及其导数的负定性直接判别系统的稳定性。尽管基于状态变量法的李雅普诺夫稳定性定理 1892 年就已经被提出，但控制系统的李雅普诺夫稳定性分析也是现代控制理论的组成部分。

(2) 最优控制

使控制系统的性能指标实现最优化的基本条件和综合方法，可概括为：对一个受控的动力学系统或运动过程，从一类允许的控制方案中找出一个最优的控制方案，使系统的运动在由某个初始状态转移到指定的目标状态的同时，其性能指标值为最优。这类问题广泛存在于技术领域或社会问题中。

例如，确定一个最优控制方式使空间飞行器由一个轨道转换到另一轨道过程中燃料消耗最少。最优控制理论是 50 年代中期在空间技术的推动下开始形成和发展起来的。美国学者 R. 贝尔曼 1957 年提出的动态规划和苏联学者 L. S. 庞特里亚金于 1958 年提出的极大值原理，两者的创立仅相差一年左右。对最优控制理论的形成和发展起了重要的作用。线性系统在二次型性能指标下的最优控制问题则是 R. E. 卡尔曼在 60 年代初提出和解决的。

从数学上看，确定最优控制问题可以表述为：在运动方程和允许控制范围的约束下，对以控制函数和运动状态为变量的性能指标函数（称为泛函）求取极值（极大值或极小值）。解决最优控制问题的主要方法有古典变分法（对泛函求极值的一种数学方法）、极大值原理和动态规划。最优控制已被应用于综合和设计最省燃料控制系统、最小能耗控制系统、线性调节器等。

研究最优控制问题有力的数学工具是变分理论，而经典变分理论只能够解决控制无约束的问题，但是工程实践中的问题大多是控制有约束的问题，因此出现了现代变分理论。

现代变分理论中最常用的有两种方法：一种是动态规划法，另一种是极小值原理。它们都能够很好地解决控制有闭集约束的变分问题。值得指出的是，动态规划法和极小值原理实质上都属于解析法。此外，变分法、线性二次型控制法也属于解决最优控制问题的解析法。最优控制问题的研究方法除了解析法外，还包括数值计算法和梯度型法。

(3) 系统辨识

系统辨识是根据系统的输入输出时间函数来确定描述系统行为的数学模型。它是现代控制理论中的一个分支。通过辨识建立数学模型的目的是估计表征系统行为的重要参数，建立一个能模仿真实系统行为的模型，用当前可测量的系统的输入和输出预测系统输出的未来演变，以及设计控制器。对系统进行分析的主要问题是根据输入时间函数和系统的特性来确定输出信号。

对系统进行控制的主要问题是根据系统的特性设计控制输入，使输出满足预先规定的要求。而系统辨识所研究的问题恰好是这些问题的逆问题。通常，预先给定一个模型类 $\mu=\{M\}$（即给定一类已知结构的模型），一类输入信号 u 和等价准则 $J=L(y, y_M)$（一般情况下，J 是误差函数，是过程输出 y 和模型输出 y_M 的一个泛函）；然后选择使误差函数 J 达到最小的模型，作为辨识所要求的结果。系统辨识包括两个方面：结构辨识和参数估计。在实际的辨识过程中，随着使用方法的不同，结构辨识和参数估计这两个方面并不是截然分开的，而是可以交织在一起进行的。

（4）自适应控制

自适应控制的研究对象是具有一定程度不确定性的系统，这里的"不确定性"是指描述被控对象及其环境的数学模型不是完全确定的，其中包含一些未知因素和随机因素。自适应控制与常规的反馈控制和最优控制一样，也是一种基于数学模型的控制方法，所不同的只是自适应控制所依据的关于模型和扰动的先验知识比较少，需要在系统的运行过程中不断提取有关模型的信息，使模型逐步完善。具体地说，可以依据对象的输入输出数据，不断地辨识模型参数，这个过程称为系统的在线辨识。自适应控制基于在线辨识辨别系统数学模型，将系统当前性能与最优性能比较，实时调整控制器的结构、参数，即修改最优控制律，以保证系统适应环境和被控对象参数化，保持最优性能。自适应控制有模型参考自适应控制系统和自校正控制系统两种基本形式。目前，自适应控制理论仍在迅速发展中，这反映了现代控制理论向智能化、精确化方向发展的总趋势。

3. 大系统及人工智能

（1）大系统理论

大系统理论是关于大系统分析和设计的理论。大系统是规模庞大、结构复杂（环节较多、层次较多或关系复杂）、目标多样、影响因素众多且常带有随机性的系统。这类系统不能采用常规的建模方法、控制方法和优化方法来分析和设计，因为常规方法无法通过合理的计算工作得到满意的解答。

随着生产的发展和科学技术的进步，出现了许多大系统，如电力系统、城市交通网、数字通信网、柔性制造系统、生态系统、社会经济系统等。这类系统的特点是规模庞大、结构复杂、地理位置分散，因此造成系统内部各部分之间通信困难，从而提高了通信的成本，降低了系统的可靠性。

经典控制理论和现代控制理论都建立在集中控制的基础上，即认为整个系统的信息能集中到某一点，经过处理，再向系统各部分发出控制信号。这两种理论应用到大系统时遇到了困难。这不仅由于系统庞大，信息难以集中，也由于系统过于复杂，集中处理的信息量太大，难以实现。因此，需要有一种新的理论，来弥补原有控制理论的不足。

大系统的分析和设计，包括大系统的建模、模型降阶、递阶控制、分散控制和稳定性等内容。

经典控制理论和现代控制理论都需要在建立系统数学模型的基础上对系统进行分析和设计，但在许多实际系统中，特别是现代工程技术中的复杂系统，常存在非线性、时变性、不确定性等，复杂到无法用确切的数学模型来描述，或者由于数学模型过于复杂而无法在实际控制中应用。面对这种情况，控制理论必须产生和发展新的理论，在新的理论中不需要精确的数学模型就能对系统进行精确地控制。这种新的理论就是智能控制。

（2）智能控制

智能控制是由智能机器自主地实现其目标的过程。而智能机器则定义为：在结构化或非结构化的、熟悉的或陌生的环境中，自主地或与人交互地执行人类规定任务的一种机器。

智能控制是把人类具有的直觉推理和试凑法等智能加以形式化或机器模拟，并用于控制系统的分析与设计中，使之在一定程度上实现控制系统的智能化。自调节控制、自适应控制就是智能控制的低级体现。

智能控制是一类无须人的干预就能自主地驱动智能机器实现其目标的自动控制，也是用计算机模拟人类智能的一个重要领域；智能控制研究与模拟人类智能活动及其控制与信息传递过程的规律，是具有仿人智能的工程控制与信息处理系统的一个新兴分支学科。

随着研究对象和系统越来越复杂，借助于数学模型描述和分析的控制理论已难以解决复杂系统的控制问题。智能控制是针对控制对象及其环境、目标和任务的不确定性与复杂性而产生和发展起来的。

智能控制理论的研究和应用是现代控制理论在深度和广度上的拓展。自20世纪80年代以来，信息技术、计算机技术的快速发展及其他相关学科的发展和相互渗透，也推动了控制科学与工程研究的不断深入，控制系统向智能控制系统的发展已成为一种趋势。

自1971年傅京孙教授提出“智能控制”概念以来，智能控制已经从二元论（人工智能和控制论）发展到四元论（人工智能、模糊集理论、运筹学和控制论）。智能控制是多学科交叉的学科，它的发展得益于人工智能、认知科学、模糊集理论和生物控制论等许多学科的发展，同时促进了相关学科的发展。智能控制也是发展较快的新兴学科，尽管其理论体系还远没有经典控制理论成熟和完善，但智能控制理论和应用研究所取得的成果显示出其旺盛的生命力，受到相关研究人员和工程技术人员的关注。随着科学技术的发展，智能控制的应用领域将不断拓展，理论和技术也必将得到不断的发展和完善。

智能控制与传统的或常规的控制有密切的关系。常规控制往往包含在智能控制中，智能控制也利用常规控制的方法来解决“低级”的控制问题，力图扩充常规控制方法并建立一系列新的理论与方法来解决更具有挑战性的复杂控制问题。

传统的自动控制是建立在确定的模型基础上的，而智能控制的研究对象则存在严重的模型不确定性，即模型未知或知之甚少，模型的结构和参数在很大范围内变动。工业过程的病态结构问题和某些干扰的无法预测，致使无法建立其模型，这些问题对基于模型的传统自动控制来说很难解决。传统的自动控制系统对控制任务的要求要么使输出量为定值（调节系统），要么使输出量跟随期望的运动轨迹（跟随系统），因此具有控制任务单一的特点，而智能控制系统的控制任务比较复杂。例如，在智能机器人系统中，要求系统对一个复杂的任务具有自动规划和决策的能力，有自动躲避障碍物运动到某一预期目标位置的能力，等等。对于这些具有复杂任务要求的系统，采用智能控制的方式便可以满足。传统控制理论对于线性问题有较成熟的理论，而对于高度非线性的控制对象虽然有些非线性方法可以利用，但不尽人意。而智能控制为解决这类复杂的非线性问题找到了一个出路，成为解决这类问题行之有效的途径。工业过程智能控制系统除具有上述几个特点外，又有另外一些特点，如被控对象往往是动态的，而且控制系统在线运动，一般要求有较高的实时响应速度等，恰恰是这些特点决定了它与其他智能控制系统（如智能机器人系统、航空航天控制系统、交通运输控制系统等）的区别，决定了它的控制方法及形式的独特之处。

与传统自动控制系统相比，智能控制系统具有足够的关于人的控制策略、被控对象和环境的知识及运用这些知识的能力。智能控制系统能以知识表示的非数学广义模型和以数学表示的混合控制过程，采用开闭环控制和定性及定量控制结合的多模态控制方式。智能控制系统具有变结构特点，能总体自寻优，具有自适应、自组织、自学习和自协调能力。智能控制系统有补偿及自修复能力和判断决策能力。

总之，智能控制系统通过智能机器自动地完成其目标的控制过程，其智能机器可以在熟悉或不熟悉的环境中自动地或人机交互地完成拟人任务。

智能控制系统有模糊控制系统、专家控制系统、人工神经网络控制系统、学习控制系统等类型。

(1) 模糊控制系统

模糊逻辑控制（Fuzzy Logic Control）简称模糊控制（Fuzzy Control），是以模糊集合论、模糊语言变量和模糊逻辑推理为基础的一种计算机数字控制技术。1965 年，美国的 L. A. Zadeh 创立了模糊集合论；1973 年他给出了模糊逻辑控制的定义和相关的定理。1974 年，英国的 E. H. Mamdani 首次根据模糊控制语句组成模糊控制器，并将它应用于锅炉和蒸汽机的控制，获得了实验的成功。这一开拓性的工作标志着模糊控制论的诞生。

模糊控制实质上是一种非线性控制，从属于智能控制的范畴。模糊控制的一大特点是既有系统化的理论，又有大量的实际应用背景。模糊控制的发展最初在西方遇到了较大的阻力；然而在东方尤其是日本，得到了迅速而广泛的推广应用。

近 20 多年来，模糊控制不论在理论上还是技术上都有了长足的进步，成为自动控制领域一个非常活跃而又硕果累累的分支。其典型应用涉及生产和生活的许多方面，如在家用电器设备中有模糊洗衣机、空调、微波炉、吸尘器、照相机和摄录机等；在工业控制领域中有水净化处理、发酵过程、化学反应釜、水泥窑炉等；在专用系统和其他方面有地铁靠站停车、汽车驾驶、电梯、自动扶梯、蒸汽引擎以及机器人的模糊控制。

(2) 专家控制系统

专家控制系统是一个具有大量的专门知识与经验的程序系统，它应用人工智能技术和计算机技术，根据某领域一个或多个专家提供的知识和经验，进行推理和判断，模拟人类专家的决策过程，以便解决那些需要人类专家才能处理好的复杂问题。简而言之，专家系统是一种模拟人类专家解决领域问题的计算机程序系统。

专家系统的基本功能取决于它所含有的知识，因此，有时也把专家系统称为基于知识的系统。

(3) 人工神经网络控制系统

神经网络是指由大量与生物神经系统的神经细胞类似的人工神经元互联而组成的网络，或由大量像生物神经元的处理单元并联而成，这种神经网络具有某些智能和仿人控制功能。

学习算法是神经网络的主要特征，学习的概念来自生物模型，它使机体在复杂多变的环境中进行有效的自我调节。神经网络具备类似人类的学习功能。一个神经网络若想改变其输出值，但又不能改变它的转换函数，只能改变其输入，而改变其输入的唯一方法只能是修改加在输入端的加权系数。

神经网络的学习过程是修改加权系数的过程，最终使其输出达到期望值，学习结束。常用的学习算法有 Hebb 学习算法、Widrow Hoff 学习算法、反向传播学习算法、BP 学习算法、Hopfield 反馈神经网络学习算法等。

神经网络表现出丰富的特性：并行计算、分布存储、可变结构、高度容错、非线性运算、自组织、学习或自学习等。这些特性是人们长期追求和期望的系统特性。它在智能控制的参数、结构或环境的自适应、自组织、自学习等方面具有独特的能力。

(4) 学习控制系统

学习是人类的主要智能之一，人类的各项活动也需要学习。在人类的进化过程中，学习功能起着十分重要的作用。学习控制正是模拟人类自身各种优良控制调节机制的一种尝试。学习是一种过程，它通过重复输入信号，并从外部校正该系统，从而使系统对特定输入具有特定响应。学习控制系统是一个能在其运行过程中逐步获得受控过程及环境的非预知信息，积累控制经验，并在一定的评价标准下进行估值、分类、决策和不断改善系统品质的自动控制系统。学习控制主要包括遗传算法学习控制和迭代学习控制。

阿尔法围棋（AlphaGo）（见图 1.2.5）是一款围棋人工智能程序。其主要工作原理是“深度学习”。“深度学习”是指多层的人工神经网络和训练它的方法。一层神经网络会把大量矩阵数字作为输入，通过非线性激活方法取权重，再产生另一个数据集合作为输出。这就像生物神经大脑的工作机理一样，通过合适的矩阵数量，多层组织链接在一起，形成神经网络“大脑”进行精准复杂的处理，就像人们识别物体标注图片一样。

阿尔法围棋用到了很多新技术，如神经网络、深度学习、蒙特卡洛树搜索法等，使其实力有了实质性飞跃。美国脸书公司“黑暗森林”围棋软件的开发者田渊栋在网上发表分析文章说，阿尔法围棋系统主要由以下几个部分组成。

1）策略网络，给定当前局面，预测并采样下一步的走棋。

2）快速走子，目标和策略网络一样，但在适当牺牲走棋质量的条件下，速度要比策略网络快 1000 倍。

3）价值网络，给定当前局面，估计是白胜概率大还是黑胜概率大。

4）蒙特卡洛树搜索，把以上这四个部分连起来，形成一个完整的系统。

图 1.2.5 阿尔法围棋

阿尔法围棋是通过两个不同神经网络“大脑”合作来改进棋路的。这些“大脑”是多层神经网络，跟 Google 图片搜索引擎识别图片在结构上是相似的。它们从多层启发式二维过滤器开始，去处理围棋棋盘的定位，就像图片分类器网络处理图片一样。经过过滤，13 个完全连接的神经网络层产生对它们看到的局面的判断。这些层能够做分类和逻辑推理。

第一大脑。落子选择器。阿尔法围棋的第一个神经网络大脑是“监督学习的策略网络”，观察棋盘布局试图找到最佳的下一步。事实上，它预测每一个合法下一步的最佳概率，那么最前面猜测的就是那个概率最高的。这可以理解成“落子选择器”。

第二大脑。棋局评估器。阿尔法围棋的第二个大脑相对于落子选择器是回答另一个问题，它不是去猜测具体下一步，而是在给定棋子位置的情况下，预测每一个棋手赢棋的概率。这“局面评估器”就是“价值网络”，通过整体局面判断来辅助落子选择器。这个判断仅仅是大概的，但对于阅读速度提高很有帮助。通过分析归类潜在的未来局面的“好”与“坏”，阿尔法围棋能够决定是否通过特殊变种去深入阅读。如果局面评估器说这个特殊变种不行，那么AI（Artificial Intelligent）就跳过阅读。

这些网络通过反复训练来检查结果，再去校对调整参数，去让下次执行更好。这个处理器有大量的随机性元素，所以人们是不可能精确知道网络是如何“思考”的，但更多的训练后能让它进化得更好。

阿尔法围棋为了应对围棋的复杂性，结合了监督学习和强化学习的优势。它通过训练形成一个策略网络，将棋盘上的局势作为输入信息，并对所有可行的落子位置生成一个概率分布。然后，训练出一个价值网络对自我对弈进行预测。这两个网络自身都十分强大，而阿尔法围棋将这两种网络整合进基于概率的蒙特卡洛树搜索中，实现了它真正的优势。新版的阿尔法围棋产生大量自我对弈棋局，为下一代版本提供了训练数据，此过程循环往复。

在获取棋局信息后，阿尔法围棋会根据策略网络探索哪个位置同时具备高潜在价值和高可能性，进而决定最佳落子位置。在分配的搜索时间结束时，模拟过程中被系统最频繁考察的位置将成为阿尔法围棋的最终选择。在经过先期的全盘探索和过程中对最佳落子的不断揣摩后，阿尔法围棋的搜索算法就能在其计算能力之上加入近似人类的直觉判断。

1.3 自动控制系统的分类

自动控制系统的类型很多，它们的结构类型和所完成的任务也各不相同。

1. 按数学模型分

1）线性控制系统。组成控制系统的元件都具有线性特性。这种系统输入与输出的关系是线性的，符合叠加原理，一般可以用微分（差分）方程、传递函数、状态方程来描述其运动过程。线性系统的主要特点是满足叠加原理。

2）非线性控制系统。只要系统中一个元件具有非线性特性，系统就不能用线性微分方程来描述，则称该系统为非线性控制系统。非线性系统一般不具备叠加性。

2. 按时间概念分

1）定常系统。控制系统中所有的参数都不随时间变化，这样的系统输入与输出的关系可以用常系数的数学模型描述。若其为线性系统，则称为线性定常系统。

2）时变系统。控制系统中的参数随时间的变化而变化。

实际中遇到的系统都有一些非线性和时变性，但多数都可以在一定条件下合理地用线性定常系统近似处理。

3. 按信号的性质分

1）连续系统。系统中各个参量的变化都是连续进行的，即系统中各处信号均为时间的连续函数。

2）离散系统。控制系统的输入量、反馈量、偏差量都是数字量，数值上不连续，时间上也是离散的。这种系统一般有采样控制系统和数字控制系统两种，其测量、放大、比较、给定等信号处理均由微处理器实现，主要特征是系统中含有采样开关或D-A（数模转换）、A-D（模数转换）转换装置。现在这种系统已随着微处理器的发展而日益增多。

连续系统中处理的变量为模拟量，如工业过程中出现的压力、流量、温度、位移等。

离散系统中处理的变量为开关量或数字量，如计算机内部处理的变量。在现代的控制形式中，多以计算机控制为主，即以计算机作为控制器来控制模拟量。在控制过程中涉及 D-A 转换和 A-D 转换。

4. 按输入量的运动规律分

1）恒值调节系统。这类系统的输入是不随时间变化的常数。当系统在扰动作用下输出量偏离期望值时，主要的控制任务是克服各种扰动的影响，使输出量始终与给定输入期望值保持一致，如稳压电源、恒温系统、压力、流量等过程控制系统。对于这类系统，分析重点在于克服扰动对输出量的影响。

2）程序控制系统。当系统输入量为给定的已知时间函数时，称为程序控制系统。这种系统控制的主要目的是保证输出量能够按给定的时间函数变化。例如，热处理的升温过程，根据材料特性的要求，温度的升高必须按要求的时间函数进行；汽轮机启动时的升速过程需按时间函数进行。近年来，由于微处理器的发展，大量的数字程序控制系统被投入使用。

3）随动系统。这种系统的输入量是时间的未知函数，即输入量的变化规律事先无法确定，要求输出量能够准确、快速地复现输入量，这样的系统称为随动系统，也称伺服系统，如火炮自动瞄准系统、液压仿形刀架随动系统等。

除此以外，自动控制系统还可按系统组成元件的物理性质分为电气控制系统、液压控制系统；按系统的输出量可分为液位控制系统、转速控制系统、流量控制系统等。

1.4 自动控制系统的分析与设计仿真工具

仿真是以相似性原理、控制论、信息技术及相关领域的有关知识为基础，以计算机和各种专用物理设备为工具，借助系统模型对真实系统进行试验研究的一门综合性技术。它利用物理或数学方法来建立模型，类比模拟现实过程或者建立假想系统，以寻求过程的规律，研究系统的动态特性，从而达到认识和改造实际系统的目的。

仿真技术具有很高的科学研究价值和巨大的经济效益。仿真技术的特殊功效，特别是安全性和经济性，使得仿真技术得到广泛的应用。首先由于仿真技术在应用上的安全性，航空、航天、核电站等成为仿真技术最早的和最主要的应用领域。

系统仿真涉及相似论、控制论、计算机科学、系统工程理论、数值计算、概率论、数理统计、时间序列分析等多种学科。

相似性原理是仿真主要的理论依据。所谓相似，是指各类事物或对象间存在的某些共性。相似性是客观世界的一种普遍现象，它反映了客观世界不同事物之间存在着某些共同的规律。采用相似性技术建立实际系统的相似模型就是仿真的本质过程。

归纳起来，仿真技术的主要用途有如下几点。

1）优化系统设计。在实际系统建立以前，通过改变仿真模型结构和调整系统参数来优化系统设计。如控制系统、数字信号处理系统的设计经常要靠仿真来优化系统性能。

2）系统故障再现，发现故障原因。实际系统故障的再现必然会带来某种危害性，这样做是不安全的和不经济的，利用仿真来再现系统故障则是安全的和经济的。

3）验证系统设计的正确性。

4）对系统或其子系统进行性能评价和分析。多为物理仿真，如飞机的疲劳试验。

5）训练系统操作员，常见于各种模拟器，如飞行模拟器、坦克模拟器等。

6）为管理决策和技术决策提供支持。

计算机仿真是在研究系统过程中根据相似原理，利用计算机来逼真模拟研究对象。研究对象可以是实际的系统，也可以是设想中的系统。在没有计算机以前，仿真都是利用实物或者它的物理模型来进行研究的，即物理仿真。物理仿真的优点是直接、形象、可信，缺点是模型受限、易破坏、难以重用。

计算机作为一种最重要的仿真工具。已经推出了模拟机、模拟数字机、数字通用机、仿真专用机等各种机型并应用在不同的仿真领域。除了计算机这种主要的仿真工具外还有两类专用仿真器。一类是专用物理仿真器，如在飞行仿真中得到广泛应用的转台，各种风洞、水洞等。另一类是用于培训目的的各种训练仿真器，如培训原子能电站、大型自动化工厂操作人员，训练飞行员和宇航员的培训仿真器、仿真工作台和仿真机舱等。

1980 年前后，美国的 Moler 博士在新墨西哥大学讲授线性代数课程时，发现用当时已有的高级语言编程极为不便，便构思并开发了 MATLAB（Matrix Laboratory，矩阵实验室）。

由于 MATLAB 的应用范围越来越广，Moler 博士等一批数学家与软件专家组建了一个名为 Mathworks 的软件开发公司，专门扩展改进 MATLAB。最初的 MATLAB 版本是用 Fortran 语言编写的，现在的版本用 C 语言改写。该公司于 1992 年推出了具有划时代意义的 MATLAB 4.0 版本，并于 1993 年推出了其 Windows 平台下的微机版，使之应用范围越来越广。

与 Basic、Fortran、Pascal、C 等编程语言相比，MATLAB 具有编程简单、直观，用户界面友善，开放性能强等优点，因此自面世以来，很快就得到了广泛应用。现今的 MATLAB 拥有了更丰富的数据类型、更友善的用户界面、更加快速精美的可视图形、更广泛的数学和数据分析资源，以及更多的应用开发工具。

MATLAB 语言已经成为当前国际上自动控制领域的首选语言，MATLAB 作为一种高级语言，它不仅可以以一种人机交互式的命令行的方式工作，还可以像 Basic、Fortran、C 等其他高级计算机语言一样进行控制流的程序设计，即编制一种以 .m 为扩展名的 MATLAB 程序（简称 M 文件）。而且，由于 MATLAB 本身的一些特点，M 文件的编制同上述几种高级语言比较起来，有许多无法比拟的优点。所谓 M 文件就是由 MATLAB 语言编写的可在 MATLAB 语言环境下运行的程序源代码文件。由于商用的 MATLAB 软件是用 C 语言编写而成的，因此，M 文件的语法与 C 语言十分相似。对广大学过 C 语言的人来说，M 文件的编写是相当容易的。M 文件可以分为命令式文件（Script）和函数式文件（Function）两种。M 文件不仅可以在 MATLAB 的程序编辑器中编写，也可以在其他的文本编辑器中编写，并以“.m”为扩展名加以存储。

这里主要介绍 MATLAB 在控制器设计、仿真和分析方面的功能，即 MATLAB 的控制工具箱。在 MATLAB 工具箱中，常用的有如下 6 个控制类工具箱：①系统辨识工具箱（System Identification Toolbox）；②控制系统工具箱（Control System Toolbox）；③鲁棒控制工具箱（Robust Control Toolbox）；④模型预测控制工具箱（Model Predictive Control Toolbox）；⑤模糊逻辑工具箱（Fuzzy Logic Toolbox）；⑥非线性控制设计模块（Nonlinear Control Design Blocket）。跟我们这门课教学密切相关的是控制系统工具箱，该工具箱主要处理以传递函数为特征的经典控制和以状态空间为特征的现代控制中的问题。对于控制系统，尤其是线性定常系统的建模、分析和设计提供了一个完整的解决方案。其主要功能如下。

1）系统建模。建立连续或离散系统的状态空间，传递函数，零、极点增益模型，并实现任意两者之间的转换；通过串联、并联、反馈连接及更一般的框图连接，建立复杂系统的模型；通过多种方式实现连续时间系统的离散化，离散时间系统的连续化及重采样。

2）系统分析。既支持连续和离散系统，也适用于单输入单输出和多输入多输出系统。在时域分析方面，对系统的单位脉冲响应、单位阶跃响应、零输入响应及更一般的任意输入响应进行仿真；在频域分析方面，对系统的伯德图、尼科尔斯图、奈奎斯特图进行计算和绘制。

3）系统设计。计算系统的各种特性，如可控和可观测 Gramain 矩阵，传递零、极点，李雅普诺夫方程，稳定裕度、阻尼系数以及根轨迹的增益选择等；支持系统的可控和可观测标准型实现、最小实现、均衡实现、降阶实现以及输入延时的 Pade 设计；对系统进行极点配置、观测器设计以及 LQ 和 LQG 最优控制等。

另一个框图式操作界面工具——SISO 系统设计工具，可用于单输入单输出反馈控制系统的补偿器校正设计。

在 MATLAB 软件中还有一个重要的工具 Simulink，它是 MATLAB 中的一种可视化仿真工具。Simulink 是一个模块图环境，用于多域仿真以及基于模型的设计。它支持系统设计、仿真、自动代码生成以及嵌入式系统的连续测试和验证。Simulink 提供图形编辑器、可自定义的模块库以及求解器，能够进行动态系统建模和仿真。

Simulink 与 MATLAB 相集成，能够在 Simulink 中将 MATLAB 算法融入模型，还能将仿真结果导出至 MATLAB 做进一步分析。Simulink 应用领域包括汽车、航空、工业自动化、建模、复杂逻辑、物理逻辑、信号处理等方面。

Simulink 具有适应面广、结构和流程清晰及仿真精细、贴近实际、效率高、灵活等优点，基于以上优点 Simulink 已被广泛应用于控制理论和数字信号处理的复杂仿真和设计。同时有大量的第三方和硬件可应用于或被要求应用于 Simulink。

Simulink 可以用连续采样时间、离散采样时间或两种混合的采样时间进行建模，它也支持多速率系统，也就是系统中的不同部分具有不同的采样速率。为了创建动态系统模型，Simulink 提供了一个建立模型框图的图形用户接口，这个创建过程只需单击和拖动鼠标操作就能完成，它提供了一种更快捷、直接明了的方式，而且用户可以立即看到系统的仿真结果。

构架在 Simulink 基础之上的其他产品扩展了 Simulink 多领域建模功能，也提供了用于设计、执行、验证和确认任务的相应工具。Simulink 与 MATLAB 紧密集成，可以直接访问 MATLAB 大量的工具来进行算法研发、仿真的分析和可视化、批处理脚本的创建、建模环境的定制以及信号参数和测试数据的定义。

本书结合各章节的内容，在每个章节后面设立了相应的 MATLAB 仿真练习。

1.5 课程的主要内容及学时安排

控制工程基础课程主要阐述的是有关反馈自动控制技术的基础理论。当前，精密仪器和机械制造工业发展的一个明显而重要的趋势是越来越广泛而深刻地引入了控制理论。本课程是一门非常重要的学科基础课，是机械类和自动化类等专业的本科生必修的一门课程。是为适应机电一体化的技术需要，针对机械对象的控制，重点结合经典控制理论形成的一门课程。本课程涉及经典控制理论的主要内容及应用，更加突出了机电控制的特点。在高等数学、理论力学、电工电子学等先修课的基础上，使学生掌握机电控制系统的基本原理及必要的实用知识。值得指出的是，尽管经典控制理论在20世纪60年代已完全发展成熟，但它并不过时，经典控制理论是整个自动控制理论的基础，至今仍然起着重大作用。

本课程的基本要求包括以下几点。

1）掌握机电反馈控制系统的基本概念，其中包括机电反馈控制系统的基本原理、机电反馈控制系统的基本组成、开环控制、闭环控制等。

2）掌握建立机电系统动力学模型的方法。

3）掌握机电系统的时域分析方法。

4）掌握机电系统的频域分析方法。

5）掌握机电系统的稳定性分析方法。

6）掌握模拟机电控制系统的分析及设计综合方法。

本书第1章为绪论，要求了解机电控制系统的发展历史、国内外发展现状以及掌握机电控制系统的基本概念。第2章为控制系统的数学模型，要求掌握拉普拉斯变换的工程数学方法以及建立机电系统动力学模型的方法和推导过程。第3章为时间响应分析，要求掌握典型输入信号作用下的系统瞬态响应特点以及时域性能指标，误差分析以及代数稳定性判据。第4章为频率特性分析，要求掌握幅频特性和相频特性等基本概念、奈奎斯特图和伯德图的画法以及频域性能指标的提法，在此基础上掌握奈奎斯特稳定判据、伯德稳定判据及系统相对稳定性指标。第5章为控制系统的综合与校正，要求了解机电控制系统的常用组成、系统校正的概念、控制器的设计方法。第6章为智能制造与智能控制。在每章最后介绍MATLAB仿真实验。

通过学习经典控制理论，掌握应用经典控制理论进行系统分析与设计，掌握计算机辅助控制系统分析设计，为从事复杂机电系统的自动控制研究和应用奠定基础。控制工程课程以数学为基础，涉及很多数学知识，特别是工程数学中的复变函数、积分变换，还要用到相关的专业基础知识。因此，学习该课程要求有良好的数学、力学、电学的基础，对机械工程专业学生而言，还应具有一定的机械工程方面的专业知识。

在学习该课程时，既要重视抽象思维，了解一般规律，又要充分注重与实际相结合，联系专业，努力实践；既要重视理论基础，又要注重工程实践，努力学习用控制论的方法去抽象与解决实际问题。

1.6 小结及习题

本章小结

1）本章着重介绍控制理论的基本概念。对自动控制、系统、反馈、自动控制系统的组成、工程控制理论研究的对象和任务等做了介绍。

2）控制理论的发展过程主要经历了经典控制、现代控制、大系统及人工智能三个阶段。

3）自动控制系统的分类方法有很多，主要有四种分类方法。

4）对控制系统的分析与设计工具 MATLAB 软件做了相应介绍。

习 题

1. 试比较开环控制系统和闭环控制系统的优缺点。

2. 说明负反馈的工作原理及其在自动控制系统中的应用。

3. 控制系统有哪些基本组成元件？这些元件的功能是什么？

4. 对自动控制系统基本的性能要求是什么？最首要的要求是什么？

5. 日常生活中有许多闭环和开环控制系统，试举几个具体例子，并说明它们的工作原理。

6. 某仓库大门自动控制系统的原理如图 1.6.1 所示，试说明自动控制大门开启和关闭的工作原理，并画出系统框图。

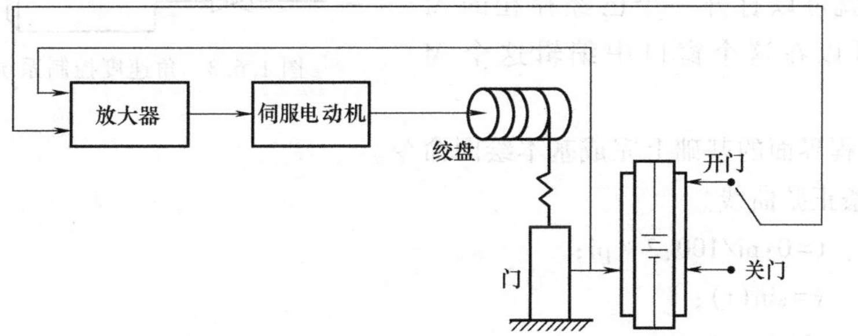

图 1.6.1 某仓库大门自动开闭控制系统的原理

7. 角位置随动系统原理图如图 1.6.2 所示，系统的任务是控制工作机械角位置 θ_c，随时跟踪手柄转角 θ_r。试分析其工作原理，并画出系统框图。

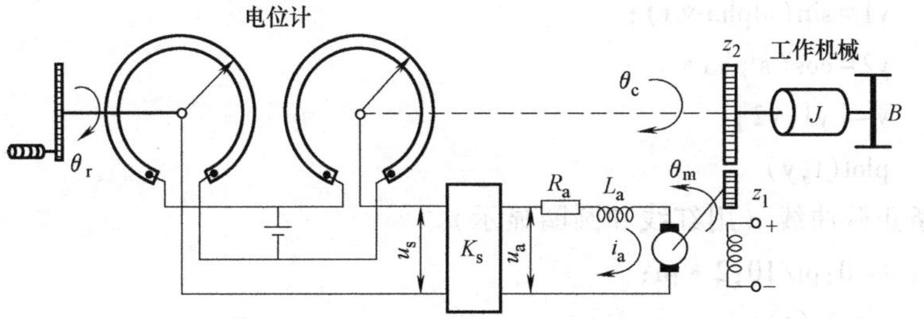

图 1.6.2 角位置随动系统原理图

8. 图 1.6.3 所示为角速度控制系统原理图。离心调速的轴由内燃机通过减速齿轮获得角速度为 ω 的转动，旋转的飞锤产生的离心力被弹簧力抵消，所要求的速度 ω 由弹簧预紧力调准。当 ω 突然变化时，试说明控制系统的作用情况。

9. 熟悉 MATLAB 界面、基本指令使用方法、Simulink 工作环境。

MATLAB 环境是一种为数值计算、数据分析和图形显示服务的交互式环境。MATLAB 有 3 种窗口，即命令窗口（The Command Window）、M 文件编辑窗口（The Edit Window）和图形窗口（The Figure Window），而 Simulink 另外又有 Simulink 模型编辑窗口。

（1）命令窗口（The Command Window）

当 MATLAB 启动后，出现的最大的窗口就是命令窗口。用户可以在提示符“>>”后面输入交互的命令，这些命令就立即被执行。

在 MATLAB 中，一连串命令可以放置在一个文件中，不必把它们直接在命令窗口内输入。在命令窗口中输入该文件名，这一连串命令就被执行了。因为这样的文件都是以“.m”为后缀，所以称为 M 文件。

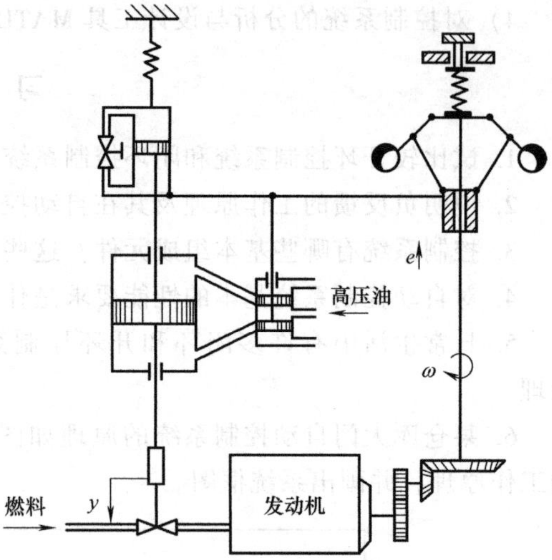

图 1.6.3　角速度控制系统原理图

（2）M 文件编辑窗口（The Edit Window）

可以用 M 文件编辑窗口来产生新的 M 文件，或者编辑已经存在的 M 文件。在 MATLAB 主界面上选择菜单“File/New/M-file”就打开了一个新的 M 文件编辑窗口；选择菜单“File/Open”就可以打开一个已经存在的 M 文件，并且可以在这个窗口中编辑这个 M 文件。

在熟悉编程界面的基础上完成基本绘图命令。

1）画一条正弦曲线。

参考程序：
```
t=0:pi/100:2*pi;
y=sin(t);
plot(t,y)
```

2）在同一张图上同时绘制正弦和余弦两条曲线。

参考程序：
```
t=0:pi/100:2*pi;
alpha=3;
y1=sin(alpha*t);
y2=cos(alpha*t);
y=[y1;y2];
plot(t,y)
```

3）画一条正弦曲线（用红线和圆圈显示）。

参考程序：
```
t=0:pi/10:2*pi;
y=sin(t);
plot(t,y,'-.or')
```

4）画一条正弦曲线（要求标出图形名称，x、y 坐标）。

参考程序：
```
t=0:pi/100:2*pi;
alpha=3;
y=sin(alpha*t);
plot(t,y);
grid on;
xlabel('\fontsize{20}\itt\rm/s');
ylabel('\fontsize{20}y=sin(\alphat)');
title('\fontsize{20}\itplot of y=sin(\alphat)(alpha=3)')
```

“两弹一星”功勋科学家：最长的一天

第2章

控制系统的数学模型

对于自动控制系统的研究主要是分析系统的稳定性、准确性、快速性三方面的性能以及依据性能要求对系统进行校正和设计。当控制系统的输入发生变化时，其输出往往要经过一个动态过程才能跟上输入的变化。系统的内在性能可以通过其动态过程表现出来，而动态过程的数学表述就是描述系统各动态变量之间关系的数学表达式的解，这样的数学表达式称为系统的数学模型。因此，在分析系统性能之前，必须先建立系统的数学模型。

系统的数学模型就是描述系统输入输出变量以及内部其他变量之间关系的数学表达式。通常有两种描述方法：一种是输入输出描述，又称端部描述，微分方程是这种描述的最基本形式，传递函数、系统框图等其他形式的数学模型均由它导出；另一种是状态变量的描述，又称内部描述，它不仅描述了系统的输入输出的关系，而且也描述了系统的内部特性，特别适用于多变量控制系统。

一个控制系统的数学模型虽然可以表示为不同的形式，但对于一个具体的系统而言，采用某种合适的形式将更有利于对系统的分析和研究。例如，对于多变量控制系统和最优控制系统，宜采用状态变量描述；而对于单输入单输出系统的瞬态响应或频率响应的分析，则采用传递函数描述更为方便。

随着控制系统复杂性的提高和控制理论研究的深入，对于控制系统数学模型的准确性要求越来越高，一般来说，建立系统的数学模型有以下两类方法：机理分析法和试验测试法。

机理分析法是通过分析过程的运动规律，运用一些已知的定理和定律，如牛顿定律、能量平衡方程、化学定律等建立过程的数学模型，这种方法也称为理论建模。该种方法适应性较好，相当多的工程和非工程系统都可以采用此方法。机理分析法只能用于简单过程的建模，对于比较复杂的实际生产过程来说，这种建模方法有很大的局限性。在进行理论建模时，对所研究的对象必须提出合理的简化假定，否则会使问题过于复杂。但是，由于一些不确定因素的存在，这种假定不一定符合实际情况，从而使建立的理论模型与实际系统之间存在误差。

试验测试法是利用直接记录或分析系统的输入和输出信号的方法估计系统的数学模型。试验建模方法适用于各类系统，而不受具体物理性质的限制，它是一种根据真实系统（或比例模型）的实际试验建立数学模型的常用方法。实际试验有两个主要作用：其一，如果理论模型已经建立，而要求它有高可靠程度的预知能力，那么有时就必须通过实际试验来检查模型的正确性，在模型初步建立起来之后，这样的试验对揭示理论分析的差距和缺陷特别有用，在以后的精细模型中就能够对理论分析加以校正。其二，某些系统难以进行精细的理论分析，只有通过试验得到精确模型。例如，在某些人机交互系统研究中，所采用的在驾驶或导航过程中人的操纵响应的动态模型就是这类情况。

本章只介绍用机理分析法建立数学模型的方法。在经典控制理论中，控制系统的数学模型有多种，常用的有微分方程、传递函数、系统框图、频率特性等。

2.1 系统的微分方程

微分方程是在**时域**（时间维度）中描述系统（或元件）的动态特性的数学模型，利用它可以得到描述系统（或元件）动态特性的其他形式的数学模型。

当系统的数学模型能用线性微分方程描述时，称该系统为线性系统；若线性微分方程的系数为常数，则称该系统为线性定常系统。线性系统有一个非常重要的特性——叠加原理，即叠加性和齐次性（或均匀性）。

叠加性。当有几个输入信号共同作用于系统时，系统的总输出等于每个输入单独作用时产生的输出叠加。

齐次性。当某个输入作用于系统时，有对应的输出；当该输入信号增大若干倍时，系统的输出也相应增大同样的倍数。

2.1.1 列写系统微分方程的一般方法

在建立控制系统的微分方程时，是以给定量发生变化或出现扰动瞬间之前，系统（或元件）处于平衡状态为出发点的。因此，被控量和元件的输出量的各阶导数均为零；当出现扰动或给定量发生变化后，被控量和元件的输出量在其平衡点附近仅产生微小增量。于是所建立的系统（或元件）的微分方程是以增量为基础的增量方程，而不是绝对值方程。列写系统（或元件）的微分方程，目的在于确定系统的输出量或扰动输入量之间的函数关系，而系统是由元件组成的，因此列写微分方程的一般步骤如下：

1）根据系统（或元件）的工作原理，确定系统（或元件）的输入量和输出量。

2）从输入端开始，按信号传递顺序，依据各变量间所遵守的运动规律（如电路中的基尔霍夫定律，力学中的牛顿定律，热力学中的热力学定律及能量守恒定律等），列出在运动过程中的各个环节的动态微分方程。列写时按工作条件，忽略一些次要因素，并考虑相邻元件间是否存在负载效应，负载效应实质就是一种内在反馈。对非线性项应进行线性化处理。

3）消除所列的各微分方程的中间变量，得到描述系统（或元件）的输入量和输出量之间关系的微分方程。

4）整理所得微分方程，一般将与输出量有关的各项放在方程的左侧，与输入量有关的各项放在方程的右侧，各阶导数按降幂排列。

2.1.2 列写系统微分方程的实例

根据列写系统微分方程的一般方法，针对常见的机械工程领域中的系统，建立系统的微分方程。

例 2.1.1 图 2.1.1 所示为一个由弹簧、质量物体和阻尼器所组成的机械系统。其中，

k 为弹性系数，b 为阻尼系数，M 为物体的质量，$f(t)$ 为对物体施加的外力，$y(t)$ 为物体的位移。

解：(1) 确定输入量、输出量。外作用力 $f(t)$ 为输入量，物体的位移 $y(t)$ 为输出量。

(2) 建立初始微分方程组。根据牛顿第二定律 $F=ma$ 可得

$$f(t)-f_b(t)-f_k(t)=Ma \tag{2.1.1}$$

式中，$f_b(t)$ 为阻尼器的黏性阻力，它与物体运动的速度成正比，即

$$f_b(t)=b\frac{\mathrm{d}y}{\mathrm{d}t} \tag{2.1.2}$$

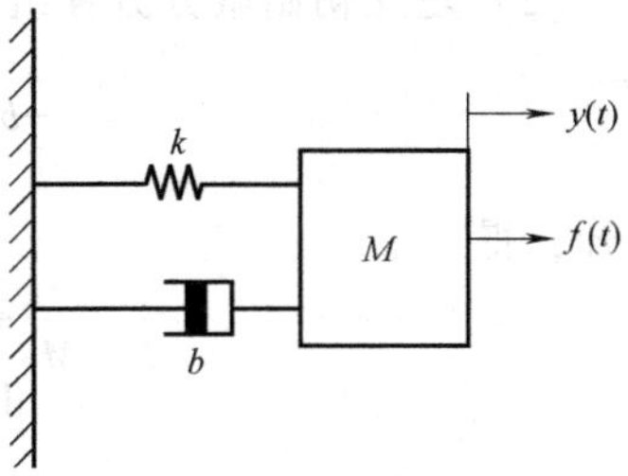

图 2.1.1　机械位移系统

$f_k(t)$ 为弹簧的弹力，它与物体的位移成正比，即

$$f_k(t)=ky(t) \tag{2.1.3}$$

a 为物体的加速度，即

$$a=\frac{\mathrm{d}^2y(t)}{\mathrm{d}t^2} \tag{2.1.4}$$

(3) 消除中间变量，将方程式标准化。将式 (2.1.2) ~式 (2.1.4) 代入式 (2.1.1)，整理得

$$M\frac{\mathrm{d}^2y(t)}{\mathrm{d}t^2}+b\frac{\mathrm{d}y(t)}{\mathrm{d}t}+ky(t)=f(t) \tag{2.1.5}$$

式中，M、b、k 都为常数。

式 (2.1.5) 为线性常系数二阶微分方程，该系统为二阶线性定常系统。

例 2.1.2　图 2.1.2 所示为采用机械式加速度计测量悬浮试验橇加速度的示意图。试验橇采取磁悬浮方式以较小的高度悬浮于导轨上方。在喷气引擎的推力 $f(t)$ 的作用下，由于质量块 M 相对于加速度计箱体的位移 y 与箱体（即试验橇）的加速度成比例，因而加速度计能测得试验橇的加速度。所以设计一个具有合理动态响应的加速度计，在可以接受的时间内测得所需要的特征量 $y(t)=qa(t)$ （q 为常数），即得到加速度。已知，k 为加速度计弹性系数，b 为阻尼系数，M 为质量块的质量，M_s 为悬浮试验橇的质量，$f(t)$ 为喷气引擎的推力，$x(t)$ 为箱体的位移，$y(t)$ 为质量块相对于箱体的位移。

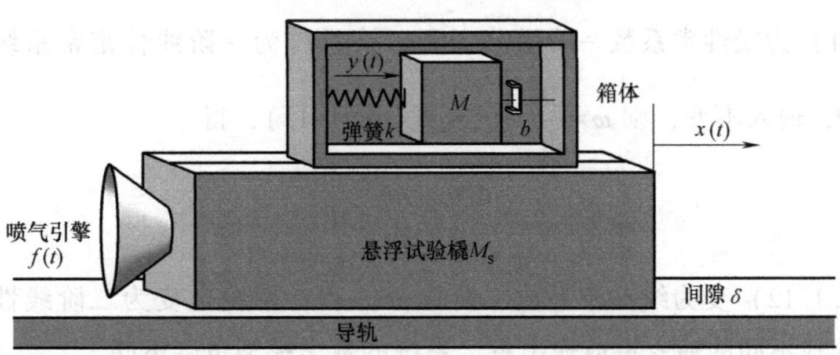

图 2.1.2　采用机械式加速度计测量悬浮试验橇加速度的示意图

解：(1) 确定输入量、输出量。喷气引擎的推力 $f(t)$ 为输入量，加速度计质量块相对于箱体的位移 $y(t)$ 为输出量。

(2) 建立初始微分方程组。分析质量 M 的受力情况有

$$-b\frac{\mathrm{d}y(t)}{\mathrm{d}t}-ky(t)=M\frac{\mathrm{d}^2}{\mathrm{d}t^2}[y(t)+x(t)] \tag{2.1.6}$$

展开，得

$$M\frac{\mathrm{d}^2}{\mathrm{d}t^2}y(t)+b\frac{\mathrm{d}y(t)}{\mathrm{d}t}+ky(t)=-M\frac{\mathrm{d}^2}{\mathrm{d}t^2}x(t) \tag{2.1.7}$$

$$M_s\frac{\mathrm{d}^2}{\mathrm{d}t^2}x(t)=f(t) \tag{2.1.8}$$

(3) 消除中间变量，将方程式标准化。

$$M\frac{\mathrm{d}^2}{\mathrm{d}t^2}y(t)+b\frac{\mathrm{d}y(t)}{\mathrm{d}t}+ky(t)=-\frac{M}{M_s}f(t) \tag{2.1.9}$$

式中，M、b、k、M_s 都为常数。式 (2.1.9) 为线性常系数二阶微分方程，该系统为二阶线性定常系统。

在建模过程中通常会对系统进行一些理想化的假设，忽略一些次要因素，如式 (2.1.8) 忽略了悬浮试验橇上的加速度计的质量，因为加速度计的质量要比悬浮试验橇的质量小得多，从而简化了模型。

例 2.1.3 设一个机械旋转系统由惯性负载和黏性负载组成，其原理如图 2.1.3 所示。现列写以外力矩 M 为输入量，角速度 ω 为输出量的系统运动方程式。图 2.1.3 中 J 为惯性负载的转动惯量，f 为阻尼器的黏性摩擦因数。

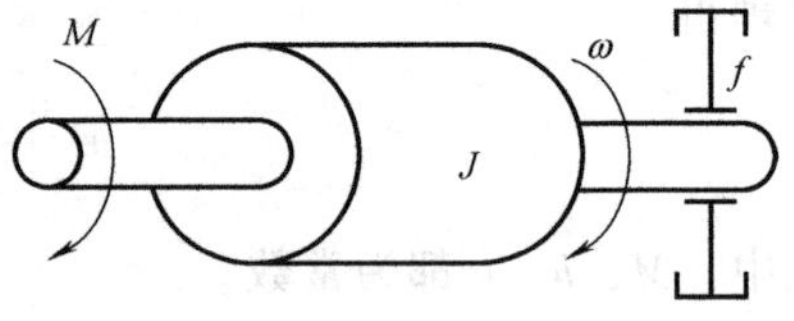

图 2.1.3　机械旋转系统原理图

解：(1) 确定输入量、输出量。外力矩 M 为输入量，角速度 ω 为输出量。

(2) 建立微分方程。按牛顿第二定律，得

$$J\frac{\mathrm{d}\omega}{\mathrm{d}t}=M-f\omega \tag{2.1.10}$$

(3) 将方程式标准化。

$$J\frac{\mathrm{d}\omega}{\mathrm{d}t}+f\omega=M \tag{2.1.11}$$

式 (2.1.11) 为线性常系数一阶微分方程，该系统为一阶线性定常系统。若该系统的输出变为转角 θ，输入不变，则 $\omega=\frac{\mathrm{d}\theta}{\mathrm{d}t}$，代入式 (2.1.11)，得

$$J\frac{\mathrm{d}^2\theta}{\mathrm{d}t^2}+f\frac{\mathrm{d}\theta}{\mathrm{d}t}=M \tag{2.1.12}$$

可见式 (2.1.12) 变为线性常系数二阶微分方程，系统也变为二阶线性定常系统。所以同一系统，选择不同的输入量或输出量，系统的数学模型也会不同。

例 2.1.4 液压缸原理如图 2.1.4 所示。A 为液压缸的工作面积，q 为液压油流量，v 为

活塞移动速度，m 为负载质量，f 为负载阻尼系数。

解：(1) 确定输入量、输出量。液压油流量 q 为输入量，活塞移动速度 v 为输出量。

(2) 建立初始微分方程组。如果仅考虑液压油的弹性、负载质量、阻尼等因素，忽略内外泄漏，液压缸中液流的连续方程为

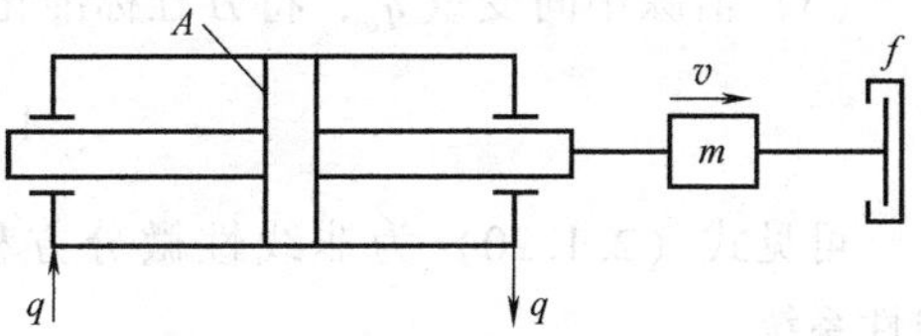

图 2.1.4　液压缸原理图

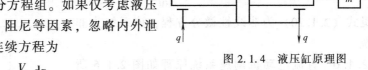

$$q=Av+\frac{V_t}{\beta_e}\frac{dp}{dt} \tag{2.1.13}$$

式中，p 为液压油压力；V_t 为液压缸的总容积；β_e 为液压油弹性模量。

由牛顿第二定律得到液压缸的力平衡方程为

$$pA=m\frac{dv}{dt}+fv \tag{2.1.14}$$

(3) 消除中间变量 p，将方程式标准化。

$$\frac{V_t m}{\beta_e A^2}\frac{d^2v}{dt^2}+\frac{V_t f}{\beta_e A^2}\frac{dv}{dt}+v=\frac{1}{A}q \tag{2.1.15}$$

若该系统仍以流量 q 为输入量，而以活塞的位移 y 为输出量，则式 (2.1.15) 变为

$$\frac{V_t m}{\beta_e A^2}\frac{d^3y}{dt^3}+\frac{V_t f}{\beta_e A^2}\frac{d^2y}{dt^2}+\frac{dy}{dt}=\frac{1}{A}q \tag{2.1.16}$$

此时液压缸的动态数学模型为一个三阶线性常系数微分方程。

例 2.1.5　图 2.1.5 所示为一简单的液位控制系统，其中 q_{i0}、q_{o0}、h_0 分别为流入罐中液体的流量、从罐中流出液体的流量和液面高度的平衡值，q_i、q_o、h 表示各量在平衡工作点处的增量，为随着时间 t 变化的变量。

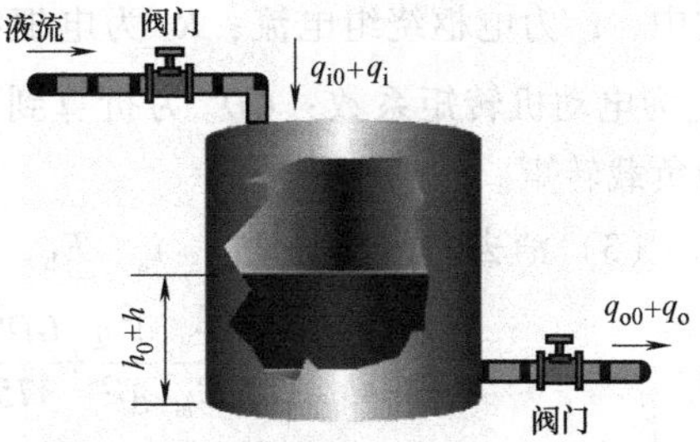

图 2.1.5　液位控制系统原理图

解：(1) 确定输入量、输出量。流入罐中液体的流量增量 q_i 为输入量，液面高度的增量 h 为输出量。

(2) 建立初始微分方程组。设流入罐中的液体是不可压缩的，根据物料平衡关系，液体输入流量与输出流量之差应等于罐中液体储存量的变化量，即

$$A\frac{d(h_0+h)}{dt}=(q_{i0}+q_i)-(q_{o0}+q_o) \tag{2.1.17}$$

式中，A 为罐体的截面积。

因为平衡状态下液面高度 h_0 为定值，则必然 $q_{i0}=q_{o0}$，故可将式 (2.1.17) 改为增量式微分方程，得

$$A\frac{dh}{dt}=q_i-q_o \tag{2.1.18}$$

从罐中流出液体的流量公式为

$$q_o=a\sqrt{h} \tag{2.1.19}$$

式中，a 为罐体通流口结构形式决定的系数。

(3) 消除中间变量 q_o，将方程标准化。

$$A\frac{dh}{dt}+a\sqrt{h}=q_i \tag{2.1.20}$$

可见式 (2.1.20) 为非线性微分方程，该系统为非线性系统。

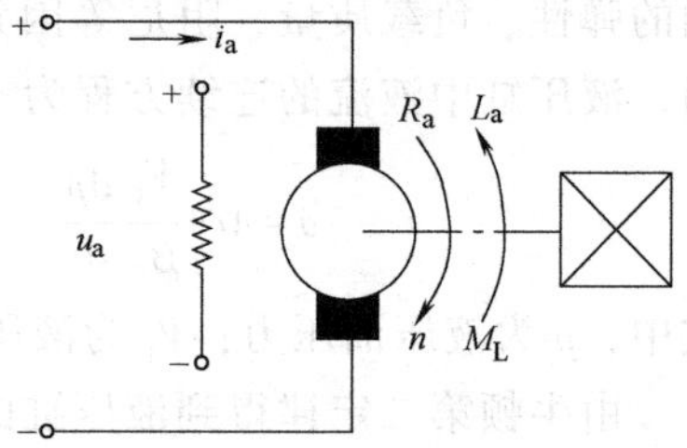

图 2.1.6 直流电动机调速系统原理图

例 2.1.6 直流电动机调速系统原理如图 2.1.6 所示，励磁为恒定磁场。试列出以电枢电压 u_a 为输入量，电动机转速 n 为输出量的微分方程式。

解：(1) 确定输入量、输出量。电枢电压 u_a 为输入量，电动机转速 n 为输出量。

(2) 建立初始微分方程组。根据基尔霍夫定律可列出电枢回路方程为

$$u_a=i_aR_a+L_a\frac{di_a}{dt}+E_b \tag{2.1.21}$$

$$E_b=K_bn$$

电动机轴上的力矩平衡方程为

$$M_m=M_L+\frac{GD^2}{375}\frac{dn}{dt} \tag{2.1.22}$$

$$M_m=C_mi_a$$

式中，i_a 为电枢绕组电流；R_a 为电枢绕组电阻；L_a 为电枢绕组电感；E_b 为电枢反电动势；C_m为电动机转矩系数；GD^2 为折算到电动机上的飞轮力矩；M_m 为电动机的电磁转矩；M_L 为负载转矩。

(3) 消去中间变量 M_m、i_a、E_b，标准化后得到直流电动机的微分方程为

$$\frac{GD^2}{375}\frac{L_a}{C_m}\frac{d^2n}{dt^2}+\frac{GD^2}{375}\frac{R_a}{C_m}\frac{dn}{dt}+K_bn=u_a-\frac{L_a}{C_m}\frac{dM_L}{dt}-\frac{R_a}{C_m}M_L \tag{2.1.23}$$

由此可见，电枢控制的直流电动机以转速 n 为输出的动态数学模型为二阶常系数微分方程。

一般，n 阶线性定常系统可用 n 阶线性定常微分方程描述，即

$$\begin{aligned}&a_n\frac{d^nx_o(t)}{dt^n}+a_{n-1}\frac{d^{n-1}x_o(t)}{dt^{n-1}}+\cdots+a_1\frac{dx_o(t)}{dt}+a_0x_o(t)\\&=b_m\frac{d^mx_i(t)}{dt^m}+b_{m-1}\frac{d^{m-1}x_i(t)}{dt^{m-1}}+\cdots+b_1\frac{dx_i(t)}{dt}+b_0x_i(t)\end{aligned}\quad (n\geqslant m) \tag{2.1.24}$$

由以上各类实例分析可得出如下结论：

1) 一个元件（或系统），当选择不同物理量作为输入量时，输出量所获得的数学模型是不同的。

2) 当忽略影响系统的不同因素时，所获得的数学模型也各自相异，但它们的数学模型结构形式是一样的。

有了元件的微分方程作为基础，便可研究自动控制系统的微分方程。

2.1.3　数学模型的线性化

图 2.1.7 所示为阀控液压缸。其中，x 为阀芯位移输入，y 为液压缸活塞位移输出，Q_L 为负载流量，p_L 为负载压差，M 为负载质量。

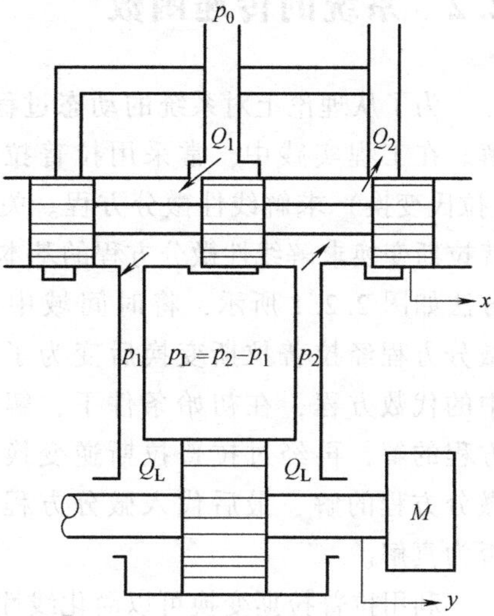

图 2.1.7　阀控液压缸

已知 $Q_L=f(x,p_L)$ 为非线性函数。设阀的额定工作点参量为 p_L 和 x_0。其静态方程为

$$Q_{L0}=f(p_{L0},x_0) \tag{2.1.25}$$

在额定工作点附近展开成泰勒级数有

$$Q_L=f(p_{L0},x_0)+\left[\frac{\partial f(p_L,x)}{\partial x}\right]_{x=x_0,p_L=p_{L0}}\Delta x+\left[\frac{\partial f(p_L,x)}{\partial p_L}\right]_{x=x_0,p_L=p_{L0}}\Delta p_L+\cdots \tag{2.1.26}$$

用式（2.1.26）减去式（2.1.25），并舍去高阶项，得线性方程：

$$\Delta Q_L=K_q\Delta x-K_c\Delta p_L \tag{2.1.27}$$

式中，$K_q=\left[\frac{\partial f(p_L,x)}{\partial x}\right]_{x=x_0,p_L=p_{L0}}$，$K_c=-\left[\frac{\partial f(p_L,x)}{\partial p_L}\right]_{x=x_0,p_L=p_{L0}}$

液压缸工作腔流动连续性方程为

$$\Delta Q=A\frac{\mathrm{d}(\Delta y)}{\mathrm{d}t} \tag{2.1.28}$$

式中，A 为液压缸工作面积。液压缸力平衡方程为

$$\Delta p_L A=M\frac{\mathrm{d}^2(\Delta y)}{\mathrm{d}t^2}+D\frac{\mathrm{d}(\Delta y)}{\mathrm{d}t} \tag{2.1.29}$$

将式（2.1.27）~式（2.1.29）联立，消去中间变量，即得系统线性方程：

$$\frac{K_cM}{A}\frac{\mathrm{d}^2(\Delta y)}{\mathrm{d}t^2}+\left(\frac{K_cD}{A}+A\right)\frac{\mathrm{d}(\Delta y)}{\mathrm{d}t}=K_q(\Delta x) \tag{2.1.30}$$

通常，将式（2.1.30）写成

$$\frac{K_cM}{A}\ddot{y}(t)+\left(\frac{K_cD}{A}+A\right)\dot{y}(t)=K_qx(t) \tag{2.1.31}$$

在系统线性化的过程中，有以下几点需要注意：

1）线性化是相对某一额定工作点的，工作点不同，所得的方程系数也往往不同。

2）变量的偏移越小，线性化精度越高。

3）增量方程中可认为其初始条件为零，即广义坐标原点平移到额定工作点处。

4）线性化只用于没有间断点、折断点的单值函数。

2.2 系统的传递函数

为了从理论上对系统的动态过程进行分析，建立了系统微分方程以后，还必须对其求解。在工程实践中，常采用拉普拉斯变换（拉氏变换）求解线性微分方程。关于用拉普拉斯变换求解线性微分方程的基本思路和方法如图 2.2.1 所示，将时间域中的线性微分方程经拉普拉斯变换后变为了复数域中的代数方程，在初始条件下，解出代数方程的解，再经过拉普拉斯逆变换即得出微分方程的解，最后代入微分方程验证是否为真解。

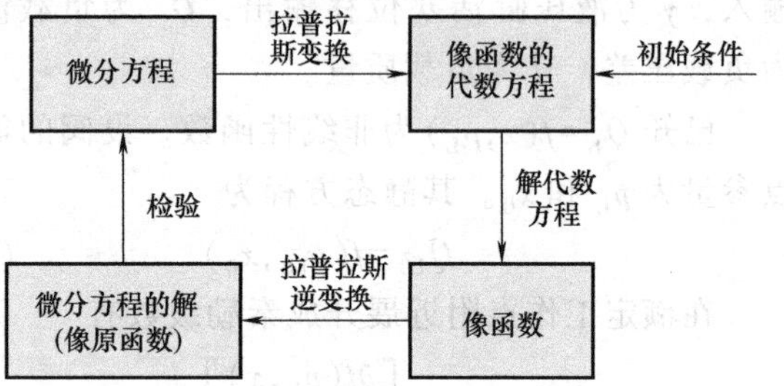

图 2.2.1　拉普拉斯变换求解线性常微分方程

利用拉普拉斯变换可以简化线性微分方程的求解。利用拉普拉斯变换，还可以将用线性定常微分方程式描述的动态数学模型，转换为复数域 s 内的数学模型——传递函数。

2.2.1 传递函数的定义

设系统的框图如图 2.2.2 所示，$x_i(t)$ 为系统的输入量，$X_i(s)$ 为 $x_i(t)$ 的拉普拉斯变换；$x_o(t)$ 为系统的输出量，$X_o(s)$ 为 $x_o(t)$ 的拉普拉斯变换。

传递函数的定义：在零初始条件下，线性定常系统输出量的拉普拉斯变换与输入量的拉普拉斯变换之比，称为该系统的传递函数 $G(s)$，即 $G(s)=\dfrac{X_o(s)}{X_i(s)}$。

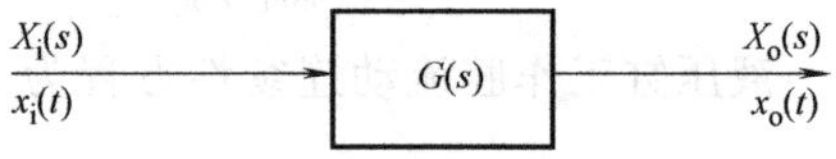

图 2.2.2　系统的框图

对系统的微分方程进行拉普拉斯变换，再经整理即可得到系统的传递函数。

对于 n 阶线性定常系统，设初始条件为零，对式（2.1.24）两边分别进行拉普拉斯变换，得

$$(a_n s^n+a_{n-1}s^{n-1}+\cdots+a_1 s+a_0)X_o(s)=(b_m s^m+b_{m-1}s^{m-1}+\cdots+b_1 s+b_0)X_i(s)$$

由此可得系统传递函数的一般表达式为

$$G(s)=\frac{X_o(s)}{X_i(s)}=\frac{b_m s^m+b_{m-1}s^{m-1}+\cdots+b_1 s+b_0}{a_n s^n+a_{n-1}s^{n-1}+\cdots+a_1 s+a_0}\quad (n\geqslant m) \tag{2.2.1}$$

关于传递函数，应注意以下性质。

1）传递函数只适用于线性定常系统。

2）传递函数是在零初始条件下定义的，也就是满足当 $t\leqslant 0$ 时，输出量及其各阶导数皆为零。

3）传递函数是复变量 s 的有理真分式函数，分子的阶次 m 一般不大于分母的阶次 n，即 $m\leqslant n$。

4）传递函数只取决于系统（或元件）的结构和参数，与系统（或元件）的输入量和输出量的大小和形式无关，传递函数反映了系统的固有特性。

5）若输入已经确定，则系统的输出完全取决于其传递函数。

6）传递函数可以是有量纲的，也可以是无量纲的。

7）物理性质不同的系统、环节或元件，可以有相同类型的传递函数，即相似原理。

2.2.2　传递函数的零点、极点和放大系数

系统的传递函数 $G(s)$ 是以复变量 s 为自变量的函数，将分母和分子进行因式分解后可以表示为以下的一般形式

$$G(s)=\frac{k(s-z_1)(s-z_2)\cdots(s-z_m)}{(s-p_1)(s-p_2)\cdots(s-p_n)}(m\leqslant n) \tag{2.2.2}$$

式（2.2.2）也称为传递函数的零极点增益模型。

1）零点。$s=z_1$、z_2、…、z_m 是分子多项式等于零时的根，故称其为传递函数的零点。零点影响瞬态响应曲线的形状，不影响系统的稳定性。

2）极点。$s=p_1$、p_2、…、p_n 是分母多项式等于零时的根，一般称其为传递函数的极点。极点决定系统瞬态响应的收敛性，即影响系统的稳定性。

3）放大系数。系统的系数 k 称为系统的放大系数（增益），它决定了系统的稳态输出值。

$$G(0)=\frac{k(-z_1)(-z_2)\cdots(-z_m)}{(-p_1)(-p_2)\cdots(-p_n)}=\frac{b_0}{a_0} \tag{2.2.3}$$

所以，对系统的研究可以转化为对系统传递函数零点、极点和放大系数的研究。

2.2.3　典型环节的传递函数

1. 比例环节

比例环节又称放大环节，比例环节的微分方程为

$$x_o(t)=Kx_i(t) \tag{2.2.4}$$

其传递函数为

$$G(s)=\frac{X_o(s)}{X_i(s)}=K \tag{2.2.5}$$

比例环节的特点：其输出不失真、不延迟、成比例地复现输入信号的变化，即信号的传递没有惯性。

例 2.2.1　求图 2.2.3 所示运算放大器和齿轮传动副的传递函数。图 2.2.3a 中 R_1、R_2 为电阻，$u_i(t)$ 为输入电压，$u_o(t)$ 为输出电压；图 2.2.3b 中 x_i 为输入轴转速，x_o 为输出轴转速，z_1 为输入齿轮齿数，z_2 为输出齿轮齿数。

解：（1）对运算放大器，有

$$u_o(t)=\frac{-R_2}{R_1}u_i(t)$$

经拉普拉斯变换后得到其传递函数为

$$G(s)=\frac{U_o(s)}{U_i(s)}=\frac{-R_2}{R_1}=K$$

（2）齿轮传动副，设无传动间隙，刚性无穷大，则 $z_1x_i=z_2x_o$

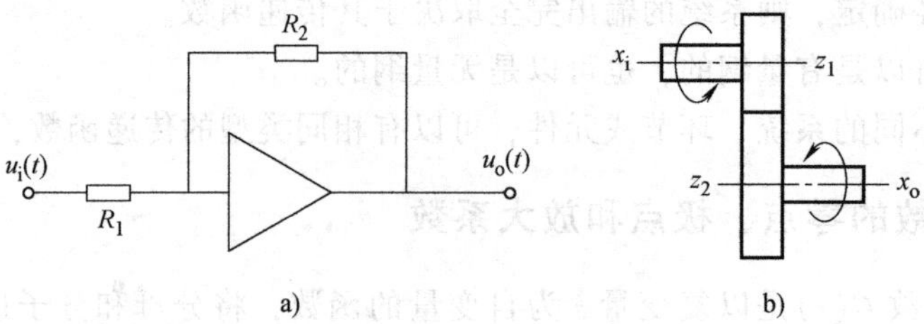

图 2.2.3　运算放大器和齿轮传动副

a）运算放大器　b）齿轮传动副

经拉普拉斯变换后得到其传递函数为

$$G(s)=\frac{X_o(s)}{X_i(s)}=\frac{z_1}{z_2}=K$$

2. 惯性环节

惯性环节的微分方程为

$$T\frac{dx_o(t)}{dt}+x_o(t)=x_i(t) \tag{2.2.6}$$

其传递函数为

$$G(s)=\frac{X_o(s)}{X_i(s)}=\frac{1}{Ts+1} \tag{2.2.7}$$

式中，T 为惯性环节的时间常数。

惯性环节的特点：其输出量不能瞬时完成与输入量完全一致的变化，而是缓慢地反映输入量的变化规律。

例 2.2.2　求图 2.2.4 所示的弹簧-阻尼系统的传递函数。

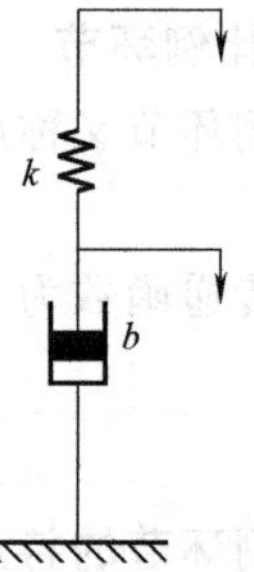

图 2.2.4　弹簧-阻尼系统

解：根据牛顿定律，有 $b\frac{dx_o(t)}{dt}+kx_o(t)=kx_i(t)$

经拉普拉斯变换后得到其传递函数为

$$G(s)=\frac{X_o(s)}{X_i(s)}=\frac{1}{\frac{b}{k}s+1}=\frac{1}{Ts+1}$$

式中，$T=b/k$ 为惯性环节的时间常数。

3. 微分环节

微分环节的微分方程为

$$x_o(t)=T\frac{dx_i(t)}{dt} \tag{2.2.8}$$

其传递函数为

$$G(s)=Ts \tag{2.2.9}$$

式中，T 为微分时间常数。

微分环节的特点：其输出量与输入量对时间的微分成正比，即输出量反映了输入量的变化率，而不反映输入量本身的大小。因此，可由微分环节的输出来反映输入信号的变化趋势，加快系统控制作用的实现。常利用微分环节来改善系统的动态性能。

由于微分环节的输出只能反映输入信号的变化率，而不能反映输入量本身的大小，故在许多场合无法单独使用，因而常采用比例微分环节，其传递函数为

$$G(s)=K(Ts+1) \tag{2.2.10}$$

例 2.2.3　如图 2.2.5 所示为机械-液压阻尼器的原理图。它相当于一个具有惯性环节和微分环节的系统。已知，A 为活塞右边的面积，k 为弹簧刚度，R 为节流阀液阻；p_1，p_2 为液压缸左右两腔的压力，x_i 为活塞位移，x_o 为液压缸位移，求传递函数。

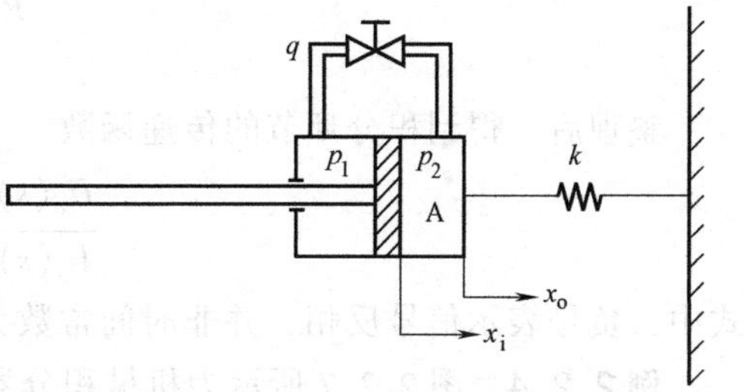

图 2.2.5　机械-液压阻尼器的原理图

解：当活塞向右位移 x_i 时，液压缸瞬时位移 x_o，在初始时刻与 x_i 相等，但当弹簧被压缩时，弹簧力加大，液压缸的右腔压力 p_2 增大，迫使油液以流量 q 通过节流阀反流到液压缸左腔，从而使液压缸左移，弹簧力最终使 x_o 减到零，即液压缸返回到初始位置。

液压缸的静力平衡方程式为

$$A(p_2-p_1)=kx_o$$

通过节流阀的流量为

$$q=A\left(\frac{\mathrm{d}x_i}{\mathrm{d}t}-\frac{\mathrm{d}x_o}{\mathrm{d}t}\right)=\frac{p_2-p_1}{R}\text{（与欧姆定律类似）}$$

消去中间变量，得

$$\left(\frac{\mathrm{d}x_i}{\mathrm{d}t}-\frac{\mathrm{d}x_o}{\mathrm{d}t}\right)=\frac{k}{A^2R}x_o$$

经拉普拉斯变换后得到其传递函数为

$$G(s)=\frac{X_o(s)}{X_i(s)}=\frac{Ts}{Ts+1}$$

式中，$T=\dfrac{A^2R}{k}$为时间常数。

可知，此阻尼器为包括有惯性环节和微分环节的系统。仅当 $Ts\ll1$ 时，才近似成微分环节。实际上，微分特性总是含有惯性的，理想的微分环节只是数学上的假设。

4. 积分环节

积分环节的微分方程为

$$x_o(t)=\frac{1}{T}\int x_i(t)\,\mathrm{d}t \tag{2.2.11}$$

其传递函数为

$$G(s)=\frac{1}{Ts} \tag{2.2.12}$$

式中，T 为积分环节的时间常数。

积分环节的特点：输出量与输入量对时间的积分成正比。若输入突变，输出值要等到时间 T 之后才等于输入值，故有滞后作用。输出积累一段时间后，即便使输入为零，输出也将保持原值不变，即具有记忆功能。只有当输入反相时，输出才反相积分而下降。常利用积分环节来改善系统的稳态性能。

图 2.2.6 所示是带电容的运算放大器构成的积分环节，可以列写出如下的基本方程

$$\frac{U_i(s)}{R}=-\frac{U_o(s)}{\frac{1}{Cs}}$$

整理后，得到积分环节的传递函数

$$\frac{U_o(s)}{U_i(s)}=-\frac{1}{RCs}=-\frac{1}{Ts}$$

式中，负号表示信号反相，并非时间常数为负，时间常数 $T=RC$。

例 2.2.4 图 2.2.7 所示为机械积分器，A 盘做恒速转动并带动 B 盘转动，B 盘和 I 轴间用滑键连接，同轴转动，B 盘（或 I 轴）与 A 盘的转速关系取决于距离 $e_i(t)$，其关系为 $n(t)=Ke_i(t)$。$e_i(t)$为距离，输入量；$\theta_o(t)$为 I 轴的转角，输出量；$n(t)$为 I 轴的转速。求其传递函数。

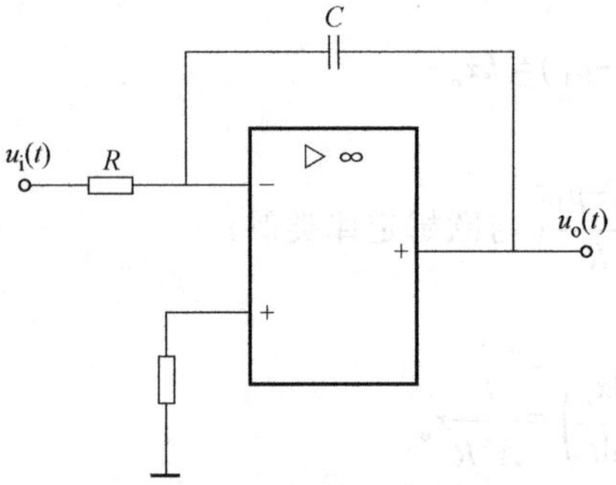

图 2.2.6 带电容的运算放大器

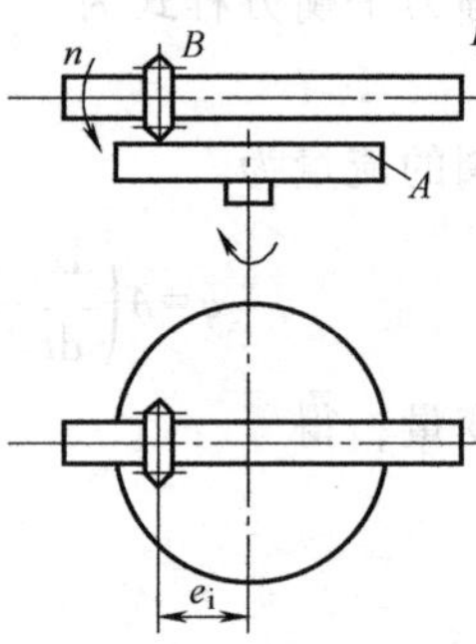

图 2.2.7 机械积分器

解：因为 $n(t)=\frac{d\theta_o(t)}{dt}$，$n(t)=Ke_i(t)$

所以$\frac{d\theta_o(t)}{dt}=Ke_i(t)$

进行拉式变换后得 $s\theta_o(s)=KE_i(s)$

则 $G(s)=\frac{\theta_o(s)}{E_i(s)}=\frac{K}{s}$

5. 振荡环节

振荡环节的微分方程为

$$T^2\frac{d^2x_o(t)}{dt^2}+2\xi T\frac{dx_o(t)}{dt}+x_o(t)=x_i(t) \tag{2.2.13}$$

式中，T 为时间常数，ξ 为阻尼比，其值为 $0<\xi<1$。

振荡环节的传递函数为

$$G(s)=\frac{X_o(s)}{X_i(s)}=\frac{1}{T^2s^2+2\xi Ts+1} \tag{2.2.14}$$

或写为

$$G(s)=\frac{1/T^2}{s^2+2\xi s/T+1/T^2}=\frac{\omega^2}{s^2+2\xi\omega s+\omega^2} \tag{2.2.15}$$

式中，$\omega=1/T$ 为振荡环节的无阻尼固有频率。

振荡环节的特点：如输入信号为一阶跃信号，则其动态响应呈周期性振荡形式。

本章 2.1 节提到的由弹簧、质量物体和阻尼器所组成的机械位移系统，如图 2.1.1 所示，系统的微分方程见式（2.1.5），拉普拉斯变换后，整理得传递函数为 $G(s)=\frac{Y(s)}{F(s)}=\frac{1}{Ms^2+bs+k}$。

本章 2.1 节提到的机械式加速度计，如图 2.1.2 所示，系统的微分方程见式（2.1.9），拉普拉斯变换后，整理得传递函数为 $G(s)=\frac{Y(s)}{F(s)}=\frac{-M/M_s}{Ms^2+bs+k}$。

例 2.2.5　*RLC* 串联电路，如图 2.2.8 所示，以电压 $u_i(t)$ 为输入量，以电容器两端电压 $u_o(t)$ 为输出量，试求系统的传递函数。

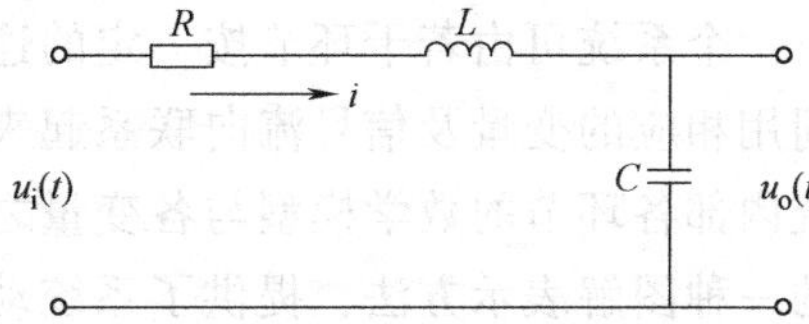

图 2.2.8　*RLC* 串联电路

解：根据基尔霍夫定律可列出其对应的微分方程为 $LC\frac{d^2u_o(t)}{dt^2}+RC\frac{du_o(t)}{dt}+u_o(t)=u_i(t)$

拉普拉斯变换后，得到传递函数为 $G(s)=\frac{U_o(s)}{U_i(s)}=\frac{1}{LCs^2+RCs+1}$。

6. 延时环节

延时环节也称为时滞环节，其微分方程为

$$x_o(t)=x_i(t-\tau) \tag{2.2.16}$$

式中，τ 为延迟时间。

延时环节的传递函数为

$$G(s)=\frac{X_o(s)}{X_i(s)}=e^{-\tau s} \tag{2.2.17}$$

延时环节的特点：其输出波形与输入波形相同，但延迟了时间 τ。延时环节的存在对系统的稳定性不利。

可用晶闸管整流装置作为时滞环节的实例。将晶闸管控制电压 u_{ct} 与其整流输出电压 u_d 之间的放大系数 K_s 看为常数。晶闸管导通以后，控制极便失去了控制作用，此时，若 u_{ct} 变化，必须等到晶闸管阻断后再次触发导通时，才能体现出 u_{ct} 所控制的触发角的变化，从而引起 u_d 值的变化。由于失控时间 T_s 导致了控制电压与整流输出电压间的延时，两者的关系为 $u_d=K_su_{ct}(t-T_s)$，其传递函数为 $G(s)=\frac{U_d(s)}{U_{ct}(s)}=K_se^{-T_ss}$。在三相半波电路中，取 $T_s=0.00333s$，三相桥式电路中，取 $T_s=0.00167s$。考虑到 T_s 很小，可将传递函数近似成惯性环节，即 $G(s)=K_se^{-T_ss}\approx\frac{K_s}{1+T_ss}$。

上述典型环节是按数学模型的特征来划分的，它们与实际的物理器件之间不一定一一对应，即一个复杂器件的传递函数可能由多个典型环节组成；反之亦然。

2.3 系统传递函数框图及其化简

控制系统往往由许多元件组成，前面介绍的微分方程、传递函数等数学模型，都是用纯数学表达式描述系统特性，不能反映系统中各元（部）件对整个系统性能的影响，而系统原理图虽然反映了系统的物理结构，但又缺少系统中各变量间的定量关系。为了表明每一个元件在系统中的功能，在控制工程中常常引入所谓的“系统框图”的概念。**框图也称为功能图等，是描述控制系统的另一种比较直观的模型，既能反映系统中各变量间的定量关系，又能明显地表示系统各部件对系统性能的影响。**在控制系统的分析中用框图进行处理具有相当明显的优势。

2.3.1 传递函数框图概述

一个系统可由若干环节按一定的连接关系组成，将这些环节及其传递函数以方框表示，其间用相应的变量及信号流向联系起来，就构成系统传递函数框图。它具体而形象地表示了系统内部各环节的数学模型与各变量之间的相互关系以及信号流向。事实上它是系统数学模型的一种图解表示方法，提供了系统动态性能的有关信息，并且可以揭示和评价每个组成环节对系统的影响，所以传递函数框图又称为动态结构图。根据传递函数框图，通过一定的运算变换可求出整个系统的传递函数。故传递函数框图对于系统的描述、分析和计算是很方便的，因此被广泛地应用。目前很多仿真软件都能面向框图，能直接接收系统的框图，利用计算机对系统的动态性能进行仿真分析。

1. 框图的构成要素

控制系统的传递函数框图是由许多传递函数方框和一些信号流向线所组成，主要由信号线、传递函数方框、综合点和引出点四个基本要素构成，如图 2.3.1 所示。

1）信号线。信号线是带有箭头的直线，箭头表示信号传递的方向，直线上面或旁边标注所传递信号的时间函数或其拉普拉斯变换函数，如图 2.3.1a 所示。

2）传递函数方框。传递函数方框简称函数方框或环节，是传递函数的图解表示，表示输出信号与输入信号之间的数学变换。系统输出的拉普拉斯变换等于输入的拉普拉斯变换乘以函数方框中的传递函数，如图 2.3.1b 所示。图中方框内标明输入输出信号间的传递函数，方框的输出信号是输入信号与方框内传递函数相乘的结果，即 $X_o(s)=G(s)X_i(s)$。信号通过方框的流向以箭头表示，输入信号的箭头指向方框，输出信号的箭头背向方框。图 2.3.1b 中$X_i(s)$为输入信号，$X_o(s)$为输出信号。

3）综合点。综合点又称比较点、相加点，是对两个或两个以上信号进行代数求和运算的图解表示，用“⊗”表示，如图 2.3.1c 所示。在综合点处，输出信号（离开相加点的箭头表示）等于各输入信号（指向相加点的箭头表示）的代数和，每一个指向综合点的箭头前方的“+”号或“-”号表示该输入信号在代数运算中的符号。在综合点处相加减的信号必须是同种变量，具有相同量纲。综合点可以有多个输入，但输出是唯一的。即使有若干个输出信号线，这些输出信号的性质和大小也相同。

4）引出点。引出点又称分支点，表示同一信号向不同方向的传递，用“·”表示，如图 2.3.1 d 所示，从同一信号线上引出的信号具有相同的数值和量纲。

任何线性系统都可以由信号线、函数方框、综合点和引出点这四个基本要素构成的传递函数框图来表示。应当指出，信号只能沿箭头指向流动，每个环节的输入决定输出，而输出对输入没有反作用，因此传递函数框图具有单向特性，即各环节间无负载效应。

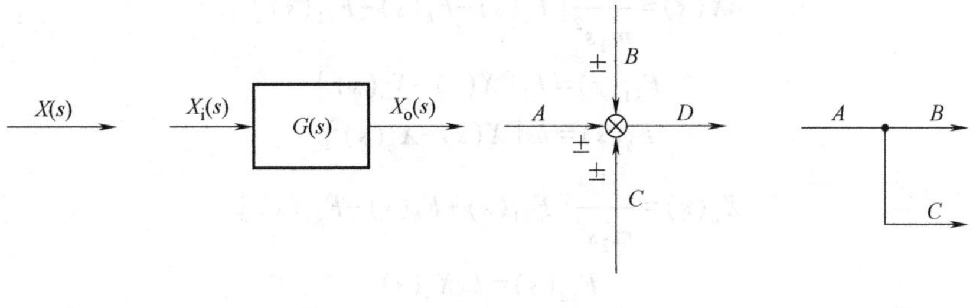

图 2.3.1　框图构成要素

2. 框图的建立

建立系统传递函数框图的一般步骤如下。

1）按照系统的结构和工作原理，考虑负载效应，分别列写出各环节的运动微分方程，列写时应特别注意明确信号的因果关系，即分清方程的输入量和输出量。

2）在零初始条件下对各环节微分方程进行拉普拉斯变换，并根据输入输出关系，求出各环节的传递函数，绘出相应的函数方框。

3）按照信号在系统中传递和变换的过程（即流向），依次将各环节的函数方框连接起来，系统输入量置于左侧，输出量置于右侧，便可得出系统的传递函数框图。

下面举例说明系统传递函数框图的绘制方法。

例 2.3.1　某机械系统如图 2.3.2 所示，以作用力 $f_i(t)$ 为输入，位移 $x_o(t)$ 为输出绘制出该系统的传递函数框图。

解：(1) 建立系统微分方程　在外力 $f_i(t)$ 的作用下使 m_1 产生速度和位移 $x(t)$，m_1 的速度和位移分别使阻尼器和弹簧产生黏性阻尼力 $f_b(t)$ 和弹性力 $f_{k1}(t)$。$f_b(t)$ 和 $f_{k1}(t)$ 一方面作用于质量块 m_2，使之产生速度和位移 $x_o(t)$；另一方面，依牛顿定理又反馈作用于 m_1，从而影响到力 $f_i(t)$ 的作用效果。m_2 的位移 $x_o(t)$ 使弹性系数为 k_2 的弹簧产生弹性力 $f_{k2}(t)$，它反作用于 m_2 上。

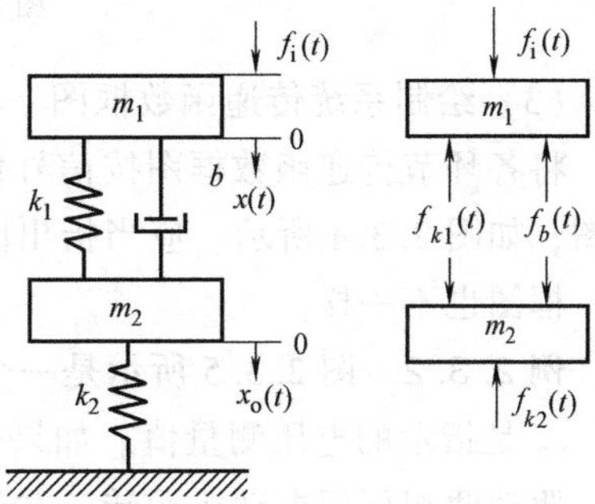

图 2.3.2　某机械系统

按牛顿定律，系统中各元件的运动平衡方程分别为

$$m_1\ddot{x}(t)=f_i(t)-f_b(t)-f_{k1}(t) \tag{2.3.1}$$

$$f_{k1}(t)=k_1[x(t)-x_o(t)] \tag{2.3.2}$$

$$f_b(t)=b\left(\frac{\mathrm{d}x(t)}{\mathrm{d}t}-\frac{\mathrm{d}x_o(t)}{\mathrm{d}t}\right) \tag{2.3.3}$$

$$m_2\ddot{x}_o(t)=f_{k1}(t)+f_b(t)-f_{k2}(t) \tag{2.3.4}$$

$$f_{k2}(t)=k_2x_o(t) \tag{2.3.5}$$

上述各元件方程中，等号右边包含输入项，等号左边包含输出项。

(2) 对上述方程进行拉普拉斯变换

在零初始条件下对式（2.3.1）~式（2.3.5）进行拉普拉斯变换，可得

$$X(s)=\frac{1}{m_1s^2}[F_i(s)-F_b(s)-F_{k1}(s)] \tag{2.3.6}$$

$$F_{k1}(s)=k_1[X(s)-X_o(s)] \tag{2.3.7}$$

$$F_b(s)=bs[X(s)-X_o(s)] \tag{2.3.8}$$

$$X_o(s)=\frac{1}{m_2s^2}[F_{k1}(s)+F_b(s)-F_{k2}(s)] \tag{2.3.9}$$

$$F_{k2}(s)=k_2X_o(s) \tag{2.3.10}$$

相应的各环节传递函数框图如图 2.3.3 所示。

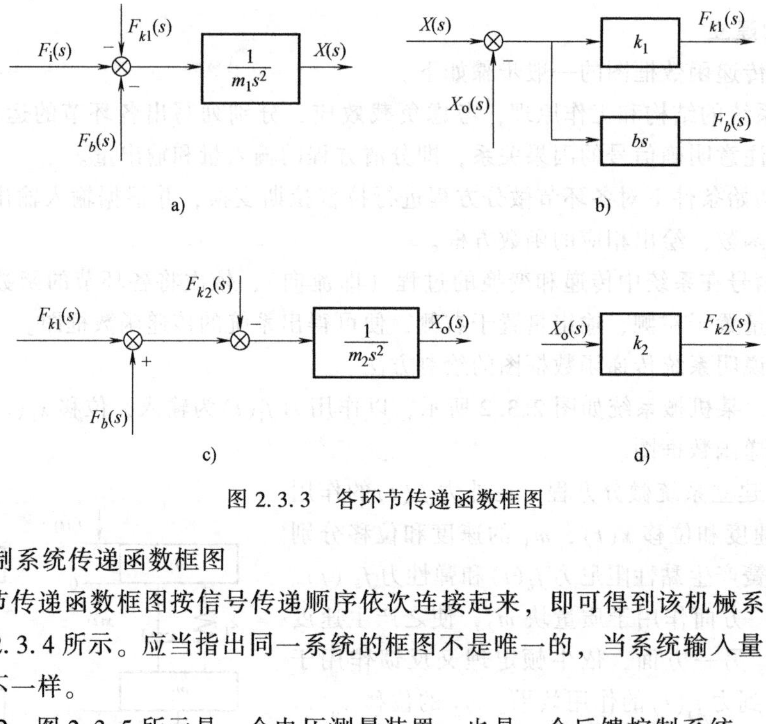

图 2.3.3 各环节传递函数框图

(3) 绘制系统传递函数框图

将各环节传递函数框图按信号传递顺序依次连接起来，即可得到该机械系统的传递函数框图，如图 2.3.4 所示。应当指出同一系统的框图不是唯一的，当系统输入量和输出量不同时，框图也不一样。

例 2.3.2 图 2.3.5 所示是一个电压测量装置，也是一个反馈控制系统。e_1 是待测量电压，e_2 是指示的电压测量值。如果 e_2 不同于 e_1，就产生误差电压 $e=e_1-e_2$，经调制、放大以后，驱动两相伺服电动机运转，并带动测量指针移动，直至 $e_2=e_1$。这时指针指示的电压值即是待测量的电压值。试绘制该系统的框图。

解：系统由比较电路、机械调制器、放大器、两相伺服电动机及指针机构组成。

(1) 考虑负载效应分别列写各元（部）件的运动微分方程，并在零初始条件下进行拉普拉斯变换，于是有

比较电路：
$$E(s)=E_1(s)-E_2(s) \tag{2.3.11}$$

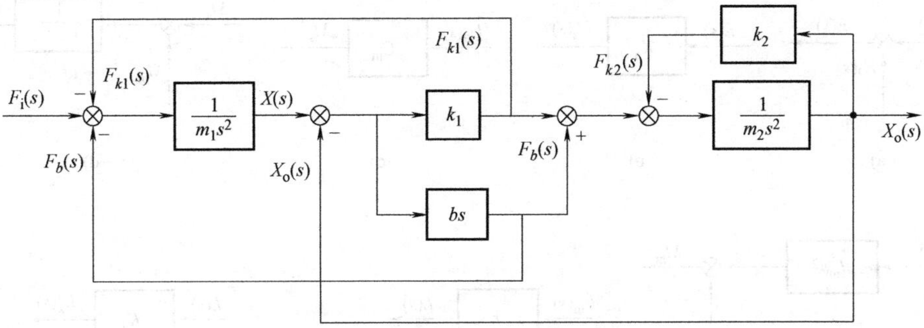

图 2.3.4　机械系统传递函数框图

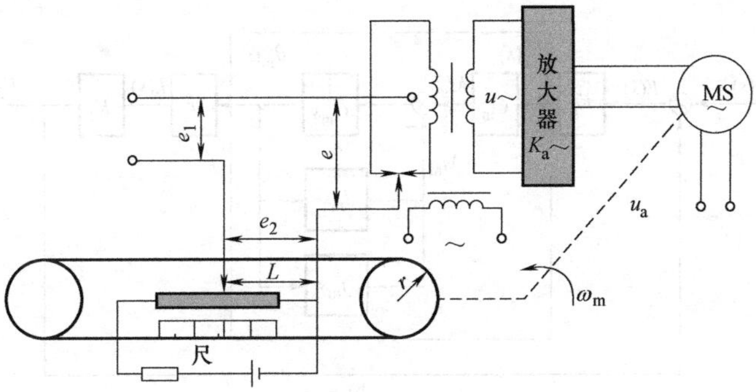

图 2.3.5　电压测量装置原理图

调制器：
$$U_{\sim}(s)=E(s) \tag{2.3.12}$$
放大器：
$$U_a(s)=K_aE(s) \tag{2.3.13}$$
两相伺服电机：
$$\begin{aligned} M_m&=-C_as\theta_m(s)+M_s \\ M_s&=C_mU_a(s) \\ M_m&=J_ms^2\theta_m(s)+f_ms\theta_m(s) \end{aligned} \tag{2.3.14}$$
或
$$\frac{\theta_m(s)}{U_a(s)}=\frac{K_m}{s(T_ms+1)} \tag{2.3.15}$$
式中，M_s 是电动机转矩；M_m 是电动机堵转转矩；$U_a(s)$ 是控制电压；$\theta_m(s)$ 是电动机角位移；J_m 和 f_m 分别是折算到电动机上的总转动惯量及总黏性摩擦系数。

绳轮传动机构：$L(s)=r\theta_m(s)$，其中 r 是绳轮半径，L 是指针的位移。

测量电位器：$E_2(s)=K_1L(s)$，其中 K_1 是电位器传递系数。

(2) 根据各元（部）件在系统中的工作关系，确定其输入量和输出量，并按照各自的运动方程分别画出各个元（部）件的函数框图，如图 2.3.6a ~ g。

(3) 按信号传递顺序将各元（部）件的函数方框依次连接起来，便可得到系统框图，如图 2.3.6h 所示。如果两相伺服电动机的数学模型可直接用式$\frac{\theta_m(s)}{U_a(s)}=\frac{K_m}{s(T_ms+1)}$表示，则系统框图可简化为图 2.3.6i。

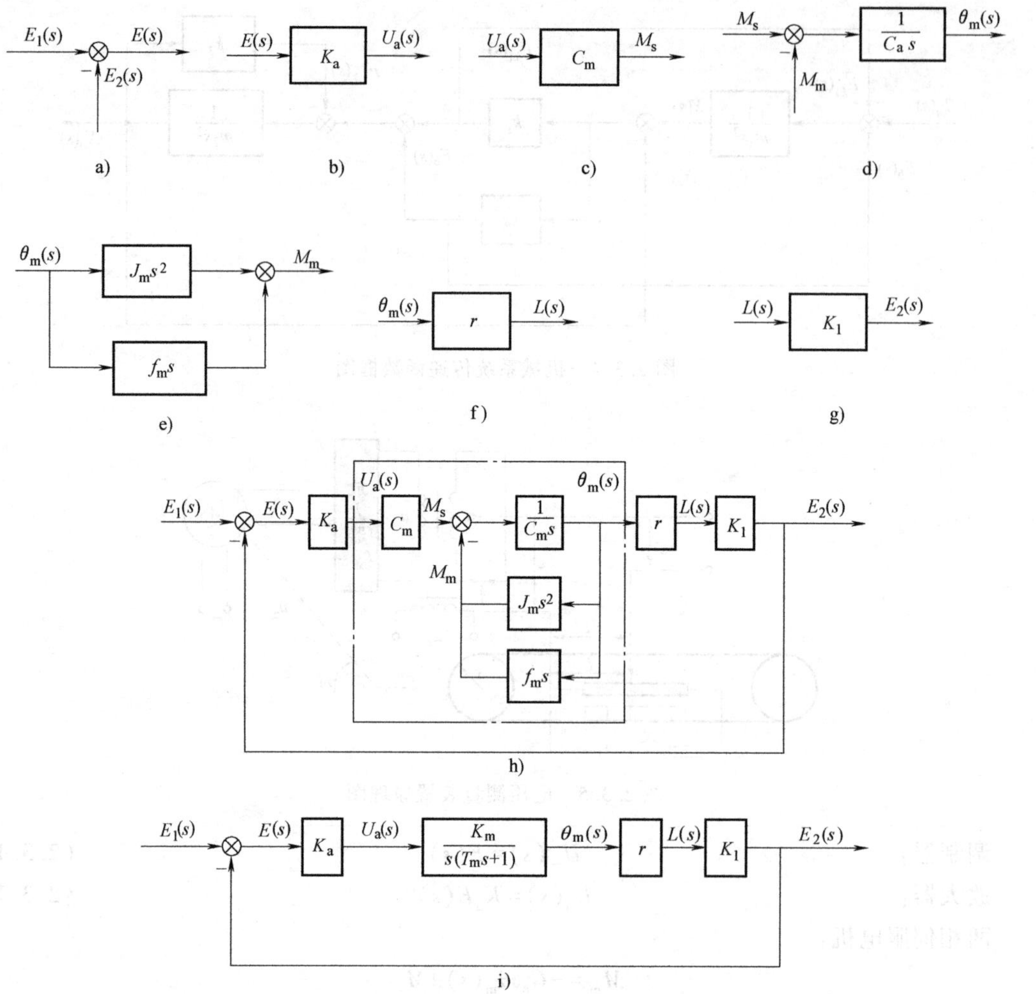

图 2.3.6 电压测量装置系统框图

3. 框图的特点

从函数框图上可以用方框进行数学运算，也可以直观了解各元（部）件的相互关系及其在系统中所起的作用。更重要的是，从系统函数框图可以方便地求得系统的传递函数。因此，函数框图也是控制系统的一种数学模型。函数框图实质上是系统原理图与数学方程两者的结合，既补充了原理图所缺少的定量描述，又避免了纯数学的抽象运算，具有如下特点。

1）相比于微分方程，框图能更直观更形象地表示系统中各环节的功能和相互关系，以及信号的流向和每个环节对系统性能的影响。

2）框图中的信号流向是单向的，不可逆的。

3）框图是从传递函数的基础上得出来的，仍是系统的数学模型，不代表具体的物理结构。

4）框图不唯一。研究角度不同，所列写的传递函数就不同，因此所获得的框图也不是唯一的。

5）利用框图对系统进行研究更方便。对于一个复杂的系统可以画出它的框图，通过框图的化简，不难求出系统的输入、输出关系。在此基础上，无论是研究整个系统的性能，还是评价每一个环节的作用都是很方便的。

6）虽然框图是从系统元（部）件的数学模型得到的，但框图中的方框与实际系统的元（部）件并非是一一对应的。一个实际元（部）件可以用一个方框或几个方框表示；而一个方框也可以代表几个元（部）件或是一个子系统，或是一个大的复杂系统。

2.3.2　传递函数框图的等效变换

对于实际的自动控制系统，通常采用多回路的框图表示，如大环回路套小环回路，其框图较为复杂。为了分析系统的动态性能，需要对系统的框图进行运算和变换，求出总的传递函数。这种运算和变换，就是设法将传递函数框图化为一个等效的传递函数方框，而方框中的数学表达式即为系统的总传递函数。为了便于分析与计算，需要利用等效变换法对传递函数框图进行简化。**所谓等效变换是指对框图的任何一部分进行变换时，变换前后输入输出总的数学关系应保持不变。**下面介绍几种典型的连接方式的传递函数计算及常用的框图等效变换法。

1. 框图的基本连接方式及其运算法则

框图中各环节之间有三种基本连接方式：串联、并联和反馈，框图运算法则是求取框图不同连接方式下等效传递函数的方法。

（1）串联

环节与环节首尾相连，前一环节的输出是后一环节的输入，这样的连接方式称为串联，如图 2.3.7 所示。当各环节之间不存在（或可忽略）负载效应时，则串联后的等效传递函数为

$$G(s)=\frac{X_o(s)}{X_i(s)}=G_1(s)G_2(s)\cdots G_n(s)=\prod_{j=1}^{n}G_j(s) \tag{2.3.16}$$

即各环节串联时等效传递函数等于各串联环节的传递函数的乘积。

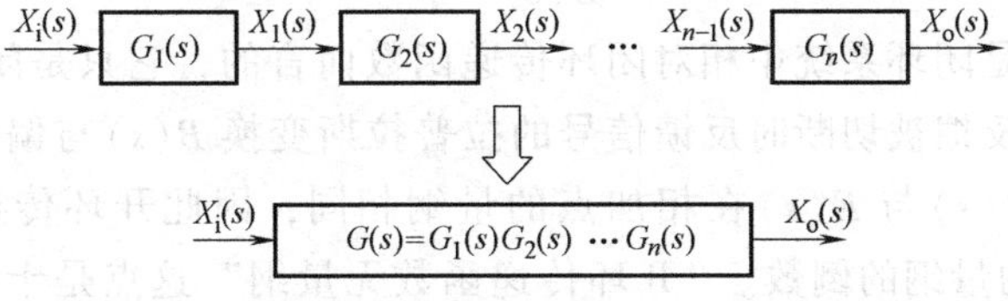

图 2.3.7　串联及其等效方框

（2）并联

各环节的输入相同，输出为各环节输出的代数和，这种连接方式称为并联，如图 2.3.8 所示。并联后的等效传递函数为

$$G(s)=\frac{X_o(s)}{X_i(s)}=G_1(s)\ \pm G_2(s)\ \pm\cdots\ \pm G_n(s)=\sum_{j=1}^{n}G_j(s) \tag{2.3.17}$$

即各环节并联时等效传递函数等于各并联环节的传递函数的代数和。

（3）反馈

图 2.3.9 所示的连接方式称为反馈，实际上它也是闭环系统传递函数框图的最基本形式。单输入信号作用的闭环系统，无论组成系统的环节有多复杂，其传递函数框图总可以简

化成图 2.3.9 所示的基本形式。其中，输入信号为 $X_i(s)$，输出信号为 $X_o(s)$，$B(s)$称为反馈信号，$E(s)$称为偏差信号。在反馈框图中，有以下几个基本概念。

1）前向通道。信号由输入端从左向右顺序传递到输出端的通道。前向通道中的等效传递函数称为前向通道传递函数，如图 2.3.9 中的 $G(s)$，它是输出量 $X_o(s)$与偏差信号 $E(s)$之比，即 $G(s)=\dfrac{X_o(s)}{E(s)}$。

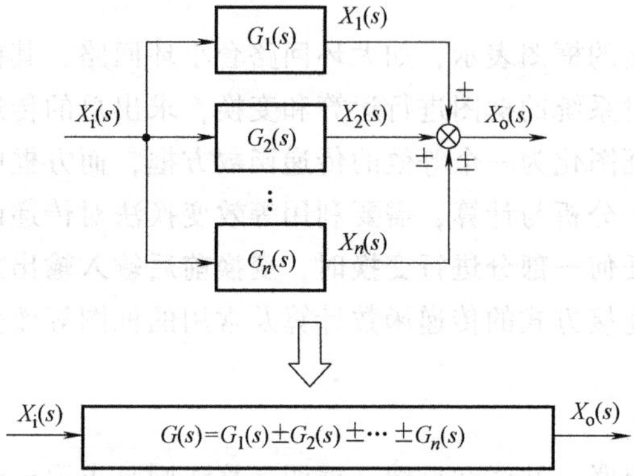

图 2.3.8　并联及其等效方框

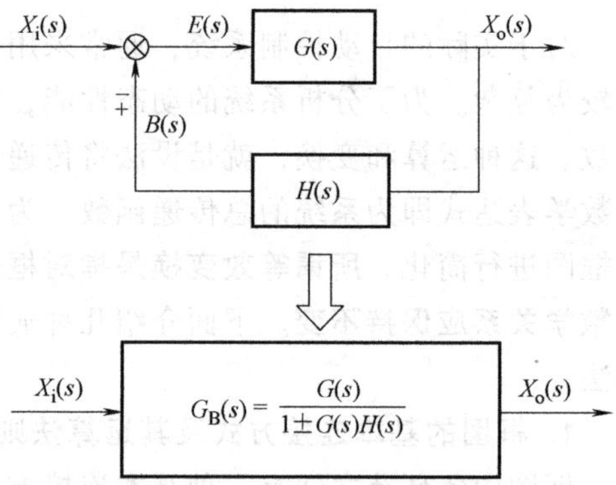

图 2.3.9　反馈及其等效方框

2）反馈通道。信号由输出端从右向左反向传递到输入端的通道。反馈通道中的等效传递函数称为反馈通道传递函数，如图 2.3.9 中的 $H(s)$。它是反馈信号 $B(s)$与输出信号 $X_o(s)$之比，即 $H(s)=\dfrac{B(s)}{X_o(s)}$。

3）开环传递函数。前向通道传递函数 $G(s)$与反馈通道传递函数 $H(s)$的乘积，用$G_K(s)$表示，它也是反馈信号 $B(s)$与偏差信号 $E(s)$之比，即

$$G_K(s)=\frac{B(s)}{E(s)}=G(s)H(s) \tag{2.3.18}$$

开环传递函数只是闭环系统中相对闭环传递函数而言的，它只是闭环系统中的一部分，相当于在相加点处，反馈被切断时反馈信号的拉普拉斯变换 $B(s)$与偏差信号的拉普拉斯变换 $E(s)$之比。由于 $B(s)$与 $E(s)$在相加点的量纲相同，因此开环传递函数无量纲，而且 $H(s)$的量纲是 $G(s)$的量纲的倒数。“开环传递函数无量纲”这点是十分重要的，必须充分注意。

4）闭环传递函数。闭环系统输出的拉普拉斯变换与输入的拉普拉斯变换之比，用 $G_B(s)$表示，即 $G_B(s)=\dfrac{X_o(s)}{X_i(s)}$，由图 2.3.9 可知。

$$E(s)=X_i(s)\mp B(s)=X_i(s)\mp X_o(s)H(s)$$

$$\begin{aligned}X_o(s)&=G(s)E(s)=G(s)[X_i(s)\mp X_o(s)H(s)]\\&=G(s)X_i(s)\mp G(s)X_o(s)H(s)\end{aligned}$$

由此可得

$$G_B(s)=\frac{X_o(S)}{X_i(s)}=\frac{G(s)}{1\pm G(s)H(s)}=\frac{G(s)}{1\pm G_K(s)} \tag{2.3.19}$$

式中，当闭环系统为负反馈时取“+”号，为正反馈时取“-”号。

闭环传递函数的量纲取决于 $X_o(s)$ 与 $X_i(s)$ 的量纲，两者可以相同也可以不同。若反馈回路传递函数 $H(s)=1$，称为单位反馈，此时的系统称为单位反馈系统，有

$$G_B(s)=\frac{G(s)}{1\pm G(s)} \tag{2.3.20}$$

2. 框图的等效变换

在较复杂系统框图的简化过程中出现以上三种连接方式相互交叉在一起，以致无法直接利用框图合并运算时，通常需要移动比较点和引出点，消除各种基本连接方式的交叉，以求重新得到方框的三种基本连接方式，然后再运用上述运算法合并方框。在移动比较点或引出点的位置时应注意保持移动前后信号传递的等效性。具体包括以下几个方面。

（1）比较点的移动

当比较点由方框之前移到该方框之后，为了保持总的输出不变，应在移动的支路上串入具有相同传递函数的方框，如图 2.3.10a 所示。

在比较点由方框之后移到该方框之前，应在移动的支路上串入具有相同传递函数的倒数的方框，如图 2.3.10b 所示。

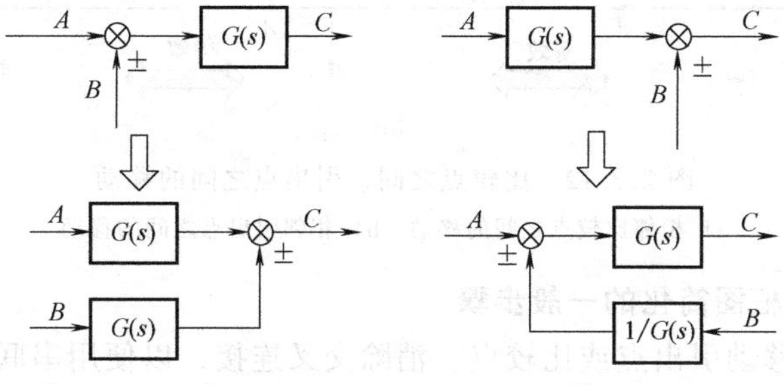

a)　　b)

图 2.3.10　比较点的移动

a）比较点后移　b）比较点前移

（2）引出点的移动

引出点由方框之后移动到该方框之前，为了保持移动后分支信号不变，应在分支路上串入具有相同传递函数的方框，如图 2.3.11a 所示。

引出点由方框之前移动到该方框之后，应在分支路上串入具有相同传递函数的倒数的方框，如图 2.3.11b 所示。

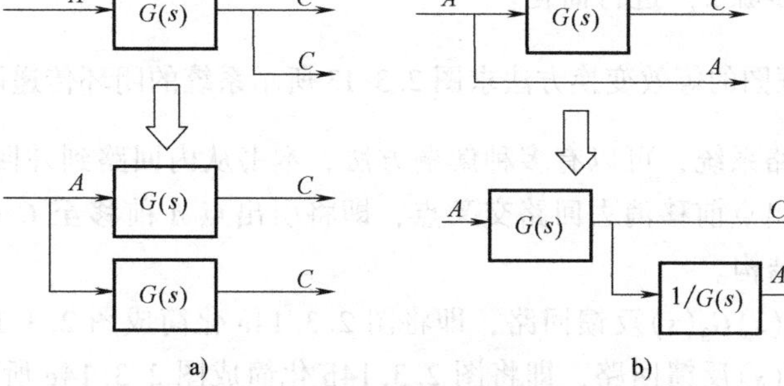

a)　　b)

图 2.3.11　引出点的移动

a）引出点前移　b）引出点后移

(3) 比较点之间、引出点之间相互移动

比较点（引出点）之间既没有函数方框也没有引出点（比较点）时，相互移动不改变原有数学关系，因此可以相互移动，且相邻比较点之间的移动满足交换律、分配律和结合律，如图 2. 3. 12a 所示。相邻引出点之间的移动如图 2. 3. 12b 所示。注：比较点与引出点彼此之间不能相互移动。

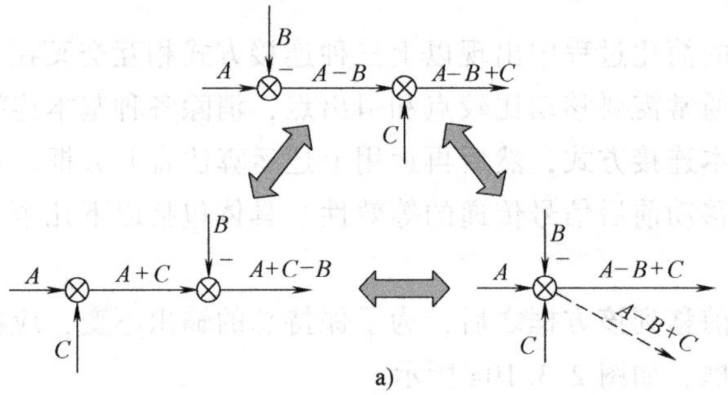

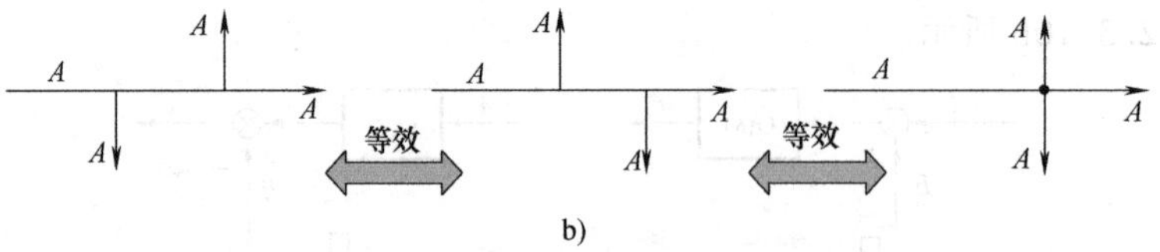

图 2. 3. 12　比较点之间、引出点之间的移动

a) 相邻比较点之间的移动　b) 相邻引出点之间的移动

3. 系统传递函数框图简化的一般步骤

简化思路：通过移动引出点或比较点，消除交叉连接，以便用串联、并联和反馈连接的运算法则进一步简化传递函数框图。一般应先化简内回路，再逐步向外化简，最后求得系统的闭环传递函数。

简化过程可按如下步骤进行：

1) 明确系统的输入与输出。对于多输入、多输出系统，针对每个输入及其引起的输出分别进行简化。

2) 若系统传递函数框图内无交叉回路，则根据环节串联、并联和反馈的等效运算法则从里向外进行简化。

3) 若系统传递函数框图内有交叉回路，则根据比较点、引出点移动的等效变换法则消除交叉回路，然后按步骤 2) 进行简化。

例 2. 3. 3　利用框图的等效变换方法求图 2. 3. 13 所示系统的闭环传递函数 $\Phi(s)=\dfrac{X_o(s)}{X_i(s)}$。

解：这是个多回路系统，可以有多种解题方法，本书从内回路到外回路逐步简化。

第一步，通过引出点前移消去回路交叉点，即将引出点 A 前移至 C 点，将图 2. 3. 13 化简成图 2. 3. 14a 所示结构。

第二步，简化 $H_2(s)G_3(s)$ 反馈回路，即将图 2. 3. 14a 化简成图 2. 3. 14b 所示结构。

第三步，简化 $H_1(s)$ 反馈回路，即将图 2. 3. 14b 化简成图 2. 3. 14c 所示结构。

第四步，简化 $H_3(s)$ 反馈回路，即将图 2. 3. 14c 化简成图 2. 3. 14d 所示结构。

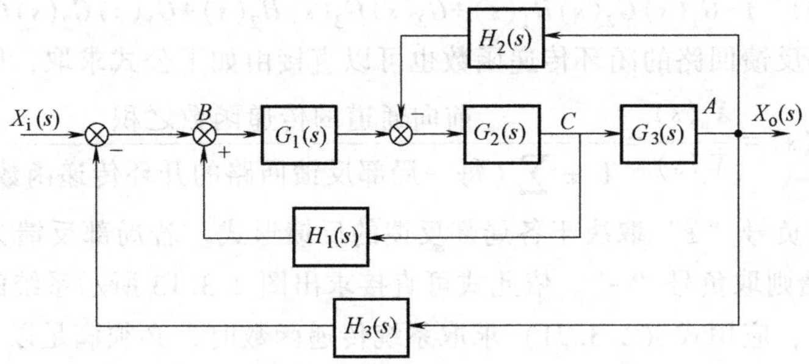

图 2.3.13　系统的框图

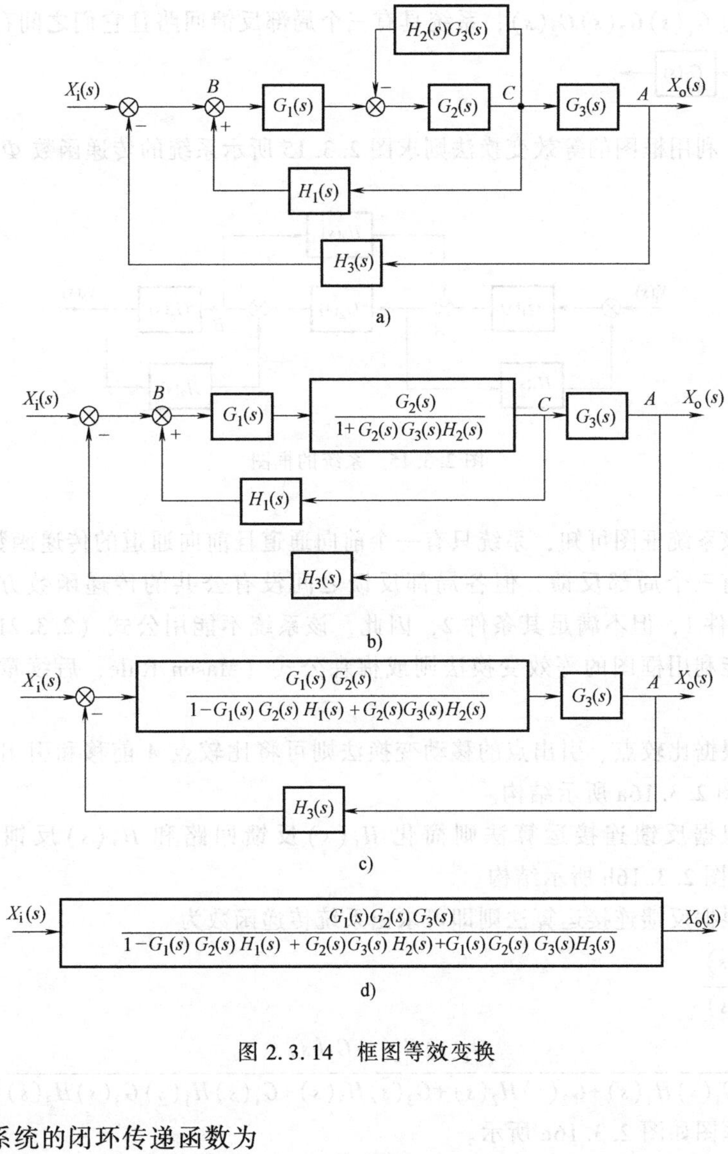

图 2.3.14　框图等效变换

最后可得系统的闭环传递函数为

$$\Phi(s)=\frac{X_o(s)}{X_i(s)}=\frac{G_1(s)G_2(s)G_3(s)}{1-G_1(s)G_2(s)H_1(s)+G_2(s)G_3(s)H_2(s)+G_1(s)G_2(s)G_3(s)H_3(s)}$$

含有多个局部反馈回路的闭环传递函数也可以直接由如下公式求取，即

$$G_B(s)=\frac{X_o(s)}{X_i(s)}=\frac{\text{前向通道的传递函数之积}}{1\pm\sum(\text{每一局部反馈回路的开环传递函数})} \tag{2.3.21}$$

式中，分母上的正负号“±”取决于各局部反馈的反馈形式。若局部反馈为负反馈，则取正号“+”，为正反馈则取负号“-”。依此式可直接求出图 2.3.13 所示系统的闭环传递函数。

但要特别注意，应用式（2.3.21）求取系统传递函数时，必须满足以下两个条件。

1）整个框图只有一条前向通道。

2）各局部反馈回路间存在公共的传递函数方框。

显然图 2.3.13 所示系统框图满足以上两个条件，即只有一个前向通道，其前向通道的传递函数之积为 $G_1(s)G_2(s)G_3(s)$；系统具有三个局部反馈回路且它们之间存在公共的传递函数方框，即→$\boxed{G_2(s)}$→。

例 2.3.4 利用框图的等效变换法则求图 2.3.15 所示系统的传递函数 $\Phi(s)=\dfrac{X_o(s)}{X_i(s)}$。

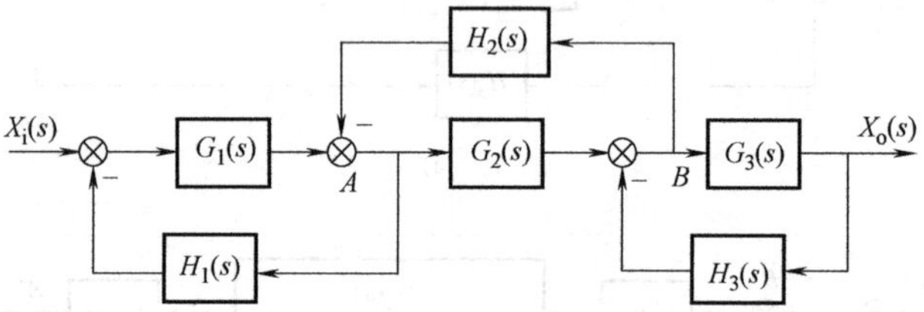

图 2.3.15 系统的框图

解：分析该系统框图可知，系统只有一个前向通道且前向通道的传递函数之积为 $G_1(s)G_2(s)G_3(s)$，有三个局部反馈，但各局部反馈之间没有公共的传递函数方框，满足公式（2.3.21）的条件 1，但不满足其条件 2，因此，该系统不能用公式（2.3.21）直接求出其传递函数，只能利用框图的等效变换法则或梅森公式（Mason Rule，后续章节会讲解）来求取。

第一步，根据比较点、引出点的移动变换法则可将比较点 A 前移和引出点 B 后移将图 2.3.15 变换成图 2.3.16a 所示结构。

第二步，根据反馈连接运算法则简化 $H_1(s)$ 反馈回路和 $H_3(s)$ 反馈回路，即将图 2.3.16a 简化成图 2.3.16b 所示结构。

第三步，根据反馈连接运算法则即可求出系统传递函数为

$$\Phi(s)=\frac{X_o(s)}{X_i(s)}$$
$$=\frac{G_1(s)G_2(s)G_3(s)}{1+G_1(s)H_1(s)+G_2(s)H_2(s)+G_3(s)H_3(s)+G_1(s)H_1(s)G_3(s)H_3(s)}$$

简化后的系统框图如图 2.3.16c 所示。

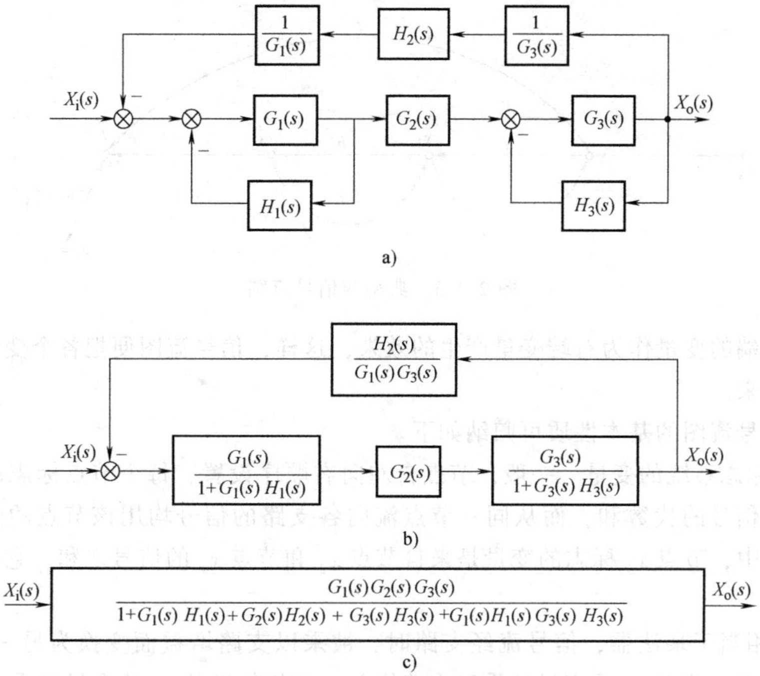

图 2.3.16　框图等效变换

2.4　系统信号流图及梅森（Mason）公式

1. 信号流图

信号流图起源于梅森利用图示法来描述一个或一组线性代数方程式，它是由节点和支路组成的一种信号传递网络。图中节点代表方程式中的变量，以小圆圈表示；支路是连接两个节点的定向线段，用支路增益表示方程式中两个变量的因果关系，因此支路相当于乘法器。

信号流图是表示控制系统的另一种图形，与框图有类似之处，可以将系统函数框图转化为信号流图，并据此采用梅森公式求出系统的传递函数。与图 2.4.1 所示系统框图对应的系统信号流图如图 2.4.2 所示。

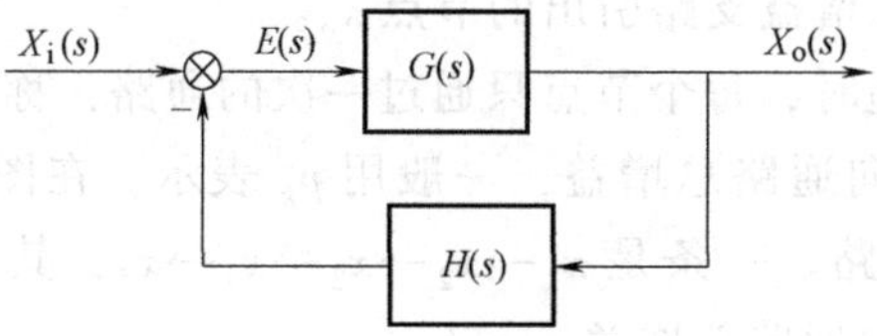

图 2.4.1　系统框图

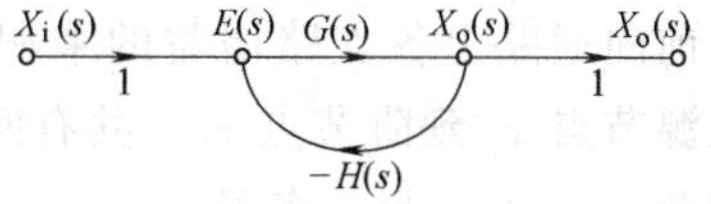

图 2.4.2　对应的系统信号流图

图 2.4.3 所示为由五个节点和八条支路组成的信号流图，图中五个节点分别代表 x_1、x_2、x_3、x_4 和 x_5 五个变量，每条支路增益分别是 a、b、c、d、e、f、g 和 1。由该图可以写出描述五个变量因果关系的一组代数方程式。

$$x_1=x_1,\ x_2=x_1+ex_3,\ x_3=ax_2+fx_4,\ x_4=bx_3,\ x_5=dx_2+cx_4+gx_5$$

上述每个方程式左端的变量取决于右端有关变量的线性组合。一般，方程式右端的变量

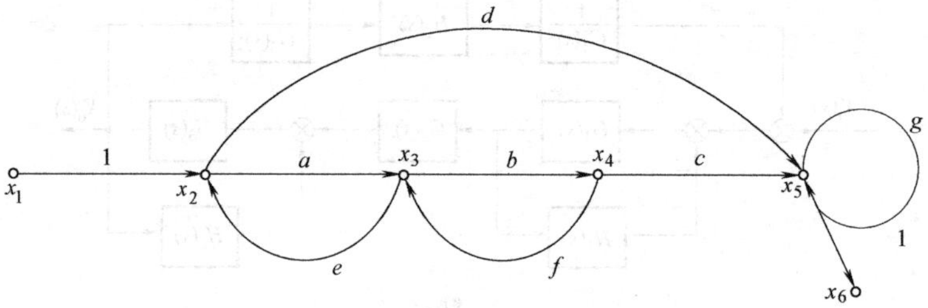

图 2.4.3 典型的信号流图

作为原因，左端的变量作为右端变量产生的效果，这样，信号流图便把各个变量之间的因果关系贯通了起来。

至此，信号流图的基本性质可归纳如下。

1）节点标志系统的变量。一般，节点自左向右顺序设置，每个节点标志的变量是所有流向该节点的信号的代数和，而从同一节点流向各支路的信号均用该节点的变量表示。例如，图 2.4.3 中，节点 x_3 标志的变量是来自节点 x_2 和节点 x_4 的信号之和，它同时又流向节点 x_4。

2）支路相当于乘法器，信号流经支路时，被乘以支路增益而变换为另一信号。例如，图 2.4.3 中，来自节点 x_2 的变量被乘以支路增益 a，来自节点 x_4 的变量被乘以支路增益 f，来自节点 x_3 流向节点 x_4 的变量被乘以支路增益 b。

3）信号在支路上只能沿箭头单向传递，即只有前因后果的因果关系。

4）对于给定的系统，节点变量的设置是任意的，因此信号流图不是唯一的。

在信号流图中，常使用以下名词术语。

源节点（或输入节点）在源节点上，只有信号输出的支路（即输出支路），而没有信号输入的支路（即输入支路），它一般代表系统的输入变量，故也称输入节点。图 2.4.3 中的节点 x_1 就是源节点。

阱节点（或输出节点）在阱节点上，只有输入支路而没有输出支路，它一般代表系统的输出变量，故也称输出节点。

混合节点 在混合节点上，既有输入支路又有输出支路。图 2.4.3 中的节点 x_2，x_3，x_4 和 x_5 均是混合节点。若从混合节点引出一条具有单位增益的支路，可将混合节点变为阱节点，成为系统的输出变量，如图 2.4.3 中用单位增益支路引出的节点 x_6。

前向通路 信号从输入节点到输出节点传递时，每个节点只通过一次的通路，称为前向通路。前向通路上各支路增益的乘积，称为前向通路总增益，一般用 p_k 表示。在图 2.4.3 中，从源节点 x_1 到阱节点 x_5，共有两条前向通路。一条是 $x_1 \to x_2 \to x_3 \to x_4 \to x_5$，其前向通路总增益 $p_1 = abc$；另一条是 $x_1 \to x_2 \to x_5$，其前向通路总增益 $p_2 = d$。

回路 起点和终点在同一节点，而且信号通过每一节点不多于一次的闭合通路称为单独回路，简称回路。回路中所有支路增益的乘积称为回路增益，用 L_a 表示。在图 2.4.3 中共有三个回路。一个是起于节点 x_2，经过节点 x_3 最后回到节点 x_2 的回路，其回路增益 $L_1 = ae$；第二个是起于节点 x_3，经过节点 x_4，最后回到节点 x_3 的回路，其回路增益 $L_2 = bf$；第三个是起于节点 x_5 并回到节点 x_5 的自回路，其回路增益是 g。

不接触回路 回路之间没有公共节点时，这种回路叫不接触回路。在信号流图中，可以有两个或两个以上不接触的回路。在图 2.4.3 中，有两对不接触的回路。一对是 $x_2 \to x_3 \to x_2$ 和 $x_5 \to x_5$；另一对是 $x_3 \to x_4 \to x_3$ 和 $x_5 \to x_5$。

2. 梅森公式

从输入变量到输出变量的系统传递函数可由梅森公式求得。梅森公式可表示为

$$P = \frac{1}{\Delta}\sum_{k=1}^{n} p_k \Delta_k \tag{2.4.1}$$

式中，P 为系统总传递函数；n 为从源节点到阱节点的前向通路总数；p_k 为第 k 条前向通路总增益；Δ_k 为流图的余因子，它等于流图特征式除去与第 k 条前向通路相接触的回路增益项（包括回路增益的乘积项）以后的余项式；Δ 为流图的特征式，按下式计算。

$$\Delta = 1 - \sum L_a + \sum L_b L_c - \sum L_d L_e L_f + \cdots \tag{2.4.2}$$

式中，$\sum L_a$ 为所有不同回路的传递函数之和；$\sum L_b L_c$ 为所有互不接触的单独回路中，每次取其中两个回路的回路增益的乘积之和；$\sum L_d L_e L_f$ 为所有互不接触的单独回路中，每次取其中三个回路的回路增益的乘积之和。

例 2.4.1　求图 2.4.4 所示系统的传递函数 $X_o(s)/X_i(s)$。

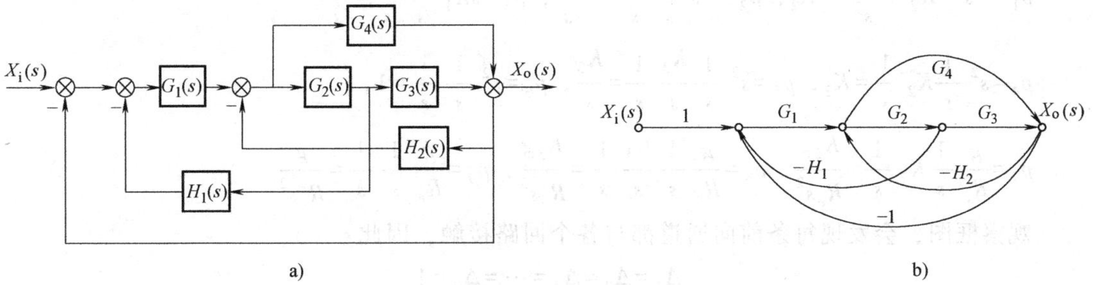

图 2.4.4　例 2.4.1 框图和信号流图

解：从信号流图可见，由源节点 X_i 到阱节点 X_o 有两条前向通路，即 $n=2$，且 $p_1 = G_1G_2G_3$，$p_2 = G_1G_4$；有五个单独回路，即 $L_1=-G_1G_2H_1$，$L_2=-G_2G_3H_2$，$L_3=-G_1G_2G_3$，$L_4=-G_4H_2$，$L_5=-G_1G_4$；没有不接触回路，且所有回路均与两条前向通路接触，因此 $\Delta_1=\Delta_2=1$，而 $\Delta=1-(L_1+L_2+L_3+L_4+L_5)$。故由梅森公式求得系统传递函数为

$$\frac{X_o(s)}{X_i(s)} = \frac{1}{\Delta}(p_1\Delta_1+p_2\Delta_2)$$

$$= \frac{G_1G_2G_3+G_1G_4}{1+G_1G_2H_1+G_2G_3H_2+G_1G_2G_3+G_4H_2+G_1G_4}$$

例 2.4.2　求图 2.4.5 所示系统的传递函数 $X_o(s)/X_i(s)$。

解：图 2.4.5 中有四个独立的回路。

$$\sum_{a=1}^{4} L_a = L_1 + L_2 + L_3 + L_4$$

$$= -\frac{g}{R_c}\frac{1}{s}K_2\frac{1}{s} - \frac{g}{R_c}\frac{1}{s}\frac{K_3}{s}\frac{1}{s} - \frac{g}{R_c}\frac{1}{s^2} - \frac{K_1}{s}$$

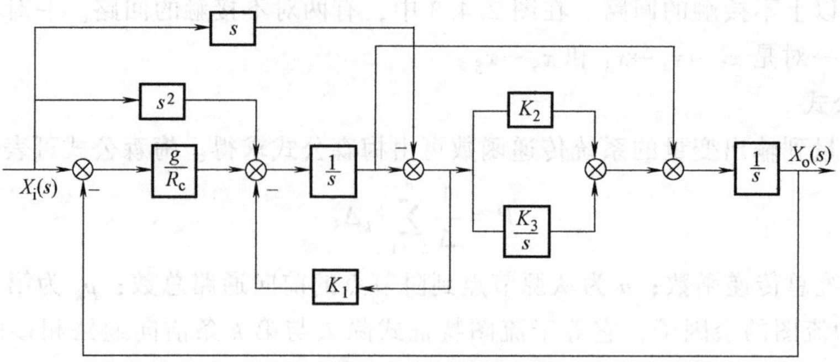

图 2.4.5　例 2.4.2 框图

各个回路都互相接触，因此 $\sum L_b L_c = \sum L_d L_e L_f = 0$

所以 $\Delta = 1+\frac{K_2 g}{R_c s^2}+\frac{K_3 g}{R_c s^3}+\frac{g}{R_c s^2}+\frac{K_1}{s}$

有 9 条前向通道，它们的传递函数分别是

$$p_1=-s\cdot K_2\cdot\frac{1}{s}=-K_2,\ p_2=-s\frac{K_3}{s}\frac{1}{s}=-\frac{K_3}{s},\ p_3=sK_1\frac{1}{s}\frac{1}{s}=\frac{K_1}{s},$$

$$p_4=s^2\frac{1}{s}K_2\frac{1}{s}=K_2,\ p_5=s^2\frac{1}{s}\frac{K_3}{s}\frac{1}{s}=\frac{K_3}{s},\ p_6=s^2\frac{1}{s}\frac{1}{s}=1,$$

$$p_7=\frac{g}{R_c}\frac{1}{s}K_2\frac{1}{s}=\frac{K_2 g}{R_c s^2},\ p_8=\frac{g}{R_c}\frac{1}{s}\frac{K_3}{s}\frac{1}{s}=\frac{K_3 g}{R_c s^3},\ p_9=\frac{g}{R_c}\frac{1}{s}\frac{1}{s}=\frac{g}{R_c s^2}$$

观察框图，会发现每条前向通道都与各个回路接触，因此

$$\Delta_1=\Delta_2=\Delta_3=\cdots=\Delta_9=1$$

将所求各项代入式（2.4.1），可得总的传递函数

$$G(s)=\frac{X_o(s)}{X_i(s)}=\frac{\sum_{k=1}^{9}p_k\Delta_k}{\Delta}$$

$$=\frac{-K_2-\frac{K_3}{s}+\frac{K_1}{s}+K_2+\frac{K_3}{s}+1+\frac{K_2 g}{R_c s^2}+\frac{K_3 g}{R_c s^3}+\frac{g}{R_c s^2}}{1+\frac{K_2 g}{R_c s^2}+\frac{K_3 g}{R_c s^3}+\frac{g}{R_c s^2}+\frac{K_1}{s}}=1$$

从两个例题求解中可以看出用梅森公式求传递函数非常方便，但要注意公式中各符号含义，在求前向通道数，独立回路数及互不相接触回路数时要非常注意。

2.5　考虑扰动的反馈控制系统的传递函数

反馈控制系统的传递函数，一般可以由组成系统的元（部）件运动方程求得，但更方便的是由系统框图或信号流图求取。一个典型的反馈控制系统的框图和信号流图如图 2.5.1 所示，$X_i(s)$ 和 $N(s)$ 都是施加于系统的外作用，$X_i(s)$ 是有用输入作用，简称输入信号；

$N(s)$是扰动作用；$X_o(s)$是系统的输出信号。为了研究有用输入作用对系统输出 $X_o(s)$的影响，需要求有用输入作用下的闭环传递函数 $X_o(s)/X_i(s)$。同样，为了研究扰动作用$N(s)$对系统输出 $X_o(s)$的影响，也需要求取扰动作用下的闭环传递函数 $X_o(s)/N(s)$。此外，在控制系统的分析和设计中，还常用到在输入信号 $X_i(s)$或扰动 $N(s)$作用下，以误差信号 $E(s)$作为输出量的闭环误差传递函数 $E(s)/X_i(s)$或 $E(s)/N(s)$。以下分别进行研究。

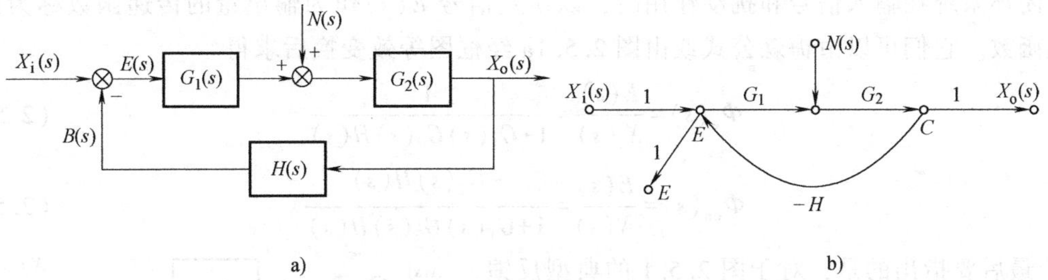

图 2.5.1　带扰动的反馈控制系统的典型框图和信号流图

（1）输入信号下的闭环传递函数

应用叠加原理，令 $N(s)=0$，可直接求得输入信号 $X_i(s)$到输出信号 $X_o(s)$之间的传递函数为

$$\Phi(s)=\frac{X_o(s)}{X_i(s)}=\frac{G_1(s)G_2(s)}{1+G_1(s)G_2(s)H(s)} \tag{2.5.1}$$

由 $\Phi(s)$进一步求得在输入信号下系统的输出量 $X_o(s)$为

$$X_o(s)=\Phi(s)X_i(s)=\frac{G_1(s)G_2(s)}{1+G_1(s)G_2(s)H(s)}X_i(s) \tag{2.5.2}$$

式（2.5.2）表明，系统在输入信号作用下的输出响应 $X_o(s)$，取决于闭环传递函数 $X_o(s)/X_i(s)$及输入信号 $X_i(s)$的形式。

（2）扰动作用下的闭环传递函数

应用叠加原理，令 $X_i(s)=0$，可直接由梅森公式求得扰动作用 $N(s)$到输出信号 $X_o(s)$之间的闭环传递函数

$$\Phi_n(s)=\frac{X_o(s)}{N(s)}=\frac{G_2(s)}{1+G_1(s)G_2(s)H(s)} \tag{2.5.3}$$

式（2.5.3）也可从图 2.5.1a 的系统框图改画为图 2.5.2 的系统框图后求得。同样，由此可求得系统在扰动作用下的输出 $X_o(s)$为

$$X_o(s)=\Phi_n(s)N(s)=\frac{G_2(s)}{1+G_1(s)G_2(s)H(s)}N(s) \tag{2.5.4}$$

显然，当输入信号 $X_i(s)$和扰动作用 $N(s)$同时作用时系统的输出为

$$\begin{aligned}X_o(s)&=\Phi(s)\cdot X_i(s)+\Phi_n(s)\cdot N(s)\\&=\frac{1}{1+G_1(s)G_2(s)H(s)}[G_1(s)G_2(s)X_i(s)+G_2(s)N(s)]\end{aligned} \tag{2.5.5}$$

上式如果满足$|G_1(s)G_2(s)H(s)|\gg1$ 和$|G_1(s)H(s)|\gg1$ 的条件，可简化为

$$\sum X_o(s)\approx\frac{1}{H(s)}X_i(s) \tag{2.5.6}$$

式 (2.5.6) 表明，在一定条件下，系统的输出只取决于反馈通路传递函数 $H(s)$ 及输入信号 $X_i(s)$，既与前向通路传递函数无关，也不受扰动作用的影响。特别是当 $H(s)=1$，即单位反馈时，$X_o(s)=X_i(s)$，从而近似实现了对输入信号的完全复现，且对扰动具有较强的抑制能力。

(3) 闭环系统的误差传递函数

闭环系统在输入信号和扰动作用时，以误差信号 $E(s)$ 作为输出量的传递函数称为误差传递函数。它们可以由梅森公式或由图 2.5.1a 经框图等效变换后求得

$$\Phi_e(s)=\frac{E(s)}{X_i(s)}=\frac{1}{1+G_1(s)G_2(s)H(s)} \tag{2.5.7}$$

$$\Phi_{en}(s)=\frac{E(s)}{N(s)}=\frac{-G_2(s)H(s)}{1+G_1(s)G_2(s)H(s)} \tag{2.5.8}$$

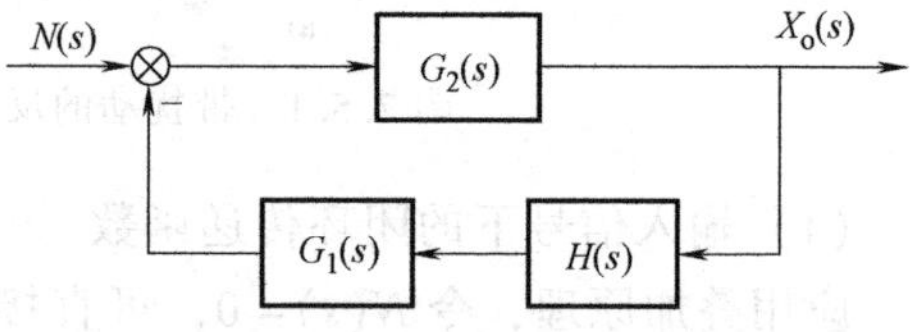

图 2.5.2　扰动单独作用下 ($X_i(s)=0$ 时) 系统框图

最后要指出的是，对于图 2.5.1 的典型反馈控制系统，其各种闭环系统传递函数的分母形式均相同，这是因为它们都是同一个信号流图的特征式，即 $\Delta=1+G_1(s)G_2(s)H(s)$。式中，$G_1(s)G_2(s)H(s)$ 是回路增益，并称它为图 2.5.1 系统的开环传递函数，它等效为主反馈断开时，从输入信号 $X_i(s)$ 到反馈信号 $B(s)$ 之间的传递函数。此外，对于图 2.5.1 所示的线性系统，应用叠加原理可以研究系统在各种情况下的输出量 $X_o(s)$ 或误差量 $E(s)$，然后进行叠加，求出 $X_o(s)$ 或者 $E(s)$。但绝不允许将各种闭环传递函数进行叠加后求其输出响应。

2.6 系统建模实例

本节将通过两个具体例子详细介绍控制系统的建模步骤和方法。

例 2.6.1 绘制图 2.6.1 所示机床进给传动链的系统框图。图中，电液步进电动机通过两级减速齿轮及丝杠螺母副驱动工作台。其中，$\theta_i(t)$ 为输入转角；$x_o(t)$ 为输出位移；z_1，z_2，z_3，z_4 为齿轮齿数；J_1，J_2，J_3 分别为 I 轴、II 轴、III 轴的转动惯量；M 为工作台直线运动部分的质量；D 为直线运动速度阻尼系数；l 为丝杠螺母的螺距；k 为电动机轴上的扭转刚度系数。

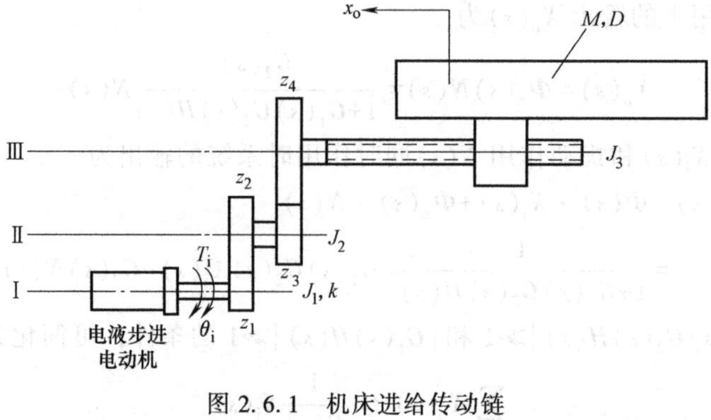

图 2.6.1　机床进给传动链

解：由做功相等得 $T_i(t)\cdot 2\pi = M\dfrac{dv}{dt}l$，且 $v=\dfrac{\omega l}{2\pi}$

所以　$T_i(t)=\dfrac{Ml}{2\pi}\dfrac{d}{dt}\dfrac{\omega l}{2\pi}=M\left(\dfrac{l}{2\pi}\right)^2\dfrac{d\omega}{dt}$

同理，由做功相等得　$T_f(t)\cdot 2\pi = Dvl$，且 $v=\dfrac{\omega l}{2\pi}$

$$T_f(t)=\frac{Dl}{2\pi}\frac{\omega l}{2\pi}=D\left(\frac{l}{2\pi}\right)^2\omega$$

上式证明将移动负载折合到驱动电动机轴上，其等效转动惯量和等效黏性阻尼系数均除以传动比的平方。

设作用在齿轮 z_2 上的转矩为 T_2；作用在齿轮 z_4 上的转矩为 T_3。经过简化后，列方程

$$\begin{cases} k\left[\theta_i(t)-\dfrac{z_2}{z_1}\dfrac{z_4}{z_3}\dfrac{2\pi}{l}x_o(t)\right]=J_1\dfrac{d^2\left[\dfrac{z_2}{z_1}\dfrac{z_4}{z_3}\dfrac{2\pi}{l}x_o(t)\right]}{dt^2}+\dfrac{z_1}{z_2}T_2(t) \\ T_2(t)=J_2\dfrac{d^2\left[\dfrac{z_4}{z_3}\dfrac{2\pi}{l}x_o(t)\right]}{dt^2}+\dfrac{z_3}{z_4}T_3(t) \\ T_3(t)=\left[J_3+M\left(\dfrac{l}{2\pi}\right)^2\right]\dfrac{d^2\left[\dfrac{2\pi}{l}x_o(t)\right]}{dt^2}+D\left(\dfrac{l}{2\pi}\right)^2\dfrac{d\left[\dfrac{2\pi}{l}x_o(t)\right]}{dt} \end{cases}$$

式中，$\dfrac{z_2}{z_1}\dfrac{z_4}{z_3}\dfrac{2\pi}{l}x_o(t)$ 为 $x_o(t)$ 等效到Ⅰ轴上的转角；$\dfrac{z_4}{z_3}\dfrac{2\pi}{l}x_o(t)$ 为 $x_o(t)$ 等效到Ⅱ轴上的转角；$\dfrac{2\pi}{l}x_o(t)$ 为 $x_o(t)$ 等效到Ⅲ轴上的转角；$M\left(\dfrac{l}{2\pi}\right)^2$ 为 M 等效到Ⅲ轴上的转动惯量；$D\left(\dfrac{l}{2\pi}\right)^2$ 为 D 等效到Ⅲ轴上的转动黏性阻尼系数。对上面的微分方程组进行拉普拉斯变换，得

$$\begin{cases} k\left[\theta_i(s)-\dfrac{z_2}{z_1}\dfrac{z_4}{z_3}\dfrac{2\pi}{l}X_o(s)\right]=\dfrac{z_2}{z_1}\dfrac{z_4}{z_3}\dfrac{2\pi}{l}J_1s^2X_o(s)+\dfrac{z_1}{z_2}T_2(s) \\ T_2(s)=\dfrac{z_4}{z_3}\dfrac{2\pi}{l}J_2s^2X_o(s)+\dfrac{z_3}{z_4}T_3(s) \\ T_3(s)=\left[J_3+M\left(\dfrac{l}{2\pi}\right)^2\right]\dfrac{2\pi}{l}s^2X_o(s)+D\dfrac{l}{2\pi}sX_o(s) \end{cases}$$

各环节的框图如图 2.6.2a、b、c 所示，将环节框图合为一体，即得到图 2.6.2d 所示的整个进给传动链系统框图。

通过对图 2.6.2 进行简化，可得进给传动链系统传递函数为

$$\frac{X_o(s)}{\theta_i(s)}=\frac{k\left(\dfrac{lz_1z_3}{2\pi z_2z_4}\right)}{\left[J_1+J_2\left(\dfrac{z_1}{z_2}\right)^2+J_3\left(\dfrac{z_1z_3}{z_2z_4}\right)^2+M\left(\dfrac{lz_1z_3}{2\pi z_2z_4}\right)^2\right]s^2+\left(\dfrac{lz_1z_3}{2\pi z_2z_4}\right)^2Ds+k}$$

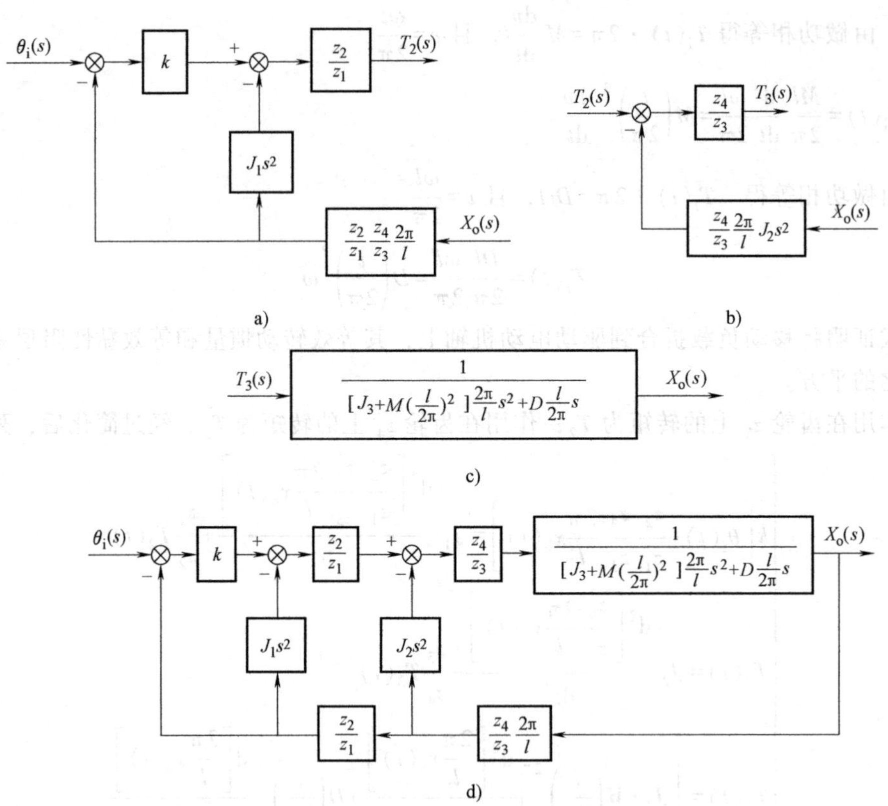

图 2.6.2　机床进给传动链框图

可见，一般机床进给传动链近似为二阶振荡环节。

例 2.6.2　绘制双电位器液压伺服系统的动态框图，其原理如图 2.6.3 所示。$\Delta u=u-u_1$，当 $\Delta u=0.1\text{V}$ 时，$\Delta i=0.001\text{A}$，$I_0=100\text{mA}$，$Q=20\text{L/min}$。

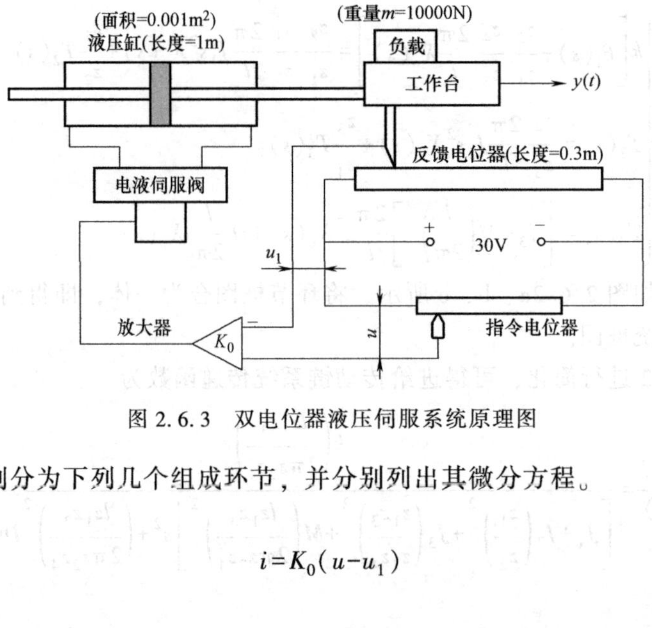

图 2.6.3　双电位器液压伺服系统原理图

解： 将系统划分为下列几个组成环节，并分别列出其微分方程。

(1) 放大器

$$i=K_0(u-u_1)$$

式中，K_0 是放大器增益，$K_0=\frac{0.001\text{A}}{0.1\text{V}}=0.01\text{A/V}$。

（2）电液伺服阀

$$T\frac{\mathrm{d}q}{\mathrm{d}t}+q=K_1 i$$

式中，T 为时间常数；K_1 为增益。

（3）液压缸

当略去阻尼、负载弹性系数和液压泄漏时，得输入流量 q 和活塞位移 y 的关系为

$$\frac{V_t m}{4\beta_e A^2}\frac{\mathrm{d}^3 y}{\mathrm{d}t^3}+\frac{K_e m}{A^2}\frac{\mathrm{d}^2 y}{\mathrm{d}t^2}+\frac{\mathrm{d}y}{\mathrm{d}t}=\frac{q}{A}$$

式中，V_t 为从滑阀出口到液压缸活塞的两腔总体积（m^3）；β_e 为油液有效体积弹性模量（N/m^2）；K_e 为滑阀的流量压力系数［$\text{m}^5/(\text{N}\cdot\text{s})$］；$m$ 为负载质量（kg）；A 为液压缸工作面积（m^2）。

（4）反馈电位器

$$u_1=K_2 y$$

式中，K_2 为比例系数。

在零初始条件下，进行拉普拉斯变换，得出各环节的传递函数为

$$I(s)=[U(s)-U_1(s)]K_0$$

$$Q(s)=\frac{K_1}{Ts+1}I(s)$$

$$Y(s)=\frac{A}{s\left(\frac{V_t m}{4\beta_e A^2}s^2+\frac{K_e m}{A^2}s+1\right)}Q(s)$$

$$U_1(s)=K_2 Y(s)$$

按照信号的传递方向，把框图连接起来，得到系统的动态框图如图 2.6.4 所示。

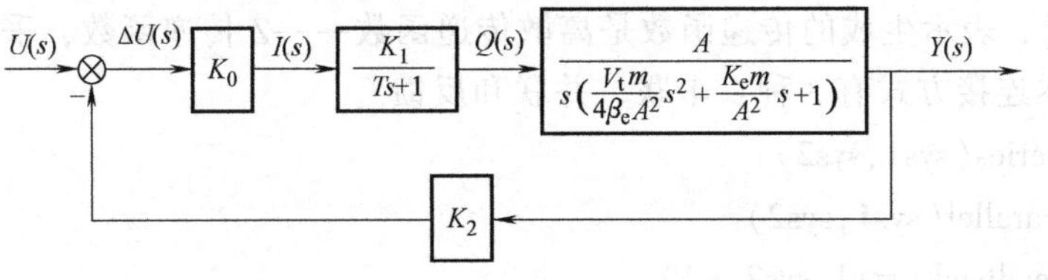

图 2.6.4　双电位器液压伺服系统的框图

2.7　MATLAB 中数学模型的表示及转换

建立控制系统的数学模型是系统分析和设计的基础。用来描述系统因果关系的数学表达式称为系统的数学模型。控制系统的数学模型有多种表达形式。时域中常用的有微分方程、差分方程；复域中常用的有传递函数、框图；频域中常用的有频率特性。

线性系统的传递函数模型为

$$G(s)=\frac{X_o(s)}{X_i(s)}=\frac{b_m s^m+b_{m-1}s^{m-1}+\cdots+b_1 s+b_0}{a_n s^n+a_{n-1}s^{n-1}+\cdots+a_1 s+a_0}\quad (n\geqslant m)$$

分子用 num（numerator），分母用 den（denominator）表示，则传递函数可表示为

$$G(s)=\frac{\mathrm{num}(s)}{\mathrm{den}(s)}$$

MATLAB 的控制系统工具箱是提供自动控制系统建模、分析和设计方面函数的集合，提供传递函数模型、零极点增益模型、状态空间模型 3 种形式线性时不变（LTI）模型。有关模型表示的函数如表 2.7.1 所示。

表 2.7.1 线性模型生成函数

函数	功能
sys=tf(num,den)	生成传递函数模型
sys=zpk(z,p,k)	生成零极点增益模型
sys=ss(a,b,c,d)	生成状态空间模型

MATLAB 控制工具箱中，用命令 tf( )可以建立一个传递函数模型，或将零极点增益模型和状态空间模型变换为传递函数模型。tf( )函数调用格式如下。

```
sys=tf(num,den)              %用于生成连续传递函数(S 传递函数)；
sys=tf(num,den,Ts)           %用于生成离散传递函数(Z 传递函数)；
sys=tf(M)                    %用于生成静态增益 S 传递函数(标量或矩阵)；
sys=tf(num,den,ltisys)       %用于生成具有 LTI 模型属性的传递函数；
sys=tf(num,den,'Propertyl',Valuel,…,'PropertyN',ValueN)
                             %用于生成具有 LTI 模型属性的传递函数；
sys=tf('s')                  %用于生成拉普拉斯变量 S 有理传递函数；
sys=tf('z',Ts)               %用于生成采样周期为 T 的 Z 有理传递函数；
```

其中 sys 为传递函数对象，类型为 LMI object。

T 为采样时间（单位：s），当 T=0 或省略，表示生成的传递函数是连续传递函数；当 T=-1 或 T=[ ]，表示生成的传递函数是离散传递函数——Z 传递函数，采样时间未指定。

系统的基本连接方式有 3 种：串联、并联和反馈。

串联 sys=series(sys1,sys2)

并联 sys=parallel(sys1,sys2)

反馈 sys=feedback(sys1,sys2,-1)

如果是单位反馈系统，则可使用 cloop( )函数，sys=cloop(sys1, -1)。

例 2.7.1 将传递函数模型 $G(s)=\dfrac{12s+15}{s^3+16s^2+64s+192}$ 输入 MATLAB 工作空间中。

解：编制 MATLAB 程序如下。

```
>> num=[12 15];
>> den=[1 16 64 192];
>> G=tf(num,den)
```

```
Transfer function:
         12 s + 15
-------------------------
s^3 + 16 s^2 + 64 s + 192
```

例 2.7.2　已知一系统的传递函数 $G(s)=\dfrac{s^2+4s+11}{(s^2+6s+3)(s^2+2s)}$，求其零极点及增益，并绘制系统零极点分布图。

解：编制 MATLAB 程序如下。

```
>> num=[1 4 11];
>> den=conv([1 6 3],[1 2 0]);
>> G=tf(num,den)

Transfer function:
         s^2 + 4 s + 11
--------------------------
s^4 + 8 s^3 + 15 s^2 + 6 s
```

得到系统零极点向量和增益值

```
>> [z,p,k]=zpkdata(G,'v')

z =


   -2.0000 + 2.6458i
   -2.0000 - 2.6458i


p =


      0
   -5.4495
   -2.0000
   -0.5505


k =


      1
```

得到系统零极点分布图（见图 2.7.1）

```
>> pzmap(G)
```

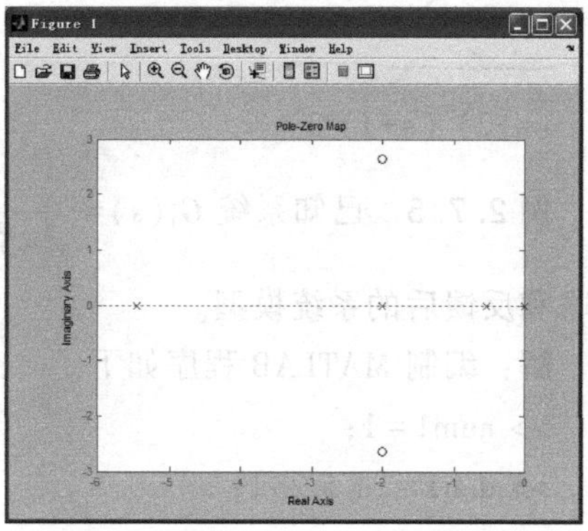

图 2.7.1　系统零极点分布图

例 2.7.3　设置带有延迟环节的传递函数的模型 $G(s)=\dfrac{10(2s+1)}{s^2(s^2+7s+13)}e^{-4s}$。

解：编制 MATLAB 程序如下。

```
num=conv(10,[2,1]);
den=conv([1 0 0],[1 7 13]);
G=tf(num,den);
set(G,'ioDelay',4);
G

Transfer function:
                20 s + 10
exp(-4 * s)  *  --------------------
             s^4 + 7 s^3 + 13 s^2
```

例 2.7.4 已知系统传递函数模型 $G(s)=\dfrac{5}{(s^2+2s+1)(s+2)}$，试求其零极点模型。

解：编制 MATLAB 程序如下。

```
num=[5];
den=conv([1 2],[1 2 1]);
Gtf=tf(num,den)
Transfer function:
      5
---------------------
s^3 + 4 s^2 + 5 s + 2


>> Gzpk=zpk(Gtf)


Zero/pole/gain:
      5
-------------
(s+2) (s+1)^2
```

例 2.7.5 已知系统 $G_1(s)=\dfrac{1}{s^2+5s+23}$，$G_2(s)=\dfrac{1}{s+4}$，求 $G_1(s)$ 和 $G_2(s)$ 分别进行串联、并联和反馈后的系统模型。

解：编制 MATLAB 程序如下。

```
>> num1=1;
>> den1=[1 5 23];
>> num2=1;
>> den2=[1 4];
>> G1=tf(num1,den1);
>> G2=tf(num2,den2);
```

串联方式 1：

```
>> Gs=G1 * G2

Transfer function:
           1
-----------------------
s^3 + 9 s^2 + 43 s + 92
```

串联方式 2:

```
>> Gs1=series(G1,G2)

Transfer function:
           1
-----------------------
s^3 + 9 s^2 + 43 s + 92
```

并联方式 1:

```
>> Gp=G1+G2

Transfer function:
      s^2 + 6 s + 27
-----------------------
s^3 + 9 s^2 + 43 s + 92
```

并联方式 2:

```
>> Gp1=parallel(G1,G2)

Transfer function:
      s^2 + 6 s + 27
-----------------------
s^3 + 9 s^2 + 43 s + 92
```

反馈方式 1:

```
>> Gf=feedback(G1,G2)

Transfer function:
          s + 4
-----------------------
s^3 + 9 s^2 + 43 s + 93
```

反馈方式 2：

```
>> Gf1 = G1/(1+G1 * G2)

Transfer function:
          s^3 + 9 s^2 + 43 s + 92
----------------------------------------------
s^5 + 14 s^4 + 111 s^3 + 515 s^2 + 1454 s + 2139
```

获得系统的最小实现：

```
>> Gf2 = minreal(Gf1)

Transfer function:
        s + 4
---------------------
s^3 + 9 s^2 + 43 s + 93
```

2.8 小结及习题

本章小结

1）本章讨论了控制系统数学模型的建立。数学模型是描述系统输入量、输出量以及内部各变量之间关系的数学表达式，它揭示了系统结构及其参数与其性能之间的内在关系。数学模型分为静态数学模型和动态数学模型。静态数学模型是在静态条件（变量各阶导数为零）下描述变量之间关系的代数方程，反映系统处于稳态时系统状态有关属性变量之间关系的数学模型。动态数学模型是描述变量各阶导数之间关系的微分方程，描述动态系统瞬态与过渡态特性的模型，也可定义为描述实际系统各物理量随时间演化的数学表达式。连续系统以微分方程作为最基本的动态数学模型，而离散系统以差分方程作为最基本的动态数学模型。

2）对于给定的动态系统，数学模型表达不唯一。工程上常用的数学模型包括微分方程、传递函数和状态方程等。对于线性系统，它们之间是等价的。

3）控制系统的微分方程是在时间域描述系统动态性能的数学模型，在给定外作用及初始条件时，求解微分方程可以得到系统的输出响应。这种方法比较直观，但是如果系统的结构改变或某个参数变化时，就要重新列写并求解微分方程，不便于对系统进行分析和设计。

4）用拉普拉斯变换法求解线性系统的微分方程时，可以得到控制系统在复数域中的数学模型——传递函数。传递函数不仅可以表征系统的动态性能，而且可以用来研究系统的结构或参数变化对系统性能的影响。经典控制理论中广泛应用的时间响应分析和频率特性分析，就是以传递函数为基础建立起来的，传递函数是经典控制理论中最基本和最重要的概念。

5）控制系统的框图和信号流图都是描述系统各元（部）件之间信号传递关系的数学图形，它们表示了系统中各变量之间的因果关系以及对各变量所进行的运算，是控制理论中描述复杂系统的一种简便方法。与框图相比，信号流图符号简单，更便于绘制和应用，但是，信号流图只适用于线性系统，而框图也可用于非线性系统。要熟练掌握框图的变换及化简方法，了解信号流图及梅森公式的应用，以及数学模型、传递函数、框图和信号流图之间的关系。

习　　题

1. 图 2.8.1 为汽车在凹凸不平路上行驶时承载系统的简化力学模型，路面的高低变化为激励源，由此造成汽车的运动和轮胎受力，试求 $x_i(t)$ 作为输入，汽车质量垂直位移和轮胎垂直受力分别作为输出的传递函数。

2. 列写图 2.8.2 所示系统输入为外力 $f(t)$、输出为位移 $x(t)$ 的微分方程，并求传递函数。

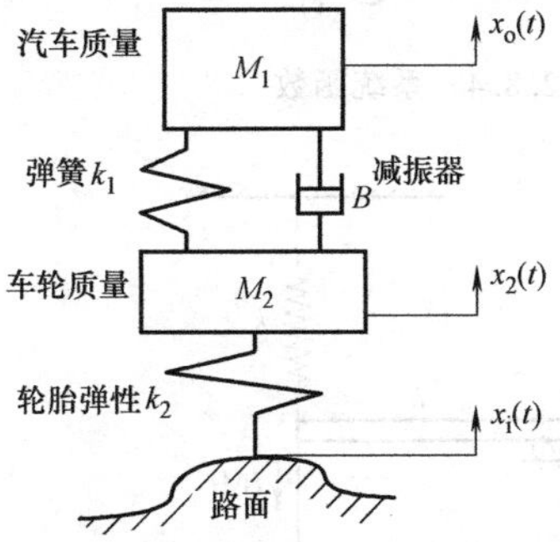

图 2.8.1　汽车承载系统的简化力学模型

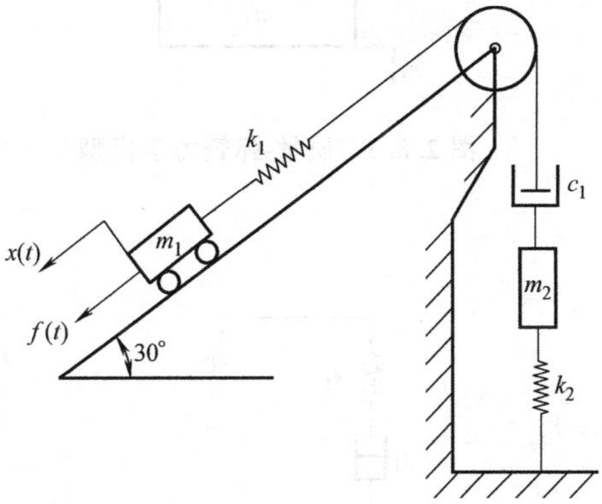

图 2.8.2　小车下坡模型

3. 对于如图 2.8.3 所示系统，C_1 为黏性阻尼系数。试求：

（1）从作用力 $f_1(t)$ 到位移 $x_2(t)$ 的传递函数；

（2）从作用力 $f_2(t)$ 到位移 $x_1(t)$ 的传递函数。

4. 如图 2.8.4 所示，ω 是角速度，t 是时间变量，其中，图 2.8.4a 为 $f_1(t)=\sin\omega t$，图 2.8.4b 为 $f_2(t)=\begin{cases}0 & t<t_0\\ \sin\omega t & t\geqslant t_0\end{cases}$，图 2.8.4c 为 $f_3(t)=[\sin\omega(t-t_0)]\cdot 1(t-t_0)$，试求 $F_1(s)$、$F_2(s)$ 和 $F_3(s)$。

5. 用拉普拉斯变换法解下列微分方程。

（1）$\dfrac{d^2x(t)}{dt^2}+6\dfrac{dx(t)}{dt}+8x(t)=1(t)$，其中 $x(0^+)=1$，$\left.\dfrac{dx(t)}{dt}\right|_{t=0^+}=0$；

（2）$\dfrac{dx(t)}{dt}+100x(t)=300$，其中$\left.\dfrac{dx(t)}{dt}\right|_{t=0}=50$。

6. 某系统微分方程为 $3\dfrac{dx_o(t)}{dt}+2x_o(t)=2\dfrac{dx_i(t)}{dt}+3x_i(t)$，已知 $x_o(0^-)=x_i(0^-)=0$，其

极点和零点各是多少？当输入为 $1(t)$ 时，输出的终值和初值各为多少？

7. 试求图 2.8.5 所示力学模型的传递函数。其中，$x_i(t)$ 为输入位移，$x_o(t)$ 为输出位移，k_1 和 k_2 为弹性刚度，f_1 和 f_2 为黏性阻尼系数。

8. 机械系统如图 2.8.6 所示，其中，外力 $f(t)$ 为系统的输入，位移 $x(t)$ 为系统的输出，m 为物体的质量，k 为弹簧的弹性系数，B 为阻尼器的阻尼系数，试求系统的传递函数。

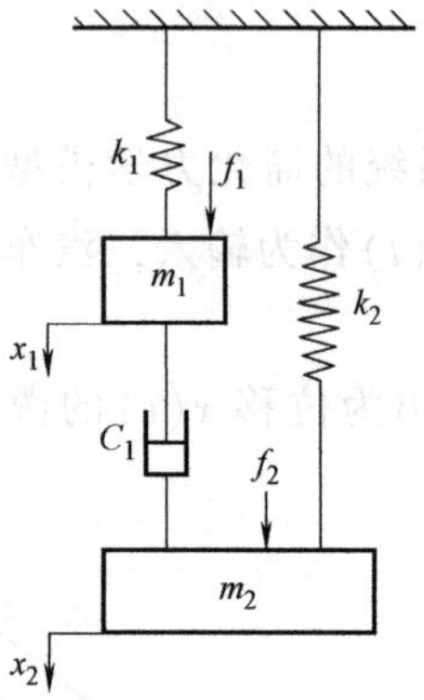

图 2.8.3　质量-弹簧力学模型

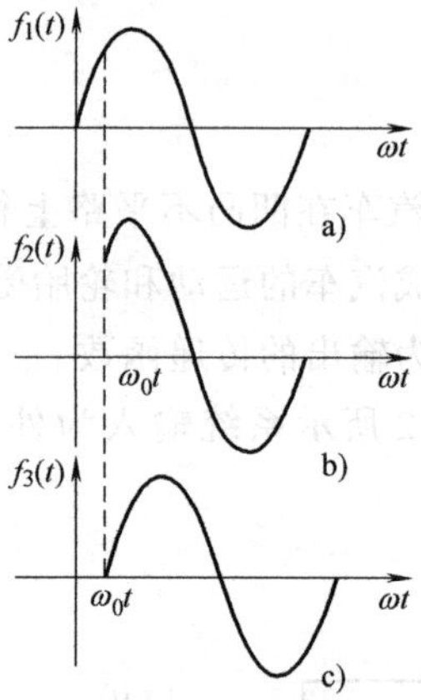

图 2.8.4　系统函数

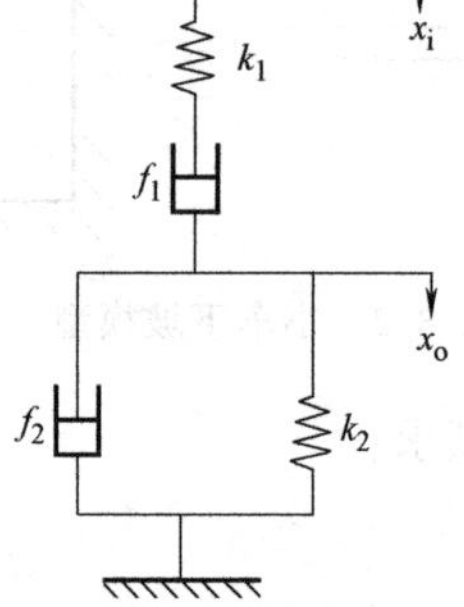

图 2.8.5　力学模型

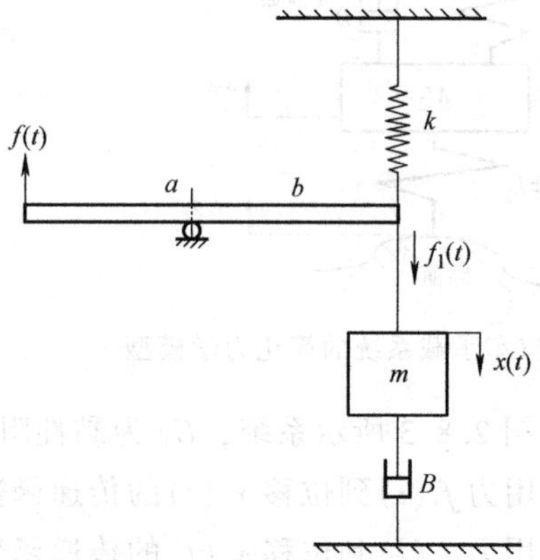

图 2.8.6　机械系统模型

9. 某控制系统由下列方程组描述，试绘制该系统的传递函数框图，并求取传递函数 $\Phi(s)=\dfrac{X_o(s)}{X_i(s)}$。

$$X_1(s)=G_1(s)X_i(s)-G_1(s)[G_7(s)-G_9(s)]X_o(s)$$

$$X_2(s)=G_2(s)[X_1(s)-G_6(s)X_3(s)]$$

$$X_3(s)=G_3(s)[X_2(s)-G_5(s)X_o(s)]$$

$$X_o(s)=G_4(s)X_3(s)$$

10. 系统传递函数框图如图 2.8.7 所示。

(1) 以 $X_i(s)$ 为输入，求当 $N(s)=0$ 时，分别以 $X_o(s)$、$Y(s)$、$B(s)$、$E(s)$ 为输出的闭环传递函数；

(2) 以 $N(s)$ 为输入，求当 $X_i(s)=0$ 时，分别以 $X_o(s)$、$Y(s)$、$B(s)$、$E(s)$ 为输出的闭环传递函数；

(3) 比较以上传递函数的分母，从中可以得出什么结论？

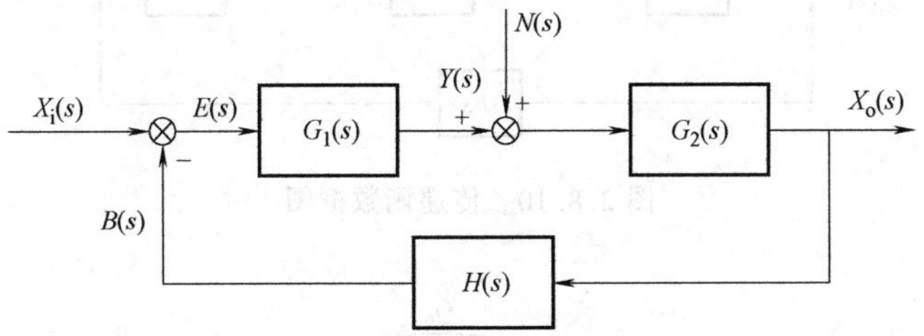

图 2.8.7　系统传递函数框图

11. 试简化图 2.8.8 所示系统框图，并求出相应的传递函数$\frac{X_o(s)}{X_i(s)}$和$\frac{X_o(s)}{N(s)}$。

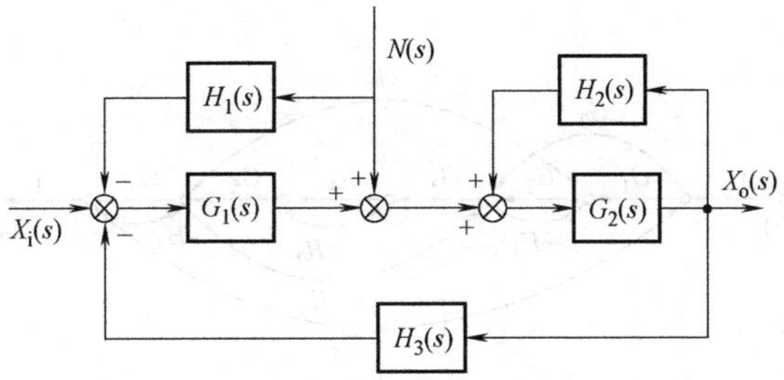

图 2.8.8　系统框图

12. 求出图 2.8.9 所示系统的传递函数$\frac{X_o(s)}{X_i(s)}$。

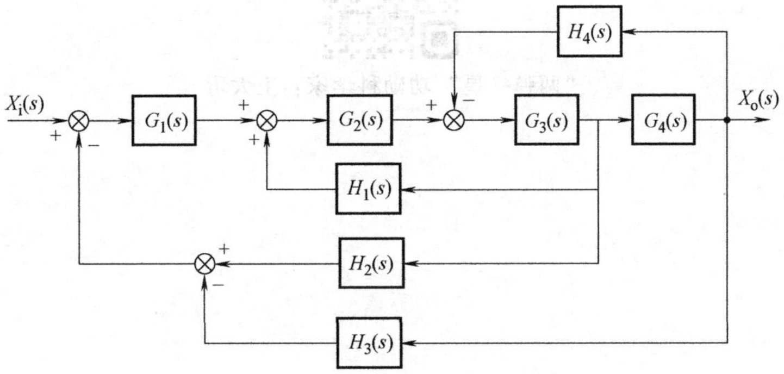

图 2.8.9　系统的框图

13. 简化图 2.8.10 所示传递函数框图，并求系统的传递函数$\frac{X_o(s)}{X_i(s)}$和$\frac{X_o(s)}{N(s)}$。

14. 求图 2.8.11 所示系统的传递函数$\frac{X_o(s)}{X_i(s)}$。

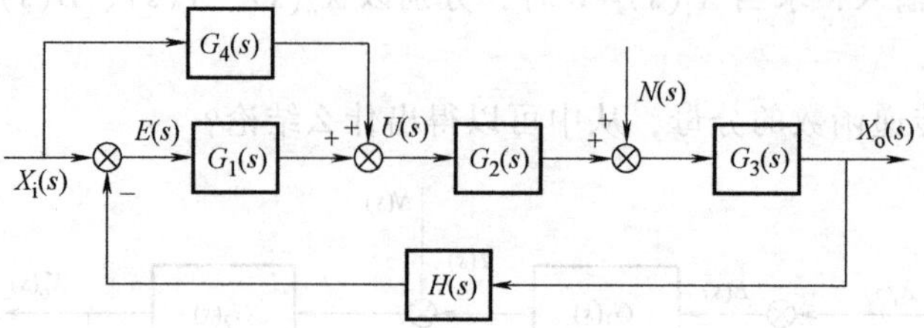

图 2.8.10　传递函数框图

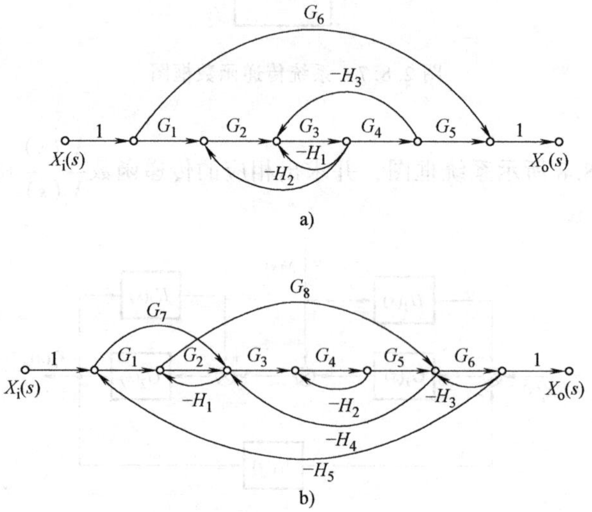

图 2.8.11　系统的传递函数框图

“两弹一星”功勋科学家：王大珩

第3章

时间响应分析

分析和设计系统的首要工作是确定系统的数学模型。一旦建立了合理的便于分析的数学模型就可以对已组成的控制系统进行分析，从而得出改进系统性能的方法。在经典控制理论中常用时域分析法、频域法或根轨迹法来分析控制系统的性能。控制系统的实际运行都是在时域内进行的，给系统输入时间信号，系统的输出即为系统的时间响应。控制系统的时域分析是通过传递函数、拉普拉斯变换及反变换求出系统在典型输入下的输出表达式，从而提供系统时间响应的全部信息，即研究系统在典型输入信号作用下的时间响应来评价系统的性能，在时域内分析系统的动静态特性。时域分析法所给出的性能指标直观而明确，尤其适用于二阶系统性能的分析和计算，且可应用于多输入、多输出以及非线性系统。所谓**时域分析法（时间响应分析），就是根据系统的微分方程，以拉普拉斯变换为数学工具，直接解算出系统的输出量随时间变化的规律，并由此来确定系统的性能，如稳定性、快速性和准确性等**。时域分析法是一种直接分析的方法，易于接受，而且也是一种比较准确的方法，能够提供系统时间响应的全部信息。

本章的主要内容是讨论经典控制理论中一般简单控制系统的性能分析问题，包括系统的时域响应分析、稳定性分析、误差分析及基于 MATLAB 的系统时域分析。控制系统的时间响应决定于系统本身的结构和参数、系统的初始状态以及输入信号的形式。其中的基本概念和分析方法同时适用于包括复杂高阶系统的实际控制系统，因为复杂的高阶系统也往往存在起主导作用的一阶或二阶环节，故分析简单的低阶系统具有重要意义。

3.1 时间响应及其组成

从数学角度上看描述系统的微分方程的解就是该系统时间响应的数学表达式，从物理角度上看就是给系统输入一个随时间变化的信号 $x_i(t)$，系统相应地输出一个随时间变化的信号 $x_o(t)$，则输出 $x_o(t)$就称为系统的时间响应。它反映系统本身的固有特性以及系统在输入作用下的动态历程。

一般情况下，设系统的动力学微分方程为

$$a_n \frac{d^n y(t)}{dt^n}+a_{n-1} \frac{d^{n-1} y(t)}{dt^{n-1}}+\cdots+a_0 y(t)=x(t) \tag{3.1.1}$$

其解的一般形式为

$$y(t)=\overbrace{\underbrace{\sum_{i=1}^{n}A_{1i}e^{s_it}}_{\text{零输入响应}}+\sum_{i=1}^{n}A_{2i}e^{s_it}}^{\text{自由响应}}+\underbrace{\overset{\text{强迫响应}}{B(t)}}_{}\quad(\text{零状态响应}=\sum_{i=1}^{n}A_{2i}e^{s_it}+B(t)) \tag{3.1.2}$$

式中，$s_i(i=1,2,\cdots,n)$为方程的特征根。系统的阶次 n 和 s_i 取决于系统的固有特性，与系统的初始状态无关。由此可见，系统的时间响应可从两方面分类，见式（3.1.2）。按振动性质可分为自由响应与强迫响应；按振动来源可分为零输入响应（输入信号为零时仅由初始状态引起的自由响应）与零状态响应（初始状态为零时仅由输入引起的响应）。经典控制理论中所要研究的响应往往是零状态响应，除本节特别声明之外，其他章节所讲的时间响应均指零状态响应。当 $t\to\infty$ 时，输出 $y(t)$ 趋于稳态值，则系统稳定。此时，自由响应可称为瞬态响应，强迫响应可称为稳态响应。

1）瞬态响应。系统在某一输入信号作用下，其输出从初始状态到稳定状态的响应过程，也称为过渡过程。瞬态响应直接反映了系统的动态性能，表征系统振荡特性和快速性。

2）稳态响应。系统在某一输入信号作用下，时间 t 趋于无穷大时，系统的输出状态。稳态响应偏离希望输出值的程度（误差）可以衡量系统的精确程度，表征系统的准确性和抗干扰能力。

在工程实际中，总会用一定的方法来界定时间 $t\to\infty$ 的概念。通常将时间响应中实际输出与理想输出的误差进入系统规定的误差带之前的过程称为瞬态响应，之后的过程称为稳态响应。

因为实际的物理系统总是包含一些贮能元件，如弹簧、电感、电容等元件，所以当输入信号作用于系统时，系统的输出量不能立刻跟随输入量的变化，而是在系统达到稳态之前表现为瞬态响应过程。

3）系统的特征根影响系统自由响应的收敛性和振荡情况。特征根实部 $\mathrm{Re}s_i$ 能反映系统的稳定性和快速性。当所有特征根 $\mathrm{Re}s_i<0$ 时，系统的自由响应收敛，系统稳定；当有特征根 $\mathrm{Re}s_i>0$ 时，系统自由响应发散，当有特征根 $\mathrm{Re}s_i=0$ 时，系统自由响应等幅振荡，这两种情况系统均不稳定。当系统稳定时，特征根实部 $\mathrm{Re}s_i$ 的绝对值越大，系统收敛所需时间越短，系统的快速性越好。特征根虚部 $\mathrm{Im}s_i$ 的绝对值大小能反映系统自由响应的振荡情况，决定了系统响应在规定时间内接近稳定响应的情况，影响着系统的准确性。$\mathrm{Im}s_i$ 的绝对值越大，自由响应振荡得越剧烈，系统准确性越差。

3.2 典型输入信号

控制系统的动态性能可以通过在输入信号作用下的瞬态响应来评价，其瞬态响应不仅取决于系统本身的特性，还与外加输入信号的形式有关。实际系统的输入信号常具有随机性质，预先无法知道。例如，在金属切削过程中切削刀具的磨损以及切削角度的变化等都会引起切削力的变化；又如在机电设备的运行过程中，电网电压的变化、设备负载的波动以及环境因素的干扰等都是无法预先知道的，因此，控制系统的实际输入信号通常难以用简单的数学表达式描述出来。在分析和设计控制系统时，总是预先规定一些特殊的实验输入信号，然后比较各种系统对这些实验输入信号的响应，从而比较各种系统性能，这些实验信号就称为控制系统的典型输入信号。因为系统对典型输入信号的响应特性与系统对实际输入信号的响应特性之间存在着一定的关系，所以采用实验信号来评价系统的性能是合理的。

选取典型输入信号主要考虑以下原则。

1）信号具有典型性，能够反映系统工作的大部分实际情况。

2）信号形式应尽可能简单，便于分析处理。

3）信号能使系统在最不利的情况下工作。

根据上述典型信号选用原则，实际应用中常用的典型输入信号有阶跃信号、斜坡信号（速度信号）、抛物线信号（加速度信号）、脉冲信号和正弦信号。其中，阶跃信号使用最为广泛，各典型输入信号具体情况如表 3.2.1 所示。

表 3.2.1　各典型输入信号

序号	输入信号及时域函数表达式	拉普拉斯变换式	时域曲线	实例
1	阶跃信号 $x_i(t)=u(t)=\begin{cases}A=常数, & t\geqslant 0\\ 0, & t<0\end{cases}$ 幅值 A 为 1 时的阶跃信号称为单位阶跃信号，记作 $u(t)=1(t)$	$\frac{A}{s}$	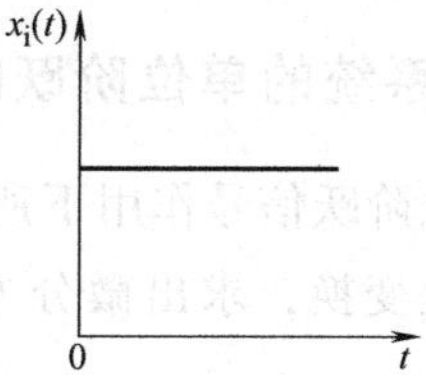	开关量
2	斜坡信号（或称速度信号） $x_i(t)=\begin{cases}At, & t\geqslant 0\\ 0, & t<0\end{cases}$ 幅值 A 为 1 时的斜坡信号称为单位斜坡信号，记作 $x_i(t)=t(t)$	$\frac{A}{s^2}$	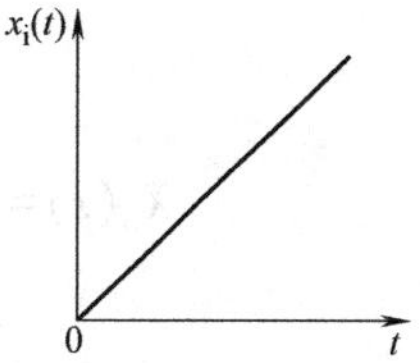	恒速变化
3	抛物线信号（或称加速度信号） $x_i(t)=\begin{cases}\frac{1}{2}At^2, & t\geqslant 0\\ 0, & t<0\end{cases}$ 幅值 A 为 1 时的加速度信号称为单位加速度信号，记作 $x_i(t)=\frac{1}{2}t^2$	$\frac{A}{s^3}$	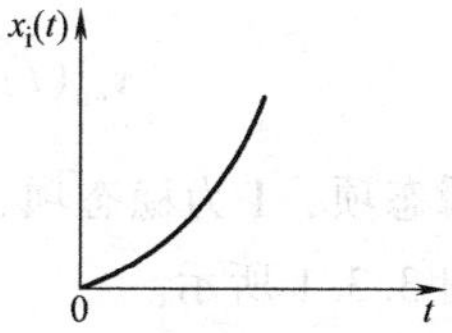	恒加速度变化 振动加速度
4	脉冲信号 $x_i(t)=\delta(t)=\begin{cases}\frac{1}{h}, & 0\leqslant t<h\\ 0, & t<0 或 t\geqslant h\end{cases}$，脉冲宽度为 h，脉冲面积为 1	1	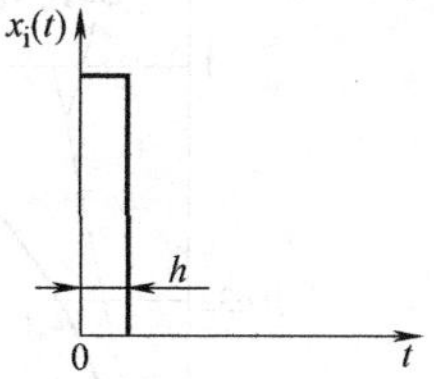	电脉冲 后坐力 撞　击
5	正弦信号 $x_i(t)=\begin{cases}A\sin\omega t, & t\geqslant 0\\ 0, & t<0\end{cases}$	$\frac{A\omega}{s^2+\omega^2}$	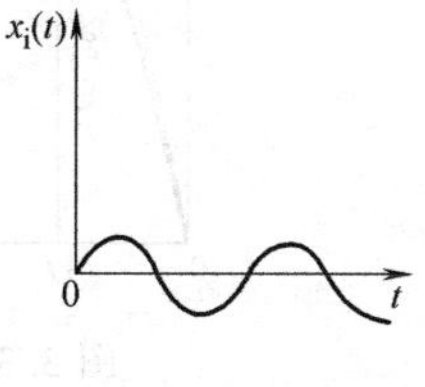	正弦交变力 正弦交流电

3.3 一阶系统

凡是能够用一阶微分方程来描述其动态过程的系统，称为一阶系统。一阶系统的典型形式是惯性环节，如不计质量的弹簧—阻尼系统。一阶系统的微分方程的一般形式为

$$T\frac{\mathrm{d}x_o(t)}{\mathrm{d}t}+x_o(t)=x_i(t)$$

其传递函数为

$$G(s)=\frac{X_o(s)}{X_i(s)}=\frac{1}{Ts+1} \tag{3.3.1}$$

式中，T 称为一阶系统的时间常数，它表达了系统本身与外界作用无关的固有特性，故也称为一阶系统的特征参数，不同的系统由不同的物理量所组成。

3.3.1 一阶系统的单位阶跃响应

系统在单位阶跃信号作用下所产生的输出称为系统的单位阶跃响应。根据式（3.3.1）进行拉普拉斯反变换，求出微分方程的解 $x_o(t)$ 即为一阶系统的单位阶跃响应。输入信号 $x_i(t)=u(t)$，则其拉普拉斯变换式 $X_i(s)=\frac{1}{s}$，一阶系统的单位阶跃响应的拉普拉斯变换式为

$$X_o(s)=G(s)X_i(s)=\frac{1}{Ts+1}\cdot\frac{1}{s}=\frac{1}{s}-\frac{1}{s+\frac{1}{T}}$$

对其进行拉普拉斯反变换则其时间响应函数，记作 $x_{ou}(t)$ 为

$$x_{ou}(t)=L^{-1}[X_o(s)]=1-\mathrm{e}^{-\frac{t}{T}}(t\geqslant 0) \tag{3.3.2}$$

式中，$-\mathrm{e}^{-\frac{t}{T}}$ 为瞬态项，1 为稳态项，$x_{ou}(t)$ 正好符合前节所述的时间响应组成的情况。其时间响应曲线如图 3.3.1 所示。

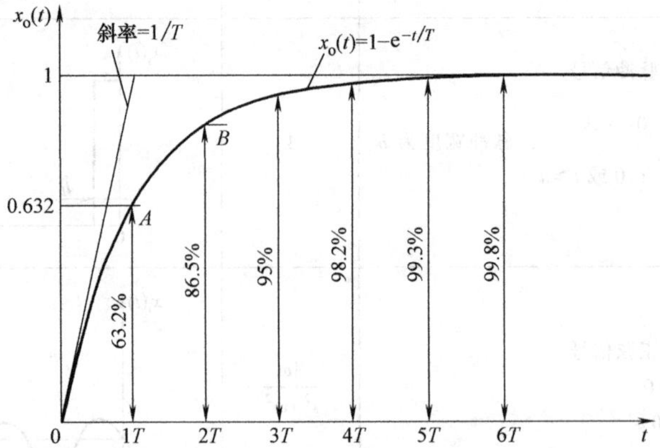

图 3.3.1　一阶系统的单位阶跃响应曲线

从图 3.3.1 中可以看出，系统的响应从零开始，按指数规律上升并最终趋于 1，由于响应具有非振荡特性，故称为非周期响应。根据该响应曲线可得出以下结论。

1）单位阶跃响应曲线是一条单调上升的指数曲线，稳态值 $x_{ou}(\infty)=1$，这时一阶系统的输出与输入一致，说明系统的瞬态响应过程平稳且无振荡。

2）指数曲线的斜率，即一阶系统的响应速度 $\frac{\mathrm{d}x_{ou}(t)}{\mathrm{d}t}=\frac{1}{T}\mathrm{e}^{-\frac{t}{T}}$ 随时间 t 的增大而单调减小的，当 $t\to\infty$ 时，其响应速度趋于零。

3）A 点为特征点，A 点处 $t=T$ 且响应为稳态值的 63.2%，因此用实验法测出响应曲线到达稳态值的 63.2%时，所用的时间即为惯性环节的时间常数 T。

4）当 $t=0$ 时，响应曲线的切线斜率等于 $1/T$，由此也可求出时间常数 T。

5）经过时间 $3T\sim4T$，响应曲线达到稳态值的 95%～98%时，在工程上认为瞬态响应过程已经结束，系统进入了稳态过程。由此可见，时间常数 T 反映了一阶系统的固有特性，T 值越小，系统惯性越小，响应过程越快，快速性能越好。

3.3.2　一阶系统的单位脉冲响应

当系统的输入信号 $x_i(t)$ 为单位脉冲信号 $\delta(t)$ 时，系统的输出 $x_o(t)$ 称为单位脉冲响应，$X_o(s)=G(s)X_i(s)$，而 $X_i(s)=L[\delta(t)]=1$。由此可知，一阶系统单位脉冲响应函数等于系统传递函数的拉普拉斯反变换，即

$$x_o(t)=L^{-1}[G(s)]=L^{-1}\left(\frac{1}{Ts+1}\right)=\frac{1}{T}\mathrm{e}^{-\frac{t}{T}}(t\geqslant0) \tag{3.3.3}$$

式中，$\frac{1}{T}\mathrm{e}^{-\frac{t}{T}}$ 为瞬态项，0 为稳态项，其时间响应曲线如图 3.3.2 所示。从图中可以看出，曲线是一条单调下降的指数曲线，从 $\frac{1}{T}$ 开始，按指数规律下降并最终趋于 0，且响应曲线在 0 时刻的切线与稳态值相交的时间，恰为系统的时间常数 T。

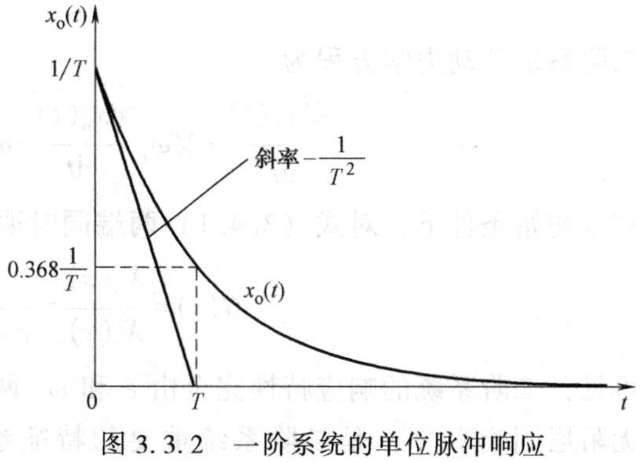

图 3.3.2　一阶系统的单位脉冲响应

在实际应用中，由于理想的脉冲信号不可能得到，故常以具有一定脉冲宽度和有限幅值的脉冲来代替它，当脉冲宽度 h（如表 3.2.1 所示）与系统时间常数 T 相比足够小（一般要求为 $h<0.1T$），这时可以得到近似程度很高的脉冲响应函数。

同理，可以求得一阶系统的单位斜坡响应为

$$\begin{aligned} x_o(t)&=L^{-1}[X_o(s)]=L^{-1}[G(s)X_i(s)]=L^{-1}\left(\frac{1}{Ts+1}\cdot\frac{1}{s^2}\right) \\ &=t-T+T\mathrm{e}^{-\frac{t}{T}}\quad(t\geqslant0) \end{aligned} \tag{3.3.4}$$

3.3.3 线性系统响应之间的关系

比较一阶系统的单位脉冲、单位阶跃和单位斜坡输入及其响应，可以发现三种输入信号之间有以下关系

$$\delta(t)=\frac{\mathrm{d}}{\mathrm{d}t}[u(t)=1(t)]=\frac{\mathrm{d}^2}{\mathrm{d}t^2}[t] \tag{3.3.5}$$

相应的时间响应之间也有对应关系，即

$$x_{o\delta}(t)=\frac{\mathrm{d}}{\mathrm{d}t}[x_{ou}(t)]=\frac{\mathrm{d}^2}{\mathrm{d}t^2}[x_{ot}(t)] \tag{3.3.6}$$

即系统对输入信号导数（或积分）的响应，等于系统对该输入信号响应的导数（或积分）。这一重要特性适用于任意阶线性定常系统，但不适用于线性时变系统和非线性系统。

3.4 二阶系统

凡是能够用二阶微分方程来描述其动态过程的系统称为二阶系统。例如 RLC 电路、弹簧—质量—阻尼器系统等。在控制工程中，二阶系统的典型应用极为普遍，许多高阶系统在一定条件下常近似作为二阶系统来研究。因此，详细讨论和分析二阶系统的特性具有重要的实际意义。从物理上讲，二阶系统总包含两个独立的储能元件，能量在两个元件之间交换，使系统具有往复振荡的趋势。当阻尼不够大时，系统呈现出振荡的特性，所以，二阶系统也称为二阶振荡环节。

3.4.1 二阶系统的数学模型

二阶系统的动力学方程为

$$\frac{\mathrm{d}^2x_o(t)}{\mathrm{d}t^2}+2\xi\omega_n\frac{\mathrm{d}x_o(t)}{\mathrm{d}t}+\omega_n^2x_o(t)=\omega_n^2x_i(t) \tag{3.4.1}$$

在零初始条件下，对式（3.4.1）两端同时取拉普拉斯变换，得二阶系统的传递函数为

$$G(s)=\frac{X_o(s)}{X_i(s)}=\frac{\omega_n^2}{s^2+2\xi\omega_ns+\omega_n^2} \tag{3.4.2}$$

可见，二阶系统的响应特性完全由 ξ 和 ω_n 两个参数确定，ξ、ω_n 分别称为系统的阻尼比和无阻尼固有频率，是二阶系统重要的特征参数。典型二阶系统的传递函数框图如图 3.4.1 所示，它的前向通道由一个积分环节和一个惯性环节串联而成，其开环传递函数为

$$G_K(s)=\frac{\omega_n^2}{s(s+2\xi\omega_n)}=\frac{K_m}{s(T_ms+1)} \tag{3.4.3}$$

式中，ω_n 为无阻尼固有频率，$\omega_n=\sqrt{\frac{K_m}{T_m}}$；$\xi$ 为阻尼比，$\xi=\frac{1}{2\sqrt{T_mK_m}}$；$K_m$ 为开环增益，$K_m=\frac{\omega_n}{2\xi}$；$T_m$ 为时间常数，$T_m=\frac{1}{2\xi\omega_n}$。

令式（3.4.2）的分母等于零，则二阶系统的特征方程为

$$s^2+2\xi\omega_n s+\omega_n^2=0 \tag{3.4.4}$$

其特征根即二阶系统的闭环极点为

$$s_{1,2}=-\xi\omega_n\pm\omega_n\sqrt{\xi^2-1} \tag{3.4.5}$$

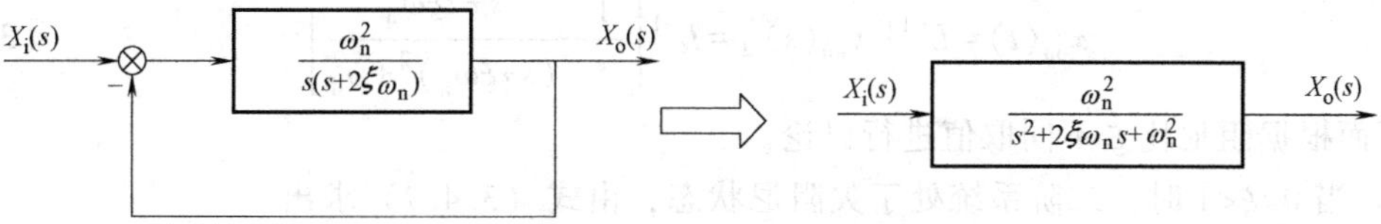

图 3.4.1　二阶系统传递函数框图及其标准形式

可见，随着阻尼比 ξ 取值的不同，二阶系统的特征根也不同。

1）当 $0<\xi<1$ 时，由式（3.4.5）可得 $s_{1,2}=-\xi\omega_n\pm j\omega_d$，式中 $\omega_d=\omega_n\sqrt{1-\xi^2}$，称为二阶系统的有阻尼固有频率，此时系统具有一对实部小于零的共轭复数极点，如图 3.4.2a 所示，时间响应具有衰减振荡特性，二阶系统处于欠阻尼状态。

2）当 $\xi=0$ 时，由式（3.4.5）可得 $s_{1,2}=\pm j\omega_n$，此时系统具有一对共轭纯虚根，如图 3.4.2b 所示，时间响应为等幅振荡，二阶系统处于无阻尼状态。

3）当 $\xi=1$ 时，由式（3.4.5）可得 $s_{1,2}=-\omega_n$，此时系统具有一对相等的负实数极点，如图 3.4.2c 所示，时间响应开始失去振荡特性，处于振荡与不振荡的临界状态，即二阶系统处于临界阻尼状态。

4）当 $\xi>1$ 时，由式（3.4.5）可得 $s_{1,2}=-\xi\omega_n\pm\omega_n\sqrt{\xi^2-1}$，此时系统具有一对不相等的负实数极点，如图 3.4.2d 所示，时间响应具有单调特性，二阶系统处于过阻尼状态。

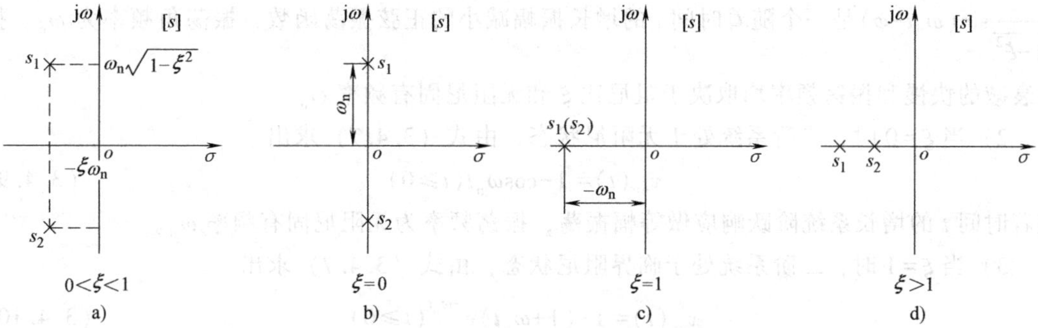

图 3.4.2　二阶系统的特征根

a）欠阻尼状态　b）无阻尼状态　c）临界阻尼状态　d）过阻尼状态

3.4.2　二阶系统的单位阶跃响应

若系统的输入信号为单位阶跃信号 $u(t)$ 时，二阶系统的单位阶跃响应函数的拉普拉斯变换为

$$X_{ou}(s)=G(s)X_i(s)=\frac{\omega_n^2}{s^2+2\xi\omega_n s+\omega_n^2}\cdot\frac{1}{s}$$

$$=\frac{1}{s}-\frac{s+2\xi\omega_n}{(s+\xi\omega_n+j\omega_d)(s+\xi\omega_n-j\omega_d)}$$

$$=\frac{1}{s}-\frac{s+2\xi\omega_n}{(s+\xi\omega_n)^2+\omega_d^2} \tag{3.4.6}$$

对式（3.4.6）两边进行拉普拉斯反变换，可得二阶系统的单位阶跃响应为

$$x_{ou}(t)=L^{-1}[X_{ou}(s)]=L^{-1}\left[\frac{1}{s}-\frac{s+2\xi\omega_n}{(s+\xi\omega_n)^2+\omega_d^2}\right] \tag{3.4.7}$$

下面根据阻尼比 ξ 不同取值进行讨论。

1）当 $0<\xi<1$ 时，二阶系统处于欠阻尼状态，由式（3.4.7）求出

$$x_{ou}(t)=L^{-1}\left[\frac{1}{s}-\frac{s+\xi\omega_n}{(s+\xi\omega_n)^2+\omega_d^2}-\frac{\xi}{\sqrt{1-\xi^2}}\cdot\frac{\omega_d}{(s+\xi\omega_n)^2+\omega_d^2}\right]$$

$$=1-e^{-\xi\omega_n t}\left(\cos\omega_d t+\frac{\xi}{\sqrt{1-\xi^2}}\sin\omega_d t\right)$$

$$=1-\frac{1}{\sqrt{1-\xi^2}}\cdot e^{-\xi\omega_n t}\sin\left(\omega_d t+\tan^{-1}\frac{\sqrt{1-\xi^2}}{\xi}\right)$$

$$=1-\frac{e^{-\xi\omega_n t}}{\sqrt{1-\xi^2}}\sin(\omega_d t+\varphi)\quad t\geqslant 0 \tag{3.4.8}$$

式中，$\omega_d=\omega_n\sqrt{1-\xi^2}$，$\varphi=\tan^{-1}\frac{\sqrt{1-\xi^2}}{\xi}=\cos^{-1}\xi$。

由式（3.4.8）可知，在欠阻尼情况下，系统阶跃响应的稳态分量为 1，瞬态分量为 $\frac{e^{-\xi\omega_n t}}{\sqrt{1-\xi^2}}\sin(\omega_d t+\varphi)$ 是一个随着时间 t 的增长振幅减小的正弦振荡函数，振荡角频率为 ω_d。振幅衰减的快慢和振荡频率均取决于阻尼比 ξ 和无阻尼固有频率 ω_n。

2）当 $\xi=0$ 时，二阶系统处于无阻尼状态，由式（3.4.7）求出

$$x_{ou}(t)=1-\cos\omega_n t\,(t\geqslant 0) \tag{3.4.9}$$

随着时间 t 的增长系统阶跃响应做等幅振荡，振荡频率为无阻尼固有频率 ω_n。

3）当 $\xi=1$ 时，二阶系统处于临界阻尼状态，由式（3.4.7）求出

$$x_{ou}(t)=1-(1+\omega_n t)e^{-\omega_n t}\,(t\geqslant 0) \tag{3.4.10}$$

其响应的变化速度为 $\dot{x}_{ou}(t)=\omega_n^2 t e^{-\omega_n t}$，当 $t=0$ 时，$\dot{x}_{ou}(0)=0$；当 $t\to\infty$ 时，$\dot{x}_{ou}(\infty)=0$；当 $t>0$ 时，$\dot{x}_{ou}(t)>0$。系统阶跃响应无振荡，响应曲线单调增长，最后趋于 1。

4）当 $\xi>1$ 时，二阶系统处于过阻尼状态，由式（3.4.7）求出。

$$x_{ou}(t)=1+\frac{1}{2\sqrt{\xi^2-1}\,(\xi+\sqrt{\xi^2-1})}e^{-(\xi+\sqrt{\xi^2-1})\omega_n t}-$$

$$\frac{1}{2\sqrt{\xi^2-1}\,(\xi-\sqrt{\xi^2-1})}e^{-(\xi-\sqrt{\xi^2-1})\omega_n t}$$

$$=1+\frac{\omega_n}{2\sqrt{\xi^2-1}}\left(\frac{e^{s_1 t}}{-s_1}-\frac{e^{s_2 t}}{-s_2}\right)(t\geqslant 0) \tag{3.4.11}$$

式中，$s_1=-(\xi+\sqrt{\xi^2-1})\omega_n$，$s_2=-(\xi-\sqrt{\xi^2-1})\omega_n$。

其响应的稳态分量为 1，瞬态分量为后两个指数项。响应曲线没有振荡，也没有超调。当 $\xi>1.5$ 时，在式（3.4.11）的两个衰减指数项中，e^{s_1t} 的衰减比 e^{s_2t} 的要快得多，因此，过渡过程的变化以 e^{s_2t} 项起主要作用。从复平面看，越靠近虚轴的极点过渡过程持续的时间越长，对过渡过程的影响越大。

不同阻尼比 ξ 对应的二阶系统的单位阶跃响应曲线如图 3.4.3 所示。

从上面的分析可以看出频率 ω_n 和 ω_d 的物理意义。ω_n 是无阻尼（$\xi=0$）时二阶系统等幅振荡的振荡频率，因此称为无阻尼固有频率；$\omega_d=\omega_n\sqrt{1-\xi^2}$ 是欠阻尼（$0<\xi<1$）时衰减振荡的振荡频率，因此称为有阻尼固有频率，相应地把 $T_d=\dfrac{2\pi}{\omega_d}$ 称为有阻尼振荡周期。显然，$\omega_d<\omega_n$，且随着 ξ 的增大，ω_d 的值相应地减小。

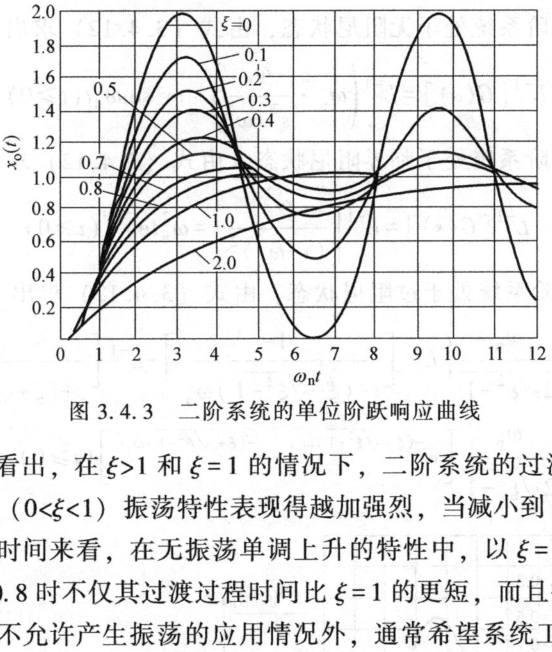

图 3.4.3　二阶系统的单位阶跃响应曲线

从图 3.4.3 中可以看出，在 $\xi>1$ 和 $\xi=1$ 的情况下，二阶系统的过渡过程具有单调上升的特性；随阻尼比的减小（$0<\xi<1$）振荡特性表现得越加强烈，当减小到 $\xi=0$ 时，呈现出等幅振荡。从过渡过程的持续时间来看，在无振荡单调上升的特性中，以 $\xi=1$ 时为最短；在欠阻尼状态下，对应 $\xi=0.4\sim0.8$ 时不仅其过渡过程时间比 $\xi=1$ 的更短，而且振荡不太严重。因此对于二阶系统，除了一些不允许产生振荡的应用情况外，通常希望系统工作在 $\xi=0.4\sim0.8$ 的欠阻尼状态，以便系统具有一个振荡特性适度而持续时间又较短的过渡过程。此外，当阻尼比 ξ 一定时，无阻尼固有频率 ω_n 越大，系统能更快达到稳态值，响应的快速性越好。

3.4.3　二阶系统的单位脉冲响应

二阶系统在单位脉冲信号 $\delta(t)$ 作用下产生的输出 $x_o(t)$ 称为二阶系统的单位脉冲响应，因为 $X_i(s)=L[\delta(t)]=1$，所以对于二阶系统有

$$X_{o\delta}(s)=G(s)X_i(s)=\frac{\omega_n^2}{s^2+2\xi\omega_n s+\omega_n^2}$$

$$=\frac{\omega_n^2}{(s+\xi\omega_n)^2+(\omega_n\sqrt{1-\xi^2})^2}=\frac{\omega_n^2}{(s+\xi\omega_n)^2+\omega_d^2}$$

对上式两边进行拉普拉斯反变换可得二阶系统的单位脉冲响应为

$$L^{-1}[X_{o\delta}(s)]=L^{-1}[G(s)]=L^{-1}\left[\frac{\omega_n^2}{(s+\xi\omega_n)^2+(\omega_n\sqrt{1-\xi^2})^2}\right]$$

$$=L^{-1}\left[\frac{\omega_n^2}{(s+\xi\omega_n)^2+\omega_d^2}\right] \tag{3.4.12}$$

下面根据阻尼比 ξ 不同取值进行讨论，响应曲线如图 3.4.4 所示。

1）当 $0<\xi<1$ 时，二阶系统处于欠阻尼状态，由式（3.4.12）求出

$$L^{-1}[G(s)]=L^{-1}\left[\frac{\omega_n}{\sqrt{1-\xi^2}}\cdot\frac{\omega_n\sqrt{1-\xi^2}}{(s+\xi\omega_n)^2+(\omega_n\sqrt{1-\xi^2})^2}\right]$$

$$=\frac{\omega_n}{\sqrt{1-\xi^2}}e^{-\xi\omega_n t}\sin\omega_d t\quad(t\geqslant 0) \tag{3.4.13}$$

2）当 $\xi=0$ 时，二阶系统处于无阻尼状态，由式（3.4.12）求出

$$L^{-1}[G(s)]=L^{-1}\left(\omega_n\cdot\frac{\omega_n}{s^2+\omega_n^2}\right)=\omega_n\sin\omega_n t(t\geqslant 0) \tag{3.4.14}$$

3）当 $\xi=1$ 时，二阶系统处于临界阻尼状态，由式（3.4.12）求出

$$L^{-1}[G(s)]=L^{-1}\left[\frac{\omega_n^2}{(s+\omega_n)^2}\right]=\omega_n^2 te^{-\omega_n t}(t\geqslant 0) \tag{3.4.15}$$

4）当 $\xi>1$ 时，二阶系统处于过阻尼状态，由式（3.4.12）求出

$$L^{-1}[G(s)]=\frac{\omega_n}{2\sqrt{\xi^2-1}}\left\{L^{-1}\left[\frac{1}{s+(\xi-\sqrt{\xi^2-1})\omega_n}\right]-L^{-1}\left[\frac{1}{s+(\xi+\sqrt{\xi^2-1})\omega_n}\right]\right\}$$

$$=\frac{\omega_n}{2\sqrt{\xi^2-1}}\left[e^{-(\xi-\sqrt{\xi^2-1})\omega_n t}-e^{-(\xi+\sqrt{\xi^2-1})\omega_n t}\right](t\geqslant 0) \tag{3.4.16}$$

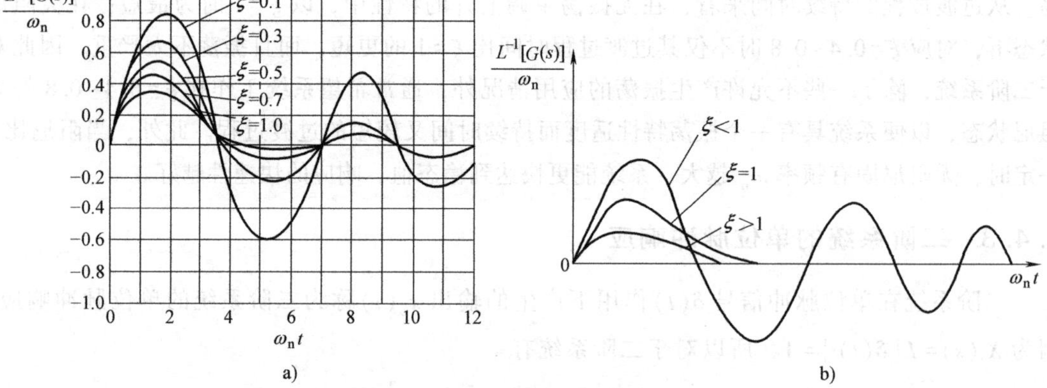

图 3.4.4　二阶系统的单位脉冲响应曲线

a）$0<\xi<1$　b）$\xi\geqslant 1$

由图 3.4.4 可知，$\xi\geqslant 1$ 时，二阶系统的单位脉冲响应无振荡；$0<\xi<1$ 时，其单位脉冲响应曲线是减幅的正弦振荡曲线，且 ξ 越小，衰减越慢，振荡频率 ω_d 越大，故欠阻尼系统又

称为二阶振荡系统，其幅值衰减的快慢取决于 $\xi\omega_n$。

例 3.4.1　设单位反馈系统的开环传递函数为 $G_K(s)=\dfrac{2s+1}{s^2}$，试求其单位阶跃响应和单位脉冲响应。

解：求出系统的闭环传递函数，然后求出输出的拉普拉斯变换式，再进行拉普拉斯反变换，即可得出相应的瞬态响应。对于单位负反馈系统，闭环传递函数为

$$G_B(s)=\frac{X_o(s)}{X_i(s)}=\frac{G_K(s)}{1+G_K(s)}=\frac{2s+1}{(s+1)^2}$$

（1）当单位阶跃信号输入时，$X_i(s)=\dfrac{1}{s}$，则

$$X_{ou}(s)=G_B(s)X_i(s)=\frac{2s+1}{(s+1)^2}\cdot\frac{1}{s}=\frac{1}{s}+\frac{1}{(s+1)^2}-\frac{1}{s+1}$$

经拉普拉斯反变换可得单位阶跃响应为

$$x_{ou}(t)=L^{-1}[X_{ou}(s)]=L^{-1}\left[\frac{1}{s}+\frac{1}{(s+1)^2}-\frac{1}{s+1}\right]=1+te^{-t}-e^{-t}$$

（2）当单位脉冲信号输入时，$X_i(s)=1$，则

$$X_{o\delta}(s)=G_B(s)X_i(s)=\frac{2s+1}{(s+1)^2}=\frac{2}{s+1}-\frac{1}{(s+1)^2}$$

$$x_{o\delta}(t)=L^{-1}[X_{o\delta}(s)]=L^{-1}\left[\frac{2}{s+1}-\frac{1}{(s+1)^2}\right]=2e^{-t}-te^{-t}$$

也可根据系统单位脉冲响应为单位阶跃响应的一阶导数求出，即

$$x_{o\delta}(t)=\dot{x}_{ou}(t)=\frac{d}{dt}[1+te^{-t}-e^{-t}]=2e^{-t}-te^{-t}$$

3.4.4　二阶系统时域性能指标

对控制系统的基本性能要求为“稳、快、准”。在时域分析中，系统的瞬态响应反映了系统本身的动态性能，表征系统的灵敏度、相对稳定性和快速性。系统的准确性则是在稳态响应部分用误差来衡量，而稳定性则是由系统的固有特性所决定，主要根据系统特征根的分布来确定。通常，系统时域响应性能指标的定义有以下几个前提。

1）响应性能是系统在单位阶跃信号作用下的瞬态响应。

2）初始条件为零，即在单位阶跃输入作用前，系统处于静止状态，输出量及其各阶导数均为零。

3）主要针对欠阻尼二阶系统。

如此规定的主要原因一是单位阶跃信号容易产生，而利用系统对单位阶跃输入的响应也较容易求出；二是阶跃信号对于系统来说工作状态较为恶劣，如果系统在这种工况下具有良好的性能指标，则对其他形式的输入也就能满足使用要求；三是因为完全无振荡的单调过程其调整时间较长，除了那些不允许产生振荡的系统外，通常都允许系统有适度的振荡，以便保证系统的快速性。因此，下面有关二阶系统时域响应的性能指标除特别说明外，都是针对欠阻尼二阶系统的单位阶跃响应给出的。常用的性能指标主要有上升时间 t_r、峰值时间 t_p、

最大超调量 M_p、调整时间 t_s 以及振荡次数 N，如图 3.4.5 所示。

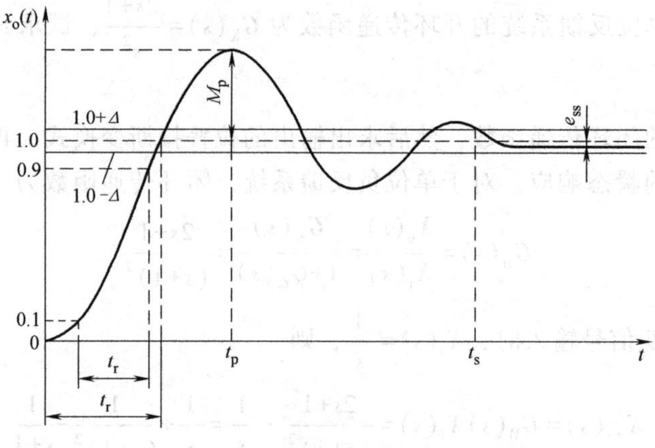

图 3.4.5　二阶系统时域响应的性能指标

下面来定义上述性能指标，并根据定义推导它们的计算公式，分析它们与系统特征参数 ξ、ω_n 之间的关系。

1. 上升时间 t_r

响应曲线从零时刻出发第一次到达稳态值所需要的时间称为上升时间 t_r。对于没有超调的系统，从理论上讲，其响应曲线到达稳态值的时间需要无穷大，因此，一般将其上升时间 t_r 定义为从稳态值的10%上升到稳态值的90%所需要的时间。二阶系统在欠阻尼状态下的单位阶跃响应由式（3.4.8）求出。

根据定义，当 $t=t_r$ 时，$x_o(t_r)=1$，即 $1=1-\dfrac{e^{-\xi\omega_n t_r}}{\sqrt{1-\xi^2}}\sin(\omega_d t_r+\varphi)$

则 $\dfrac{e^{-\xi\omega_n t_r}}{\sqrt{1-\xi^2}}\sin(\omega_d t_r+\varphi)=0$，因 $e^{-\xi\omega_n t_r}\neq 0$ 且 $0<\xi<1$，所以 $\sin(\omega_d t_r+\varphi)=0$，故有 $\omega_d t_r+\varphi=k\pi$，$k=0$、$\pm1$、$\pm2$、…，由于 t_r 被定义为第一次到达稳态值的时间，因此上式中应取 $k=1$，于是 $t_r=\dfrac{\pi-\varphi}{\omega_d}$，将 $\omega_d=\omega_n\sqrt{1-\xi^2}$，$\varphi=\tan^{-1}\dfrac{\sqrt{1-\xi^2}}{\xi}$ 代入上式，可得

$$t_r=\frac{\pi-\tan^{-1}\dfrac{\sqrt{1-\xi^2}}{\xi}}{\omega_n\sqrt{1-\xi^2}} \tag{3.4.17}$$

由式（3.4.17）可知，当 ξ 一定时，ω_n 增大，t_r 就减小；当 ω_n 一定时，ξ 增大，t_r 就增大。

2. 峰值时间 t_p

响应曲线从零时刻出发首次到达第一个峰值所需要的时间称为峰值时间 t_p。根据峰值时间 t_p 的定义，将式（3.4.8）对时间 t 求导，并令其为零，便可求出峰值时间 t_p，即 $\left.\dfrac{dx_o(t)}{dt}\right|_{t=t_p}=0$，所以

$$\frac{\xi\omega_n}{\sqrt{1-\xi^2}}e^{-\xi\omega_n t_p}\sin(\omega_d t_p+\varphi)-\frac{\omega_d}{\sqrt{1-\xi^2}}e^{-\xi\omega_n t_p}\cos(\omega_d t_p+\varphi)=0$$

因 $e^{-\xi\omega_n t_p}\neq 0$，且 $0<\xi<1$，所以 $\tan(\omega_d t_p+\varphi)=\dfrac{\omega_d}{\xi\omega_n}=\dfrac{\sqrt{1-\xi^2}}{\xi}=\tan\varphi$，则 $\omega_d t_p+\varphi=\varphi+k\pi$，$k=0$、$\pm1$、$\pm2$、… 。由于 t_p 被定义为首次到达第一个峰值的时间，因此上式中应取 $k=1$，于是

$$t_p=\frac{\pi}{\omega_d}=\frac{\pi}{\omega_n\sqrt{1-\xi^2}} \tag{3.4.18}$$

由式（3.4.18）可知，当 ξ 一定时，ω_n 增大，t_p 就减小；当 ω_n 一定时，ξ 增大，t_p 就增大。t_r 与 t_p 随 ξ 和 ω_n 的变化趋势相同。有阻尼振荡周期 $T_d=\dfrac{2\pi}{\omega_d}$，则峰值时间 $t_p=\dfrac{\pi}{\omega_d}=\dfrac{T_d}{2}$。

3. 最大超调量 M_p

一般地，控制系统的最大超调量定义为

$$M_p\overset{\text{def}}{=}\frac{x_o(t_p)-x_o(\infty)}{x_o(\infty)}\times100\% \tag{3.4.19}$$

因为最大超调量发生在峰值时间，即 $t=t_p=\dfrac{\pi}{\omega_d}$，故将式（3.4.8）与 $x_o(\infty)=1$ 代入式（3.4.19），可得 $M_p=e^{-\frac{\xi\omega_n\pi}{\omega_d}}\left(\cos\pi+\dfrac{\xi}{\sqrt{1-\xi^2}}\sin\pi\right)\times100\%$

$$M_p=e^{-\frac{\xi\pi}{\sqrt{1-\xi^2}}}\times100\% \tag{3.4.20}$$

可见，最大超调量 M_p 只与阻尼比 ξ 有关，而与无阻尼固有频率 ω_n 无关。所以，M_p 的大小直接说明系统的阻尼特性，表征系统的相对稳定性能。也就是说，当二阶系统阻尼比 ξ 确定时，即可求得与其相对应的最大超调量 M_p；反之，如果给出系统所要求的 M_p，也可由此确定相应的阻尼比 ξ。最大超调量 M_p 与阻尼比 ξ 之间的关系曲线如图3.4.6所示。由图可见，M_p 与 ξ 成反比。当 $\xi=0.4\sim0.8$ 时，相应的最大超调量 $M_p=25\%\sim1.5\%$。

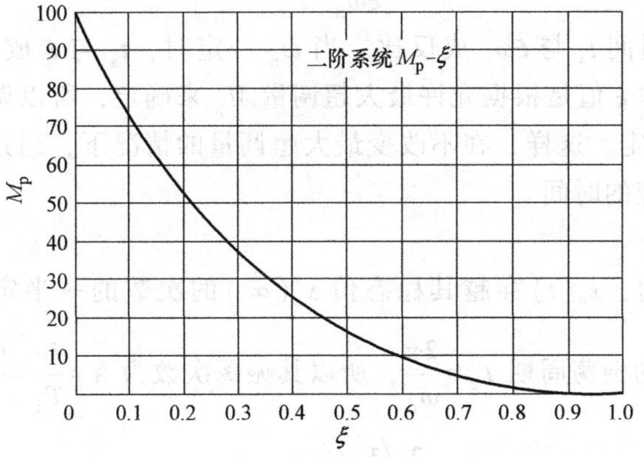

图3.4.6　M_p 与 ξ 的关系曲线

4. 调整时间 t_s

在响应曲线的稳态值上下取 $\pm\Delta$（一般取2%或5%）的稳态值作为误差带，响应曲线达

到并不再超出误差带范围所需要的时间，称为调整时间 t_s，即

$$|x_o(t)-x_o(\infty)| \leqslant \Delta \cdot x_o(\infty)\ (t \geqslant t_s) \tag{3.4.21}$$

因 $x_o(\infty)=1$，故 $|x_o(t)-1| \leqslant \Delta$，将式（3.4.8）代入可得

$$\left|\frac{1}{\sqrt{1-\xi^2}} \cdot e^{-\xi\omega_n t} \sin\left(\omega_d t+\tan^{-1}\frac{\sqrt{1-\xi^2}}{\xi}\right)\right| \leqslant \Delta\ (t \geqslant t_s) \tag{3.4.22}$$

由于 $\pm\frac{e^{-\xi\omega_n t}}{\sqrt{1-\xi^2}}$ 所表示的曲线是式（3.4.22）所描述的减幅正弦曲线的包络线，因此，可将由式（3.4.22）所表达的条件改为 $\frac{e^{-\xi\omega_n t}}{\sqrt{1-\xi^2}} \leqslant \Delta\ (t \geqslant t_s)$，则

$$t_s \geqslant \frac{1}{\xi\omega_n}\ln\frac{1}{\Delta\sqrt{1-\xi^2}} \tag{3.4.23}$$

若取 $\Delta=0.02$，则

$$t_s \geqslant \frac{4+\ln\frac{1}{\sqrt{1-\xi^2}}}{\xi\omega_n} \tag{3.4.24}$$

若取 $\Delta=0.05$，则

$$t_s \geqslant \frac{3+\ln\frac{1}{\sqrt{1-\xi^2}}}{\xi\omega_n} \tag{3.4.25}$$

当 $0<\xi<0.7$ 时，可分别对式（3.4.24）和式（3.4.25）近似取

$$t_s \approx \frac{4}{\xi\omega_n}, \Delta=0.02 \tag{3.4.26}$$

$$t_s \approx \frac{3}{\xi\omega_n}, \Delta=0.05 \tag{3.4.27}$$

由此可见，调整时间 t_s 与 $\xi\omega_n$ 成反比。当 ω_n 一定时，t_s 与 ξ 成反比，这与 t_r、t_p 和 ξ 的关系正好相反。通常 ξ 值是根据允许最大超调量 M_p 来确定，所以调整时间 t_s 可以根据无阻尼固有频率 ω_n 来确定。这样，在不改变最大超调量的情况下，通过调整无阻尼固有频率 ω_n，可以改变瞬态响应的时间。

5. 振荡次数 N

在过渡过程时间内，$x_o(t)$ 穿越其稳态值 $x_o(\infty)$ 的次数的一半定义为振荡次数。由式（3.4.8）可知，系统的振荡周期 $T_d=\frac{2\pi}{\omega_d}$，所以其振荡次数为 $N=\frac{t_s}{T_d}=\frac{t_s\omega_d}{2\pi}$，当 $0<\xi<0.7$ 时，

$$N=\frac{2\sqrt{1-\xi^2}}{\pi\xi}(\Delta=0.02) \tag{3.4.28}$$

$$N=\frac{1.5\sqrt{1-\xi^2}}{\pi\xi}(\Delta=0.05) \tag{3.4.29}$$

与最大超调量 M_p 类似，振荡次数 N 只与阻尼比 ξ 有关，它的大小直接反映系统的阻尼

特性，表征系统的相对稳定性。

由以上讨论，可得出如下结论。

1）五个性能指标中上升时间 t_r、峰值时间 t_p、调整时间 t_s 反映二阶系统时间响应的快速性，最大超调量 M_p 和振荡次数 N 则反映二阶系统时间响应的平稳性。

2）二阶系统的无阻尼固有频率 ω_n 和阻尼比 ξ 与系统动态性能有着密切的关系。要使二阶系统具有满意的动态性能，必须选取合适的无阻尼固有频率 ω_n 和阻尼比 ξ。增大 ξ 可以减弱系统的振荡性能，即降低最大超调量 M_p，减小振荡次数 N，改善系统的平稳性，但会增加上升时间 t_r 和峰值时间 t_p，影响系统的灵敏度。如果阻尼比 ξ 过小，系统会振荡得很剧烈，瞬态性能差，平稳性不符合要求。所以，通常要根据所允许的最大超调量 M_p 来选择阻尼比 ξ。阻尼比一般选择在 0.4~0.8 之间，然后再调整无阻尼固有频率 ω_n 以改变瞬态响应时间。

3）当阻尼比 ξ 一定时，无阻尼固有频率 ω_n 越大，系统响应的快速性越好，即上升时间 t_r、峰值时间 t_p 和调整时间 t_s 越小。

例 3.4.2　设一个具有速度反馈的随动系统，其框图如图 3.4.7 所示，若使系统的最大超调量 M_p 等于 0.2，峰值时间 t_p 等于 1s。试确定增益 K 和 K_h 的数值，并且确定在此 K 和 K_h 数值下，系统的上升时间 t_r 和调整时间 t_s。

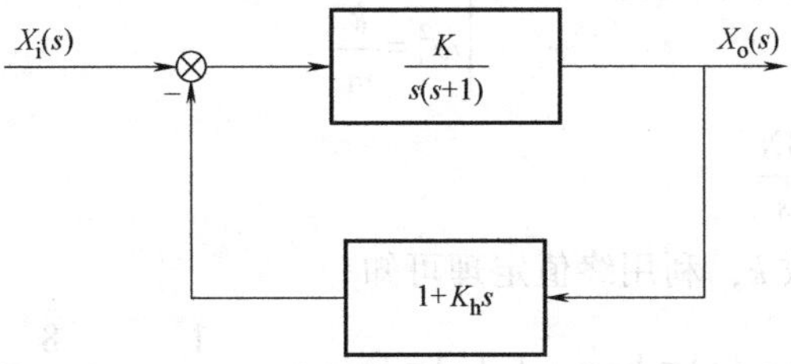

图 3.4.7　具有速度反馈的随动系统

解：根据题意，最大超调量 $M_p=e^{-\frac{\xi\pi}{\sqrt{1-\xi^2}}}=0.2\rightarrow\frac{\xi\pi}{\sqrt{1-\xi^2}}=1.61$ 求出 $\xi=0.456$。

峰值时间 $t_p=1$，即 $t_p=\frac{\pi}{\omega_d}=\frac{\pi}{\omega_n\sqrt{1-\xi^2}}=1\rightarrow\begin{cases}\omega_d=\pi\text{rad/s}\\\omega_n=3.54\text{rad/s}\end{cases}$

根据系统框图其闭环传递函数为

$$G_B(s)=\frac{X_o(s)}{X_i(s)}=\frac{K}{s^2+(1+KK_h)s+K}=\frac{\omega_n^2}{s^2+2\xi\omega_n s+\omega_n^2}$$

$$\text{故}\begin{cases}K=\omega_n^2=3.54^2=12.5\text{rad}^2/\text{s}^2\\1+KK_h=2\xi\omega_n\rightarrow K_h=\dfrac{2\xi\omega_n-1}{K}=0.178\end{cases}$$

上升时间为 $t_r=\dfrac{\pi-\tan^{-1}\dfrac{\sqrt{1-\xi^2}}{\xi}}{\omega_d}=0.66\text{s}$

调整时间为 $t_s=\begin{cases}\dfrac{4}{\xi\omega_n}=2.48\mathrm{s},\Delta=0.02\\ \dfrac{3}{\xi\omega_n}=1.86\mathrm{s},\Delta=0.05\end{cases}$

例 3.4.3 如图 3.4.8a 所示的机械振动系统，在质量块 m 上作用 $x_i(t)=8\mathrm{N}$ 的阶跃力后，系统中 m 的时间响应 $x_o(t)$ 如图 3.4.8b 所示，试求系统的质量 m、黏性阻尼系数 c 和弹簧刚度系数 k 的值。

解：(1) 根据牛顿第二定理，对图 3.4.8a 进行受力分析，列写其动力学方程为

$$m\frac{\mathrm{d}^2x_o(t)}{\mathrm{d}t^2}+c\frac{\mathrm{d}x_o(t)}{\mathrm{d}t}+kx_o(t)=x_i(t)$$

经拉普拉斯变换，求出系统传递函数为

$$G(s)=\frac{X_o(s)}{X_i(s)}=\frac{1}{ms^2+cs+k}=\frac{\frac{1}{k}\cdot\frac{k}{m}}{s^2+\frac{c}{m}s+\frac{k}{m}}$$

与二阶系统传递函数标准式比较可得 $\begin{cases}2\xi\omega_n=\dfrac{c}{m}\\ \omega_n^2=\dfrac{k}{m}\end{cases}$

根据题意式 $X_i(s)=\dfrac{8\mathrm{N}}{s}$

(2) 求弹簧刚度系数 k，利用终值定理可知

$$\lim_{t\to\infty}x_o(t)=\lim_{s\to0}s\cdot X_o(s)=\lim_{s\to0}s\cdot\frac{1}{ms^2+cs+k}\cdot\frac{8}{s}=\frac{8}{k}$$

由图 3.4.8b 可知 $\lim\limits_{t\to\infty}x_o(t)=0.04\mathrm{m}\to\dfrac{8\mathrm{N}}{k}=0.04\mathrm{m}\to k=\dfrac{8\mathrm{N}}{0.04\mathrm{m}}=200\ \dfrac{\mathrm{N}}{\mathrm{m}}$

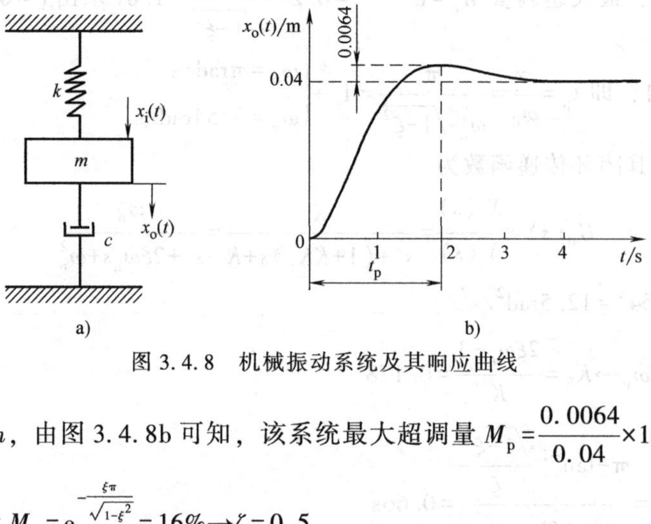

图 3.4.8 机械振动系统及其响应曲线

(3) 求质量 m，由图 3.4.8b 可知，该系统最大超调量 $M_p=\dfrac{0.0064}{0.04}\times100\%=16\%$。

即最大超调量 $M_p=\mathrm{e}^{-\frac{\xi\pi}{\sqrt{1-\xi^2}}}=16\%\to\zeta=0.5$。

由图 3.4.8b 可知峰值时间 $t_p=2\text{s}$，即 $t_p=\dfrac{\pi}{\omega_n\sqrt{1-\xi^2}}=2\text{s}$。

则可求出 $\omega_n=\dfrac{\pi}{t_p\sqrt{1-\xi^2}}=\dfrac{3.14}{2\sqrt{1-0.5^2}}\text{rad/s}=1.82\text{rad/s}$。

由 $k=200\text{N/m}$ 和 $\omega_n=1.82\text{rad/s}$ 即可求出 $m=\dfrac{k}{\omega_n^2}=\dfrac{200}{1.82^2}\text{kg}=60.38\text{kg}$。

(4) 求黏性阻尼系数 c。由 $2\xi\omega_n=\dfrac{c}{m}$ 即可求出

$$c=2\xi\omega_n m=2\times0.5\times1.82\times60.38\text{N}\cdot\frac{\text{s}}{\text{m}}=109.89\text{N}\cdot\frac{\text{s}}{\text{m}}。$$

3.5 系统误差分析与计算

通过分析系统响应的组成，我们知道控制系统在输入信号作用下，其输出信号包含瞬态分量和稳态分量两部分。瞬态分量反映控制系统的动态性能，而动态性能由前述的瞬态性能指标来描述。对于稳定的系统，瞬态分量随着时间的推移最终将趋于零，只剩下稳态分量。稳态分量反映控制系统跟踪输入信号或抑制输入信号的能力或准确度，是控制系统的另一个重要特性。一个稳定的系统在典型输入信号作用下经过一段时间后就会进入稳态，但因系统结构和输入信号不同，**所期望的输出值与实际输出稳态值会有偏差，也就是稳态误差**。稳态误差是系统的稳态性能指标，是对系统控制精度的度量。系统的稳态性能不仅取决于系统的结构与参数，还和输入的类型有关。这里所讨论的是系统在没有随机干扰作用，元件也是理想线性元件的情况下，系统仍然可能存在的误差。

3.5.1 系统的误差与偏差

系统的误差是以系统输出端为基准来定义的，设 $x_{or}(t)$ 是控制系统所期望的输出，$x_o(t)$ 是其实际的输出，则误差 $\varepsilon(t)$ 定义为 $\varepsilon(t)=x_{or}(t)-x_o(t)$，其拉普拉斯变换为

$$\varepsilon(s)=X_{or}(s)-X_o(s) \tag{3.5.1}$$

系统的偏差则是以系统输入端为基准来定义的，表示为控制系统的输入量 $x_i(t)$ 与反馈量 $b(t)$ 之差，记作 $e(t)$，即 $e(t)=x_i(t)-b(t)$，其拉普拉斯变换为

$$E(s)=X_i(s)-B(s)=X_i(s)-H(s)X_o(s) \tag{3.5.2}$$

式中，$H(s)$ 为反馈通道的传递函数。现分析偏差 $E(s)$ 与误差 $\varepsilon(s)$ 之间的关系。偏差 $E(s)$ 与误差 $\varepsilon(s)$ 之间既有联系又有区别。前已指出，闭环控制系统之所以能对输出 $X_o(s)$ 起自动控制作用，就在于运用偏差 $E(s)$ 进行控制，当偏差信号 $E(s)=0$ 时，控制系统对 $X_o(s)$ 不进行调节控制，此时的实际输出与期望的输出相等，即 $X_{or}(s)=X_o(s)$。

所以　$E(s)=X_i(s)-H(s)X_o(s)=X_i(s)-H(s)X_{or}(s)=0$

则　$X_i(s)=H(s)X_{or}(s)$

或

$$X_{or}(s)=\frac{X_i(s)}{H(s)} \tag{3.5.3}$$

代入式（3.5.2）可得出。

$$E(s)=X_i(s)-B(s)=H(s)X_{or}(s)-H(s)X_o(s)=H(s)[X_{or}(s)-X_o(s)]$$

$$E(s)=H(s)\varepsilon(s)$$

或

$$\varepsilon(s)=\frac{E(s)}{H(s)} \tag{3.5.4}$$

式（3.5.4）为一般情况下误差与偏差之间的关系，因此可在求出偏差 $E(s)$后，进而求出误差。对于单位反馈系统 $H(s)=1$，则偏差 $E(s)$与误差 $\varepsilon(s)$相同。偏差 $E(s)$与误差 $\varepsilon(s)$之间的关系框图如图 3.5.1 所示。

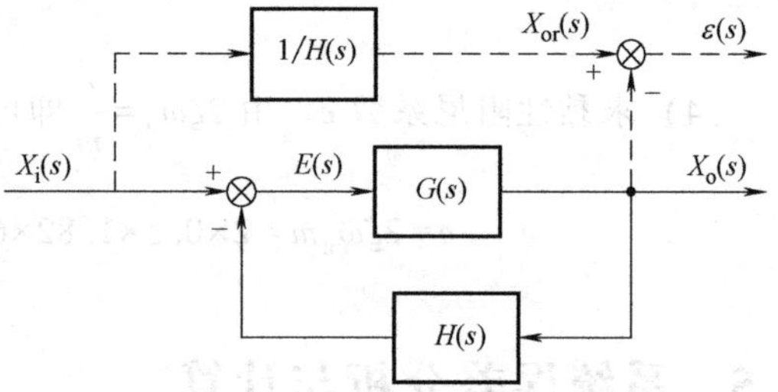

图 3.5.1　$E(s)$与$\varepsilon(s)$关系框图

3.5.2　系统的稳态误差与稳态偏差

系统的准确性和抗干扰能力是在系统进入稳态后，由稳态误差或稳态偏差来衡量的。系统稳态误差是指系统进入稳态后的误差，因此，不考虑过渡过程中的情况，只有稳定的系统存在稳态误差。稳态误差 ε_{ss} 的定义为

$$\varepsilon_{ss}=\lim_{t\to\infty}\varepsilon(t)=\lim_{t\to\infty}[x_{or}(t)-x_o(t)] \tag{3.5.5}$$

为了计算稳态误差，可先求出误差信号的拉普拉斯变换式 $\varepsilon(s)$，再由终值定理可得出

$$\varepsilon_{ss}=\lim_{t\to\infty}\varepsilon(t)=\lim_{s\to 0}s\varepsilon(s) \tag{3.5.6}$$

由式（3.5.5）可见，稳态误差 ε_{ss} 直接表示了控制系统的稳态控制准确程度。同理，系统的稳态偏差 e_{ss} 定义为

$$e_{ss}=\lim_{t\to\infty}e(t)=\lim_{t\to\infty}[x_i(t)-b(t)] \tag{3.5.7}$$

由拉普拉斯变换的终值定理可得出

$$e_{ss}=\lim_{t\to\infty}e(t)=\lim_{s\to 0}sE(s) \tag{3.5.8}$$

由式（3.5.7）可见，稳态偏差 e_{ss} 间接表示了控制系统的稳态控制准确程度。这种用系统的期望输出值与实际输出值之差来定义的系统误差，虽然在性能指标中也经常用到，但由于这样定义的误差 $\varepsilon(s)$不便于测量，且 $X_i(s)$和 $X_o(s)$往往因量纲不同而不便于比较，因此，上述定义的方法一般只具有数学意义。系统的偏差信号，即输入信号与反馈信号之差，能够反映控制系统的稳态控制准确程度，而且在实际工程系统中便于测量，通常用稳态偏差分析和研究控制系统的稳态控制准确程度问题。只是在需要实际计算稳态误差时才应用式（3.5.6）求取稳态误差的数值。因此，用系统的偏差信号来定义系统误差更有实际意义。

3.5.3　系统误差传递函数

一般情况下，系统除了受到给定输入信号的作用之外还会有干扰信号作用其上。为了在一般情况下分析、计算系统的误差 $\varepsilon(t)$，设给定输入信号 $X_i(s)$与干扰信号 $N(s)$同时作用于系统，如图 3.5.2 所示。

对于线性系统，利用叠加原理求其在多输入作用下的总输出 $X_o(s)$，即

$$X_o(s)=X_{oX}(s)+X_{oN}(s)$$

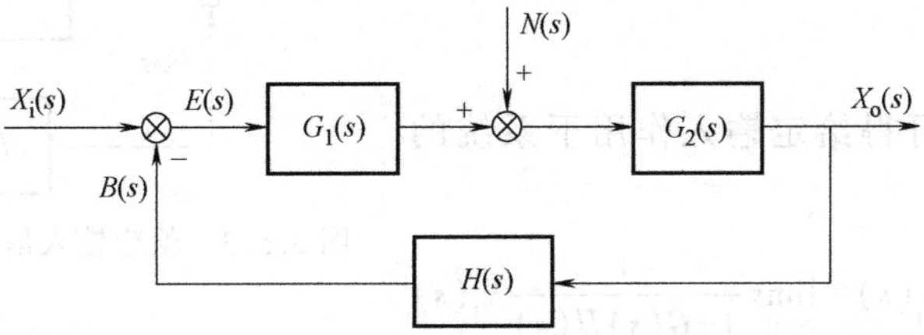

图 3.5.2　给定输入信号和干扰信号共同作用下的反馈控制系统

式中，$X_{oX}(s)$为给定输入信号 $X_i(s)$单独作用在系统上所引起的输出，$X_{oN}(s)$为干扰信号 $N(s)$单独作用在系统上所引起的输出。根据反馈等效变换可得

$$X_o(s)=\frac{G_1(s)G_2(s)}{1+G_1(s)G_2(s)H(s)}X_i(s)+\frac{G_2(s)}{1+G_1(s)G_2(s)H(s)}N(s)$$

$$=G_{X_i}(s)X_i(s)+G_N(s)N(s) \tag{3.5.9}$$

式中，$G_{X_i}(s)=\dfrac{G_1(s)G_2(s)}{1+G_1(s)G_2(s)H(s)}$，为给定输入信号 $X_i(s)$单独作用在系统上时，给定输入与输出之间的传递函数；$G_N(s)=\dfrac{G_2(s)}{1+G_1(s)G_2(s)H(s)}$，为干扰信号 $N(s)$单独作用在系统上时，干扰输入与输出之间的传递函数。

将式（3.5.3）和式（3.5.9）代入式（3.5.1）可得出系统误差为

$$\varepsilon(s)=X_{or}(s)-X_o(s)=\frac{X_i(s)}{H(s)}-[G_{X_i}(s)X_i(s)+G_N(s)N(s)]$$

$$=\left[\frac{1}{H(s)}-G_{X_i}(s)\right]X_i(s)+[-G_N(s)]N(s)$$

$$=\phi_{X_i}(s)X_i(s)+\phi_N(s)N(s) \tag{3.5.10}$$

式中，$\phi_{X_i}(s)=\dfrac{1}{H(s)}-G_{X_i}(s)$，$\phi_N(s)=-G_N(s)$。

$\phi_{X_i}(s)$为无干扰 $n(t)$时误差 $\varepsilon(t)$对于输入 $x_i(t)$的误差传递函数；$\phi_N(s)$为无输入 $x_i(t)$时误差 $\varepsilon(t)$对于干扰 $n(t)$的误差传递函数。$\phi_{X_i}(s)$和 $\phi_N(s)$总称为误差传递函数，反映了系统的结构与参数对误差的影响。

3.5.4　系统稳态偏差的计算

1. 给定输入作用下的稳态偏差

由反馈控制系统框图 3.5.2 可知，在给定输入信号单独作用时其系统框图如图 3.5.3 所示。其中 $G(s)=G_1(s)G_2(s)$，也就是给定输入端到输出端之间的前向通道的传递函数。

根据式（3.5.2）可知系统偏差为

$$E(s)=X_i(s)-H(s)X_o(s)=X_i(s)-H(s)G(s)E(s)$$

则给定输入作用下系统的偏差为 $E_{X_i}(s)=\dfrac{1}{1+G(s)H(s)}X_i(s)$

式中，$\dfrac{1}{1+G(s)H(s)}$称为给定输入作用下系统的偏差传递函数。

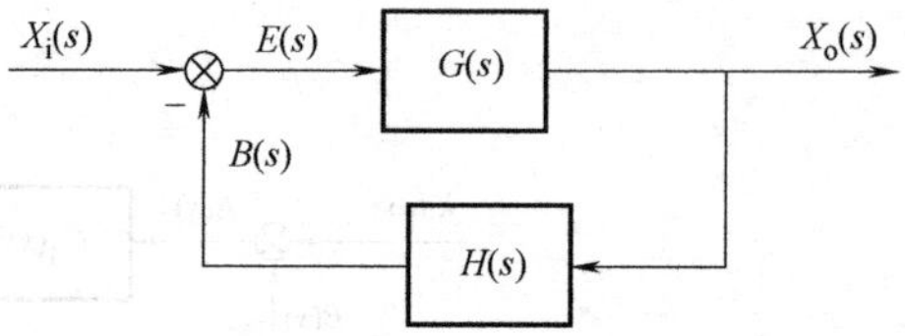

图 3.5.3　给定输入信号作用时的系统框图

由式（3.5.8）可得给定输入作用下系统的稳态偏差为

$$e_{ssx_i}=\lim_{t\to\infty}e(t)=\lim_{s\to 0}sE_{X_i}(s)=\lim_{s\to 0}s\frac{1}{1+G(s)H(s)}X_i(s)$$
（3.5.11）

可见，系统的稳态偏差 e_{ssx_i} 不仅与系统的特性（系统的结构与参数）有关，而且与输入信号的特性有关。

2. 干扰引起的稳态偏差

系统在给定输入作用下的稳态偏差反映了系统的准确性，干扰引起的稳态偏差反映了系统的抗干扰能力。当不考虑给定输入作用，即 $X_i(s)=0$，只有干扰信号 $N(s)$ 时，其系统框图如图 3.5.4 所示。

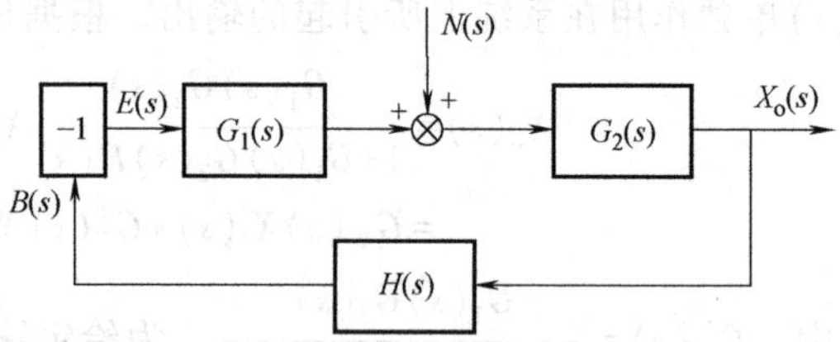

图 3.5.4　干扰信号作用时系统框图

由图 3.5.4 可得系统偏差为 $E(s)=X_i(s)-B(s)=-B(s)=-H(s)X_o(s)$。

由干扰信号引起的系统输出为 $X_{oN}(s)=\dfrac{G_2(s)}{1+G_1(s)G_2(s)H(s)}N(s)$。

则由干扰信号引起的系统偏差为

$$E_N(s)=-H(s)X_{oN}(s)=-\frac{G_2(s)H(s)}{1+G_1(s)G_2(s)H(s)}N(s)\qquad(3.5.12)$$

式中，$-\dfrac{G_2(s)H(s)}{1+G_1(s)G_2(s)H(s)}$称为干扰引起系统的偏差传递函数。

那么，由干扰信号引起的系统稳态偏差为

$$e_{ssn}=\lim_{t\to\infty}e(t)=\lim_{s\to 0}sE_N(s)=\lim_{s\to 0}\left[-s\cdot\frac{G_2(s)H(s)}{1+G_1(s)G_2(s)H(s)}N(s)\right]\qquad(3.5.13)$$

为减小干扰引起的输出，应使系统 $|G_1(s)G_2(s)H(s)|\gg 1$，且 $|G_1(s)H(s)|\gg 1$，则有

$$e_{ssn}=\lim_{s\to 0}\left[-s\cdot\frac{G_2(s)H(s)}{1+G_1(s)G_2(s)H(s)}N(s)\right]=\lim_{s\to 0}\left[-s\cdot\frac{1}{G_1(s)}N(s)\right]$$

由此可见，干扰引起的稳态偏差，与开环传递函数以及干扰作用的位置有关。为了提高系统的准确性，增强系统的抗干扰能力，必须增大干扰作用点之前回路的放大系数以及增加这一段回路中积分环节的数目，而改变干扰作用点之后到输出量之间的回路中的相关参数，对增强系统抗干扰能力是没有好处的。

例 3.5.1　某控制系统如图 3.5.5 所示，已知输入信号 $x_i(t)=t$ 和干扰信号 $n(t)=-1(t)$，试求该系统的稳态误差。

解：由图 3.5.5 可知，系统为单位反馈系统，则其稳态误差 ε_{ss} 等于稳态偏差 e_{ss}。在该

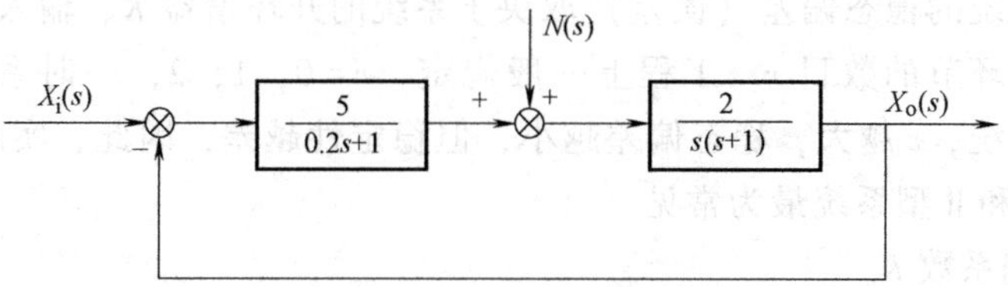

图 3.5.5 控制系统框图

控制系统中 $G_1(s)=\dfrac{5}{0.2s+1}$，$G_2(s)=\dfrac{2}{s(s+1)}$，$H(s)=1$，输入信号 $x_i(t)=t$ 和干扰信号 $n(t)=-1(t)$ 共同作用于系统，即 $X_i(s)=\dfrac{1}{s^2}$，$N(s)=-\dfrac{1}{s}$。

（1）求输入信号 $x_i(t)=t$ 引起的稳态偏差 e_{ssx_i}

$G(s)=G_1(s)G_2(s)$，由式（3.5.11）可得稳态偏差

$$e_{ssx_i}=\lim_{s\to0}s\frac{1}{1+G(s)}X_i(s)=\lim_{s\to0}s\frac{1}{1+G_1(s)G_2(s)}X_i(s)=0.1$$

（2）求输入信号 $x_i(t)=0$ 时由干扰信号 $n(t)=-1(t)$ 引起的稳态偏差 e_{ssn}

$$e_{ssn}=\lim_{s\to0}\left[-s\cdot\frac{G_2(s)}{1+G_1(s)G_2(s)}N(s)\right]=0.2$$

（3）根据线性叠加原理，可得出系统在输入信号 $x_i(t)=t$ 和干扰信号 $n(t)=-1(t)$ 共同作用下的稳态偏差 $e_{ss}=e_{ssx_i}+e_{ssn}=0.1+0.2=0.3$，此稳态偏差 e_{ss} 也就是系统的稳态误差 ε_{ss}。

3. 系统无偏系数

一个线性系统的开环传递函数 $G_K(s)$ 一般可写成

$$G_K(s)=G(s)H(s)=\frac{K(\tau_1s+1)(\tau_2s+1)\cdots(\tau_ms+1)}{s^v(T_1s+1)(T_2s+1)\cdots(T_{n-v}s+1)}(n\geqslant m) \tag{3.5.14}$$

式中，K 称为系统的开环增益；v 为系统开环传递函数中串联积分环节的个数，或称系统的无差度，它表征了系统的结构特征。

设 $G_o(s)=\dfrac{(\tau_1s+1)(\tau_2s+1)\cdots(\tau_ms+1)}{(T_1s+1)(T_2s+1)\cdots(T_{n-v}s+1)}$，则 $\lim\limits_{s\to0}G_o(s)=1$，那么系统的开环传递函数可表示为

$$G_K(s)=G(s)H(s)=\frac{KG_o(s)}{s^v} \tag{3.5.15}$$

则系统的稳态偏差 e_{ss} 为

$$\begin{aligned}e_{ss}&=\lim_{t\to\infty}e(t)=\lim_{s\to0}sE(s)=\lim_{s\to0}\frac{s}{1+G_K(s)}X_i(s)\\&=\lim_{s\to0}s\cdot\frac{s^v}{s^v+KG_o(s)}X_i(s)\\&=\frac{\lim\limits_{s\to0}s^{v+1}X_i(s)}{\lim\limits_{s\to0}(s^v+K)}\end{aligned} \tag{3.5.16}$$

由此可见，系统的稳态偏差（误差）取决于系统的开环增益 K、输入信号 $X_i(s)$ 以及开环传递函数中积分环节的数目 v。工程上一般规定，$v=0$，1，2，…时系统分别称为0型，Ⅰ型，Ⅱ型……系统，v 越大，稳态偏差越小，但稳定性越差，因此，实际系统一般不超过Ⅲ型，0型、Ⅰ型和Ⅱ型系统最为常见。

（1）位置无偏系数 K_p

当输入为单位阶跃信号时，$x_i(t)=1(t\geqslant 0)$，$X_i(s)=\dfrac{1}{s}$，系统的稳态偏差

$$e_{ss}=\lim_{t\to\infty}e(t)=\lim_{s\to 0}sE(s)=\lim_{s\to 0}\frac{s}{1+G_K(s)}X_i(s)=\lim_{s\to 0}\frac{1}{1+G_K(s)}=\frac{1}{1+K_p} \tag{3.5.17}$$

式中，$K_p=\lim\limits_{s\to 0}G_K(s)=\lim\limits_{s\to 0}\dfrac{KG_o(s)}{s^v}=\lim\limits_{s\to 0}\dfrac{K}{s^v}$，称为位置无偏系数。

对于0型系统，$v=0$，$K_p=\lim\limits_{s\to 0}\dfrac{K}{s^v}=K$，$e_{ss}=\dfrac{1}{1+K}$为有差系统，且 K 越大，e_{ss} 越小；对于Ⅰ型和Ⅱ型系统，$v=1$，2，$K_p=\lim\limits_{s\to 0}\dfrac{K}{s^v}=\infty$，$e_{ss}=0$，为位置无差系统。

可见，当系统开环传递函数中有积分环节存在时，系统阶跃响应的稳态值将是无差的，而没有积分环节时，稳态是有差的。为了减少误差，应当适当提高放大倍数，但过大的 K 值，将影响系统的相对稳定性。

（2）速度无偏系数 K_v

当输入为单位斜坡信号时，$x_i(t)=t(t\geqslant 0)$，$X_i(s)=\dfrac{1}{s^2}$，系统的稳态偏差为

$$e_{ss}=\lim_{t\to\infty}e(t)=\lim_{s\to 0}sE(s)=\lim_{s\to 0}\frac{s}{1+G_K(s)}X_i(s)=\lim_{s\to 0}\frac{1}{s\cdot G_K(s)}=\frac{1}{K_v} \tag{3.5.18}$$

式中，$K_v=\lim\limits_{s\to 0}sG_K(s)=\lim\limits_{s\to 0}\dfrac{KG_o(s)}{s^{v-1}}=\lim\limits_{s\to 0}\dfrac{K}{s^{v-1}}$，称为速度无偏系数。

对于0型系统，$v=0$，$K_v=\lim\limits_{s\to 0}s\cdot K=0$，$e_{ss}=\dfrac{1}{K_v}=\infty$；

对于Ⅰ型系统，$v=1$，$K_v=\lim\limits_{s\to 0}\dfrac{K}{s^0}=K$，$e_{ss}=\dfrac{1}{K_v}=\dfrac{1}{K}$；

对于Ⅱ型系统，$v=2$，$K_v=\lim\limits_{s\to 0}\dfrac{K}{s}=\infty$，$e_{ss}=\dfrac{1}{K_v}=0$。

上述分析说明，0型系统不能跟随斜坡输入，因为其稳态偏差为∞；Ⅰ型系统可以跟随斜坡输入，但是存在稳态偏差，可以通过增大 K 值来减少偏差；Ⅱ型或高于Ⅲ型的系统，对于斜坡输入响应的稳态是无差的。

（3）加速度无偏系数 K_a

当输入为加速度信号时，$x_i(t)=\dfrac{1}{2}t^2(t\geqslant 0)$，$X_i(s)=\dfrac{1}{s^3}$，系统的稳态偏差为

$$e_{ss}=\lim_{t\to\infty}e(t)=\lim_{s\to 0}sE(s)=\lim_{s\to 0}\frac{s}{1+G_K(s)}X_i(s)=\lim_{s\to 0}\frac{1}{s^2\cdot G_K(s)}=\frac{1}{K_a} \tag{3.5.19}$$

式中，$K_a=\lim\limits_{s\to 0}s^2G_K(s)=\lim\limits_{s\to 0}\dfrac{KG_o(s)}{s^{v-2}}=\lim\limits_{s\to 0}\dfrac{K}{s^{v-2}}$，称为加速度无偏系数。

对于 0 型和 Ⅰ 型系统，$K_a=\lim\limits_{s\to 0}\dfrac{K}{s^{v-2}}=0$，$e_{ss}=\dfrac{1}{K_a}=\infty$；

对于 Ⅱ 型系统，$K_a=\lim\limits_{s\to 0}\dfrac{K}{s^{v-2}}=K$，$e_{ss}=\dfrac{1}{K_a}=\dfrac{1}{K}$。

可见，当输入为加速度信号时，0 型和 Ⅰ 型系统不能跟随输入变化，因为其稳态偏差为 ∞；Ⅱ 型系统可以跟随输入变化，但是存在稳态偏差，可以通过增大 K 值来减少偏差；Ⅲ 型或高于 Ⅲ 型的系统，对于加速度输入响应的稳态才是无差的。综上所述，不同类型系统在不同输入时的稳态偏差见表 3.5.1。

表 3.5.1　不同类型系统在不同输入时的稳态偏差

系统类型	稳态无偏系数			系统稳态偏差 e_{ss}		
	K_p	K_v	K_a	单位阶跃输入	单位速度输入	单位加速度输入
0 型	K	0	0	$\dfrac{1}{1+K}$	∞	∞
Ⅰ 型	∞	K	0	0	$\dfrac{1}{K}$	∞
Ⅱ 型	∞	∞	K	0	0	$\dfrac{1}{K}$

根据上述讨论，可得出以下几点。

1）无偏系数的物理意义。在随动系统中一般称阶跃信号为位置信号，斜坡信号为速度信号，抛物线信号为加速度信号。稳态偏差与输入信号有关。由输入“某种”信号而引起的稳态偏差用一个系数来表示，就叫“某种”无偏系数。如输入阶跃信号而引起的无偏系数称位置无偏系数，它表示了稳态的精度。无偏系数越大，精度越高。当无偏系数为零时稳态偏差为 ∞，表示系统不能跟随输出；无偏系数为 ∞，则表示系统稳态无差，可无差跟随输出。

2）同一种输入信号，对于不同型别的系统产生的稳态偏差也不一样，系统型别越高，偏差越小，即跟踪输入信号的无差能力越强。所以系统的型别反映了系统无差的度量，又称为无差度，它是从系统结构的特征上反映了系统跟随输入信号的稳态精度。相同型别的系统输入不同信号引起的偏差不同，即同一个系统对不同信号的跟踪能力也不同。

3）增加系统开环传递函数中积分环节的数目和增大开环增益，是消除和减小系统偏差的途径，但 v 和 K 的增大都会造成系统稳定性变坏。因此，实际应用中应合理选择参数。

4）根据线性叠加原理，当输入信号是各典型信号的线性组合，即 $x_i(t)=a_0+a_1t+\dfrac{1}{2}a_2t^2$ 时，输出量的稳态偏差应是它们单独作用时稳态偏差的叠加，即

$$e_{ss}=\frac{a_0}{1+K_p}+\frac{a_1}{K_v}+\frac{a_2}{K_a}。$$

5）对于单位反馈系统，稳态偏差 e_{ss} 等于稳态误差 ε_{ss}，对于非单位反馈系统，可根据

式（3.5.4）由稳态偏差求出稳态误差，即 $\varepsilon_{ss}=\lim\limits_{s\to 0}\dfrac{E(s)}{H(s)}$。

例 3.5.2 某系统结构如图 3.5.6 所示，若输入信号为 $x_i(t)=3+2t+t^2$，试求系统的稳态误差。

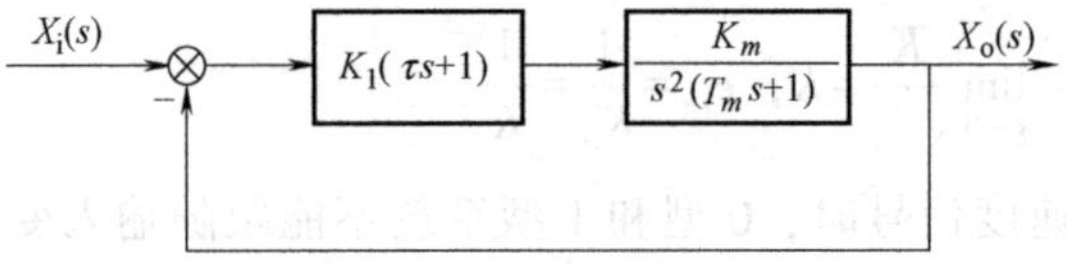

图 3.5.6 例 3.5.2 系统结构框图

解：由图 3.5.6 可知，该系统是一个单位反馈系统，即 $H(s)=1$，则其稳态误差 ε_{ss} 就等于其稳态偏差 e_{ss}。其开环传递函数 $G_K(s)$ 为

$$G_K(s)=K_1(\tau s+1)\cdot\frac{K_m}{s^2(T_m s+1)}$$

式中，含有两个积分环节，即 $v=2$，属于Ⅱ型系统，因此

位置无偏系数 K_p = 速度无偏系数 $K_v=\infty$。

加速度无偏系数 K_a = 系统开环增益 $K=K_1K_m$。

根据线性叠加原理，该系统在输入信号 $x_i(t)=3+2t+t^2$ 的作用下所产生的稳态误差为

$$\varepsilon_{ss}=\frac{3}{K_p}+\frac{2}{K_v}+\frac{2}{K_a}=\frac{3}{\infty}+\frac{2}{\infty}+\frac{2}{K_1K_m}=0+0+\frac{2}{K_1K_m}=\frac{2}{K_1K_m}$$

故该系统的稳态误差为$\dfrac{2}{K_1K_m}$。

3.6 Routh 稳定判据

稳定性是控制系统的重要性能指标之一，是对控制系统最基本的要求。为了使控制系统能够准确快速地工作，要求控制系统首先应该是稳定的。分析控制系统的稳定性，并提出确保系统稳定的条件是经典控制理论的重要组成部分和基本任务之一。本节主要介绍稳定性的定义、线性系统的稳定条件及 Routh 判据等内容。

3.6.1 稳定性的概念

所谓系统的稳定性是指假设系统处于某一平衡状态，若系统在干扰作用下偏离了原来的平衡状态，由干扰作用引起的时间响应在干扰消失后，随着时间的推移逐渐衰减并最终趋向于零，系统恢复到原来的平衡状态或趋于一个新的平衡状态，则称该系统是稳定的，如图 3.6.1a 所示；否则，由干扰作用引起的时间响应在干扰消失后，随着时间的推移而发生持续振荡（见图 3.6.1b）或不断扩大（见图 3.6.1c），系统离原来的平衡状态越来越远，则称该系统是不稳定的。

假设在外界干扰力的作用下，图 3.6.2a 所示的单摆由原来的平衡位置 A 向左偏离到新的位置 B。当外界干扰力消失后，单摆在重力作用下由位置 B 向右回到位置 A，并在惯性力作用下继续向右运动到位置 C，此后又开始向左运动，这样，单摆将在平衡位置 A 附近反复

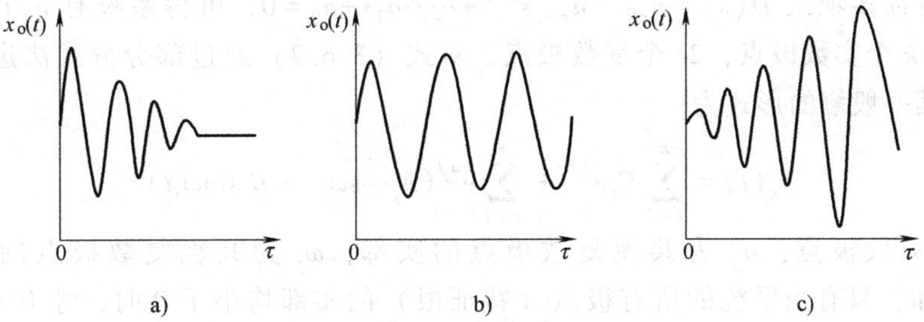

图 3.6.1　系统在干扰作用下的响应

运动。经过一定时间后，由于空气介质的阻尼作用（不考虑摩擦作用），单摆将重新回到原来的平衡位置 A 上，此单摆就是稳定的。图 3.6.2b 所示为一个倒立摆，该倒立摆在位置 A 也是平衡的。若倒立摆受到干扰力作用使其偏离平衡位置，即使干扰力消失了，该倒立摆也不会回到原来的平衡位置 A，该倒立摆就是不稳定的。

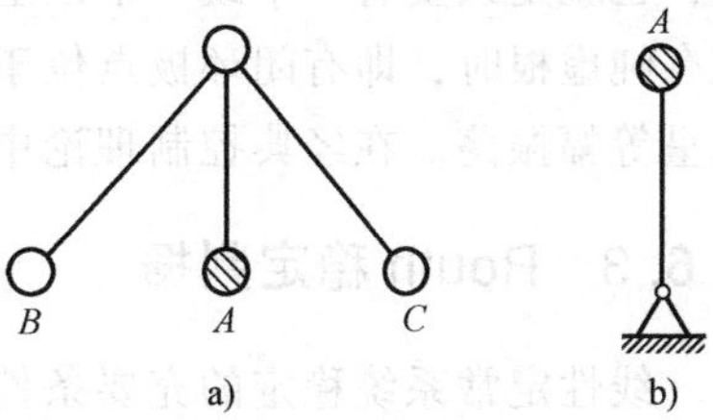

图 3.6.2　摆的稳定性

综上所述，系统的稳定性反映在干扰消失后的过渡过程的性质上。在干扰消失后的时刻，系统输出与平衡状态的偏差可以看作是系统的初始偏差。因此，系统的稳定性也可以简单地定义为：若系统在任何足够小的初始偏差的作用下，其过渡过程随着时间的推移，偏差逐渐衰减并趋于零，具有恢复原平衡状态的性能，则称该系统是稳定的，否则称为不稳定的。稳定性是当干扰消失后系统自身的一种恢复能力，是系统的固有特性，只取决于系统的结构和参数，而与初始条件及外作用无关。

控制理论中所讨论的稳定性，其实都是指自由振荡下的稳定性，也就是讨论输入为零，系统仅存在有初始状态不为零时的稳定性，即讨论系统自由振荡是收敛的还是发散的。也就是说，是讨论系统初始状态为零时，系统脉冲响应是收敛的还是发散的。对于机械系统，往往用激振或加外力的方法施以强迫振动或运动，造成系统共振（或称谐振）或偏离平衡位置越来越远，这不是控制理论所要讨论的稳定性。

3.6.2　系统稳定的充要条件

根据系统稳定性的定义，若对线性定常系统在初始状态为零时输入单位脉冲信号，这相当于给系统施加了一个脉冲扰动，在此脉冲扰动作用下，系统的输出即为单位脉冲响应，若 $\lim\limits_{t\to\infty}x_o(t)=0$，则系统是稳定的；否则系统是不稳定的。

系统传递函数为

$$G(s)=\frac{X_o(s)}{X_i(s)}=\frac{b_ms^m+b_{m-1}s^{m-1}+\cdots+b_1s+b_0}{a_ns^n+a_{n-1}s^{n-1}+\cdots+a_1s+a_0}=\frac{M(s)}{D(s)} \tag{3.6.1}$$

式中，$M(s)=b_ms^m+b_{m-1}s^{m-1}+\cdots+b_1s+b_0$，$D(s)=a_ns^n+a_{n-1}s^{n-1}+\cdots+a_1s+a_0$。

若 $x_i(t)=\delta(t)$，即 $X_i(s)=L[x_i(t)]=1$，则有

$$X_o(s)=G(s)X_i(s)=\frac{M(s)}{D(s)} \tag{3.6.2}$$

令系统特征多项式 $D(s)=a_ns^n+a_{n-1}s^{n-1}+\cdots+a_1s+a_0=0$，可得系统有 n 个极点（特征根），其中有 k 个实数极点，$2r$ 个复数极点。对式（3.6.2）通过部分分式法进行拉普拉斯反变换可得其一般解的形式为

$$x_o(t)=\sum_{i=1}^{k}C_i e^{\lambda_i t}+\sum_{j=1}^{r}e^{\sigma_j t}(A_j\cos\omega_j t+B_j\sin\omega_j t) \tag{3.6.3}$$

式中，λ_i 为实数极点，σ_j 为共轭复数极点的实部，ω_j 为共轭复数极点的虚部。由式（3.6.3）可知，只有当系统的所有极点（特征根）的实部均小于0时，才有 $\lim\limits_{t\to\infty}x_o(t)=0$，系统才稳定。

由此得出系统稳定的充要条件为：系统的全部特征根都具有负实部，也就是所有闭环极点均位于 s 平面的左半平面，则系统稳定；否则，只要有一个或一个以上的特征根具有正实部，也就是只要有一个或一个以上的闭环极点位于 s 平面的右半平面，则系统不稳定。当系统有纯虚根时，即有闭环极点位于虚轴上（原点除外），系统处于临界稳定状态，其脉冲响应呈等幅振荡。在经典控制理论中将临界稳定系统归入不稳定系统之列。

3.6.3 Routh 稳定判据

线性定常系统稳定的充要条件是系统的全部特征根均具有负实部。判断系统的稳定性，也就是要解出系统特征方程的根，看这些根是否均具有负实部。但由于系统特征方程的阶次往往较高，而从数学角度看，当方程的阶次高于4次时，根的求解就比较困难，因此为避开对特征方程的直接求解，可以通过研究特征根的分布情况，判别是否所有特征根均具有负实部，从而推断系统的稳定性。按照这一思路，形成了一系列稳定性判据，比如 Routh（劳斯）稳定判据、Nyquist（奈奎斯特）稳定判据和 Bode（伯德）稳定判据等，其中最重要的一个判据就是由 E. J. Routh 提出的劳斯稳定判据。

Routh 稳定判据是基于方程式根与系数的关系建立的，通过特征方程中的已知系数来间接判断方程的根是否在[s]平面的左半平面以及不稳定根的个数，从而判定系统的稳定性。Routh 稳定判据是一种代数判据，该方法不需要计算和求解特征方程即可判断系统的稳定性，因此，它对于系统设计、分析及参数选择有着重要的工程意义。

设系统特征方程的一般形式为

$$D(s)=a_ns^n+a_{n-1}s^{n-1}+\cdots+a_1s+a_0=0 \tag{3.6.4}$$

则系统稳定的必要条件是：特征方程的所有系数均大于零，即

$a_i>0(i=0, 1, 2, \cdots, n-1)$。也就是说，系统要稳定，必然满足 $a_i>0$，反过来，满足 $a_i>0$ 的系统，不一定是稳定的系统。

对于一、二阶系统来说，若满足 $a_i>0$ 的条件，则系统就是稳定的。对于高于二阶的高阶系统来说，满足 $a_i>0$ 的条件，系统也不一定是稳定的，高阶系统的稳定性还需要用 Routh 稳定判据来判断，其具体内容为：

1）系统稳定的必要条件是系统特征方程的全部系数大于零，且不缺项。

2）由系统特征方程的各项系数构建的 Routh 表中第一列系数全部大于零，则系统所有特征根（极点）均具有负实部，系统稳定，否则系统不稳定。

3）如果 Routh 表中第一列系数的符号有变化，其变化的次数等于该系统在[s] 右半平面上特征根（极点）的个数，系统不稳定。

利用 Routh 稳定判据判断系统稳定性的步骤如下。

1）列出系统特征方程，按式（3.6.4）整理，检查各项系数是否均为大于零的实数，注意是否缺项。

2）根据系统特征方程的各项系数构建 Routh 表，如下。

第一行（s^n）为系统特征方程系数的奇数项，第二行（s^{n-1}）为偶数项，第三行（s^{n-2}）$A_i(i=1,2,\cdots)$，由第一行和第二行按式（3.6.5）计算，一直进行到其余的 A_i 值全部等于零。第四行（s^{n-3}）$B_i(i=1,2,\cdots)$ 由第二行和第三行按式（3.6.6）计算，一直进行到其余的 B_i 值全部等于零。用同样的方法递推计算第五行及以后各行，一直进行到第 $n+1$ 行（s^0）为止且此行仅有一项，并等于特征方程中的常数项 a_0。为简化数值运算，可用一个正整数去乘或除某一行的各项，这并不会影响第一列系数的正负号，即不会改变稳定性的结论。

3）根据 Routh 稳定判据判断系统的稳定性及不稳定时位于[s]右半平面系统特征根的个数。

$$
\begin{array}{cccccc}
s^n & a_n & a_{n-2} & a_{n-4} & a_{n-6} & \cdots \\
s^{n-1} & a_{n-1} & a_{n-3} & a_{n-5} & a_{n-7} & \cdots \\
s^{n-2} & A_1 & A_2 & A_3 & A_4 & \cdots \\
s^{n-3} & B_1 & B_2 & B_3 & B_4 & \cdots \\
\vdots & \vdots & \vdots & \vdots & \vdots & \\
s^2 & D_1 & D_2 & & & \\
s^1 & E_1 & & & & \\
s^0 & F_1 & & & &
\end{array}
$$

$$
A_1=\frac{a_{n-1}a_{n-2}-a_na_{n-3}}{a_{n-1}}
$$

$$
A_2=\frac{a_{n-1}a_{n-4}-a_na_{n-5}}{a_{n-1}} \tag{3.6.5}
$$

$$
A_3=\frac{a_{n-1}a_{n-6}-a_na_{n-7}}{a_{n-1}}
$$

$$
\vdots
$$

$$
B_1=\frac{A_1a_{n-3}-a_{n-1}A_2}{A_1}
$$

$$
B_2=\frac{A_1a_{n-5}-a_{n-1}A_3}{A_1} \tag{3.6.6}
$$

$$
B_3=\frac{A_1a_{n-7}-a_{n-1}A_4}{A_1}
$$

$$
\vdots
$$

例 3.6.1　系统特征方程为 $s^4+2s^3+3s^2+4s+5=0$，试用 Routh 稳定判据确定系统是否稳定，若不稳定指出系统在[s]右半平面的极点的个数。

解：根据系统特征方程的各项系数，构建 Routh 表如下。

$$\begin{array}{llll} s^4 & 1 & 3 & 5 \\ s^3 & 2 & 4 & 0 \\ s^2 & \dfrac{2\times3-1\times4}{2}=1 & \dfrac{2\times5-1\times0}{2}=5 & 0 \\ s^1 & \dfrac{1\times4-2\times5}{1}=-6 & 0 & \\ s^0 & 5 & & \end{array}$$

由上述 Routh 表可知，第一列系数符号改变了两次，所以系统不稳定，在[s] 右半平面存在两个极点。

对于阶次较低的系统，如二阶和三阶系统，Routh 稳定判据可以化为如下的简单形式。

1）二阶系统（$n=2$）稳定的充要条件为

$$a_2>0, a_1>0, a_0>0 \tag{3.6.7}$$

2）三阶系统（$n=3$）稳定的充要条件为

$$a_3>0, a_2>0, a_1>0, a_0>0, a_1a_2-a_0a_3>0 \tag{3.6.8}$$

3.6.4 Routh 稳定判据的特殊情况

应用 Routh 稳定判据分析线性系统的稳定性时，有时会遇到下列两种特殊情况。

1）在 Routh 表中，如果某一行的第一列系数等于零，其余各项不为零或不全为零，那么在计算下一行第一个系数时，该系数必将趋于无穷大，使得 Routh 表的计算无法进行。解决的办法是用一个很小的正数 ε 来代替该行为零的这一项，据此计算出 Routh 表中的其余各项系数，完成 Routh 表的构建。

若 Routh 表第一列中系数的符号有变化，其变化的次数就等于该系统在[s]右半平面上极点的个数，系统不稳定；如果第一列 ε 上下各系数符号不变，且第一列系数符号均为正，则表示该系统有一对共轭虚根，系统处于临界稳定，也属于不稳定。

例 3.6.2　系统特征方程为 $D(s)=s^4+3s^3+3s^2+3s+2=0$，试用 Routh 稳定判据确定系统的稳定性。

解：根据特征方程构建 Routh 表如下所示。

$$\begin{array}{llll} s^4 & 1 & 3 & 2 \\ s^3 & 3 & 3 & 0 \\ s^2 & 2 & 2 & \\ s^1 & \varepsilon(0) & 0 & \\ s^0 & 2 & & \end{array}$$

由 Routh 表第一列 ε 上下两项系数的符号相同，同为正，表明系统有一对共轭虚根，处于临界稳定，系统不稳定。

事实上，系统特征方程可化为 $D(s)=(s+1)(s+2)(s^2+1)=0$，其特征根为-1、-2、$\pm j$，$\pm j$ 这对共轭虚根造成了系统的不稳定。

2）Routh 表中出现全零行。

这种情况说明在系统的特征根中或存在两个符号不同，绝对值相等的实根；或存在一对共轭纯虚根；或上述两种类型的根都同时存在；或存在实部符号相异，虚部数值相同的两对共轭复数根。解决的办法是利用全零行上一行的系数，构成一个辅助多项式，取辅助多项式导数的系数代替该全零行，继续计算 Routh 表中其余各项，然后用 Routh 稳定判据判断系统的稳定性。这些数值相同、符号相反的成对的特征根，可通过解由辅助多项式构成的辅助方程得到，即 $2p$ 阶的辅助多项式有这样的 p 对特征根。

例 3.6.3　已知系统的特征方程为 $s^6+s^5+5s^4+3s^3+8s^2+2s+4=0$，用 Routh 稳定判据确定该系统的稳定性。

解：列 Routh 表如下：

s^6	1	5	8	4
s^5	1	3	2	0
s^4	2	6	4	0
s^3	0(8)	0(12)	0(0)	
s^2	3	4	0	
s^1	4/3	0		
s^0	4			

由辅助方程 $2s^4+6s^2+4=0$，将辅助方程求导一次，得 $8s^3+12s=0$，代入原方程，继续计算。Routh 表第一列符号没有改变，但有一行全为零，即系统有共轭虚根，系统不稳定（临界稳定）。

例 3.6.4　2004 年，中国正式开展月球探测工程，并命名为“嫦娥工程”，计划按“绕、落、回”三步开展。截至 2020 年已经成功进行五次探测，最近的嫦娥五号探测器已实现月球区域软着陆及采样返回。“玉兔号”是中国首辆月球车，和着陆器共同组成嫦娥探测器。“玉兔号”月球车设计质量 140 千克，能源为太阳能，能够耐受月球表面真空、强辐射、−180℃～150℃极限温度等极端环境。“玉兔号”月球车由移动、导航控制、电源、热控、结构与机构、综合电子、测控数传、有效载荷八个分系统组成。其中移动分系统采用 6 轮主副摇臂悬架的移动构形，可 6 轮独立驱动，4 轮独立转向，在月面巡视时采取自主导航和地面遥控的组合模式，具有自主测距、测速、前进、后退、转弯、避障、越障、爬坡、横向侧摆，原地转向、行进间转向、感知环境、规划路径、月面长时间生存的本领（见图 3.6.3、图 3.6.4）。“玉兔号”实现了全部“中国制造”，国产率达 99.9%。

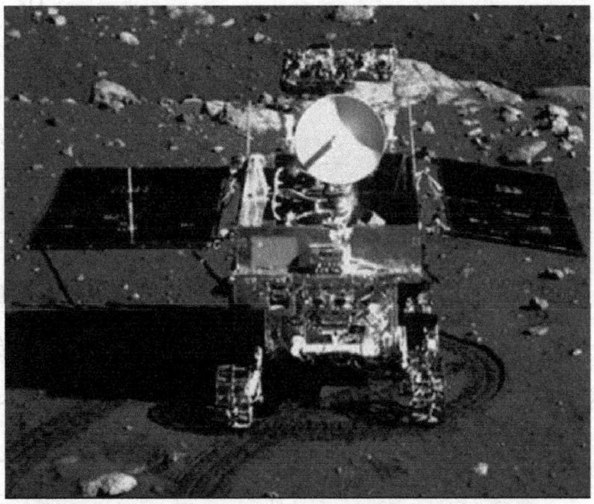

图 3.6.3　“玉兔 1 号”在月球上原地转向

玉兔月球车转向控制的设计涉及两个参数的选择，如图 3.6.5 所示，系统的框图模型如

图 3.6.6 所示，转向控制器的传递函数为 $G_c(s)$，动力传动系统与月球车的传递函数为 $G(s)$。玉兔号的两组车轮以不同的速度运行，以便实现整个装置的转向。本例的设计目标是通过选择参数 K 和 a，使得系统稳定，并使系统对斜坡输入的稳态误差小于或等于输入指令幅度的 24%。

图 3.6.4 “玉兔 2 号”缓慢驶下月球着陆器

解：根据系统框图，可得出闭环反馈系统的特征方程为

$$G_c(s)G(s)+1=0,\ 即\frac{K(s+a)}{s(s+1)(s+2)(s+5)}+1=0,$$

化简得

$$K(s+a)+s(s+1)(s+2)(s+5)=0$$
$$s^4+8s^3+17s^2+(K+10)s+Ka=0$$

建立 Routh 表

$$\begin{array}{c|ccc} s^4 & 1 & 17 & Ka \\ s^3 & 8 & K+10 & 0 \\ s^2 & b_3 & Ka & \\ s^1 & c_3 & & \\ s^0 & Ka & & \end{array}$$

$$b_3=\frac{126-K}{8},\ c_3=\frac{b_3(K+10)-8Ka}{b_3}$$

若系统稳定，Routh 表第一列元素必须大于 0，即

$$\begin{cases} K<126 \\ (K+10)(126-K)-64Ka>0 \\ Ka>0 \end{cases}$$

$$\Rightarrow\begin{cases} 0<K<126 \\ a>0 \\ a<(K+10)(126-K)/64K \end{cases}$$

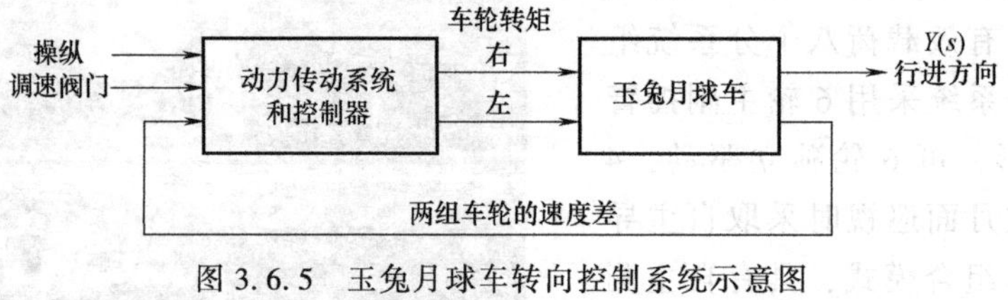

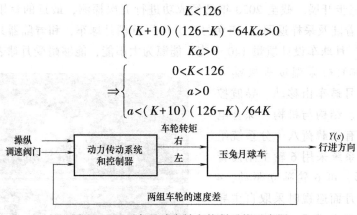

图 3.6.5 玉兔月球车转向控制系统示意图

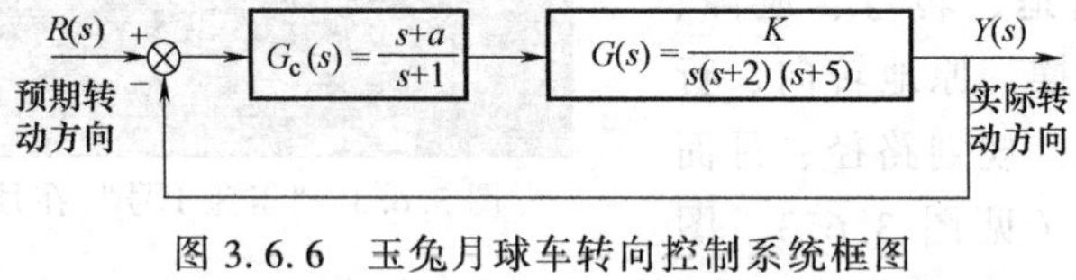

图 3.6.6 玉兔月球车转向控制系统框图

利用 MATLAB 绘制出系统参数 K、a 稳定区域示意图，如图 3.6.7 所示，在曲线左下区

域为系统稳定域。

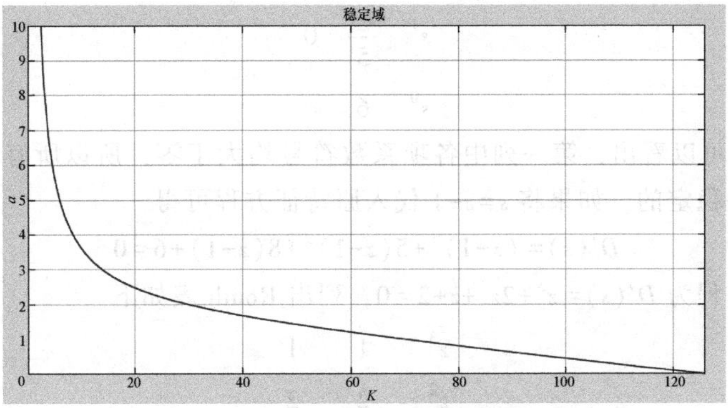

图 3.6.7　系统参数 K、a 稳定区域示意图

系统的型次为Ⅰ型，对斜坡输入信号 $r(t)=At$，$t>0$ 的稳态误差为：

$$e_{ss}=A/K_v$$

$$K_v=\lim sG_cG=Ka/10$$

$$e_{ss}=\frac{10A}{Ka}$$

当 e_{ss} 等于 A 的 23.8%时，应该有 $Ka=42$。这可以通过在稳定区域内选择 $K=70$、$a=0.6$ 来满足要求；当然，也可以选 $K=50$、$a=0.84$。通过计算，我们还可以得到一系列在稳定域内满足 $Ka=42$ 的参数组合 K 和 a，只要注意稳定域的约束，都是可以接受的设计参数。

3.6.5　相对稳定性和稳定裕量

应用 Routh 稳定判据只能给出系统是稳定还是不稳定，即只解决了绝对稳定性的问题。在处理实际问题时，只判断系统是否稳定是不够的。因为对于实际系统，所得到的参数值往往是近似的，并且有的参数随着条件的变化而变化，这样就给得到的结论带来了误差。为了考虑这些因素，往往希望知道系统距离稳定边界有多少余量，这就是相对稳定性或稳定裕量的问题。

我们可以用系统特征方程的每一对复数根的阻尼比大小来定义相对稳定性，这时以响应速度和超调量来代表相对稳定性；也可以用每一个根的负实部来定义相对稳定性，这时以每一个极点的相对调节时间来代表相对稳定性。在[s]平面中，用极点的负实部的位置来表示相对稳定性是很方便的。例如，要检查系统是否具有 σ_1 的稳定裕量，如图 3.6.8 所示，相当于把纵坐标轴向左位移距离 σ_1，然后再判断系统是否仍然稳定。也就是说，以 $s=z-\sigma_1$ 代入系统特征方程，写出 z 的多项式，然后用 Routh 稳定判据判定 z 的多项式的根是否都在新虚轴的左侧。

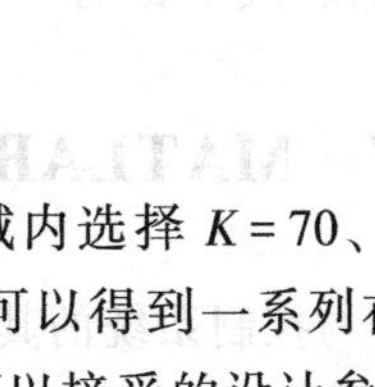

图 3.6.8　相对稳定性

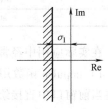

例 3.6.5　系统的特征方程为 $D(s)=s^3+5s^2+8s+6=0$，试判断该系统是否具有 $\sigma_1=1$ 的稳定裕量。

解：根据系统特征方程构建 Routh 表如下。

$$
\begin{array}{lll}
s^3 & 1 & 8 \\
s^2 & 5 & 6 \\
s^1 & \dfrac{34}{5} & 0 \\
s^0 & 6 &
\end{array}
$$

由该 Routh 表可以看出，第一列中各项系数符号均大于零，所以所有特征根全部在[s]左半平面，系统是稳定的。如果将 $s=z-1$ 代入原特征方程可得

$$D'(s)=(z-1)^3+5(z-1)^2+8(z-1)+6=0$$

则新的特征方程为 $D'(s)=z^3+2z^2+z+2=0$，列出 Routh 表如下。

$$
\begin{array}{lll}
z^3 & 1 & 1 \\
z^2 & 2 & 2 \\
z^1 & 0(\varepsilon) & 0 \\
z^0 & 2 &
\end{array}
$$

由于 $0(\varepsilon)$上下行系数的符号均大于零，表明在[s]右半平面没有特征根，但由于第三行(z^1)的系数为零，故有一对共轭纯虚根，系统临界稳定。这说明该系统刚好有 $\sigma_1=1$ 的稳定裕量。

3.7 MATLAB 在线性系统的时域分析中的应用

与控制系统的其他 MATLAB 仿真一样，时域响应 MATLAB 的仿真方法也有两种。一种是在 MATLAB 函数的指令方式下进行时域仿真，另一种是在 Simulink 窗口菜单操作方式下进行时域仿真。对于线性系统，MATLAB 控制系统工具箱提供了若干函数来完成线性系统的仿真，见表 3.7.1。

表 3.7.1　系统时域分析函数

函数名	函数功能分析
gensing	输入信号产生
impulse	计算系统脉冲响应
initial	计算系统零输入响应
lsim	对系统任意输入进行仿真
ltiview	LTI 观测器
step	计算系统阶跃响应

在实际应用中经常用到 impulse、step、ltiview。

1）impulse 函数用于计算线性系统的单位冲激响应。当不带输出变量时，impulse 函数可在当前窗口中直接绘制出系统的单位冲激响应曲线。

2）step 函数用于计算线性系统的单位阶跃响应，当不带输出变量时，step 函数可在当前窗口中直接绘制出系统的单位阶跃响应曲线。

3）ltiview（Linear Time Invariant）可以打开 LTI Viewer 工具箱，它是 MATLAB 为线性时不变系统的分析提供的一个图形化工具，这个工具箱里的函数可以帮助我们方便地建立控制系统的模型，比如连续和离散的传递函数模型（或传递函数矩阵）、状态空间模型、频率响

应模型等，并且可以帮助我们分析单入单出（SISO）系统或多入多出（MIMO）系统的特性，可通过时域、频域作图的方法使模型的分析更加直观。设计方面，LTI 可对系统进行极点匹配、状态观测器设计，以及一些优化控制等。LTI 包含了古典理论和线性控制理论应用的方方面面，其函数是 MATLAB 控制器设计者必须要熟练掌握的最基本工具。

例 3.7.1　设单位负反馈系统的开环传递函数为 $G(s)=\dfrac{0.3s+1}{s(s+0.5)}$，试求系统单位阶跃响应。

解：编制 MATLAB 程序如下。

```
num=[0.3 1];
den=[1 0.5 0];
g=tf(num,den);
g0=feedback(g,1)

Transfer function:
     0.3 s + 1
---------------
s^2 + 0.8 s + 1
>> step(g0)
```

结果如图 3.7.1 所示。

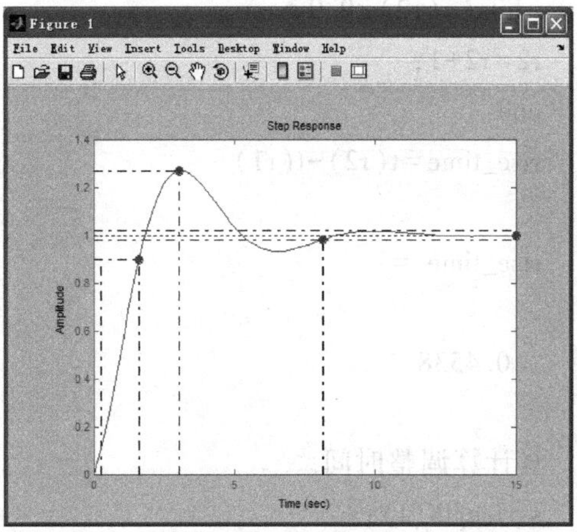

图 3.7.1　二阶系统阶跃响应

得到系统的单位阶跃响应曲线后，在图形窗口上单击鼠标右键，在“Characteristics”下的子菜单中可以选择峰值、调整时间、上升时间和稳态值等参数进行显示，显示其参数的系统响应曲线，也可以在曲线上任选一点并用鼠标拖动，系统将同时显示这点的时间及幅值。也可以如例 3.7.2 编写程序求系统动态性能指标。

例 3.7.2　设单位负反馈系统的开环传递函数为 $G(s)=\dfrac{7}{s(s+1)}$，编写程序求系统动态性能指标。

解：编制 MATLAB 程序如下。

```
%计算峰值时间。
s=tf('s');
Gk=7/s/(s+1);
G0=feedback(Gk,1,-1);
[y,t]=step(G0);
c=dcgain(G0);
[max_y,k]=max(y);
```

```
peak_time=t(k)

peak_time =

1.2102

%计算最大超调量。
max_overshoot=100 * (max_y-c)/c

max_overshoot =


  54.6291
%计算上升时间。
r1=1;
while(y(r1)<0.1 * c)
r1=r1+1;
end
r2=1;
while(y(r2)<0.9 * c)
r2=r2+1;
end
rise_time=t(r2)-t(r1)

rise_time =

  0.4538

%计算调整时间。
s=length(t);
while y(s)>0.98 * c&&y(s)<1.02 * c;
s=s-1;
end
settling_time=t(s)

settling_time =

7.4880
```

例 3.7.3 当 ξ 取 0.2、0.4、0.6 时，观察二阶系统 $G(s)=\dfrac{1}{s^2+2\xi s+1}$ 的阶跃响应曲线和

脉冲响应曲线（利用 LTI Viewer 工具）。

解：1）编写 MATLAB 程序，求 ξ 取不同值时各系统传递函数。

```
>> for i=1:3
zeta(i)=0.2*i;
ss(i)=tf(1,[1 2*zeta(i) 1]);
end
```

2）打开 MATLAB LTI Viewer

```
>> ltiview
```

3）导入已建立的系统 ss，如图 3.7.2 所示其阶跃响应。

4）可以使用快捷菜单在默认窗口上观察系统的阶跃响应性能指标，也可以选择 Plot Types/Impulse 项以显示单位脉冲响应，如图 3.7.3 所示。

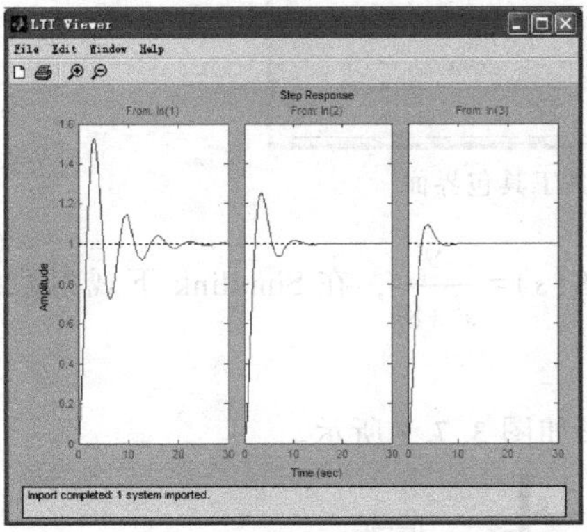

图 3.7.2　ξ 不同时二阶系统的阶跃响应

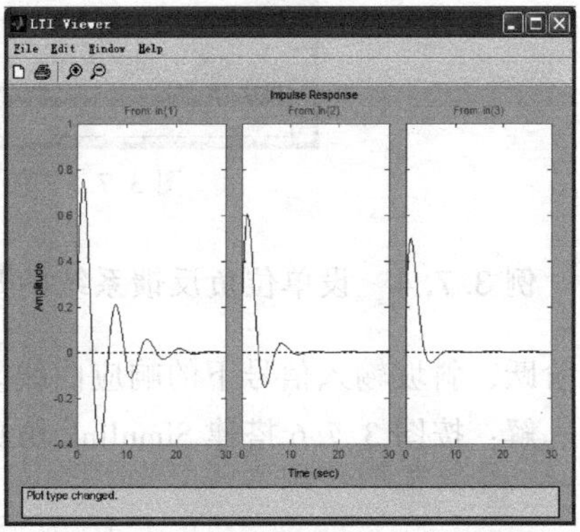

图 3.7.3　ξ 不同时二阶系统的单位脉冲响应

5）使用 MATLAB 自带的控制仿真工具包可以获得上述结果，更简单方便如图 3.7.4、图 3.7.5 所示。

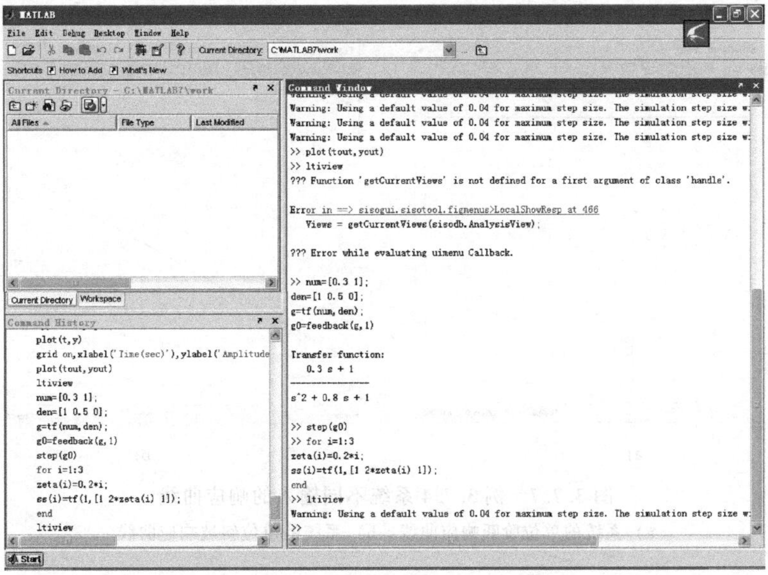

图 3.7.4　调用 MATLAB 控制仿真工具包界面

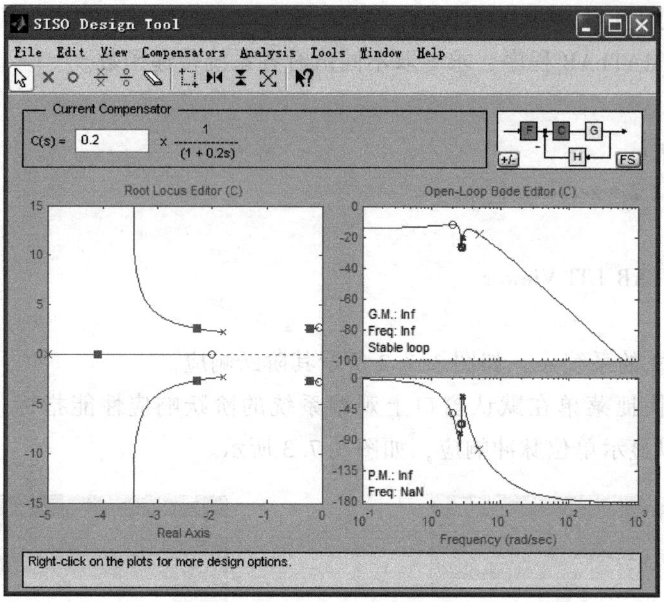

图 3.7.5　使用 MATLAB 控制仿真工具包界面

例 3.7.4　设单位负反馈系统的开环传递函数为 $G(s)=\dfrac{9}{s^2+8s}$，在 Simulink 下观察系统在阶跃、斜坡输入信号下的响应曲线。

解：按图 3.7.6 搭建 Simulink 仿真程序，得到波形如图 3.7.7 所示。

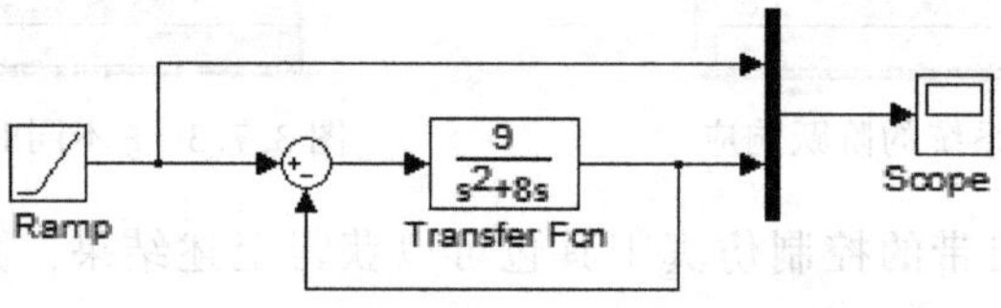

图 3.7.6　系统的 Simulink 模型图

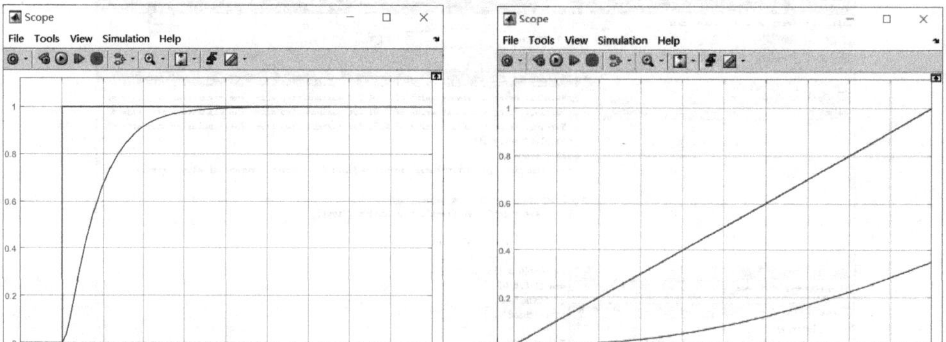

a)　　　　　b)

图 3.7.7　例 3.7.4 系统不同输入的响应曲线

a）系统的单位阶跃响应曲线　b）系统的单位斜坡响应曲线

例 3.7.5　设单位负反馈系统的开环传递函数为 $G(s)=\dfrac{10}{(0.1s+1)(0.5s+1)}$，试求系统单位阶跃输入下的稳态误差。

解：编制 MATLAB 程序如下。

```
s=tf('s');
>> G=10/(0.1*s+1)/(0.5*s+1);
>> Gc=feedback(G,1)

Transfer function:
        10
---------------------
0.05 s^2 + 0.6 s + 1

>> step(Gc)
>> ess=1-dcgain(Gc)

ess =
0.0909
```

例 3.7.6　系统的框图如图 3.7.8 所示，求当输入信号 $r(t)=10+2t+t^2$ 时系统的稳态误差。

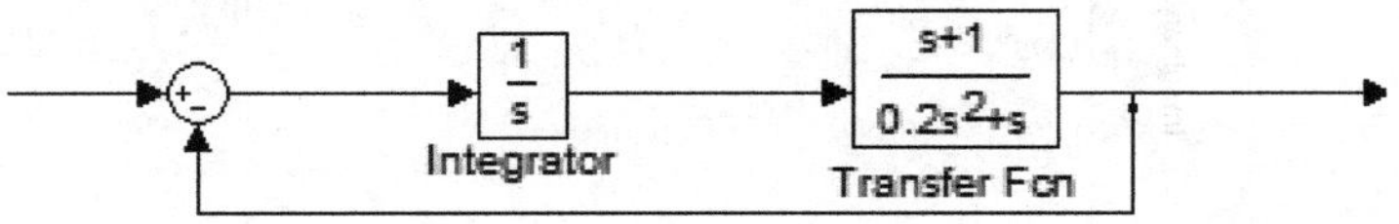

图 3.7.8　例 3.7.6 系统框图

解：编制程序如下。

```
>> s=tf('s');
G=1/s*(s+1)/(0.2*s^2+s);
Gc=feedback(G,1)

Transfer function:
        s + 1
---------------------
0.2 s^3 + s^2 + s + 1
>> ka=dcgain([1 1 0 0],[0.2 1 0 0])
ka =
    1
```

例 3.7.7　已知系统的传递函数为 $G(s)=\dfrac{3s^4+2s^3+5s^2+4s+6}{s^5+3s^4+4s^3+2s^2+7s+2}$，求：(1) 零点、极点

和增益。

(2) 绘制系统零极点图，并判断系统的稳定性。

解：编制系统程序如下。

(1) 建立数学模型

```
num = [3,2,5,4,6];
den = [1,3,4,2,7,2];
sys = tf(num,den);
```

(2) 求零点、极点和增益

```
[z,p,k]=zpkdata(sys,'v')
```

(3) 绘制系统零极点图

```
pzmap(sys)
grid
```

零极点图如图 3.7.9 所示。

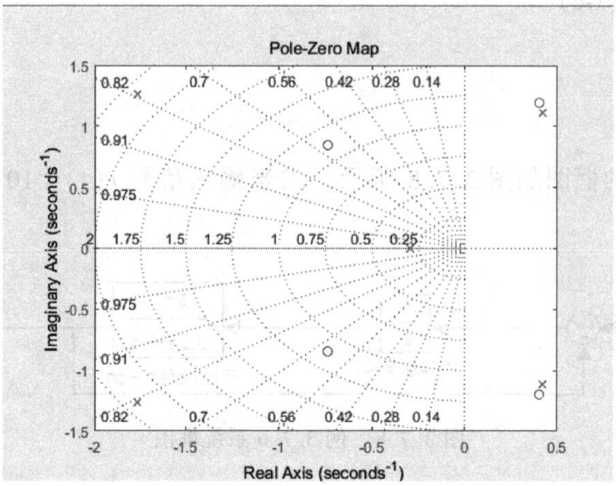

图 3.7.9　例 3.7.7 图

(4) 直接求系统极点

```
p=pole(sys)
```

(5) 求特征方程的特征根

```
r=roots([1,3,4,2,7,2])
```

例 3.7.8　已知系统的闭环传递函数为 $G_B(s)=\dfrac{s^3+2s+1}{s^6+2s^5+8s^4+12s^3+20s^2+16s+16}$，判别系统的稳定性，并求出系统特征方程的根。

解：编制程序如下。

```
num=[1 0 2 1];
den=[1 2 8 12 20 16 16];
G=tf(num,den)
```

```
Transfer function:
            s^3 + 2 s + 1
-------------------------------------------------
s^6 + 2 s^5 + 8 s^4 + 12 s^3 + 20 s^2 + 16 s + 16

>> p=eig(G)

p =

  -0.0000 + 2.0000i
  -0.0000 - 2.0000i
  -1.0000 + 1.0000i
  -1.0000 - 1.0000i
   0.0000 + 1.4142i
   0.0000 - 1.4142i

>> p1=pole(G)

p1 =

  -0.0000 + 2.0000i
  -0.0000 - 2.0000i
  -1.0000 + 1.0000i
  -1.0000 - 1.0000i
   0.0000 + 1.4142i
   0.0000 - 1.4142i

>> r=roots(den)

r =

  -0.0000 + 2.0000i
  -0.0000 - 2.0000i
  -1.0000 + 1.0000i
  -1.0000 - 1.0000i
   0.0000 + 1.4142i
   0.0000 - 1.4142i
```

由根的分布情况可以判断系统的稳定性。

3.8 小结及习题

本章小结

本章阐述了控制系统的时间响应和一、二阶系统在典型输入信号作用下的时间响应及系统的瞬态和稳态性能问题，讨论了控制系统的误差与偏差及系统型别与误差之间的关系，并介绍了时域分析中的稳定性代数判据——Routh 稳定判据。通过本章学习，应掌握以下知识点。

1）时域分析法是通过求解控制系统在典型输入信号作用下的时间响应来分析系统的稳定性、快速性和准确性的，具有直观、准确、物理概念清楚的特点，是学习和研究自动控制原理最基本的方法。

2）稳定系统的时间响应分为瞬态响应和稳态响应，分别反映系统自身的动态特性和静态特性。通过拉普拉斯变换与反变换，可以得出系统的时间响应；通过拉普拉斯变换的终值定理可以得到系统的稳态解。系统的输出不仅取决于系统本身的结构参数、初始状态，而且与输入信号的形式有关。

3）对一、二阶系统理论分析的结果是分析高阶系统的基础。一阶系统的典型形式是惯性环节，时间常数 T 反映了一阶系统的固有特性，其值越小系统惯性越小，响应越快；典型二阶系统的两个特征参数阻尼比 ξ 和无阻尼固有频率 ω_n 决定了二阶系统的动态过程。瞬态响应的性能指标可以评价系统过渡过程的快速性和平稳性。时域分析中常以单位阶跃响应的上升时间 t_r、峰值时间 t_p、调整时间 t_s、最大超调量 M_p、振荡次数 N 五个指标来评价控制系统的瞬态性能。

4）误差与偏差是两个不同的概念，它们既有区别又有联系。对于单位负反馈系统，误差就等于偏差。稳态误差是系统的稳态性能测度，它标志着系统的控制精度。稳态误差不仅与输入信号的形式、大小有关，还与系统的型别即开环传递函数中积分环节的个数有关。系统型别越高，开环增益越大，系统的稳态误差越小。在设计控制系统时，可以通过改变系统的型别来改变系统的性能。

5）稳定性是控制系统正常工作的首要条件，是系统本身的固有特性，由系统的结构、参数决定，与初始条件和外部作用无关。系统稳定的充要条件是其特征方程的根全部具有负实部，即系统闭环极点全部位于[s]左半平面。Routh 稳定判据是时域分析中稳定性判别的代数判据，无须求解系统特征根，直接通过特征方程的系数构建 Routh 表，由此判断系统的稳定性。

习　题

1. 什么是时间响应？时间响应由哪几部分组成？各部分的定义是什么？时间响应的瞬态响应反映哪方面的性能？而稳定响应反映哪方面的性能？

2. 什么是误差及稳态误差？怎样计算给定稳态误差和扰动稳态误差？减少稳态误差的方法有哪些？

3. 什么是系统稳定性？系统稳定的充分和必要条件是什么？

4. 设在零初始状态下，系统的单位脉冲响应函数为 $w(t)=\dfrac{1}{3}e^{-t/3}+\dfrac{1}{5}e^{-t/5}$，试求系统的传递函数 $G(s)$。

5. 已知控制系统的微分方程为 $2.5\dot{y}(t)+y(t)=20x(t)$，试用拉普拉斯变换法求该系统的单位脉冲响应和单位阶跃响应，并讨论二者的关系。

6. 已知某线性定常系统的单位斜坡响应为 $x_o(t)=10(t-0.1+0.1e^{-10t})$，试求其单位阶跃响应和单位脉冲响应函数。

7. 已知单位反馈系统的开环传递函数 $G_K(s)=\dfrac{K}{Ts+1}$，求以下三种情况时的单位阶跃响应。(1) $K=20$，$T=0.2$；(2) $K=1.6$，$T=0.2$；(3) $K=2.5$，$T=1$，并分析开环增益 K 与时间常数 T 对系统性能的影响。

8. 已知某二阶系统的传递函数为 $G(s)=\dfrac{\omega_n^2}{s^2+2\xi\omega_n s+\omega_n^2}$，试分别绘制下列情况下，系统极点在 s 平面上的分布区域。

(1) $\xi>0.707$，$\omega_n>2\text{rad/s}$；　(2) $\xi\leqslant 0.5$，$2\text{rad/s}\leqslant\omega_n<4\text{rad/s}$；

(3) $0\leqslant\xi\leqslant 0.707$，$\omega_n\leqslant 2\text{rad/s}$；　(4) $0.5\leqslant\xi<0.707$，$\omega_n\leqslant 2\text{rad/s}$。

9. 三个二阶系统闭环传递函数的形式均为$\dfrac{C(s)}{R(s)}=\dfrac{\omega_n^2}{s^2+2\xi\omega_n s+\omega_n^2}$，它们的单位阶跃响应曲线如图 3.8.1 中的①、②、③所示。其中 t_{s1}、t_{s2} 是系统①、②的调整时间，t_{p1}、t_{p2}、t_{p3} 是峰值时间。在同一 s 平面上画出三个系统的闭环极点的相对位置，并说明理由。

10. 图 3.8.2 所示为某数控机床位置随动系统的框图，试求：

(1) 阻尼比 ξ 和无阻尼固有频率 ω_n；

(2) 该系统的 M_p、t_p、t_s 和 N。

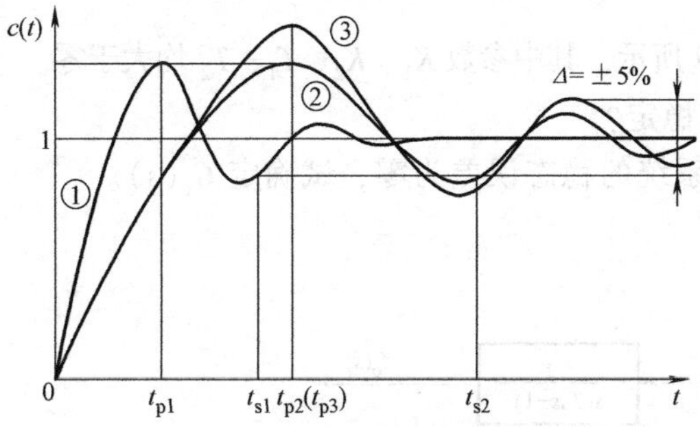

图 3.8.1　单位阶跃响应曲线

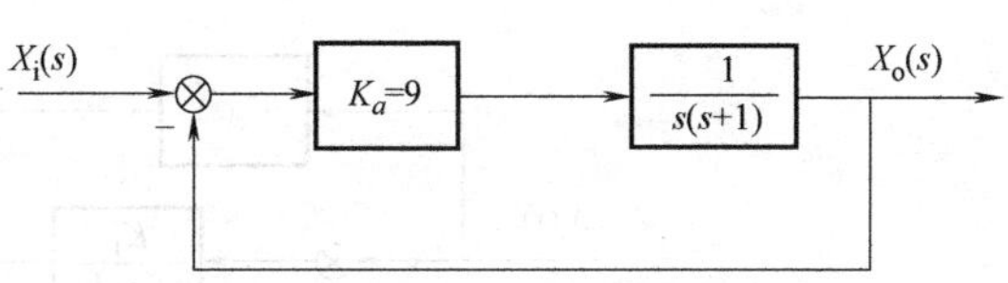

图 3.8.2　数控机床位置随动系统的框图

11. 要使如图 3.8.3 所示系统的单位阶跃响应的最大超调量等于 25%，峰值时间 t_p 为 2s，试确定 K 和 K_f。

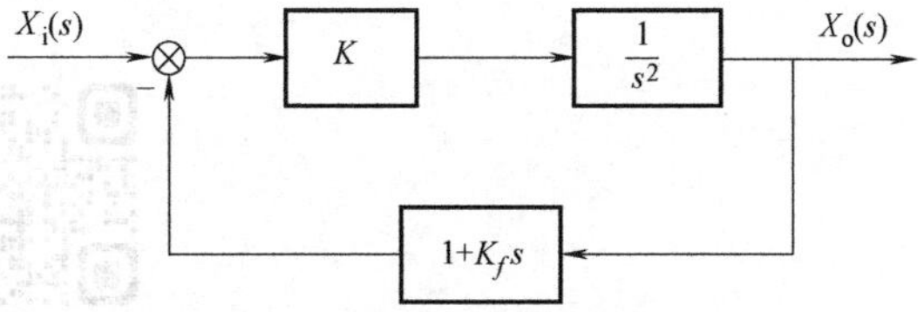

图 3.8.3　系统框图

12. 单位反馈系统的开环传递函数为 $G_K(s)=\dfrac{k}{s(s+1)(s+5)}$，其斜坡函数输入时，系统的稳态误差为 $\varepsilon_{ss}=0.01$，求 k 值。

13. 某控制系统如图 3.8.4 所示，

(1) 当 $K_f=0$、$K_A=10$ 时，试确定系统的阻尼比 ξ 和无阻尼固有频率 ω_n 及系统在 $x_i(t)=1+2t$ 作用下的稳态误差 ε_{ss}；

(2) 若要求系统阻尼比 ξ 为 0.6、$K_A=10$，试确定 K_f 值和在单位斜坡输入作用下系统的稳定误差 ε_{ss}。

(3) 若在单位斜坡输入作用下，要求保持阻尼比为 0.6，稳态误差为 0.2，试确定 K_f 和 K_A。

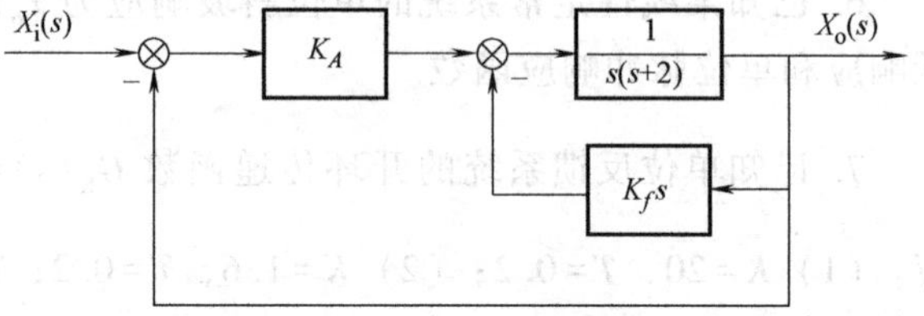

图 3.8.4　控制系统框图

14. 如图 3.8.5 所示系统，已知 $X_i(s)=N(s)=\frac{1}{s}$，试求输入 $X_i(s)$ 和扰动 $N(s)$ 作用下的稳态误差。

15. 系统传递函数框图如图 3.8.6 所示，已知 $T_1=0.1$，$T_2=0.25$，试求：

(1) 系统稳定时 K 值的取值范围；

(2) 若要求系统的特征根均位于 $s=-1$ 垂线的左侧，K 值的取值范围。

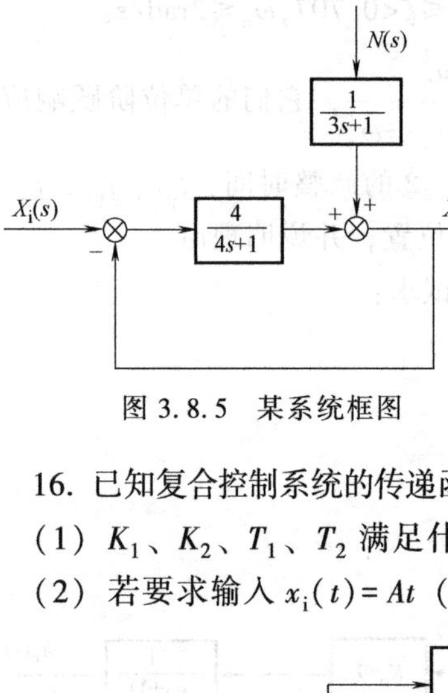

图 3.8.5　某系统框图

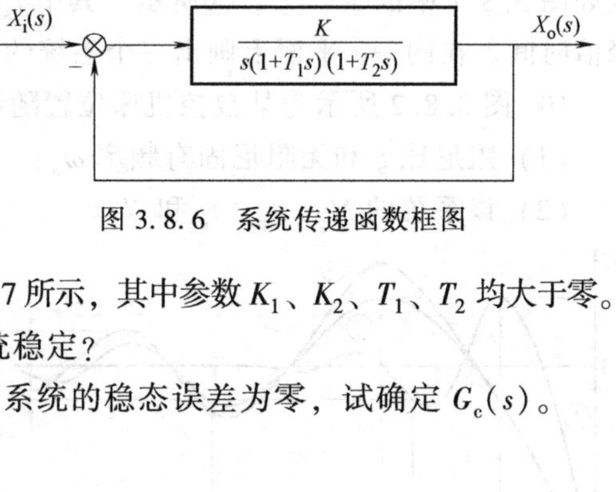

图 3.8.6　系统传递函数框图

16. 已知复合控制系统的传递函数框图如图 3.8.7 所示，其中参数 K_1、K_2、T_1、T_2 均大于零。

(1) K_1、K_2、T_1、T_2 满足什么条件时，系统稳定？

(2) 若要求输入 $x_i(t)=At$（A 为常数）时，系统的稳态误差为零，试确定 $G_c(s)$。

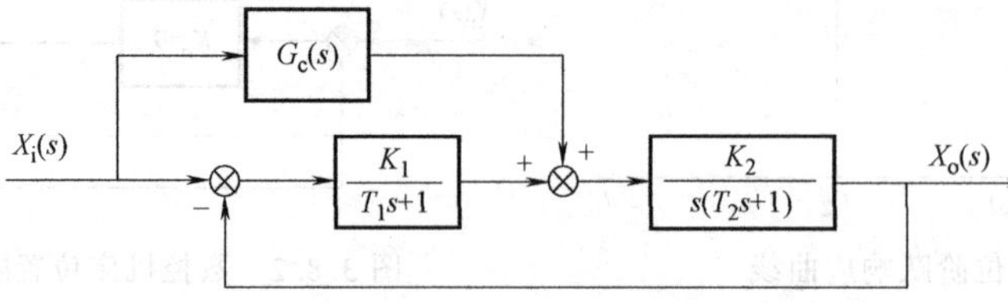

图 3.8.7　复合控制系统的传递函数框图

"两弹一星"功勋科学家：王希季

第4章 频率特性分析

频率特性分析法是应用频率特性研究与分析控制系统的一种经典方法，又称为频域分析法。它是一种图形与计算相结合的方法，不必直接求解微分方程，而是间接地运用系统的开环特性分析系统的闭环响应特性。与其他方法不同的是，频域分析法所依据的数学模型是频率特性，通过绘制系统开环传递函数的频率特性图（Nyquist 图、Bode 图）来分析对应的闭环系统性能。

在实际的工程应用中，频率特性分析是一种常用的分析和设计控制系统的方法。

4.1 频率特性概述

4.1.1 频率特性的定义

设系统如图 4.1.1 所示，在系统的输入端施加一谐波信号（正弦/余弦），如图 4.1.2a 所示，通过时间响应分析，可以求出系统的时间响应。

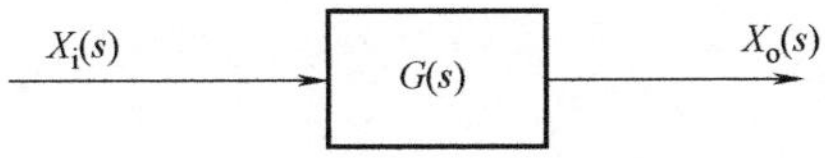

图 4.1.1 系统框图

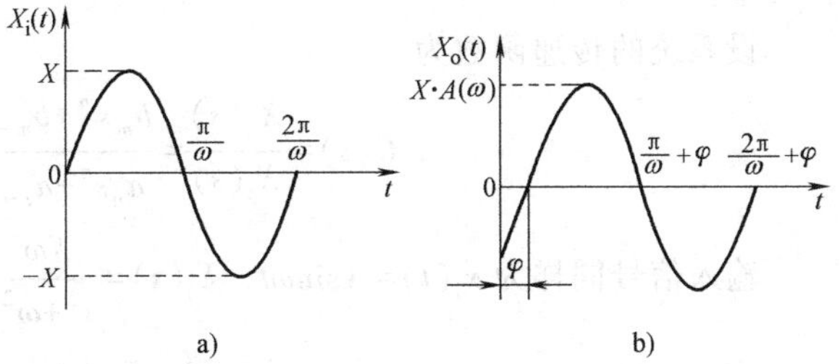

图 4.1.2 系统的输入输出信号

输入信号为

$$x_i(t)=X\sin\omega t \tag{4.1.1}$$

式中，X 为正弦信号的幅值，ω 为正弦信号的频率。

将 $x_i(t)$ 拉普拉斯变换，得

$$X_i(s)=L[x_i(t)]=\frac{X\omega}{s^2+\omega^2} \tag{4.1.2}$$

设系统传递函数为 $G(s)=\frac{K}{Ts+1}$，则

$$X_o(s)=G(s)X_i(s)=\frac{K}{Ts+1}\cdot\frac{X\omega}{s^2+\omega^2} \tag{4.1.3}$$

$$x_o(t)=\frac{XKT\omega}{T^2\omega^2+1}e^{-t/T}+\frac{XK}{\sqrt{T^2\omega^2+1}}\sin(\omega t-\arctan T\omega) \tag{4.1.4}$$

当 $t\to\infty$ 时，系统的瞬态响应为 0，而系统的稳态响应为

$$x_o(t)=\frac{XK}{\sqrt{T^2\omega^2+1}}\sin(\omega t-\arctan T\omega) \tag{4.1.5}$$

线性定常系统对谐波（正弦信号）输入的稳态响应称为频率响应。频率响应为输入信号同一频率的谐波信号，但幅值和相位发生了变化。

比较式（4.1.1）和式（4.1.5）可知，**稳态输出（频率响应）与输入的幅值之比**，记为

$$A(\omega)=\frac{K}{\sqrt{T^2\omega^2+1}} \tag{4.1.6}$$

稳态输出（频率响应）与输入的相位之差，记为

$$\varphi(\omega)=\arctan T\omega \tag{4.1.7}$$

若输入信号的角频率 ω 是一个变量，则 $A(\omega)$ 和 $\varphi(\omega)$ 即为关于 ω 的函数。

$A(\omega)$ 描述了系统在稳态下，当输入不同角频率 ω 的谐波信号时，其幅值的衰减（$A(\omega)<1$）或增大（$A(\omega)>1$）的特性，称为**幅频特性**。

$\varphi(\omega)$ 描述了系统在稳态下，当输入不同角频率 ω 的谐波信号时，其相位产生超前（$\varphi(\omega)>0$）或滞后（$\varphi(\omega)<0$）的特性，称为**相频特性**。

幅频特性 $A(\omega)$ 和相频特性 $\varphi(\omega)$ 总称为系统的频率特性，记为 $A(\omega)\cdot\angle\varphi(\omega)$ 或 $A(\omega)\cdot e^{j\varphi(\omega)}$，又称为**幅相频特性**。可见，频率特性是 ω 的复变函数，其幅值为 $A(\omega)$，相位为 $\varphi(\omega)$。

设系统的传递函数为

$$G(s)=\frac{X_o(s)}{X_i(s)}=\frac{b_m s^m+b_{m-1}s^{m-1}+\cdots+b_1 s+b_0}{a_n s^n+a_{n-1}s^{n-1}+\cdots+a_1 s+a_0} \tag{4.1.8}$$

输入信号同样为 $x_i(t)=X\sin\omega t$，$X_i(s)=\dfrac{X\omega}{s^2+\omega^2}$则

$$\begin{aligned}X_o(s)=G(s)X_i(s)&=\frac{b_m s^m+b_{m-1}s^{m-1}+\cdots+b_1 s+b_0}{a_n s^n+a_{n-1}s^{n-1}+\cdots+a_1 s+a_0}\cdot\frac{X\omega}{s^2+\omega^2}\\&=\sum_{i=1}^{n}\frac{A_i}{s-s_i}+\left[\frac{B}{s-j\omega}+\frac{B^*}{s+j\omega}\right]\end{aligned} \tag{4.1.9}$$

式中，A_i、B 为待定系数，进行拉普拉斯逆变换，得系统的时间响应。

$$x_o(t)=\sum_{i=1}^{n}A_i e^{s_i t}+\left[Be^{j\omega t}+B^*e^{-j\omega t}\right] \tag{4.1.10}$$

式中，s_i 为特征方程的根。若系统稳定，则特征方程所有根的实部均小于零，故系统的稳态响应为

$$x_o(t)=Be^{j\omega t}+B^*e^{-j\omega t} \tag{4.1.11}$$

式中，待定系数 B 的求解如下

$$B=G(s)\frac{X\omega}{(s-\mathrm{j}\omega)(s+\mathrm{j}\omega)}(s-\mathrm{j}\omega)\Big|_{s=\mathrm{j}\omega}=G(s)\frac{X\omega}{s+\mathrm{j}\omega}\Big|_{s=\mathrm{j}\omega} \tag{4.1.12}$$

$$=G(\mathrm{j}\omega)\cdot\frac{X}{2\mathrm{j}}=|G(\mathrm{j}\omega)|\mathrm{e}^{\mathrm{j}\angle G(\mathrm{j}\omega)}\cdot\frac{X}{2\mathrm{j}}$$

$$B^*=G(-\mathrm{j}\omega)\cdot\frac{X}{-2\mathrm{j}}=|G(\mathrm{j}\omega)|\mathrm{e}^{-\mathrm{j}\angle G(\mathrm{j}\omega)}\cdot\frac{X}{-2\mathrm{j}} \tag{4.1.13}$$

代入式（4.1.11），得

$$x_o(t)=|G(\mathrm{j}\omega)|\cdot X\cdot\frac{\mathrm{e}^{\mathrm{j}[\omega t+\angle G(\mathrm{j}\omega)]}-\mathrm{e}^{-\mathrm{j}[\omega t+\angle G(\mathrm{j}\omega)]}}{2\mathrm{j}} \tag{4.1.14}$$

$$=|G(\mathrm{j}\omega)|\cdot X\cdot\sin[\omega t+\angle G(\mathrm{j}\omega)]$$

系统的幅频特性 $A(\omega)=|G(\mathrm{j}\omega)|$

系统的相频特性 $\varphi(\omega)=\angle G(\mathrm{j}\omega)$

系统的频率特性

$$A(\omega)\cdot\mathrm{e}^{\mathrm{j}\varphi(\omega)}=|G(\mathrm{j}\omega)|\mathrm{e}^{\mathrm{j}\angle G(\mathrm{j}\omega)}=G(\mathrm{j}\omega)=G(s)\big|_{s=\mathrm{j}\omega} \tag{4.1.15}$$

因此若已知系统的频率特性，则很容易求出系统的稳态输出（频率响应）

$$x_o(t)=X\cdot A(\omega)\cdot\sin[\omega t+\varphi(\omega)] \tag{4.1.16}$$

例 4.1.1　设单位负反馈控制系统的开环传递函数为 $G_K(s)=\dfrac{10}{s+2}$，当 $x_i(t)=90\sin(t-55°)$ 时，试求系统的稳态输出。

解：1）系统的闭环传递函数为 $G_B(s)=\dfrac{G_K(s)}{1+G_K(s)}=\dfrac{10}{s+12}$

2）系统的频率特性为 $G_B(\mathrm{j}\omega)=\dfrac{10}{\mathrm{j}\omega+12}=\dfrac{120}{\omega^2+144}-\mathrm{j}\dfrac{10\omega}{\omega^2+144}$

由输入谐波信号 $\omega=1$，可得

$$A(\omega)=\frac{10}{\sqrt{144+\omega^2}}=\frac{10}{\sqrt{145}}=0.83$$

$$\varphi(\omega)=\arctan\frac{v(\omega)}{u(\omega)}=-\arctan\frac{1}{12}=-4.76°$$

3）由频率响应的定义，可得系统的稳态输出为

$$x_o(t)=90\times\frac{10}{\sqrt{145}}\sin(t-55°-4.76°)=74.74\sin(t-59.76°)$$

4.1.2　频率特性的求法

根据频率特性的定义及其与系统传递函数的关系，以及频率特性在实际工程中的应用，主要采用以下三种方式求系统的频率特性。

（1）根据定义求频率特性

对于线性定常系统在谐波信号输入下，先求出系统的稳态响应，即频率响应。然后根据频率特性的定义，求出频率响应与输入的幅值之比，得到系统的幅频特性 $A(\omega)$；再求出频率响应与输入的相位之差，得到系统的相频特性 $\varphi(\omega)$，从而得到系统的频率特性。

(2) 根据传递函数求频率特性

根据频率特性与系统传递函数的关系，如式（4.1.15），将系统的传递函数 $G(s)$ 中的 s 换为 $j\omega$，就得到系统的频率特性 $G(j\omega)$。因此，$G(j\omega)$ 也称为谐波传递函数。

控制工程主要研究的是系统分析问题，即已知系统和输入，根据响应分析系统性能。因此根据传递函数求频率特性是本书采用最多的方式。

(3) 采用实验方式求频率特性

在一些工程实例中，很难获得系统的传递函数或微分方程等数学模型，就不可能通过上面两种方式求取系统的频率特性。在这种情况下，可以采用实验法，如图 4.1.3 所示，通过专用的信号显示记录仪器分别获取输入输出信号的波形，根据输出信号与输入信号的幅值之比及相位之差得出频率特性，再以此获得系统的传递函数，这是频率特性一个极为重要的作用。

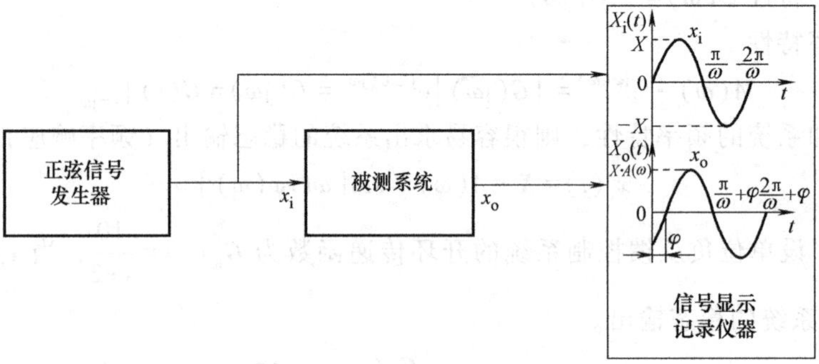

图 4.1.3　实验法求取频率特性示意图

4.1.3　频率特性的特点和作用

1）系统的频率特性就是单位脉冲响应函数 $W(t)$ 的傅里叶变换，即 $W(t)$ 的频谱，这是求取频率特性的又一方法。

2）时间响应分析主要针对线性系统过渡过程（瞬态过程），通过时域瞬态性能指标来评价系统的动态特性；而频率特性分析则通过分析不同的谐波输入时系统的稳态响应，根据频率特性曲线在数值和形状上的特征点评价系统的动态特性。

3）在研究系统的结构及参数的变化对系统性能的影响时，频率特性分析比时间响应分析要容易。

4）若线性系统的阶次较高，特别是不能列出微分方程的系统，用时间响应分析系统性能较困难，而采用频率特性分析可较方便解决问题。

5）若系统在输入信号的同时，在某些频带中有着严重的噪声干扰，采用频率特性分析法可设计出合适的通频带，以抑制噪声的影响。

4.2　频率特性的图示法

频域分析法是一种图解分析，这种方法的一大特点就是将系统的频率特性用曲线表示出来。常见的频率特性曲线有幅相频率特性曲线和对数频率特性曲线两种。

4.2.1　幅相频率特性曲线

幅相频率特性曲线即频率特性极坐标图，又称奈奎斯特（H. Nyquist）图，简称 Nyquist 图。

系统的频率特性 $G(j\omega)$ 是一个关于 ω 的复变函数。给定一个 ω 值，$G(j\omega)$ 就是复平面上的一矢量，如图 4.2.1 所示，该矢量的幅值、相角（与正实轴的夹角，逆时针为正，顺时针为负）、实部和虚部分别为

幅值：$A(\omega)=|G(j\omega)|$　　　　相角：$\varphi(\omega)=\angle G(j\omega)$

实部：$U(\omega)=A(\omega)\cos\varphi(\omega)$　　　　虚部：$V(\omega)=A(\omega)\sin\varphi(\omega)$

因此频率特性还可以表示为

$$G(j\omega)=U(\omega)+jV(\omega)=A(\omega)\cos\varphi(\omega)+jA(\omega)\sin\varphi(\omega) \tag{4.2.1}$$

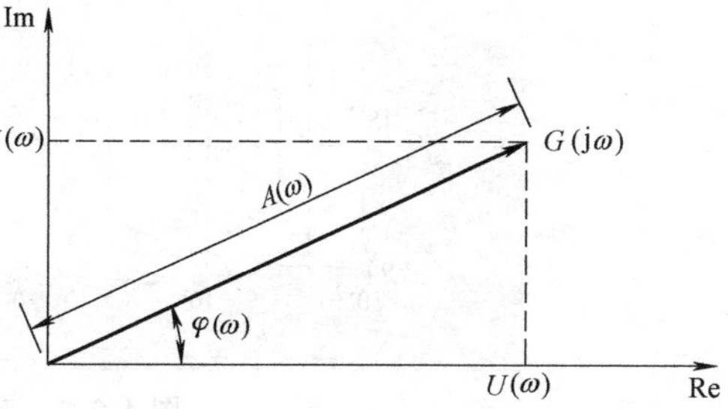

图 4.2.1　频率特性极坐标表示图

式中，$U(\omega)$ 称为**实频特性**；$V(\omega)$ 称为**虚频特性**。

当 ω 从 $0\to\infty$ 时，在复平面上就有无数个矢量，如图 4.2.2 所示，这些矢量终端轨迹构成的曲线就是幅相频率特性曲线（Nyquist 曲线）。完整的 Nyquist 图应画出当 ω 从 $-\infty\to+\infty$ 时的幅相频率特性曲线，但由于它的对称性，一般只绘制 ω 从 $0\to+\infty$ 时的部分，需要时，可由对称性得到 ω 从 $-\infty\to0$ 部分。

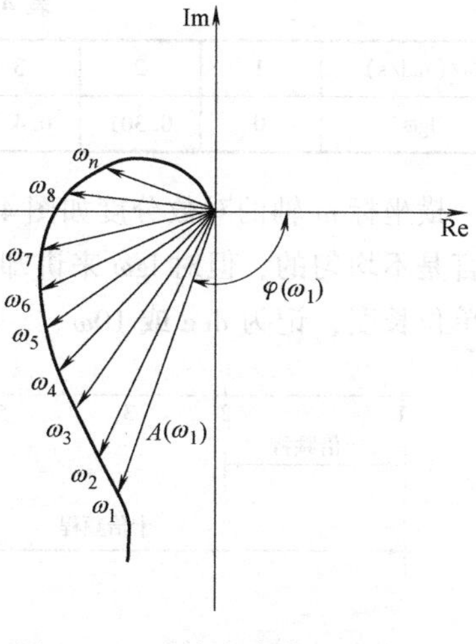

图 4.2.2　幅相频率特性曲线

一般的 Nyquist 图近似绘图方法如下：

1）根据系统传递函数 $G(s)$ 得到 $G(j\omega)$，分别求出实频特性 $U(\omega)$、虚频特性 $V(\omega)$ 和幅频特性 $A(\omega)$、相频特性 $\varphi(\omega)$。

2）求出 Nyquist 曲线起点 $\omega=0$ 处 $A(0)$、$\varphi(0)$、$U(0)$、$V(0)$。

3）求出 Nyquist 曲线终点 $\omega=\infty$ 处 $A(\infty)$、$\varphi(\infty)$、$U(\infty)$、$V(\infty)$。

4）求出 Nyquist 曲线与坐标轴的交点。根据 $V(\omega)=0$ 算出曲线与实轴交点处的频率 ω，并求得该交点处 $U(\omega)$；根据 $U(\omega)=0$ 算出曲线与虚轴交点处的频率 ω，并求得该交点处 $V(\omega)$。

5）在极坐标上标出特征点，若还是无法判断出 Nyquist 曲线的走势，就选择合适的频率 ω 补充一些必要的点，根据 $A(\omega)$、$\varphi(\omega)$ 和 $U(\omega)$、$V(\omega)$ 的变化趋势以及 $G(j\omega)$ 所处的象限，绘出 Nyquist 曲线的大致图形。

4.2.2　对数频率特性曲线

对数频率特性曲线又称 Bode（伯德）图，它由对数幅频特性曲线和对数相频特性曲线

共同组成，如图 4.2.3 所示。

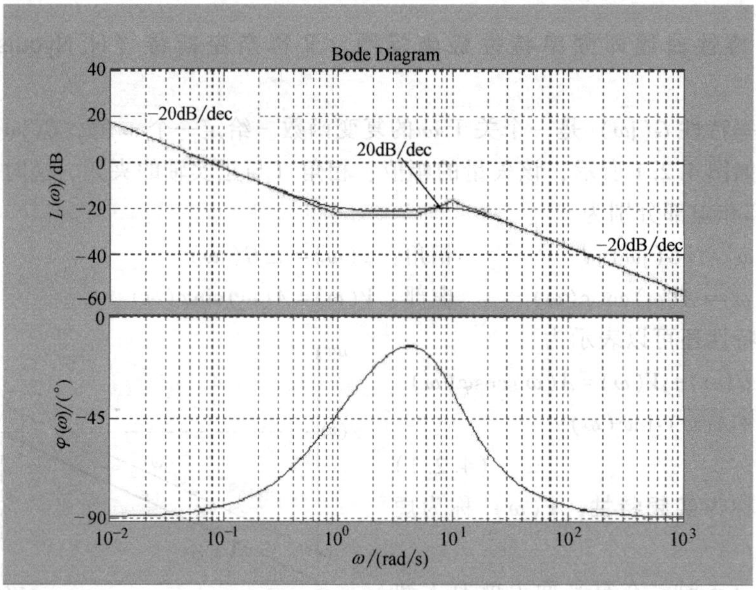

图 4.2.3　对数频率特性曲线

在对数频率特性图中，对数幅频特性曲线和对数相频特性曲线的横坐标表示频率 ω，单位为：rad/s，并按照 ω 对数 $\lg\omega$ 分度。表 4.2.1 列出了频率 ω 从 1 到 10 的对数分度。

表 4.2.1　ω 从 1 到 10 的对数分度

ω/(rad/s)	1	2	3	4	5	6	7	8	9	10
$\lg\omega$	0	0.301	0.477	0.602	0.699	0.778	0.845	0.903	0.954	1

横坐标 ω 轴的对数分度如图 4.2.4 所示。显然，由于横坐标按 ω 的对数分度，所以对 ω 而言是不均匀的，但对 $\lg\omega$ 来讲却是均匀的。频率 ω 每变化十倍，称为一个十倍频程，为一个单位长度，记为 dec 或 10ω。

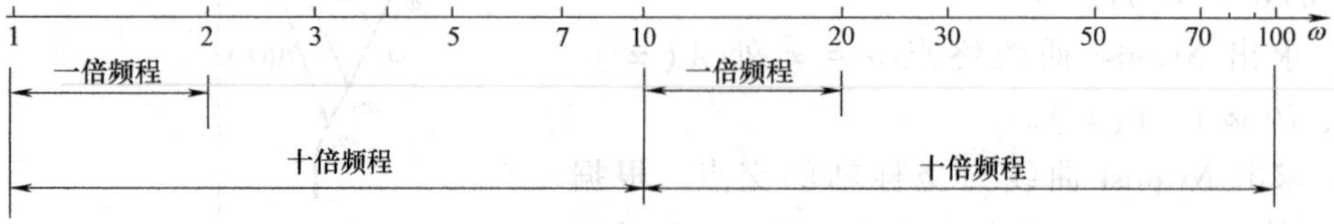

图 4.2.4　对数分度

对数幅频特性图的纵坐标表示 $20\lg A(\omega)$，单位为 dB（分贝），对其均匀分度。为简单起见，一般用符号 $L(\omega)$ 表示 $20\lg A(\omega)$。在画对数幅频特性时，常用渐近（直）线来近似精确曲线。对数相频特性图的纵坐标表示 $\varphi(\omega)$，单位为度（°），对其均匀分度。频率特性函数 $G(j\omega)$，有如下定义。

$$L(\omega)=20\lg A(\omega)=20\lg|G(j\omega)|$$
$$\varphi(\omega)=\angle G(j\omega) \tag{4.2.2}$$

采用对数坐标图的优点是：

1）将幅频特性中幅值的乘除运算化为加减运算。

2）采用简便方法绘制近似的对数幅频曲线。

3）将实验获得的频率特性数值，画成对数频率特性图，能方便地确定频率特性函数表达式。

4.2.3 典型环节的频率特性曲线

1. 比例环节

传递函数 $$G(s)=K \tag{4.2.3}$$

频率特性 $$G(j\omega)=K \tag{4.2.4}$$

幅频特性 $$A(\omega)=K \tag{4.2.5}$$

相频特性 $$\varphi(\omega)=0° \tag{4.2.6}$$

实频特性 $$U(\omega)=K \tag{4.2.7}$$

虚频特性 $$V(\omega)=0 \tag{4.2.8}$$

可见，比例环节的频率特性与频率无关。

（1）Nyquist 图

根据式（4.2.5）、式（4.2.6）、式（4.2.7）和式（4.2.8）有

当 $\omega=0$ 时，$A(0)=K$、$\varphi(0)=0°$、$U(0)=K$、$V(0)=0$。

当 $\omega=\infty$ 时，$A(\infty)=K$、$\varphi(\infty)=0°$、$U(\infty)=K$、$V(\infty)=0$。

依照 Nyquist 图的近似作图方法，绘出 Nyquist 图如图 4.2.5 所示，它是实轴上的 K 点。

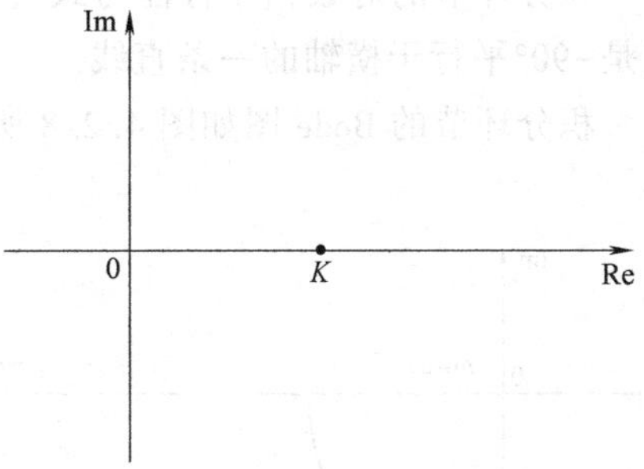

图 4.2.5 比例环节的 Nyquist 图

（2）Bode 图

比例环节的对数幅频特性为

$$L(\omega)=20\lg A(\omega)=20\lg K \tag{4.2.9}$$

这是一条高度为 $20\lg K$ 且与横轴平行的直线。

比例环节的对数相频特性与式（4.2.6）相同，可做出比例环节的对数相频特性曲线，它是一条与横轴重合的直线。比例环节的 Bode 图如图 4.2.6 所示。

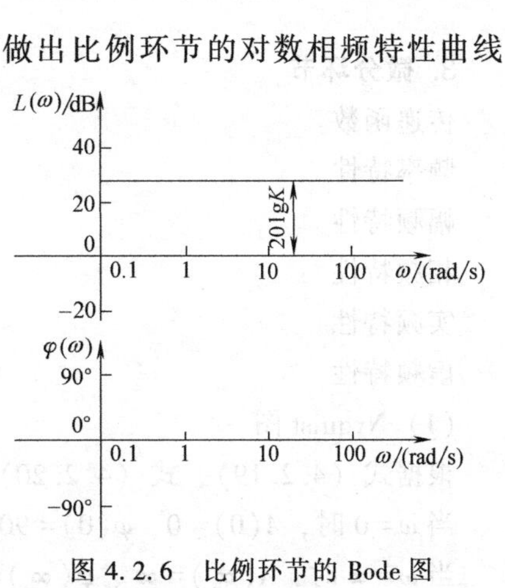

图 4.2.6 比例环节的 Bode 图

2. 积分环节

传递函数 $$G(s)=\frac{1}{s} \tag{4.2.10}$$

频率特性 $$G(j\omega)=\frac{1}{j\omega} \tag{4.2.11}$$

幅频特性 $$A(\omega)=\frac{1}{\omega} \tag{4.2.12}$$

相频特性 $$\varphi(\omega)=-90° \tag{4.2.13}$$

实频特性 $$U(\omega)=0 \tag{4.2.14}$$

虚频特性 $$V(\omega)=-\frac{1}{\omega} \tag{4.2.15}$$

（1）Nyquist 图

根据式（4.2.12）~式（4.2.15）有

当 $\omega=0$ 时，$A(0)=\infty$、$\varphi(0)=-90°$、$U(0)=0$、$V(0)=-\infty$。

当 $\omega=\infty$ 时，$A(\infty)=0$、$\varphi(\infty)=-90°$、$U(\infty)=0$、$V(\infty)=0$。

依照 Nyquist 图的近似绘图方法，绘出 Nyquist 图如图 4.2.7 所示，它是虚轴的下半轴，由无穷远点指向原点。

（2）Bode 图

积分环节的对数幅频特性为

$$L(\omega)=20\lg A(\omega)=20\lg\frac{1}{\omega}=-20\lg\omega \tag{4.2.16}$$

这是一条过点（1，0）斜率为-20dB/dec 的直线。

积分环节的对数相频特性与式（4.2.13）相同，可绘出积分环节的对数相频特性曲线，它是-90°平行于横轴的一条直线。

积分环节的 Bode 图如图 4.2.8 所示。

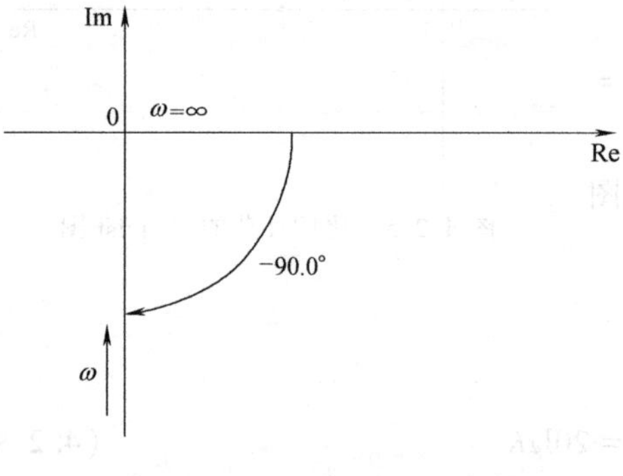

图 4.2.7　积分环节的 Nyquist 图

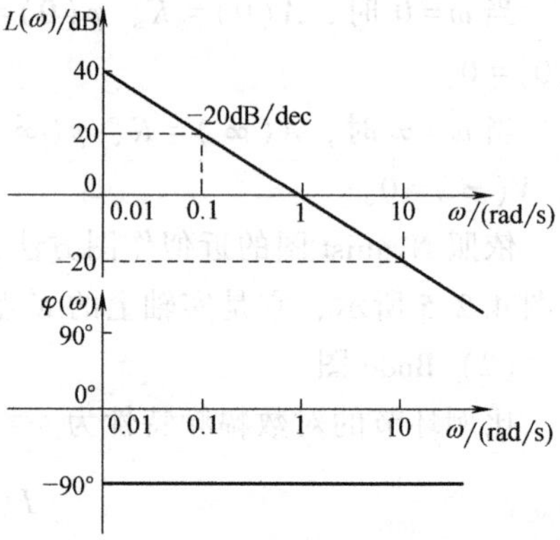

图 4.2.8　积分环节的 Bode 图

3. 微分环节

传递函数 $$G(s)=s \tag{4.2.17}$$

频率特性 $$G(j\omega)=j\omega \tag{4.2.18}$$

幅频特性 $$A(\omega)=\omega \tag{4.2.19}$$

相频特性 $$\varphi(\omega)=90° \tag{4.2.20}$$

实频特性 $$U(\omega)=0 \tag{4.2.21}$$

虚频特性 $$V(\omega)=\omega \tag{4.2.22}$$

（1）Nyquist 图

根据式（4.2.19）、式（4.2.20）、式（4.2.21）和式（4.2.22）有

当 $\omega=0$ 时，$A(0)=0$、$\varphi(0)=90°$、$U(0)=0$、$V(0)=0$。

当 $\omega=\infty$ 时，$A(\infty)=\infty$、$\varphi(\infty)=90°$、$U(\infty)=0$、$V(\infty)=\infty$。

依照 Nyquist 图的近似绘图方法，绘出 Nyquist 图如图 4.2.9 所示，它是虚轴的上半轴，由原点指向无穷远点。

(2) Bode 图

微分环节的对数幅频特性为

$$L(\omega)=20\lg A(\omega)=20\lg\omega \tag{4.2.23}$$

这是一条过点 (1, 0) 斜率为+20dB/dec 的直线。

微分环节的对数相频特性与式 (4.2.20) 相同，可绘出微分环节的对数相频特性曲线，它是+90°平行于横轴的一条直线。微分环节的 Bode 图如图 4.2.10 所示。

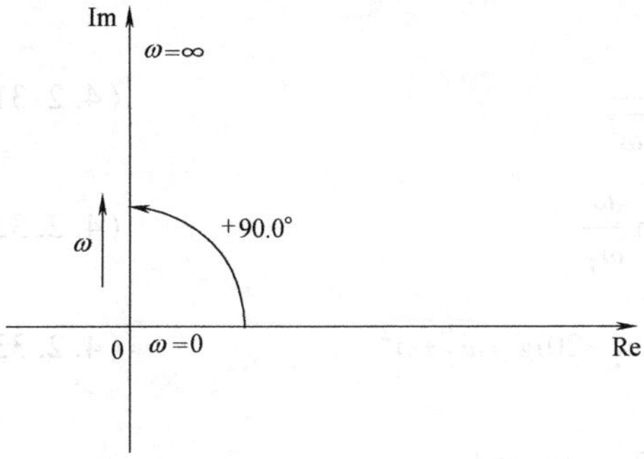

图 4.2.9　微分环节的 Nyquist 图

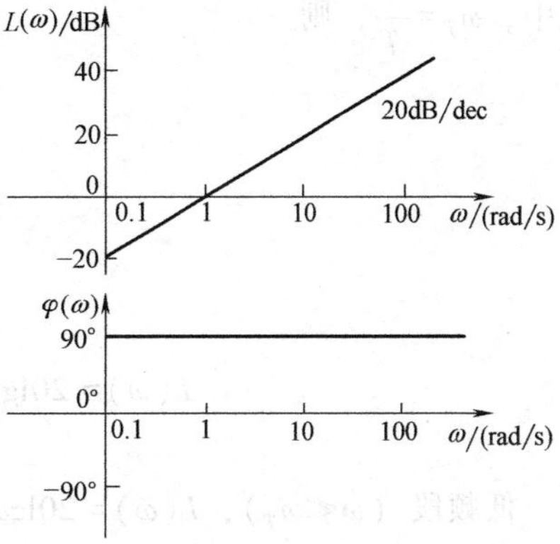

图 4.2.10　微分环节的 Bode 图

4. 惯性环节

传递函数
$$G(s)=\frac{1}{Ts+1} \tag{4.2.24}$$

频率特性
$$G(j\omega)=\frac{1}{Tj\omega+1} \tag{4.2.25}$$

幅频特性
$$A(\omega)=\frac{1}{\sqrt{1+T^2\omega^2}} \tag{4.2.26}$$

相频特性
$$\varphi(\omega)=-\arctan T\omega \tag{4.2.27}$$

实频特性
$$U(\omega)=\frac{1}{1+T^2\omega^2} \tag{4.2.28}$$

虚频特性
$$V(\omega)=\frac{-T\omega}{1+T^2\omega^2} \tag{4.2.29}$$

(1) Nyquist 图

根据式 (4.2.26)、式 (4.2.27)、式 (4.2.28) 和式 (4.2.29) 有

当 $\omega=0$ 时，$A(0)=1$、$\varphi(0)=0°$、$U(0)=1$、$V(0)=0$。

当 $\omega=\frac{1}{T}$时，$A\left(\frac{1}{T}\right)=\frac{\sqrt{2}}{2}$、$\varphi\left(\frac{1}{T}\right)=-45°$、$U\left(\frac{1}{T}\right)=\frac{1}{2}$、$V\left(\frac{1}{T}\right)=-\frac{1}{2}$。

当 $\omega=\infty$ 时，$A(\infty)=0$、$\varphi(\infty)=-90°$、$U(\infty)=0$、$V(\infty)=0$。

依照 Nyquist 图的近似绘图方法，绘出 Nyquist 图如图 4.2.11 所示，当 ω 从 $0\to\infty$ 时，

Nyquist 图为正实轴下的一个半圆，圆心$\left(\frac{1}{2}, \mathrm{j}0\right)$，半径为$\frac{1}{2}$。

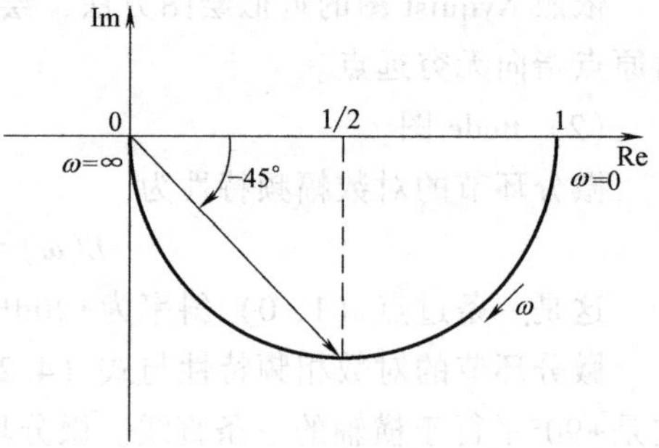

图 4.2.11　惯性环节的 Nyquist 图

（2）Bode 图

惯性环节的对数频率特性可以写为

$$G(\mathrm{j}\omega)=\frac{1}{T\mathrm{j}\omega+1}=\frac{\omega_T}{\omega_T+\mathrm{j}\omega} \quad (4.2.30)$$

式中，$\omega_T=\frac{1}{T}$，则

$$A(\omega)=\frac{\omega_T}{\sqrt{\omega_T^2+\omega^2}} \quad (4.2.31)$$

$$\varphi(\omega)=-\arctan\frac{\omega}{\omega_T} \quad (4.2.32)$$

$$L(\omega)=20\lg\frac{\omega_T}{\sqrt{\omega_T^2+\omega^2}}=20\lg\omega_T-20\lg\sqrt{\omega_T^2+\omega^2} \quad (4.2.33)$$

低频段（$\omega \ll \omega_T$），$L(\omega)=20\lg\omega_T-20\lg\sqrt{\omega_T^2}=0$，为 0 分贝线。

高频段（$\omega \gg \omega_T$），$L(\omega)=20\lg\omega_T-20\lg\sqrt{\omega^2}=20\lg\omega_T-20\lg\omega$，为起于点（$\omega_T$，0），斜率为-20dB/dec 的直线。

可见如图 4.2.12 所示，惯性环节的对数幅频特性曲线的渐近线由低频段和高频段两条直线组成，在 ω_T 处形成转角，因此 ω_T 称为转角频率。

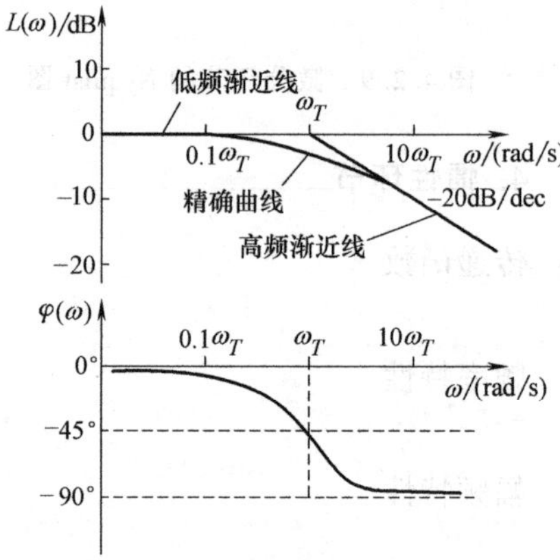

图 4.2.12　惯性环节的 Bode 图

惯性环节的对数幅频特性的精确曲线，在 $\omega\to 0$ 和 $\omega\to\infty$ 时趋近于渐近线，在 $\omega=\omega_T$ 时距离渐近线最远。当采用渐近线替代精确曲线时，误差分别为

$$低频段 \quad (\omega\ll\omega_T),\ e(\omega)=20\lg\omega_T-20\lg\sqrt{\omega_T^2+\omega^2} \quad (4.2.34)$$

$$高频段 \quad (\omega\gg\omega_T),\ e(\omega)=20\lg\omega_T-20\lg\sqrt{\omega_T^2+\omega^2} \quad (4.2.35)$$

越靠近转角频率，误差越大；在转角频率上，误差达到最大，为

$$\begin{aligned} e(\omega_T) &= 20\lg\omega_T-20\lg\sqrt{\omega_T^2+\omega_T^2} \\ &= 20\lg\omega_T-(20\lg\sqrt{2}+20\lg\omega_T) \\ &= -20\lg\sqrt{2} \\ &\approx -3\mathrm{dB} \end{aligned}$$

惯性环节的对数相频特性与式（4.2.27）相同，对数相频特性曲线特征点为

$\omega=0$ 时，$\varphi(\omega)=0°$

$\omega=\omega_T$ 时，$\varphi(\omega)=-45°$

$\omega=\infty$ 时，$\varphi(\omega)=-90°$

$\omega\leqslant 0.1\omega_T$ 时，$\varphi(\omega)\to 0°$

$\omega\geqslant 10\omega_T$ 时，$\varphi(\omega)\to -90°$

惯性环节的对数相频特性曲线对称于点（ω_T，$-45°$）。惯性环节的 Bode 图如图 4.2.12 所示。

5. 一阶微分环节

传递函数 $$G(s)=1+Ts \tag{4.2.36}$$

频率特性 $$G(j\omega)=1+jT\omega \tag{4.2.37}$$

幅频特性 $$A(\omega)=\sqrt{1+T^2\omega^2} \tag{4.2.38}$$

相频特性 $$\varphi(\omega)=\arctan T\omega \tag{4.2.39}$$

实频特性 $$U(\omega)=1 \tag{4.2.40}$$

虚频特性 $$V(\omega)=T\omega \tag{4.2.41}$$

（1）Nyquist 图

根据式（4.2.38）、式（4.2.39）、式（4.2.40）和式（4.2.41）有

当 $\omega=0$ 时，$A(0)=1$、$\varphi(0)=0°$、$U(0)=1$、$V(0)=0$。

当 $\omega=\infty$ 时，$A(\infty)=\infty$、$\varphi(\infty)=90°$、$U(\infty)=1$、$V(\infty)=\infty$。

依照 Nyquist 图的近似绘图方法，绘出 Nyquist 图如图 4.2.13 所示，它是始于点（1，j0），平行于虚轴的直线。

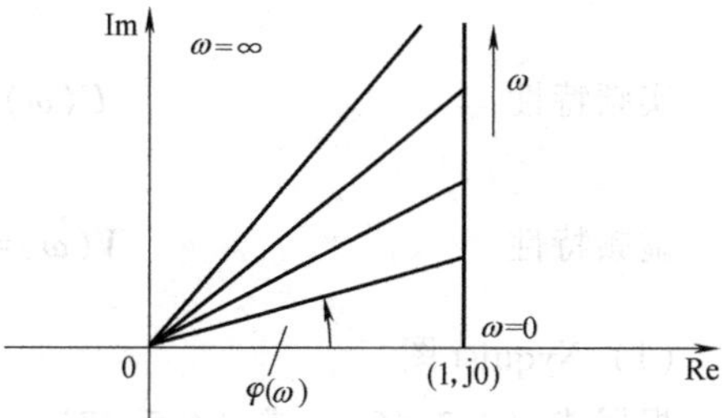

图 4.2.13 一阶微分环节的 Nyquist 图

（2）Bode 图

一阶微分环节的对数幅频特性可以写为

$$L(\omega)=20\lg A(\omega)=20\lg\sqrt{1+T^2\omega^2} \tag{4.2.42}$$

低频段（$\omega\ll 1/T$），$L(\omega)=20\lg A(\omega)\approx 20\lg\sqrt{1}=0$，为 0 分贝线。

高频段（$\omega\gg 1/T$），$L(\omega)=20\lg A(\omega)\approx 20\lg\sqrt{T^2\omega^2}=20\lg T\omega$，为起于点（$1/T$，0），斜率为+20dB/dec 的直线。

一阶微分环节的转角频率 $\omega_T=1/T$，对数幅频特性曲线的渐近线如图 4.2.14 所示。

一阶微分环节的对数相频特性与式（4.2.39）相同，对数相频特性曲线特征点为

$\omega=0$ 时，$\varphi(\omega)=0°$。

$\omega=\omega_T$ 时，$\varphi(\omega)=45°$。

$\omega=\infty$ 时，$\varphi(\omega)=90°$。

$\omega\leqslant 0.1\omega_T$ 时，$\varphi(\omega)\to 0°$。

$\omega\geqslant 10\omega_T$ 时，$\varphi(\omega)\to 90°$。

一阶微分环节的对数相频特性曲线对称于点（ω_T，45°）。一阶微分环节的 Bode 图如图 4.2.14 所示。

6. 振荡环节

传递函数 $G(s)=\dfrac{\omega_n^2}{s^2+2\xi\omega_n s+\omega_n^2}\quad(0<\xi<1)$ (4.2.43)

频率特性 $G(j\omega)=\dfrac{\omega_n^2}{-\omega^2+\omega_n^2+j2\xi\omega_n\omega}\quad(0<\xi<1)$ (4.2.44)

令 $\lambda=\omega/\omega_n$，则

$$G(j\omega)=\frac{1}{(1-\lambda^2)+j2\xi\lambda}=\frac{1-\lambda^2}{(1-\lambda^2)^2+4\xi^2\lambda^2}-j\frac{2\xi\lambda}{(1-\lambda^2)^2+4\xi^2\lambda^2} \tag{4.2.45}$$

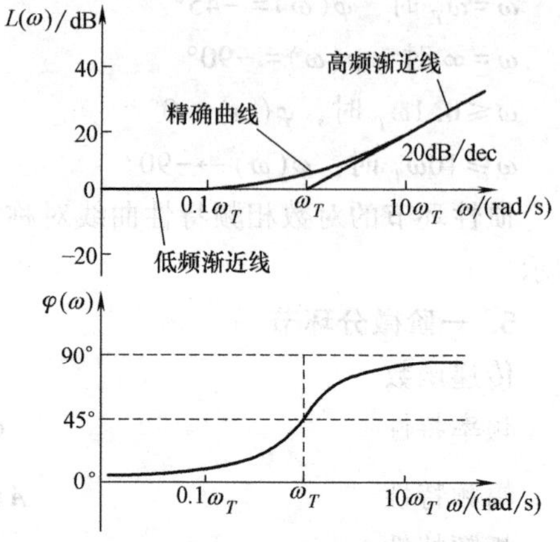

图 4.2.14 一阶微分环节的 Bode 图

幅频特性 $$A(\omega)=\frac{1}{\sqrt{(1-\lambda^2)^2+4\xi^2\lambda^2}} \tag{4.2.46}$$

相频特性 $$\varphi(\omega)=-\arctan\frac{2\xi\lambda}{1-\lambda^2} \tag{4.2.47}$$

实频特性 $$U(\omega)=\frac{1-\lambda^2}{(1-\lambda^2)^2+4\xi^2\lambda^2} \tag{4.2.48}$$

虚频特性 $$V(\omega)=-\frac{2\xi\lambda}{(1-\lambda^2)^2+4\xi^2\lambda^2} \tag{4.2.49}$$

(1) Nyquist 图

根据式（4.2.46）、式（4.2.47）、式（4.2.48）和式（4.2.49）有

当 $\lambda=0$，即 $\omega=0$ 时，$A(0)=1$、$\varphi(0)=0°$、$U(0)=1$、$V(0)=0$。

当 $\lambda=1$，即 $\omega=\omega_n$ 时，$A(\omega_n)=\dfrac{1}{2\xi}$、$\varphi(\omega_n)=-90°$、$U(\omega_n)=0$、$V(\omega_n)=-\dfrac{1}{2\xi}$。

当 $\lambda=\infty$，即 $\omega=\infty$ 时，$A(\infty)=0$、$\varphi(\infty)=-180°$、$U(\infty)=0$、$V(\infty)=0$。

当 ω 从 0 变化到∞（即 λ 由 0 变化到∞）时，$G(j\omega)$ 的幅值由 1 变化到 0，其相位由 0°变化到-180°，其 Nyquist 图始于点（1，0j），而终于点（0，0j），如图 4.2.15 所示。

Nyquist 曲线与虚轴的交点的频率就是无阻尼固有频率 ω_n，此时的幅值为$\dfrac{1}{2\xi}$。

(2) Bode 图

振荡环节的对数幅频特性可以写为

$$L(\omega)=-20\lg\sqrt{(1-\lambda^2)^2+4\xi^2\lambda^2} \tag{4.2.50}$$

低频段（$\omega\ll\omega_n$，$\lambda\ll1$），$L(\omega)=20\lg\sqrt{1}=0$，为 0 分贝线。

高频段（$\omega\gg\omega_n$，$\lambda\gg1$），$L(\omega)=-40\lg\lambda=-40\lg\omega+40\lg\omega_n$，为起于点（$\omega_n$，0），斜率为-40dB/dec 的直线。

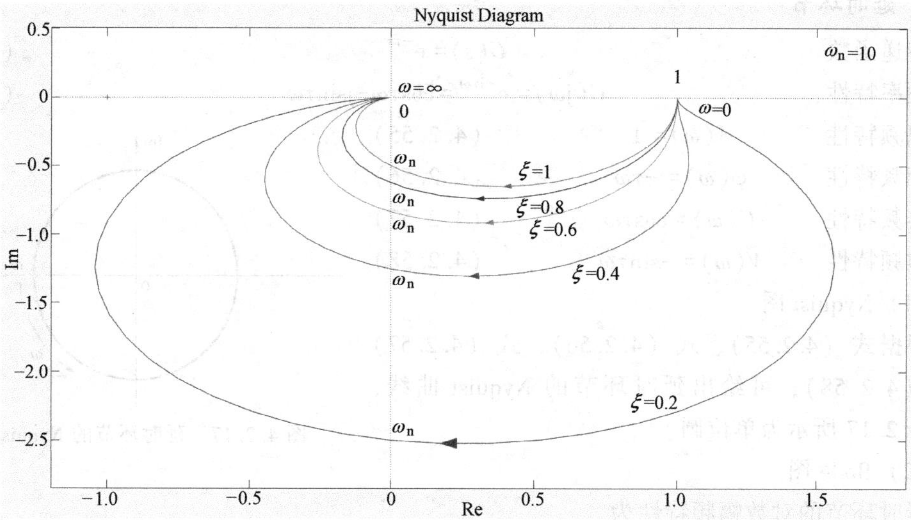

图 4. 2. 15　振荡环节的 Nyquist 图

振荡环节的对数幅频特性曲线如图 4. 2. 16 所示，振荡环节的转角频率为 ω_n。

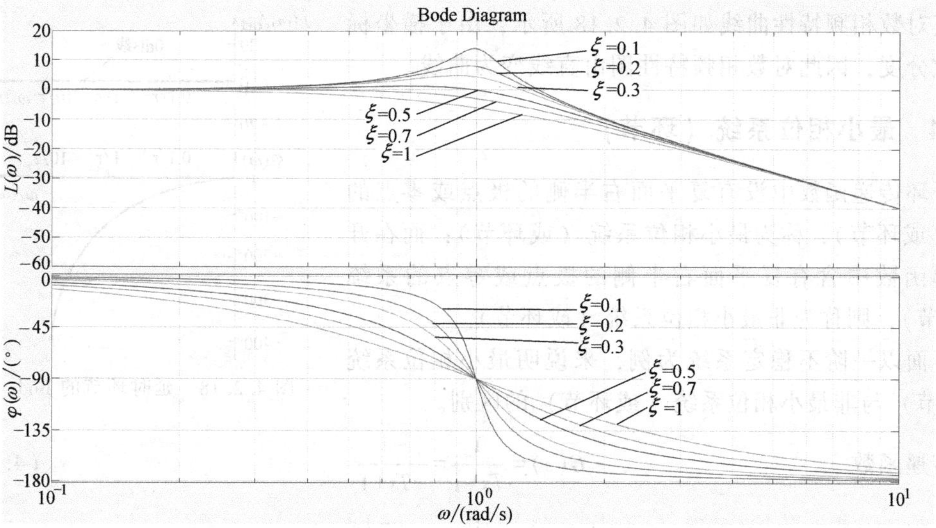

图 4. 2. 16　振荡环节的 Bode 图

当采用渐近线替代精确曲线时，同样当 $\omega=\omega_n$ 时误差达到最大，振荡环节的误差分别为

低频段：
$$e(\lambda,\xi)=-20\lg\sqrt{(1-\lambda^2)^2+4\xi^2\lambda^2} \tag{4.2.51}$$

高频段：
$$e(\lambda,\xi)=40\lg\lambda-20\lg\sqrt{(1-\lambda^2)^2+4\xi^2\lambda^2} \tag{4.2.52}$$

振荡环节的对数相频特性与式（4. 2. 47）相同，对数相频特性曲线特征点为

$\omega=0$ 时，$\varphi(\omega)=0°$。

$\omega=\omega_n$ 时，$\varphi(\omega)=-90°$。

$\omega=\infty$ 时，$\varphi(\omega)=-180°$。

振荡环节的对数相频特性曲线对称于点（ω_n，$-90°$）。振荡环节的 Bode 图如图 4. 2. 16 所示。

7. 延时环节

传递函数
$$G(s)=e^{-\tau s} \tag{4.2.53}$$

频率特性
$$G(j\omega)=e^{-j\tau\omega}=\cos\tau\omega-j\sin\tau\omega \tag{4.2.54}$$

幅频特性　$A(\omega)=1$　(4.2.55)

相频特性　$\varphi(\omega)=-\tau\omega$　(4.2.56)

实频特性　$U(\omega)=\cos\tau\omega$　(4.2.57)

虚频特性　$V(\omega)=-\sin\tau\omega$　(4.2.58)

(1) Nyquist 图

根据式 (4.2.55)、式 (4.2.56)、式 (4.2.57) 和式 (4.2.58)，可绘出延时环节的 Nyquist 曲线，如图 4.2.17 所示为单位圆。

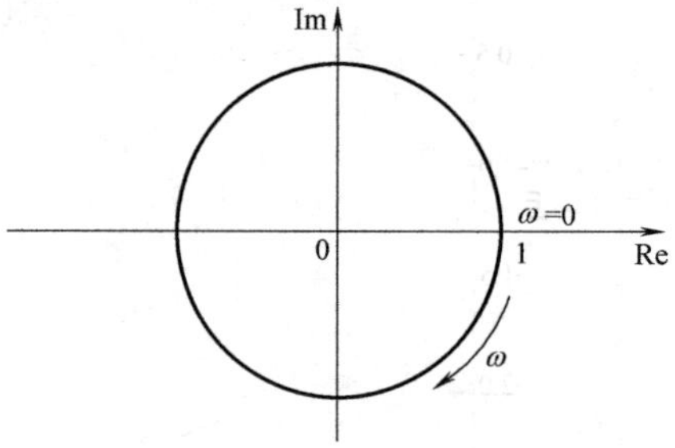

图 4.2.17　延时环节的 Nyquist 图

(2) Bode 图

延时环节的对数幅频特性为

$$L(\omega)=20\lg A(\omega)=20\lg 1=0 \tag{4.2.59}$$

即 0 分贝线。

延时环节的对数相频特性与式 (4.2.56) 相同，可绘出其对数相频特性曲线如图 4.2.18 所示，由于横坐标为对数分度，因此对数相频特性图由直线变为曲线。

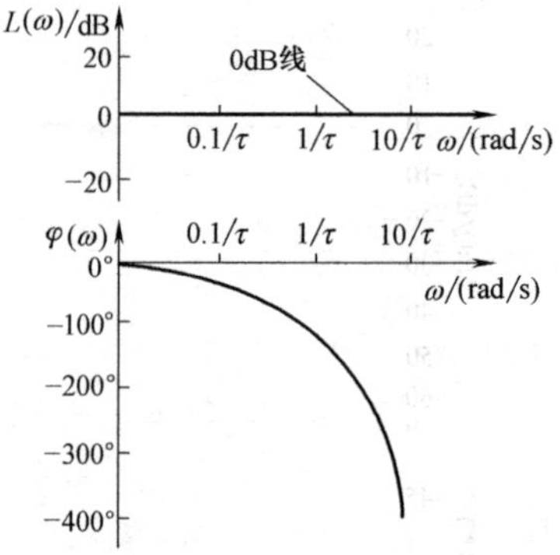

图 4.2.18　延时环节的 Bode 图

4.2.4　最小相位系统（环节）

开环传递函数中没有复平面右半侧的极点或零点的系统（或环节），称为最小相位系统（或环节）；而在开环传递函数中含有复平面右半侧的极点或零点的系统（或环节），则称为非最小相位系统（或环节）。

下面以一阶不稳定系统为例，来说明最小相位系统（或环节）与非最小相位系统（或环节）的区别。

传递函数
$$G(s)=\frac{1}{Ts-1}=\frac{-1}{-Ts+1} \tag{4.2.60}$$

频率特性
$$G(j\omega)=\frac{1}{Tj\omega-1}=\frac{-1}{-Tj\omega+1} \tag{4.2.61}$$

幅频特性
$$A(\omega)=\frac{1}{\sqrt{1+T^2\omega^2}} \tag{4.2.62}$$

相频特性
$$\varphi(\omega)=-\pi-\arctan(-T\omega)=-\pi+\arctan T\omega \tag{4.2.63}$$

实频特性
$$U(\omega)=-\frac{1}{1+T^2\omega^2} \tag{4.2.64}$$

虚频特性
$$V(\omega)=\frac{-T\omega}{1+T^2\omega^2} \tag{4.2.65}$$

由该一阶非最小相位系统（或环节）与式 (4.2.24) 的惯性环节对比可知，式 (4.2.26) 与式 (4.2.62) 相同，即幅频特性完全一样；而式 (4.2.27) 与式 (4.2.63)

不同，即相频特性有差异。

如图 4.2.19 所示，两种环节的 Nyquist 图比较，当 ω 从 $0\to+\infty$ 变化时，惯性环节的 $\varphi(\omega)$ 由 $0°\to-90°$，其相位变化与其幅频特性的变化趋势一致，均为逐渐减小；而一阶不稳定环节的 $\varphi(\omega)$ 由 $-180°\to-90°$，其相位变化与其幅频特性的变化趋势不一致，其幅值在逐渐减小而相位在逐渐增大。

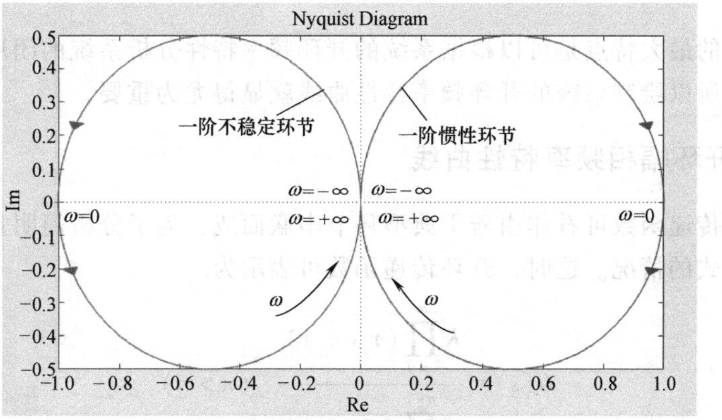

图 4.2.19　两种环节的 Nyquist 图比较

如图 4.2.20 所示，两种环节的 Bode 图比较，它们的对数幅频特性图完全一致，而从对数相频特性图更容易看出，惯性环节的 $\varphi(\omega)$ 曲线与 $L(\omega)$ 曲线变化趋势一致；而一阶不稳定环节的 $\varphi(\omega)$ 曲线与 $L(\omega)$ 曲线变化趋势相反。

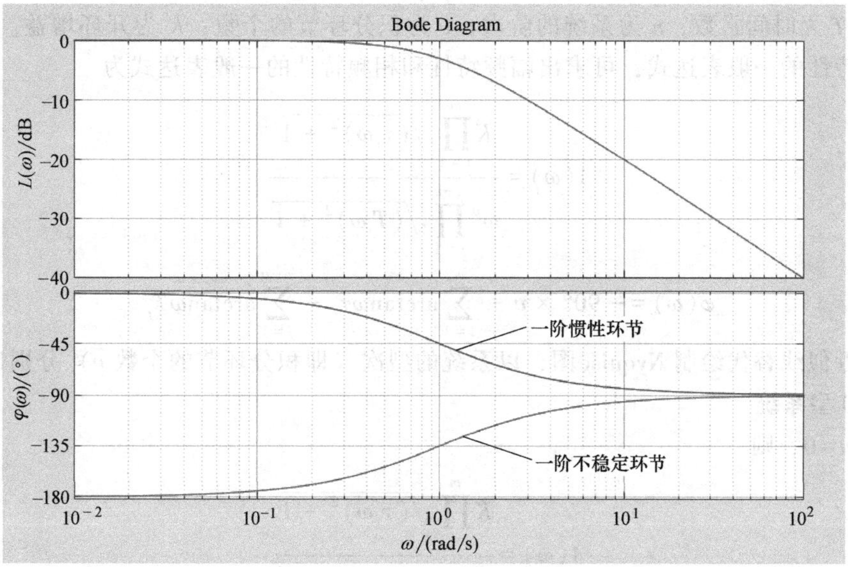

图 4.2.20　两种环节的 Bode 图比较

最小相位系统（或环节）的一个重要性质是，其对数幅频特性与对数相频特性是唯一对应的，即若确定了它的对数幅频特性，则其对数相频特性也就唯一确定了。因此对于最小相位系统，只要根据其对数幅频特性曲线就能写出系统的传递函数。

对于稳定系统，最小相位系统的相位变化范围最小。可以根据此结论判断稳定系统是否为最小相位系统。当 $\omega \to +\infty$ 时，对数幅频特性曲线的渐近线斜率为-20 $(n-m)$ dB/dec，此时的相位为$-90°\times(n-m)$，则该系统为最小相位系统，否则为非最小相位系统。n 为系统分母多项式的阶次，m 为系统分子多项式的阶次。

4.3 控制系统的开环频率特性

频率特性法的最大特点是可以根据系统的开环频率特性分析系统的闭环性能，这样可以简化分析过程。所以绘制系统的开环频率特性曲线就显得尤为重要。

4.3.1 系统开环幅相频率特性曲线

系统的开环传递函数可看作由若干典型环节串联而成，为了分析简明且不失一般性，这里仅考虑一阶因式的情况。这时，开环传递函数可表示为

$$G(s)=\frac{K\prod_{i=1}^{m}(\tau_i s+1)}{s^v\prod_{j=1}^{n-v}(T_j s+1)}\quad(n>m) \tag{4.3.1}$$

$$G(\mathrm{j}\omega)=\frac{K\prod_{i=1}^{m}(\tau_i \mathrm{j}\omega+1)}{s^v\prod_{j=1}^{n-v}(T_j \mathrm{j}\omega+1)} \tag{4.3.2}$$

式中，τ、T 为时间常数；n 为系统的阶次；v 为积分环节的个数；K 为开环增益。根据系统开环频率特性的一般表达式，可求出幅频特性和相频特性的一般表达式为

$$A(\omega)=\frac{K\prod_{i=1}^{m}\sqrt{(\tau_i\omega)^2+1}}{\omega^v\prod_{j=1}^{n-v}\sqrt{(T_j\omega)^2+1}} \tag{4.3.3}$$

$$\varphi(\omega)=-90°\times v+\sum_{i=1}^{m}\arctan\omega\tau_i-\sum_{j=1}^{n-v}\arctan\omega T_j \tag{4.3.4}$$

采用近似线替代绘制 Nyquist 图，以系统的型次（即积分环节的个数 v）分别讨论。

(1) 0 型系统

此时 $v=0$，则

$$A(\omega)=\frac{K\prod_{i=1}^{m}\sqrt{(\tau_i\omega)^2+1}}{\prod_{j=1}^{n}\sqrt{(T_j\omega)^2+1}} \tag{4.3.5}$$

$$\varphi(\omega)=\sum_{i=1}^{m}\arctan\omega\tau_i-\sum_{j=1}^{n}\arctan\omega T_j \tag{4.3.6}$$

可求出

Nyquist 曲线的起点 $\omega=0$ 处，$A(0)=K$、$\varphi(0)=0$。

Nyquist 曲线的终点 $\omega=\infty$ 处，$A(\infty)=0$，$\varphi(\infty)=-(n-m)\times 90^\circ$。

(2) Ⅰ型系统

此时 $v=1$，则

$$A(\omega)=\frac{K\prod_{i=1}^{m}\sqrt{(\tau_i\omega)^2+1}}{\omega\prod_{j=1}^{n-1}\sqrt{(T_j\omega)^2+1}} \tag{4.3.7}$$

$$\varphi(\omega)=-90^\circ+\sum_{i=1}^{m}\arctan\omega\tau_i-\sum_{j=1}^{n-1}\arctan\omega T_j \tag{4.3.8}$$

可求出

Nyquist 曲线的起点 $\omega=0$ 处，$A(0)=\infty$、$\varphi(0)=-90^\circ$。

Nyquist 曲线的终点 $\omega=\infty$ 处，$A(\infty)=0$、$\varphi(\infty)=-(n-m)\times 90^\circ$。

(3) Ⅱ型系统

此时 $v=2$，则

$$A(\omega)=\frac{K\prod_{i=1}^{m}\sqrt{(\tau_i\omega)^2+1}}{\omega^2\prod_{j=1}^{n-2}\sqrt{(T_j\omega)^2+1}} \tag{4.3.9}$$

$$\varphi(\omega)=-180^\circ+\sum_{i=1}^{m}\arctan\omega\tau_i-\sum_{j=1}^{n-2}\arctan\omega T_j \tag{4.3.10}$$

可求出

Nyquist 曲线的起点 $\omega=0$ 处，$A(0)=\infty$、$\varphi(0)=-180^\circ$。

Nyquist 曲线的终点 $\omega=\infty$ 处，$A(\infty)=0$、$\varphi(\infty)=-(n-m)\times 90^\circ$。

作图时，除了根据起点、终点外，还要根据需要选取并算出得到若干其他特殊点，如 Nyquist 曲线与虚轴、负实轴的交点等。然后，将所有这些点用平滑曲线连接起来，便得到了系统的 Nyquist 图。

0 型、Ⅰ型和Ⅱ型系统 Nyquist 曲线起点的情况如图 4.3.1 所示，Nyquist 曲线终点的情况如图 4.3.2 所示。通常起点和终点都有两种可能性，分别在相邻的两个象限，判断时可以

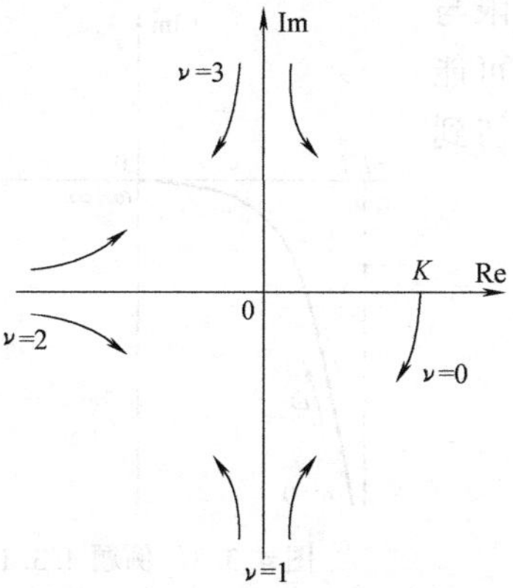

图 4.3.1 Nyquist 曲线起点

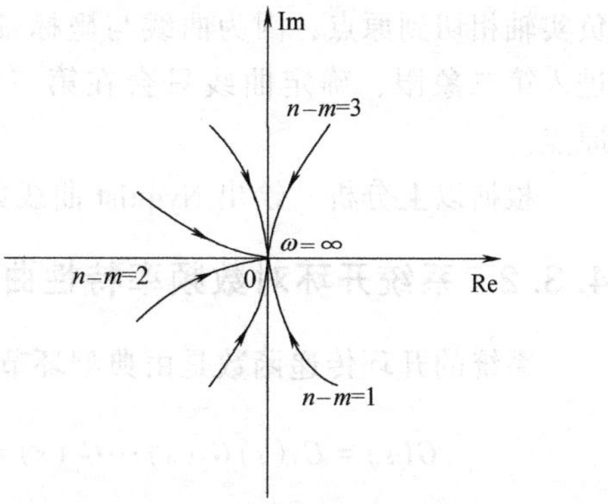

图 4.3.2 Nyquist 曲线终点

根据系统的实频特性和虚频特性在起点时的正负符号，确定起点的位置。再根据曲线起点位置和曲线与坐标轴相交的情况，确定出终点的情况。

以上讨论的是 $n-m>0$ 时的情况，并且是针对最小相位系统而言的。对于特殊的系统，必须根据具体的情况来确定。

例 4.3.1 已知某系统开环传递函数为 $G_K(s)=\dfrac{K}{s(Ts+1)}$，请绘制其 Nyquist 图。

解：(1) 开环系统为 I 型系统，由比例环节 K、积分环节 $\dfrac{1}{s}$、惯性环节 $\dfrac{1}{Ts+1}$ 三个典型环节串联组成，频率特性为

$$G_K(j\omega)=K\cdot\frac{1}{j\omega}\cdot\frac{1}{Tj\omega+1}=\frac{-KT}{T^2\omega^2+1}-j\frac{K}{\omega(T^2\omega^2+1)}$$

(2) 求出幅频特性、相频特性、实频特性和虚频特性的表达式。

$G_K(j\omega)$ 的幅频特性等于组成各个典型环节的幅频特性之积

$$A(\omega)=K\cdot\frac{1}{\omega}\cdot\frac{1}{\sqrt{T^2\omega^2+1}}=\frac{K}{\omega\sqrt{T^2\omega^2+1}}$$

$G_K(j\omega)$ 的相频特性等于组成各个典型环节的相频特性之和

$$\varphi(\omega)=0°-90°-\arctan T\omega=-90°-\arctan T\omega$$

$G_K(j\omega)$ 的实频特性即实部表达式 $U(\omega)=\dfrac{-KT}{T^2\omega^2+1}$

$G_K(j\omega)$ 的虚频特性即虚部表达式 $V(\omega)=-\dfrac{K}{\omega(T^2\omega^2+1)}$

(3) 求出曲线特征点。

起点 $\omega=0$ 时，$A(0)=\infty$　$\varphi(0)=-90°$　$U(0)=-KT$　$V(0)=-\infty$

终点 $\omega=\infty$ 时，$A(\infty)=0$　$\varphi(\infty)=-180°$　$U(\infty)=0$　$V(\infty)=0$

因为 $U(\omega<\infty)\neq 0$、$V(\omega<\infty)\neq 0$，所以 Nyquist 曲线与坐标轴无交点。

(4) 绘制 Nyquist 曲线。

根据图 4.3.1，$v=1$，起点可能在第三或第四象限，根据 $U(\omega)$ 和 $V(\omega)$ 均为负，确定起点在第三象限。

根据图 4.3.2，$n-m=2$，终点可能从第二或第三象限与负实轴相切到原点，因为曲线与坐标轴无交点，曲线不可能进入第二象限，确定曲线只会在第三象限与负实轴相切到原点。

根据以上分析，绘出 Nyquist 曲线如图 4.3.3 所示。

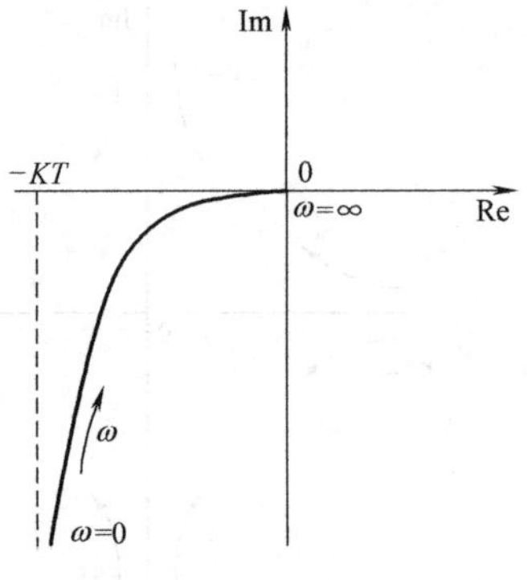

图 4.3.3　例题 4.3.1 的 Nyquist 曲线

4.3.2 系统开环对数频率特性曲线

系统的开环传递函数是由典型环节串联而成的，即

$$G(s)=G_1(s)G_2(s)\cdots G_p(s)=\sum_{i=1}^{p}G_i(s)$$

式中，p 为环节的个数。

系统的频率特性为

$$G(\mathrm{j}\omega)=\prod_{i=1}^{p}G_i(\mathrm{j}\omega)=\prod_{i=1}^{p}A_i(\omega)\mathrm{e}^{\mathrm{j}\varphi_i(\omega)} \tag{4.3.11}$$

系统的对数幅频特性为

$$L(\omega)=20\lg\prod_{i=1}^{p}A_i(\omega)=\sum_{i=1}^{p}20\lg A_i(\omega)=\sum_{i=1}^{p}L_i(\omega) \tag{4.3.12}$$

式中，L_i 为第 i 个环节的对数幅频特性。

系统的对数相频特性为

$$\varphi(\omega)=\sum_{i=1}^{p}\varphi_i(\omega) \tag{4.3.13}$$

式中，φ_i 为第 i 个环节的对数相频特性。

根据以上分析，对数幅频特性把组成系统的各个环节幅频特性的相乘关系变为了相加关系，便于明确具体环节在系统中的影响。对数相频特性仍然是组成系统的各个环节相频特性相加。

绘制系统开环对数频率特性曲线一般采用**环节曲线叠加法**和**顺序频率法**两种方式。

1. 环节曲线叠加法

1）将开环传递函数化为标准形式，并写成典型环节乘积的形式。

2）画出各典型环节的 Bode 图。

3）在同一个横坐标下，将各环节的对数幅频曲线相加。将除比例环节（即系统总的增益）外的其余各环节的对数幅频特性叠加，再将叠加后的曲线垂直移动 $20\lg K$，即得到系统的对数幅频特性。

4）在同一个横坐标下，将各环节的对数相频曲线相加。有延时环节时，对数幅频特性不变，对数相频特性则应加上$-\tau\omega$。

例 4.3.2 已知某系统开环传递函数为 $G_K(s)=\dfrac{24(0.25s+0.5)}{(5s+2)(0.05s+2)}$，请采用环节曲线叠加法绘制其 Bode 图。

解：（1）将开环传递函数化为标准形式，写成典型环节乘积的形式。

$$G_K(s)=\frac{3(0.5s+1)}{(2.5s+1)(0.025s+1)}=3\times(0.5s+1)\times\frac{1}{2.5s+1}\times\frac{1}{0.025s+1}$$

$$G_K(\mathrm{j}\omega)=\frac{3(0.5\mathrm{j}\omega+1)}{(2.5\mathrm{j}\omega+1)(0.025\mathrm{j}\omega+1)}$$

$$L(\omega)=20\lg3+20\lg\sqrt{0.25\omega^2+1}+20\lg\frac{1}{\sqrt{(2.5\omega)^2+1}}+20\lg\frac{1}{\sqrt{(0.025\omega)^2+1}}$$

$$\varphi(\omega)=\arctan0.5\omega-\arctan2.5\omega-\arctan0.025\omega$$

（2）在同一坐标中，分别画出各典型环节的 Bode 图，将其叠加，如图 4.3.4 所示。

2. 顺序频率法

1）首先将开环传递函数 $G_K(s)$ 化为标准形式（常数项为 1），用 $s=\mathrm{j}\omega$ 代入，得出开环对数频率特性 $G_K(\mathrm{j}\omega)$。

2）确定各典型环节的转角频率，并由小到大将其顺序标在横坐标轴上。

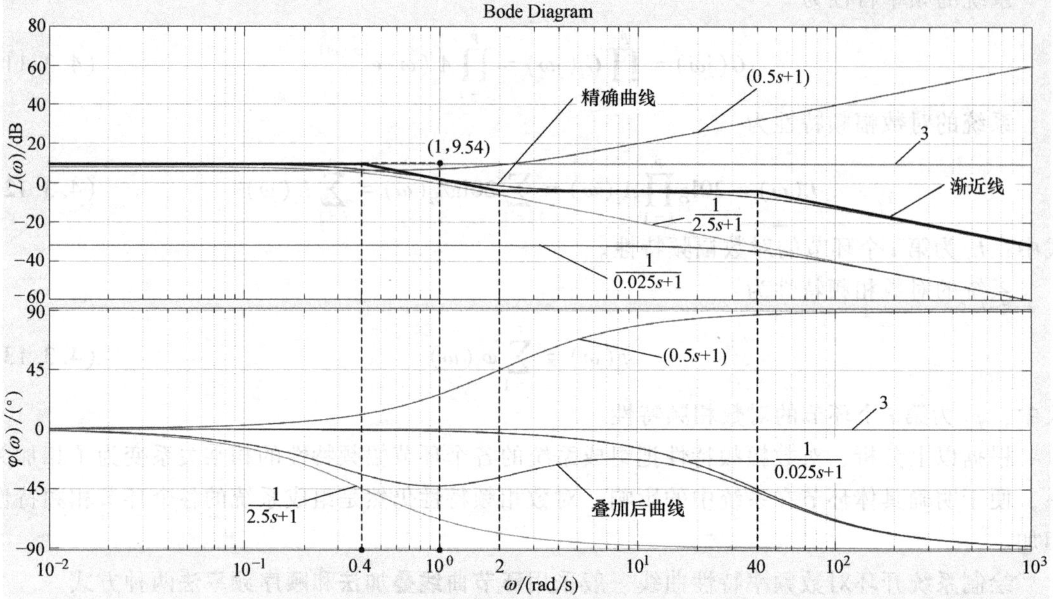

图 4.3.4 例题 4.3.2 的 Bode 曲线

3）过点（1，20lg$K$）作斜率为-20υ dB/dec 的直线，υ为串联的积分环节数。

4）延长该直线，并且每遇到一个转角频率便改变一次斜率，其原则是：如遇到惯性环节的转角频率则斜率增加-20dB/dec；如遇到一阶微分环节的转角频率，斜率增加+20dB/dec；如遇到振荡环节的转角频率，斜率增加-40dB/dec；如遇到二阶微分环节的转角频率，斜率增加+40dB/dec。

5）如果需要，可根据误差修正曲线对渐近线进行修正，其办法是在同一频率处将各个环节误差值叠加，即可得到精确的对数幅频特性曲线。

6）绘制对数相频特性图。根据起点相位$\varphi(0)=-90°\upsilon$，终点相位$\varphi(\infty)=-90°\times(n-m)$，将各个转角频率代入$\varphi(\omega)$分别求出其相位值，并在坐标轴上标出。依据相位变化规律把各点用光滑曲线连接起来，在转角频率附近相位变化大，在越接近起点、终点处相位变化越小。

例 4.3.3 已知某系统开环传递函数为$G_K(s)=\dfrac{24(0.25s+0.5)}{(5s+2)(0.05s+2)}$，请采用顺序频率法绘制其 Bode 图。

解：（1）将开环传递函数化为标准形式，得出开环对数频率特性表达式

$$G_K(s)=\frac{3(0.5s+1)}{(2.5s+1)(0.025s+1)}$$

$$G_K(j\omega)=\frac{3(0.5j\omega+1)}{(2.5j\omega+1)(0.025j\omega+1)}$$

$$L(\omega)=20\lg3+20\lg\sqrt{0.25\omega^2+1}+20\lg\frac{1}{\sqrt{(2.5\omega)^2+1}}+20\lg\frac{1}{\sqrt{(0.025\omega)^2+1}}$$

$$\varphi(\omega)=\arctan0.5\omega-\arctan2.5\omega-\arctan0.025\omega$$

(2) 确定各典型环节的转角频率

惯性环节 $\omega_{T_1}=\frac{1}{2.5}=0.4$，一阶微分环节 $\omega_{T_2}=\frac{1}{0.5}=2$，惯性环节 $\omega_{T_3}=\frac{1}{0.025}=40$。由小到大将其顺序标在横坐标轴上。

(3) 因为 $v=0$，所以 $20\lg3=9.54$。过点 (1, 9.54) 绘制斜率为 0dB/dec 的直线，若 $\omega_{T_{\min}}<1$，则延长线过点 (1, 9.54)。

(4) 延长直线，当该直线遇到第一个转角频率 $\omega_{T_1}=0.4$，斜率增加 -20dB/dec；遇到第二个转角频率 $\omega_{T_2}=2$，斜率增加 +20dB/dec；遇到第三个转角频率 $\omega_{T_3}=40$，斜率增加 -20dB/dec。即得出对数幅频特性曲线的渐近线。

(5) 求出 $\varphi(0)=0°$，$\varphi(\infty)=-90°$，及各转角频率处的相位值，

$$\varphi(\omega_{T_1}=0.4)=\arctan0.2-\arctan1-\arctan0.01=11.31°-45°-0.57°=-34.26°$$

$$\varphi(\omega_{T_2}=2)=\arctan1-\arctan5-\arctan0.05=45°-78.69°-2.85°=-36.55°$$

$$\varphi(\omega_{T_3}=40)=\arctan20-\arctan100-\arctan1=87.14°-89.43°-45°=-47.29°$$

并在坐标轴上标出。依据相位变化规律把各点用光滑曲线连接起来，在转角频率附近相位变化大，在越接近起点、终点处相位变化越小。若觉得无法确定曲线走势，可以再算几个点的相位

$$\varphi(\omega=1)=\arctan0.5-\arctan2.5-\arctan0.025=26.57°-68.2°-1.43°=-43.06°$$

$$\varphi(\omega=10)=\arctan5-\arctan25-\arctan0.25=78.69°-87.71°-14.04°=-23.06°$$

绘制的 Bode 图如图 4.3.5 所示。

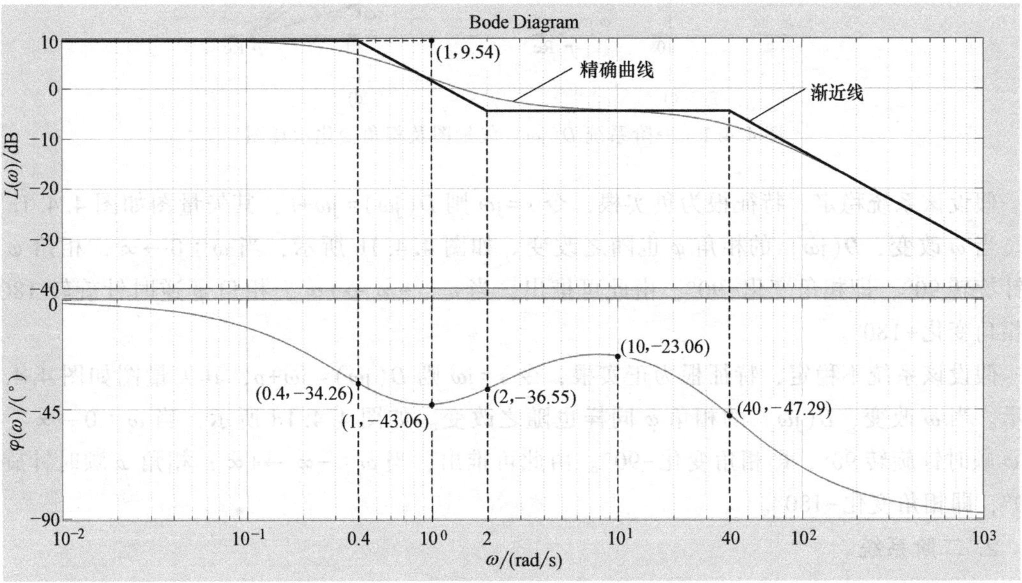

图 4.3.5 例题 4.3.3 的 Bode 曲线

4.4 频率特性法分析系统稳定性

用频率特性法分析系统的稳定性，是根据系统的开环频率特性来判断相应闭环系统的稳

定性，还可以确定系统的相对稳定性。闭环系统稳定的充分与必要条件是：特征方程的所有特征根的实部都小于零。要根据开环频率特性来判断闭环系统的稳定性，首先弄明白系统特征根的分布与特征多项式相角变化量的关系，再找出开环频率特性和闭环特征多项式之间的关系，进而找到与闭环特征根的关系。

4.4.1 稳定性与相角变化的关系

1. 一阶系统

一阶系统传递函数为 $G(s)=\dfrac{k}{s+p}$，则特征多项式 $D(s)=s+p$，特征根 $s=-p$。若 $p>0$，系统稳定；若 $p<0$，系统不稳定。

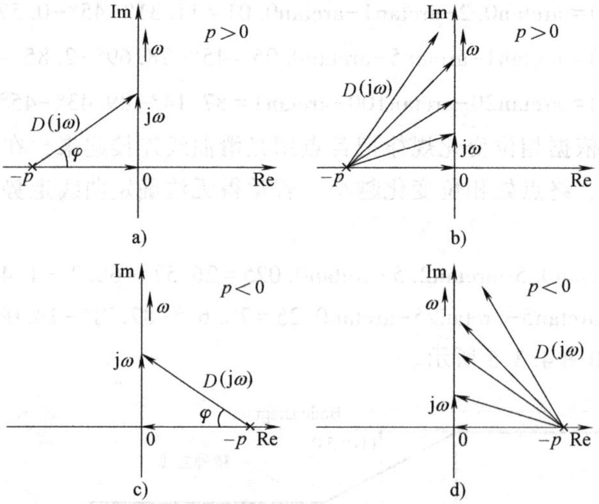

图 4.4.1 一阶系统 $D(\mathrm{j}\omega)$ 矢量图及相角变化示意图

假设该系统稳定，特征根为负实根，令 $s=\mathrm{j}\omega$ 则 $D(\mathrm{j}\omega)=\mathrm{j}\omega+p$，其矢量图如图 4.4.1a 所示。当 ω 改变，$D(\mathrm{j}\omega)$ 的相角 φ 也随之改变。如图 4.4.1b 所示，当 $\omega: 0\to\infty$，相角 φ 逆时针旋转 90°，即相角变化+90°。由此可推出，当 $\omega: -\infty\to+\infty$，相角 φ 逆时针旋转 180°，即相角变化+180°。

假设该系统不稳定，特征根为正实根，令 $s=\mathrm{j}\omega$ 则 $D(\mathrm{j}\omega)=\mathrm{j}\omega+p$，其矢量图如图 4.4.1c 所示。当 ω 改变，$D(\mathrm{j}\omega)$ 的相角 φ 同样也随之改变。如图 4.4.1d 所示，当 $\omega: 0\to\infty$，相角 φ 顺时针旋转 90°，即相角变化−90°。由此可推出，当 $\omega: -\infty\to+\infty$，相角 φ 顺时针旋转 180°，即相角变化−180°。

2. 二阶系统

二阶系统传递函数为 $G(s)=\dfrac{\omega_n^2}{s^2+2\xi\omega_n s+\omega_n^2}$，则特征多项式 $D(s)=s^2+2\xi\omega_n s+\omega_n^2=(s+p_1)(s+p_2)$，特征根 $s_{1,2}=-p_{1,2}=-\xi\omega_n\pm\mathrm{j}\sqrt{1-\xi^2}$。

假设该系统稳定，特征根 $-p_1$、$-p_2$ 为一对具有负实部的共轭复根，位于复平面左半侧。令 $s=\mathrm{j}\omega$ 则

$$D(\mathrm{j}\omega)=\left[\mathrm{j}\omega+(\xi\omega_{\mathrm{n}}-\mathrm{j}\sqrt{1-\xi^{2}}\,\omega_{\mathrm{n}})\right]\times\left[\mathrm{j}\omega+(\xi\omega_{\mathrm{n}}+\mathrm{j}\sqrt{1-\xi^{2}}\,\omega_{\mathrm{n}})\right]=D_1(\mathrm{j}\omega)D_2(\mathrm{j}\omega) \tag{4.4.1}$$

其矢量图如图 4.4.2a 所示。当 ω 改变，$D_1(\mathrm{j}\omega)$ 和 $D_2(\mathrm{j}\omega)$ 的相角 φ_1 和 φ_2 也随之改变。当 ω：$0\to\infty$，$D_1(\mathrm{j}\omega)$ 相角 $\varphi_1=\frac{\pi}{2}+\varphi_0$，$D_2(\mathrm{j}\omega)$ 相角 $\varphi_2=\frac{\pi}{2}-\varphi_0$，$D(\mathrm{j}\omega)$ 相角 $\varphi=\varphi_1+\varphi_2=\pi$，即逆时针旋转 180°。由此可推出，当 ω：$-\infty\to+\infty$，$D(\mathrm{j}\omega)$ 相角 φ 逆时针旋转 360°，即相角变化+360°。

假设该系统不稳定，特征根 $-p_1$、$-p_2$ 为一对具有正实部的共轭复根，位于复平面右半侧。其矢量图如图 4.4.2b 所示，当 ω：$0\to\infty$，$D_1(\mathrm{j}\omega)$ 相角 $\varphi_1=-\left(\frac{\pi}{2}+\varphi_0\right)$，$D_2(\mathrm{j}\omega)$ 相角 $\varphi_2=-\left(\frac{\pi}{2}-\varphi_0\right)$，$D(\mathrm{j}\omega)$ 相角 $\varphi=\varphi_1+\varphi_2=-\pi$，即顺时针旋转 180°。由此可推出，当 ω：$-\infty\to+\infty$，$D(\mathrm{j}\omega)$ 相角 φ 顺时针旋转 360°，即相角变化−360°。

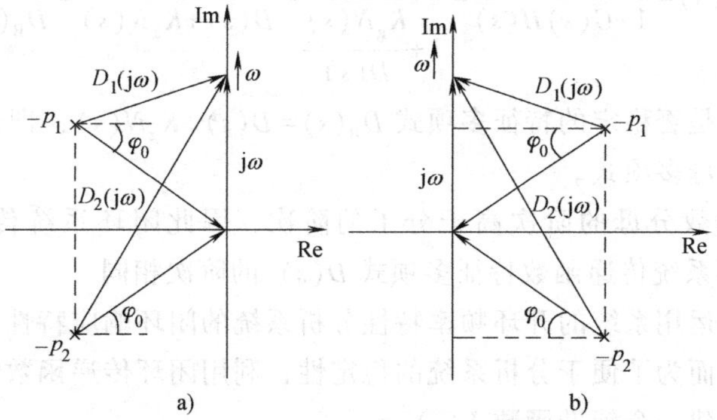

图 4.4.2　二阶系统 $D(\mathrm{j}\omega)$ 矢量图及相角变化示意图

3. *n* 阶系统

对于任意一个 n 阶系统都可以写成零极点增益的形式，则其特征多项式的频率特性即为

$$D(\mathrm{j}\omega)=(\mathrm{j}\omega+p_1)(\mathrm{j}\omega+p_2)\cdots(\mathrm{j}\omega+p_n) \tag{4.4.2}$$

根据上面一阶、二阶系统的 $D(\mathrm{j}\omega)$ 矢量随 ω 改变时相角变化的分析，可以推导出 n 阶系统的 $D(\mathrm{j}\omega)$ 相角变化情况。

若所有的特征根都在复平面的左半侧，即系统稳定，则当 ω：$0\to\infty$，$D(\mathrm{j}\omega)$ 相角逆时针方向变化 $n\times\frac{\pi}{2}$。

若系统有一个特征根在复平面的右半侧，其余特征根都在复平面的左半侧，即系统不稳定，则当 ω：$0\to\infty$，$D(\mathrm{j}\omega)$ 相角逆时针方向变化 $(n-1)\times\frac{\pi}{2}-\frac{\pi}{2}=(n-2)\times\frac{\pi}{2}$。

结论：当 ω 由 0 变到 ∞ 时，如果系统的特征多项式矢量 $D(\mathrm{j}\omega)$ 的相角变化量为 $n\times\frac{\pi}{2}$ 则系统稳定，否则系统不稳定。当 ω 由 $-\infty$ 变到 $+\infty$ 时，矢量 $D(\mathrm{j}\omega)$ 的相角变化量为 $n\pi$。

4.4.2 辅助方程与开环、闭环零极点关系

闭环控制系统传递函数框图如图 4.4.3 所示，其前向通道传递函数为 $G(s)=\dfrac{K_1N_1(s)}{D_1(s)}$，反馈回路传递函数为 $H(s)=\dfrac{K_2N_2(s)}{D_2(s)}$，则系统开环传递函数为

$$G_K(s)=G(s)H(s)=\frac{K_1N_1(s)}{D_1(s)}\times\frac{K_2N_2(s)}{D_2(s)}=\frac{K_gN(s)}{D(s)} \tag{4.4.3}$$

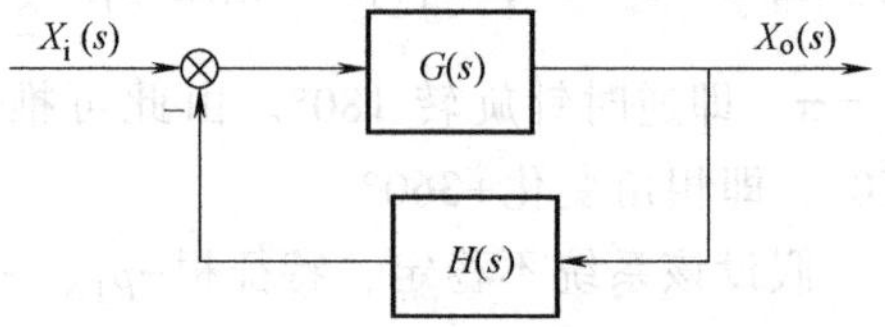

图 4.4.3 闭环控制系统传递函数框图

式中，$D(s)=D_1(s)D_2(s)$，$N(s)=N_1(s)N_2(s)$，$K_g=K_1K_2$，可推出系统闭环传递函数为

$$G_B(s)=\frac{G(s)}{1+G(s)H(s)}=\frac{\dfrac{K_1N_1(s)}{D_1(s)}}{1+\dfrac{K_gN(s)}{D(s)}}=\frac{K_1N_1(s)D_2(s)}{D(s)+K_gN(s)}=\frac{N_B(s)}{D_B(s)} \tag{4.4.4}$$

可见，决定系统是否稳定的特征多项式 $D_B(s)=D(s)+K_gN(s)$，即开环传递函数 $G_K(s)$ 的分子多项式加上分母多项式。

通常开环传递函数分母的阶次高于分子的阶次，因此闭环系统传递函数特征多项式 $G_B(s)$ 的阶次和开环系统传递函数特征多项式 $D(s)$ 的阶次相同。

频率法是间接地运用系统的开环频率特性分析系统的闭环响应特性，而系统是否稳定由特征多项式决定。因而为了便于分析系统的稳定性，利用闭环传递函数特征多项式和开环传递函数特征多项式构建一个辅助函数 $F(s)$

$$F(s)=\frac{D_B(s)}{D(s)}=1+\frac{K_gN(s)}{D(s)}=1+G_K(s)=\frac{K\prod\limits_{i=1}^{n}(s-z_i)}{\prod\limits_{j=1}^{n}(s-p_j)} \tag{4.4.5}$$

由式（4.4.5）可知，辅助函数 $F(s)$ 的分子为闭环传递函数特征多项式，分母为开环传递函数特征多项式，即辅助函数的零点就是闭环传递函数的极点，辅助函数的极点就是开环传递函数的极点，如图 4.4.4 所示。

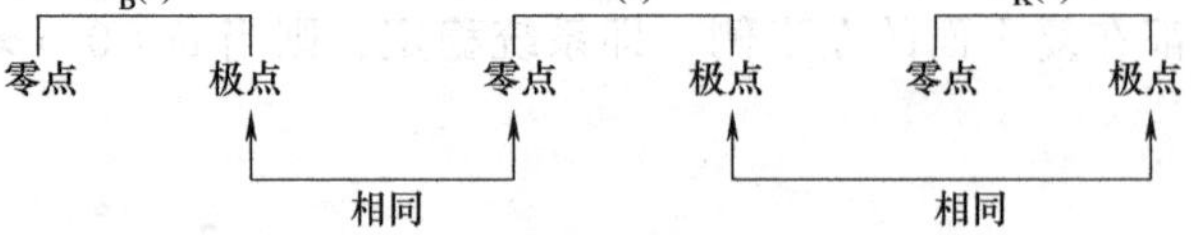

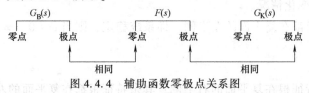

图 4.4.4 辅助函数零极点关系图

同时辅助函数 $F(s)$ 又等于开环传递函数加 1，即辅助函数的频率特性 $F(j\omega)$ 的 Nyquist 图相当于 $G_K(j\omega)$ 的 Nyquist 图右移一个单位，如图 4.4.5 所示。

4.4.3 Nyquist 稳定判据

系统稳定的充分必要条件是闭环传递函数特征根全部具有负实部，即特征根（系统极

点）全部位于复平面左半侧。根据图 4.4.5 中 $F(\mathrm{j}\omega)$ 的相位变化来反推 $D_B(\mathrm{j}\omega)$ 的相位变化是否符合所有特征根位于复平面的左半侧，从而证明系统是否稳定。如图 4.4.6 所示，若闭环系统稳定，则闭环传递函数的所有极点均位于复平面的左半侧，也就是闭环传递函数的特征多项式 $D_B(s)$ 的所有特征根均位于复平面的左半侧。

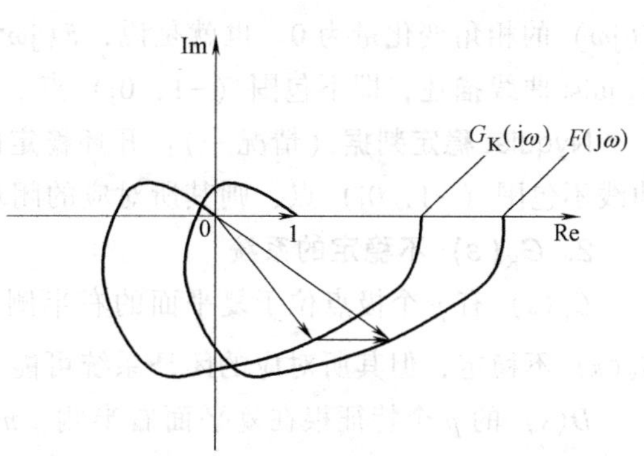

图 4.4.5 $F(\mathrm{j}\omega)$ 与 $G_K(\mathrm{j}\omega)$ Nyquist 图位置关系

假设该闭环系统开环传递函数的特征多项式 $D(s)$ 有 p 个特征根均位于复平面的右半侧，其余 $(n-p)$ 个特征根均位于复平面的左半侧。根据上面所述特征根分布与相角变化关系，可得出，当 ω 由 $-\infty$ 变到 $+\infty$ 时，矢量 $D_B(\mathrm{j}\omega)$ 的相角变化量为 $n\pi$；矢量 $D(\mathrm{j}\omega)$ 的相角变化量为 $(n-p)\pi-p\pi=n\pi-p(2\pi)$。对应的矢量 $F(\mathrm{j}\omega)$ 的相角变化量等于 $n\pi-[n\pi-p(2\pi)]=p(2\pi)$，即相当于围绕原点旋转 p 周。

频率特性分析通常绘制的是系统的开环频率特性图，根据式（4.4.5）可知，$G_K(s)=F(s)-1$，即 $G_K(\mathrm{j}\omega)$ 的 Nyquist 图相当于辅助函数的频率特性 $F(\mathrm{j}\omega)$ 的 Nyquist 图左移一个单位。采用 $G_K(\mathrm{j}\omega)$ 的 Nyquist 图表示对应 $F(\mathrm{j}\omega)$ 的相角变化量时，就相当于 $G_K(\mathrm{j}\omega)$ 的 Nyquist 图围绕（-1，0j）点旋转 p 周。也就是说，若 $G_K(\mathrm{j}\omega)$ 的 Nyquist 图围绕（-1，0j）点旋转 p 周，则 $G_K(\mathrm{j}\omega)$ 所对应的闭环控制系统是稳定的。

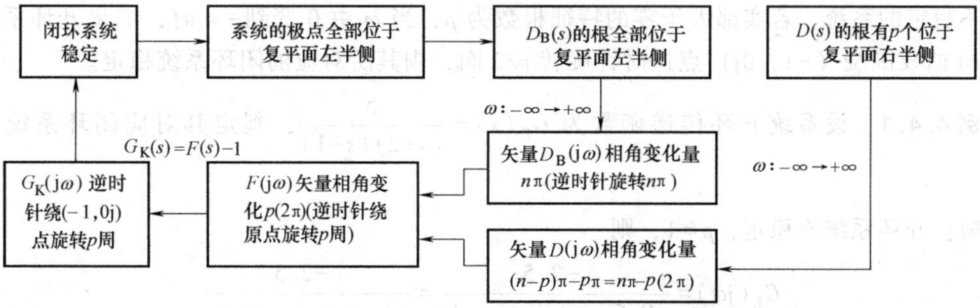

图 4.4.6 利用 $F(\mathrm{j}\omega)$ 判断系统稳定推导过程示意图

根据 $G_K(s)$ 的极点分布情况，可分为以下三种情况来分析系统的稳定性。

1. $G_K(s)$ 稳定的系统

$G_K(s)$ 的所有极点均分布在复平面的左半侧，即 $G_K(s)$ 稳定，但其所对应的闭环系统不一定稳定。

$D(s)$ 的 n 个特征根都在复平面左半侧，当 ω 由 $-\infty$ 变到 $+\infty$ 时，矢量 $D(\mathrm{j}\omega)$ 的相角变化量为 $n\pi$。

如果其所对应的闭环系统也是稳定的，则 $D_B(s)$ 的 n 个特征根也都在复平面左半侧，当 ω 由 $-\infty$ 变到 $+\infty$ 时，矢量 $D_B(\mathrm{j}\omega)$ 的相角变化量为 $n\pi$。

那么，$F(\mathrm{j}\omega)=\dfrac{D_B(\mathrm{j}\omega)}{D(\mathrm{j}\omega)}$ 的相角变化量为 $n\pi-n\pi=0$，即当 ω 由 $-\infty$ 变到 $+\infty$ 时，矢量

$F(j\omega)$ 的相角变化量为 0。也就是说，$F(j\omega)$ 的 Nyquist 曲线不包围原点，若用 $G_K(j\omega)$ 的 Nyquist 曲线描述，即不包围（−1，0j）点。

Nyquist 稳定判据（情况一）：开环稳定的系统，当 ω 由 $-\infty$ 变到 $+\infty$ 时，如开环 Nyquist 曲线不包围（−1，0j）点，则其所对应的闭环系统稳定。

2. $G_K(s)$ 不稳定的系统

$G_K(s)$ 有 p 个极点位于复平面的右半侧，其余 $n-p$ 个极点分布在复平面的左半侧，即 $G_K(s)$ 不稳定，但其所对应的闭环系统可能是稳定的。

$D(s)$ 的 p 个特征根在复平面右半侧，$n-p$ 个特征根在复平面左半侧，当 ω 由 $-\infty$ 变到 $+\infty$ 时，矢量 $D(j\omega)$ 的相角变化量为 $(n-p)\pi-p\pi=n\pi-p(2\pi)$。

如果其所对应的闭环系统也是稳定的，则 $D_B(s)$ 的 n 个特征根也都在复平面左半侧，当 ω 由 $-\infty$ 变到 $+\infty$ 时，矢量 $D_B(j\omega)$ 的相角变化量为 $n\pi$。

那么，$F(j\omega)=\dfrac{D_B(j\omega)}{D(j\omega)}$的相角变化量为 $n\pi-[n\pi-p(2\pi)]=p(2\pi)$，即当 ω 由 $-\infty$ 变到 $+\infty$ 时，矢量 $F(j\omega)$ 的相角变化量为 $p(2\pi)$。也就是说，$F(j\omega)$ 的 Nyquist 曲线围绕原点逆时针旋转 p 周，若用 $G_K(j\omega)$ 的 Nyquist 曲线描述，即围绕（−1，0j）点逆时针旋转 p 周。

Nyquist 稳定判据（情况二）：开环不稳定的系统，若实部大于零的特征根数为 p，当 ω 由 $-\infty$ 变到 $+\infty$ 时，如果开环系统的 Nyquist 曲线围绕（−1，0j）点逆时针旋转 p 圈，则其所对应的闭环系统稳定。

绘制系统频率特性图通常只绘制 ω 由 0 变到 $+\infty$ 时的 Nyquist 曲线，则以上判据可写为：开环不稳定的系统，若实部大于零的特征根数为 p，当 ω 由 0 变到 $+\infty$ 时，如果开环系统的 Nyquist 曲线围绕（−1，0j）点逆时针旋转 $p/2$ 圈，则其所对应的闭环系统稳定。

例 4.4.1 设系统开环传递函数为 $G_K(s)=\dfrac{5}{(s+2)(s-1)}$，判定其对应闭环系统是否稳定。

解：开环系统不稳定，$p=1$，则

$$G_K(j\omega)=\frac{-2.5}{(0.5j\omega+1)(-j\omega+1)}=\frac{-2.5}{(1+0.5\omega^2)-0.5j\omega}$$

$$=\frac{-2.5(1+0.5\omega^2)}{(1+0.5\omega^2)^2+0.25\omega^2}+\frac{-2.5\times0.5\omega}{(1+0.5\omega^2)^2+0.25\omega^2}j$$

幅频特性 $A(\omega)=\dfrac{2.5}{\sqrt{0.25\omega^2+1}\cdot\sqrt{\omega^2+1}}$

相频特性 $\varphi(\omega)=-\pi-\arctan0.5\omega+\arctan\omega$

实频特性 $U(\omega)=\dfrac{-2.5(1+0.5\omega^2)}{(1+0.5\omega^2)^2+0.25\omega^2}$

虚频特性 $V(\omega)=\dfrac{-2.5\times0.5\omega}{(1+0.5\omega^2)^2+0.25\omega^2}$

起点 $\omega=0$ 时，$A(0)=2.5$、$\varphi(0)=-\pi$、$U(0)=-2.5$、$V(0)=0$

终点 $\omega=\infty$ 时，$A(\infty)=0$、$\varphi(\infty)=-\pi$、$U(\infty)=0$、$V(\infty)=0$

求与坐标轴交点$\left.\begin{matrix}U(\omega<\infty)\neq 0\\ V(0<\omega<\infty)\neq 0\end{matrix}\right\}\Rightarrow$与坐标轴不相交。

绘制 Nyquist 曲线

由图 4.4.7 可知，当 ω 由 0 变到 $+\infty$ 时，开环 Nyquist 曲线围绕（-1，0j）点逆时针旋转 1/2 圈；当 ω 由 $-\infty$ 变到 $+\infty$ 时，开环 Nyquist 曲线围绕（-1，0j）点逆时针旋转 1 圈；因此其所对应的闭环系统稳定。

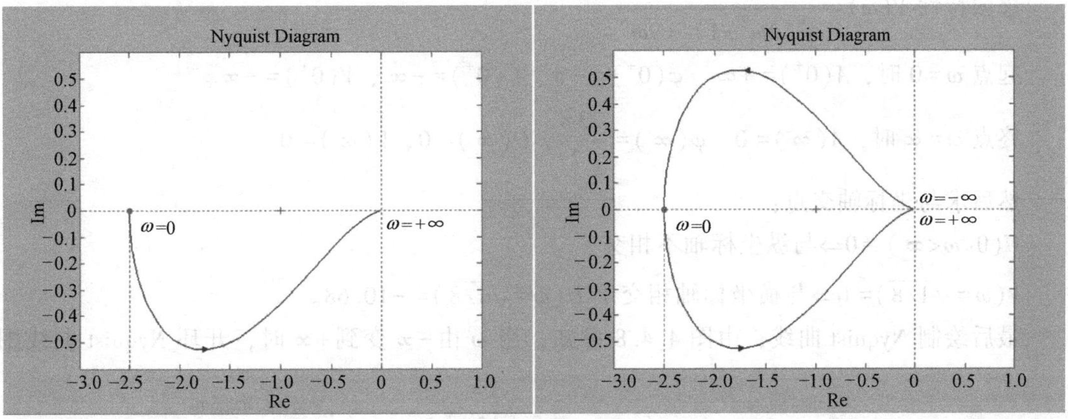

a)　　　　b)

图 4.4.7　例题 4.4.1 的 Nyquist 曲线图

a）ω 由 0 变到 $+\infty$　b）ω 由 $-\infty$ 变到 $+\infty$

3. $G_K(s)$ 串联积分环节的系统

当系统中串联有（v 个）积分环节时，开环传递函数 $G_K(s)$ 有位于复平面坐标原点上的极点。当 ω 由 $-\infty$ 变到 $+\infty$ 时，开环 Nyquist 曲线在 $\omega=0$ 处不连续，使得不能判断曲线旋转情况。在 $\omega=0$ 处，$A(0)=\infty$，相当于 ω 由 $0^-\to 0\to 0^+$，从而 jω 相角从 $-\frac{\pi}{2}\to 0°\to\frac{\pi}{2}$，则 $\varphi(\mathrm{j}\omega)$ 的相角从 $v\frac{\pi}{2}\to -v\frac{\pi}{2}$，即 Nyquist 曲线沿无穷大半径的圆弧按顺时针方向从 $v\frac{\pi}{2}$ 转到 $-v\frac{\pi}{2}$。

Nyquist 稳定判据（情况三）：若开环传递函数 $G_K(s)$ 含有 v 个积分环节，则先绘出 $\omega=0^+\to+\infty$ 的 Nyquist 曲线，根据对称性补充绘出 $\omega=-\infty\to 0^-$，然后从 $\omega=0^-$ 开始顺时针方向补画一个半径为无穷大，相角变化为 $v\frac{\pi}{2}\to -v\frac{\pi}{2}$ 的大圆弧，至 $\omega=0^+$ 处，即补画 $\omega=0^-\to 0^+$ 曲线，再根据情况一或情况二的 Nyquist 稳定判据判断系统稳定性。

例 4.4.2　设系统开环传递函数为 $G_K(s)=\dfrac{4s+1}{s^2(s+1)(2s+1)}$，判定其对应闭环系统是否稳定。

解：开环系统稳定，$p=0$，$v=2$，则

$$G_K(\mathrm{j}\omega)=\frac{4\mathrm{j}\omega+1}{-\omega^2(\mathrm{j}\omega+1)(2\mathrm{j}\omega+1)}$$

幅频特性 $A(\omega)=\dfrac{\sqrt{16\omega^2+1}}{\omega^2\sqrt{\omega^2+1}\cdot\sqrt{4\omega^2+1}}$

相频特性 $\varphi(\omega)=-\pi-\arctan\omega-\arctan2\omega+\arctan4\omega$

实频特性 $U(\omega)=\dfrac{-10\omega^4-\omega^2}{\omega^4(2\omega^2-1)^2+9\omega^6}$

虚频特性 $V(\omega)=\dfrac{8\omega^5-\omega^3}{\omega^4(2\omega^2-1)^2+9\omega^6}$

起点 $\omega=0$ 时，$A(0^+)=+\infty$、$\varphi(0^+)=-\pi$、$U(0^+)=-\infty$、$V(0^+)=-\infty$。

终点 $\omega=\infty$ 时，$A(\infty)=0$、$\varphi(\infty)=-\dfrac{3\pi}{2}$、$U(\infty)=0$、$V(\infty)=0$。

然后求与坐标轴交点：

$U(0<\omega<\infty)\neq0\Rightarrow$与纵坐标轴不相交。

$V(\omega=\sqrt{1/8})=0\Rightarrow$与横坐标轴相交于 $U(\omega=\sqrt{1/8})=-10.68$。

最后绘制 Nyquist 曲线，由图 4.4.8 可知，当 ω 由 $-\infty$ 变到 $+\infty$ 时，开环 Nyquist 曲线围

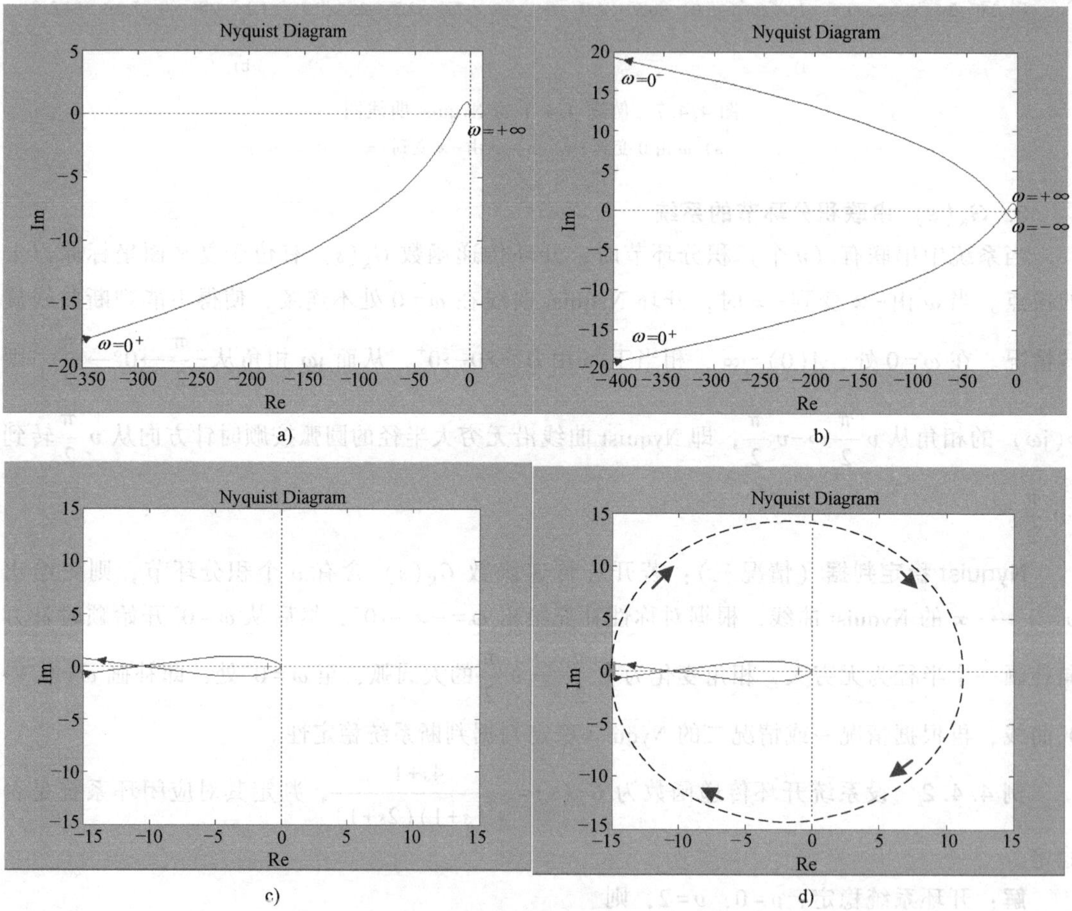

图 4.4.8 例题 4.4.2 的 Nyquist 曲线图

a）ω 由 0^+ 变到 $+\infty$ b）ω 由 $-\infty$ 变到 $+\infty$ c）局部放大图 d）无穷大圆弧处理

绕（-1，0j）点顺时针旋转 2 圈，因此其所对应的闭环系统不稳定。

4.5　Bode（伯德）稳定判据

Nyquist 稳定判据是利用开环频率特性 $G_K(j\omega)$ 的极坐标图（Nyquist 图）来判定闭环系统的稳定性的。如果将开环极坐标图改画为开环对数坐标图（Bode 图），同样可以利用它来判定系统的稳定性。这种方法称为对数频率特性判据，简称为对数稳定判据或 Bode 稳定判据，它实质上是 Nyquist 稳定判据在对数幅相频特性图上的应用。

4.5.1　Nyquist 图与 Bode 图的对应关系

1）Nyquist 图上的单位圆对应 Bode 图上的 0dB 线，即对数幅频特性图的横轴，单位圆之外对应对数幅频特性图的 0dB 线之上。

$$20\lg A(\omega)=20\lg|G_K(s)|=20\lg 1=0\text{dB}$$

2）Nyquist 图上的负实轴相当于 Bode 图上的-180°线，即对数相频特性图的横轴。

$$\angle G_K(s)=-180°$$

Nyquist 轨迹与单位圆交点的频率，即对数幅频特性曲线与横轴交点的频率，也就是输入与输出幅值相等时的频率（开环输入与输出的量纲相同），称为剪切频率或幅值穿越频率或幅值交界频率，记为 ω_c。

Nyquist 轨迹与负实轴交点的频率，即对数相频特性曲线与横轴交点的频率，称为相位穿越频率或相位交界频率，记为 ω_g。

4.5.2　穿越的概念

开环 Nyquist 轨迹在点（-1，0j）以左穿过负实轴称为“穿越”。若沿频率 ω 增加的方向，开环 Nyquist 轨迹自上而下（相位增大）穿过点（-1，0j）以左的负实轴称为正穿越；反之，沿频率 ω 增加的方向，开环 Nyquist 轨迹自下而上（相位减小）穿过点（-1，0j）以左的负实轴称为负穿越。若沿频率 ω 增大的方向，开环 Nyquist 轨迹自点（-1，0j）以左的负实轴开始向下称为正半次穿越；反之，沿频率 ω 增大的方向，开环 Nyquist 轨迹自点（-1，0j）以左的负实轴开始向上称为负半次穿越。

对应于 Bode 图，在开环对数幅频特性为正值的频率范围内，沿 ω 增大的方向，对数相频特性曲线自下而上穿过-180°线为正穿越；反之，沿 ω 增大的方向，对数相频特性曲线自上而下穿过-180°线为负穿越。若对数相频特性曲线自-180°线开始向上，为正半次穿越；反之，对数相频特性曲线自-180°线开始向下，为负半次穿越。

如图 4.5.1a 中，点 1 处为负穿越一次，点 2 处为正穿越一次。分析图 4.5.1b 可知，正穿越一次，对应于 Nyquist 轨迹逆时针包围点（-1，0j）一圈，负穿越一次，对应于 Nyquist 轨迹顺时针包围点（-1，0j）一圈。因此，开环 Nyquist 轨迹逆时针包围点（-1，0j）的次数就等于正穿越和负穿越的次数之差。

4.5.3　Bode 稳定判据

根据 Nyquist 稳定判据和上述对应关系，Bode 稳定判据可以表述为：在 Bode 图上，当 ω

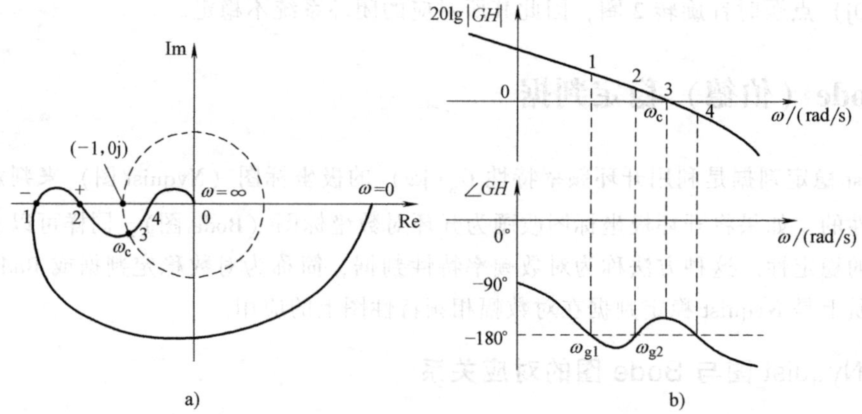

图 4.5.1　Nyquist 图及其对应的 Bode 图

由 0 变到+∞ 时，在开环对数幅频特性为正值的频率范围内（即 0dB 线以上部分），开环对数相频特性对−180°线正穿越与负穿越次数之差为 $p/2$ 时，闭环系统稳定；否则系统不稳定。其中 p 为系统开环传递函数在复平面的右半侧的极点数（即开环不稳定极点数）。

如图 4.5.1b 所示，在 $0\to\omega_c$ 范围内，对数相频特性正、负穿越次数之差为 0，那么若该系统 $p=0$ 时，系统稳定。

开环系统为最小相位系统，$p=0$，Bode 稳定判据可以表述为：若开环对数幅频特性曲线比其对数相频特性曲线先交于横轴，即 $\omega_c<\omega_g$，则闭环系统稳定；若开环对数幅频特性曲线比其对数相频特性曲线后交于横轴，即 $\omega_c>\omega_g$，则闭环系统不稳定；若 $\omega_c=\omega_g$，则闭环系统临界稳定。

此时 Bode 稳定判据也可以表述为：若开环对数幅频特性达到 0dB，即开环对数幅频特性曲线与横轴交于 ω_c 时，其对数相频特性还在−180°线以上，即相位还不足−180°，则闭环系统稳定；若开环相频特性达到−180°时，其对数幅频特性还在 0dB 线以上，即对数幅频特性值大于 1，则闭环系统不稳定。

若开环对数幅频特性在横轴上存在多个剪切频率，如图 4.5.2 所示，则取剪切频率最大的 ω_{c3} 来判别稳定性，因为，若用 ω_{c3} 判别系统是稳定的，则用 ω_{c1}、ω_{c2} 判别，系统自然也是稳定的。

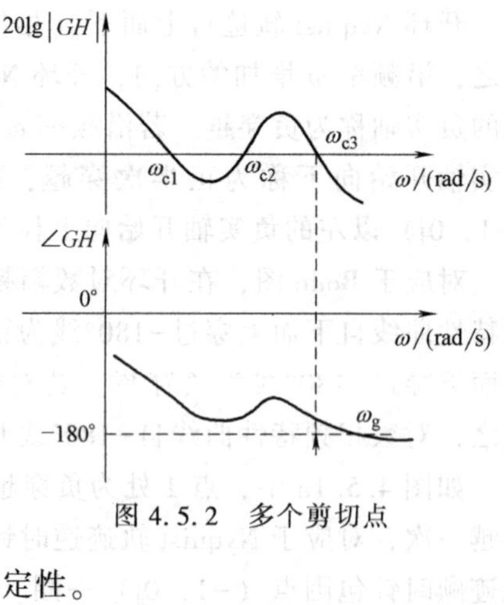

图 4.5.2　多个剪切点

利用 Bode 图判定稳定性比利用 Nyquist 图判定稳定性具有一些优点。

1）Bode 图可用作渐近线的方法绘出，比绘制 Nyquist 图简便。

2）用 Bode 图上的渐近线即可粗略地判别系统的稳定性。

3）在 Bode 图中，可分别绘出各环节的对数幅频、对数相频特性曲线，以便明确哪些环节是造成不稳定的主要因素，从而对这些环节的参数进行合理选择或校正。

4）在调整开环增益 K 时，只需将 Bode 图中的对数幅频特性上下平移即可，因此很容易看出为保证系统稳定所需的增益值。

4.6 稳定裕度

控制系统正常工作的首要条件是稳定，然而只要求系统稳定还不够。为了避免当系统的元件参数发生变化时，系统由稳定变为不稳定，并且为了保证系统具有良好的动态性能，还存在一个稳定程度问题。

图 4.6.1 所示是开环 Nyquist 曲线和其对应的闭环系统单位阶跃响应曲线对应关系的示意图。图中各系统的开环传递函数在复平面右半平面的极点数 p 皆为零。在图 4.6.1a 中，因为 Nyquist 曲线包围了（-1，0j）点，故系统不稳定，对应的 $h(t)$ 曲线必然发散；在图 4.6.1b 中，由于 Nyquist 曲线通过（-1，0j）点，故系统处于临界稳定状态，$h(t)$ 曲线最后呈现等幅振荡；图 4.6.1c、d Nyquist 曲线都不包围（-1，0j）点，系统稳定，对应的 $h(t)$ 曲线都收敛。但是，图 4.6.1d 对应系统的稳定程度更好，因为 Nyquist 曲线离（-1，j0）点较远，对应的 $h(t)$ 曲线的收敛性更好。因此，**闭环系统稳定时，开环 Nyquist 曲线距离（-1，0j）点越远，该闭环系统稳定性越高；开环 Nyquist 曲线距离（-1，0j）点越近，该闭环系统稳定性越低**。这就是通常所说的**系统的相对稳定性**。系统的相对稳定性通过 $G_K(j\omega)$ 对点（-1，0j）的靠近程度来表征，其定量表示即**稳定裕度**，稳定裕度包括：**相位裕度 γ 和幅值裕度 K_g**。

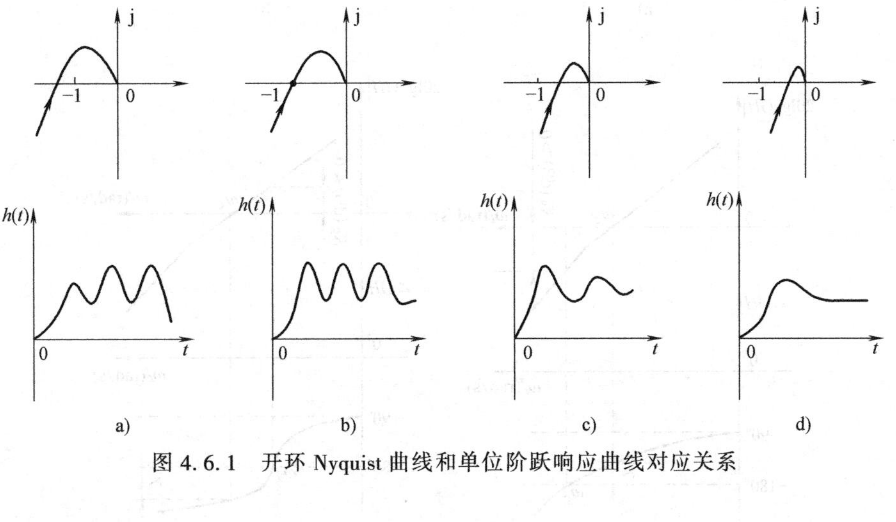

图 4.6.1　开环 Nyquist 曲线和单位阶跃响应曲线对应关系

4.6.1　相位裕度 γ

在 ω 为剪切频率 $\omega_c(\omega_c>0)$ 时，相频特性曲线 $\angle G_K(j\omega)$ 与-180°线的相位差值 γ 称为系统的相位裕度。图 4.6.2c 所示的系统不仅稳定，而且有相当的稳定性储备，可以在 ω_c 的频率下，允许相位再增加 γ 才达到 $\omega_c=\omega_g$ 的临界稳定条件。因此，相位裕度 γ 又称为相位稳定性储备。

对于稳定系统，γ 必在 Bode 图-180°线以上，这时称为正相位裕度，即有正的稳定性储备，如图 4.6.2c 所示。对于不稳定系统，γ 必在 Bode 图-180°线之下，这时称为负相位裕度，即有负的稳定性储备，如图 4.6.2d 所示。

相应地，在极坐标图中，如图 4.6.2a、b 所示，γ 即为 Nyquist 曲线与单位圆的交点对负实轴的相位差值，它表示在剪切频率 ω_c 处，有 $\gamma=180°+\varphi(\omega_c)$，其中 $G_K(j\omega)$ 的相位 $\varphi(\omega_c)$ 通常为负值。

对于稳定系统，γ 必在极坐标图负实轴以下，如图 4.6.2a 所示。对于不稳定系统，γ 必在极坐标图负实轴以上，如图 4.6.2b 所示。

例如，当 $\varphi(\omega_c)=-135°$时，$\gamma=180°-135°=45°$，相位裕度为正。当 $\varphi(\omega_c)=-225°$时，$\gamma=180°-225°=-45°$，相位裕度为负。

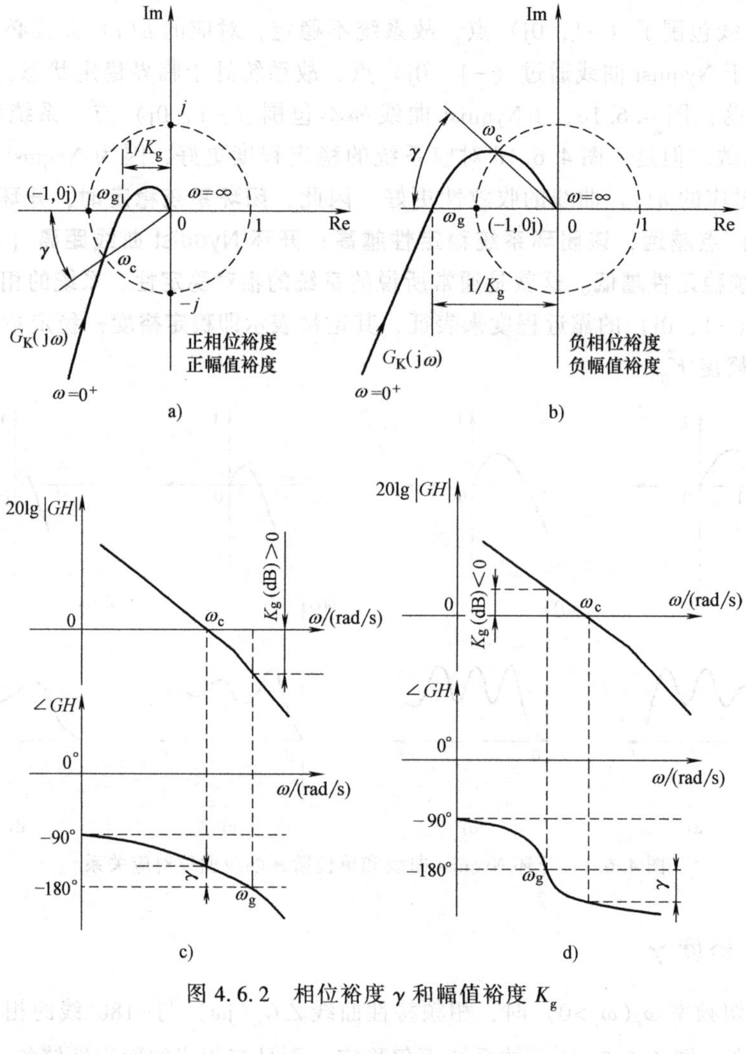

图 4.6.2　相位裕度 γ 和幅值裕度 K_g

4.6.2　幅值裕度 K_g

在 ω 为剪切频率 $\omega_g(\omega_g>0)$ 时，开环幅频特性曲线$|G_K(j\omega)|$的倒数称为系统的幅值裕度，即 $K_g=\dfrac{1}{|G_K(j\omega_g)|}$

以分贝表示为

$$K_g(\mathrm{dB}) = 20\lg K_g = 20\lg \frac{1}{|G_K(j\omega_g)|} = -20\lg|G_K(j\omega_g)|$$

对于稳定系统，$K_g(\mathrm{dB})$ 必在 Bode 图 0dB 线以下，$K_g(\mathrm{dB})>0$，这时称为正幅值裕度，如图 4.6.2c 所示。对于不稳定系统，$K_g(\mathrm{dB})$ 必在 Bode 图 0dB 线以上，$K_g(\mathrm{dB})<0$，这时称为负幅值裕度，如图 4.6.2d 所示。

图 4.6.2c 所示的系统不仅稳定，而且有相当的稳定性储备，可以将对数幅频特性曲线上移 $K_g(\mathrm{dB})$ 才达到 $\omega_c=\omega_g$ 的临界稳定条件，也就是系统的开环增益增加 K_g 倍时，闭环系统由稳定变为临界稳定。因此，幅值裕度 K_g 又称为增益裕度。

相应地，在极坐标图中，如图 4.6.2a 和 b 所示，Nyquist 曲线与负实轴的交点至原点的距离即为 $1/K_g$，它表示在剪切频率 ω_g 处开环频率特性的模。

对于稳定系统，$1/K_g<1$，必在极坐标图单位圆内，如图 4.6.2a 所示。对于不稳定系统，$1/K_g>1$，必在极坐标图单位圆外，如图 4.6.2b 所示。

综上所述，对开环稳定（$p=0$）的闭环系统而言，$G_K(j\omega)$ 具有正幅值裕度与正相位裕度时，其闭环系统是稳定的；$G_K(j\omega)$ 具有负幅值裕度及负相位裕度时，其闭环系统是不稳定的。

由工程控制实践可知，为使系统有满意的稳定性储备，设计系统时稳定裕量通常要满足

$$\gamma = 30^\circ \sim 60^\circ$$

$$K_g(\mathrm{dB}) > 6\mathrm{dB}$$

$$K_g > 2$$

4.7 MATLAB 在频域分析中的应用

频域分析法是应用频率特性研究控制系统的一种典型方法。采用这种方法可直观地表达出系统的频率特性，分析方法比较简单，物理概念比较明确，对于诸如防止结构谐振、抑制噪声、改善系统稳定性和暂态性能等问题，都可以从系统的频率特性上明确地看出其物理实质和解决途径。同时域、根轨迹分析一样，MATLAB 也给出了绘制频率特性曲线的相关函数，如表 4.7.1 所示。利用这些函数可以绘制出 Nyquist、Bode 等曲线，从而对系统进行分析。

表 4.7.1　频域分析函数

函数名	函数功能描述	函数名	函数功能描述
nyquist	Nyquist 曲线绘制	evalfr	计算系统单频点的频率响应
allmargin	计算所有的交叉频率和稳定裕度	freqresp	计算系统的频率响应
bode	计算并绘制 Bode 图	margin	计算系统的增益和相角稳定裕度
bodemag	计算并绘制 Bode 图幅频特性图		

表 4.7.1 所示的命令中最常用的是 nyquist、bode、margin，下面分别介绍这三个命令。

1. nyquist 功能

系统的 Nyquist 曲线绘制。

nyquist 函数计算并显示系统的 Nyquist 频率曲线。Nyquist 频率曲线用来分析包括增益裕

度、相位裕度以及稳定性在内的系统特性。当无输出变量时，nyquist 函数可在当前输出窗口中直接绘制出 LTI 系统的 Nyquist 图。

nyquist（sys）函数计算并在当前窗口绘制 LTI 对象 sys 的 Nyquist 图，可用于 SISO 或者 MIMO 连续系统或离散时间系统。当系统为 MIMO 时，产生一组 Nyquist 频率曲线，每个输入/输出通道对应一个。绘制时的频率范围将根据系统的零极点决定。

nyquist（sys，ω）函数显示定义绘制时的频率点 ω。若要定义频率范围 ω 必须有［ωmin，ωmax］的格式。如果定义频率点，则 ω 必须有需要频率点频率组成的向量。

nyquist（sys1，sys2，…，sys$N$）和 nyquist（sys1，sys2，…，sys$N$，ω）函数可同时在一个窗口重绘制多个 LTI 对象 sys 的 Nyquist 图。这些系统必须具有同样的输入和输出数，但可以同时含有离散时间和连续时间系统。

［re，im，ω］=nyquist（sys）和［re，im］=nyquist（sys，ω）函数可返回系统在频率 ω 处的频率响应。其中 re 为系统响应的实部，im 为系统响应的虚部，ω 为频率点。

2. bode 功能

求连续系统的 Bode（Bode）频率响应。

bode 函数计算并显示系统的幅频和相频曲线。当缺少输出变量时，bode 函数可在当前输出窗口中直接绘制出 LTI 系统的 Bode 图。

bode（sys）函数计算并在当前窗口绘制 LTI 对象 sys 的 Bode 图，可用于 SISO 或者 MIMO 连续系统或离散时间系统。绘制时的频率范围将根据系统的零极点决定。

bode（sys，ω）函数显示定义绘制时的频率点 ω。若要定义频率范围 ω 必须有［ωmin，ωmax］的格式。如果定义频率点，则 ω 必须有需要频率点频率组成的向量。

bode（sys1，sys2，…，sys$N$）和 bode（sys1，sys2，…，sys$N$，ω）函数可同时在一个窗口重绘制多个 LTI 对象 sys 的 Bode 图。这些系统必须具有同样的输入和输出数，但可以同时含有离散时间和连续时间系统。

［mag，phase，ω］=bode（sys）和［mag，phase］=bode（sys，ω）函数可计算 Bode 图数据，且不在窗口显示。其中 mag 为 Bode 图幅值，phase 为 Bode 图的相位，ω 为 Bode 图的频率点。

3. margin 功能

计算系统的增益和相角稳定裕度。

margin 函数可从频率响应数据中计算出增益、相位裕度以及响应的交叉频率。增益和相位裕度是针对开环 SISO 系统而言的，它可以显示系统闭环时的相对稳定性。当不带输出变量时，margin 则在当前窗口绘制出裕度的 Bode 图。

［Gm，Pm，Wg，Wp］=margin（sys）函数计算 LTI 对象 sys 的增益和相位裕度。其中，Gm 对应系统的增益裕度，Wg 对应其交叉频率；Pm 对应系统的相位裕度，Wp 对应其交叉频率。

［Gm，Pm，Wg，Wp］=margin（mag，phase，ω）函数根据 Bode 图给出的数据 mag、phase 和 ω，来计算系统的增益和相位裕度。mag、phase 和 ω 分别为给定的幅值、相位和频率向量。

例 4.7.1 系统开环传递函数为 $G(s)=\dfrac{5}{(s+2)(s^2+2s+5)}$，利用 MATLAB 绘制其

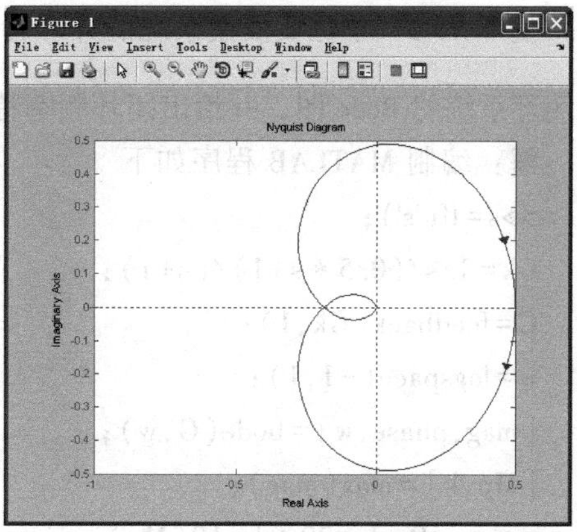

图 4.7.1　例 4.7.1 系统的 Nyquist 曲线

Nyquist 图。

解： 编制程序如下

```
>>num=5;
>>den=conv([1 2],[1 2 5]);
>>G=tf(num,den);
>>nyquist(G);
```

例 4.7.2　已知系统的开环传递函数为 $G(s)=\dfrac{1000(s+1)}{s(s+2)(s^2+17s+4000)}$，试利用 MATLAB 绘制其 Bode 图。

解： 编制程序如下

```
>>s=tf('s');
>>G=1000*(s+1)/(s*(s+2)*(s*s+17
*s+4000))

Transfer function:
     1000s+1000
---------------------------------
s^4+19 s^3+4034 s^2+8000 s

>>bode(G);
>>grid
```

以下程序人为指定了频率范围。

```
>>s=tf('s');
>>G=1000*(s+1)/(s*(s+2)*(s*s+17*s+4000));
>>w=logspace(0,2,200);
>>bode(G,w);
>>grid
```

绘制结果如图 4.7.2、图 4.7.3 所示。

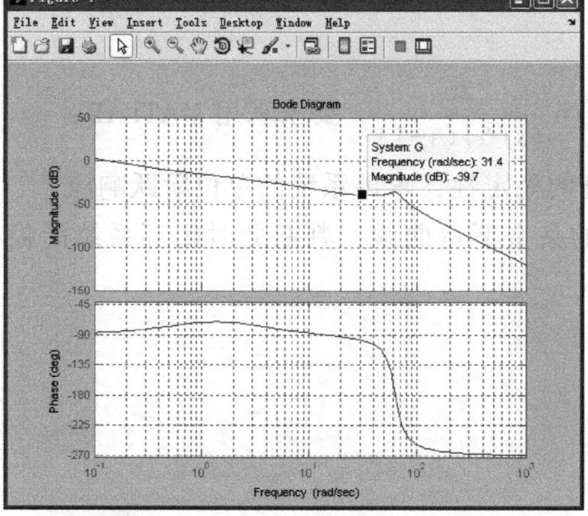

图 4.7.2　例 4.7.2 系统 Bode 图

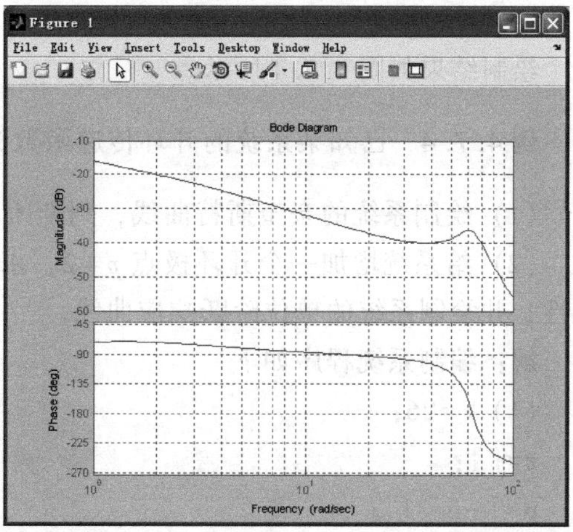

图 4.7.3　例 4.7.2 系统 Bode 图（指定频率范围）

例 4.7.3 单位负反馈系统的开环传递函数为 $G(s)=\dfrac{1}{s(0.5s+1)(s+1)}$，利用 MATLAB 绘制闭环系统的 Bode 图，并给出闭环频率特性性能指标（谐振峰值、谐振频率和系统带宽）。

解：编制 MATLAB 程序如下

```
>>s=tf('s');
Gk=1/s/(0.5*s+1)/(s+1);
G=feedback(Gk,1);
w=logspace(-1,1);
[mag,phase,w]=bode(G,w);
[Mp,k]=max(mag);
resonantPeak=20*log10(Mp)
resonantFreq=w(k)
n=1;
while 20*log10(mag(n))>=-3
n=n+1;
end
bandwidth=w(n)
bode(G,w),grid;

resonantPeak=

    5.2388
resonantFreq=

    0.7906
bandwidth=

    1.2649
```

绘制结果如图 4.7.4 所示。

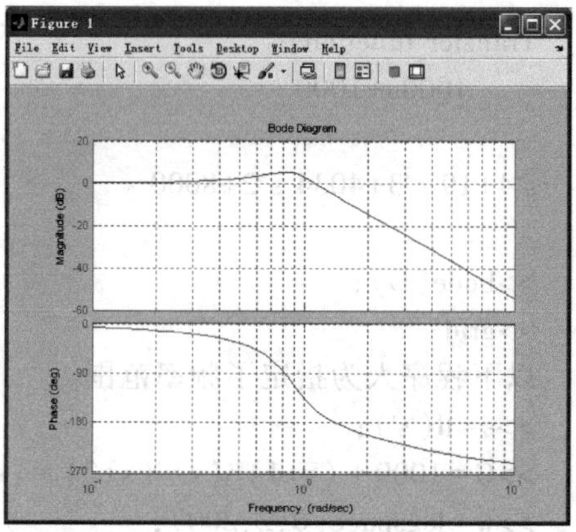

图 4.7.4 例 4.7.3 闭环系统 Bode 图

例 4.7.4 已知某系统的开环传递函数为 $G(s)=\dfrac{26}{(s+6)(s-1)}$，要求利用 MATLAB：

（1）绘制系统的奈奎斯特曲线，判断闭环系统的稳定性，求出系统的单位阶跃响应；

（2）给系统增加一个开环极点 $p=2$，求此时的奈奎斯特曲线，判断此时闭环系统的稳定性，并绘制系统的单位阶跃响应曲线。

解：编制系统程序如下

```
(1) k=26;
z=[];
p=[-6 1];
[num,den]=zp2tf(z,p,k);
```

```
figure(1)
subplot(211)
nyquist(num,den)
subplot(212)
pzmap(p,z)
figure(2)
[numc,denc]=cloop(num,den);
step(numc,denc)
```

(2)
```
k=26;
z=[];
p=[-6 1 2];
[num,den]=zp2tf(z,p,k);
figure(1)
subplot(211)
nyquist(num,den)
title('nyquist diagrams')
subplot(212)
pzmap(p,z)
figure(2)
[numc,denc]=cloop(num,den);
step(numc,denc)
title('step response')
```

绘制结果如图 4.7.5、图 4.7.6 所示。

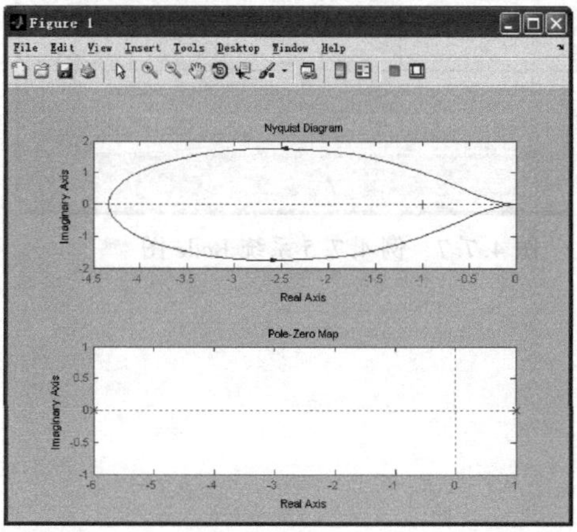

a)

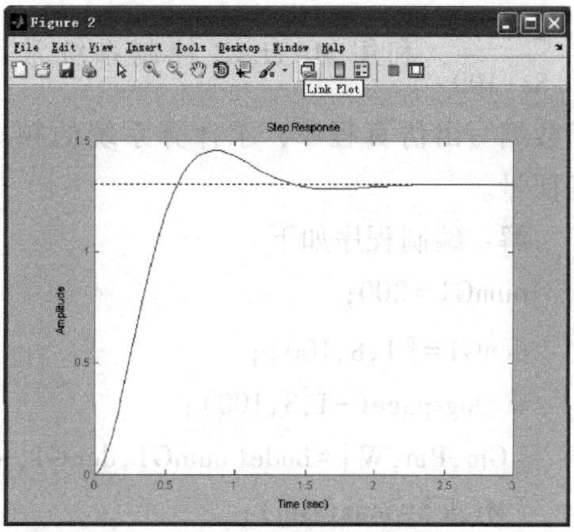

b)

图 4.7.5　未增加极点前的响应曲线

a）奈奎斯特曲线　b）单位阶跃响应

例 4.7.5　利用 MATLAB 判定系统 $G(s)=\dfrac{5}{s(s+2)(s+5)}$的稳定性，如果系统稳定，进一

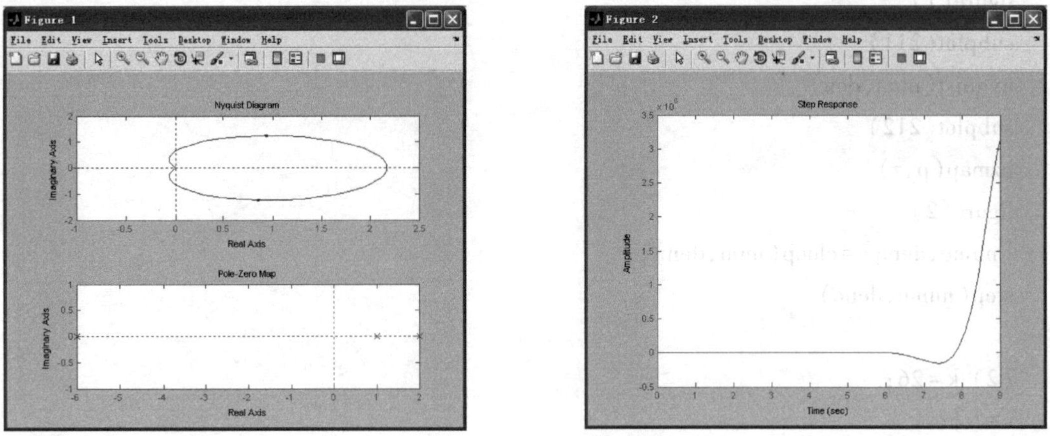

a)　　b)

图 4.7.6　增加极点后的响应曲线

a）奈奎斯特曲线　b）单位阶跃响应

步给出系统相对稳定的参数。

解：编制系统程序如下

```
>>num=5;
den=conv([1 2],[1 5 0]);
G1=tf(num,den);
margin(G1);
grid
```

绘制结果如图 4.7.7 所示。

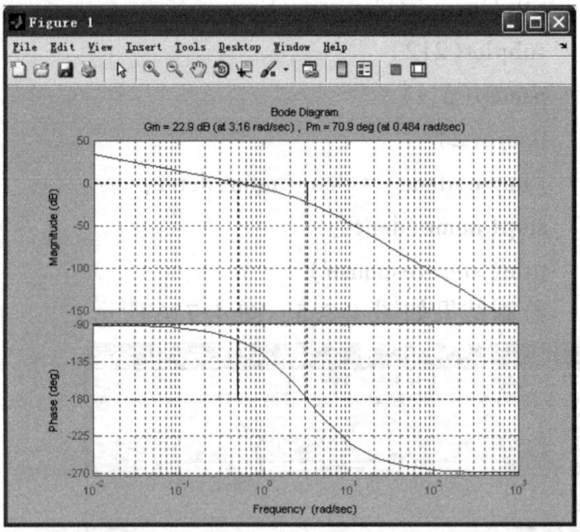

图 4.7.7　例 4.7.5 系统 Bode 图

例 4.7.6　系统传递函数为 $G(s)=\dfrac{200}{s^2+8s+100}$，利用 MATLAB 控制系统常用函数编写出仿真程序，求计算系统的频率特征量。

解：编制程序如下

```
numG1=200;
denG1=[1,8,100];
w=logspace(-1,3,100);
[Gm,Pm,W]=bode(numG1,denG1,w);
[Mr,k]=max(Gm);
Mr=20*log10(Mr);
Wr=w(k);
M0=20*log10(Gm(1));
n=1;
while (20*log10(Gm(n)))>=20*log10(Gm(1))-3;
```

```
n=n+1;
end
Wb=w(n)
Wb=
    13.8489
```

例 4.7.7　设有单位负反馈Ⅰ型系统的对象传递函数为

$$G_0(s)=\frac{5}{s(s+1)(s+4)}=\frac{5}{s^3+5s^2+4s}$$

现在系统中附加一个零点和一个极点，其传递函数为 $G_c(s)=\frac{5.94(s+1.2)}{(s+4.95)}$，利用 MATLAB 控制系统常用函数编写出仿真程序，试分析系统附加零、极点前后的频率特性。通过求系统的单位阶跃响应验证较大的相角裕度对应较小的最大超调量。比较结果，分析附加零、极点后相角裕度和增益裕度都有什么变化。

解：编制程序如下。

```
%求原系统的 Bode 图和相角裕度、增益裕度
num=5;
den=[1,5,4,0];
G=tf(num,den);
margin(G);
grid;
```

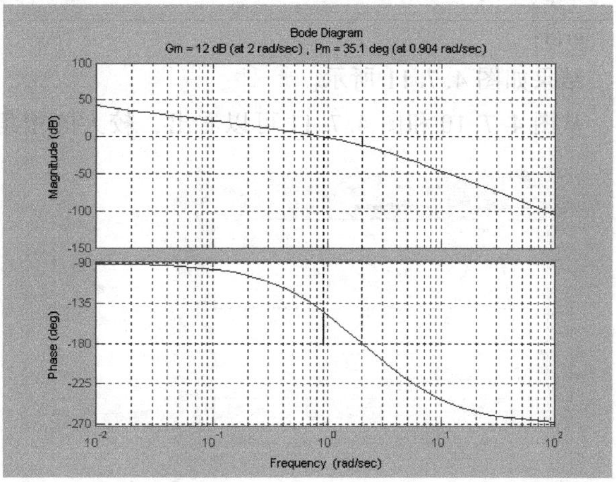

图 4.7.8　例 4.7.7 原系统的 Bode 图

结果如图 4.7.8 所示。

附加零、极点后，系统的开环传递函数为 $G(s)=\frac{29.7(s+1.2)}{s(s+1)(s+4)(s+4.95)}$。

附加零、极点后系统的 Bode 图和相角裕度、增益裕度可如下求得

```
z=[-1.2];
p=[0,-1,-4,-4.95];
k=29.7;
G=zpk(z,p,k);
margin(G);
grid;
```

结果如图 4.7.9 所示。

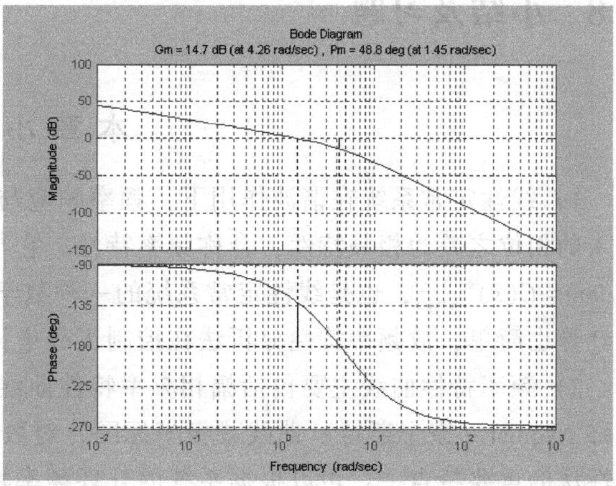

图 4.7.9　例 4.7.7 附加零、极点后系统的 Bode 图

通过求系统的单位阶跃响应验证较大的相角裕度对应较小的最大超调量。

求原系统单位阶跃响应的基本命令。

```
num1=5;
den1=[1,5,4,0];
G1=tf(num1,den1);
```

```
G=feedback(G1,tf(1,1));
step(G);
grid;
```

结果如图 4.7.10 所示。

求附加零、极点后系统单位阶跃响应的命令。

```
z=[-1.2];
p=[0,-1,-4,-4.95];
k=29.7;
G1=zpk(z,p,k);
G=feedback(G1,tf(1,1));
step(G);
grid;
```

结果如图 4.7.11 所示。

从图 4.7.10 和图 4.7.11 可以看出，较大的相角裕度对应较小的最大超调量。

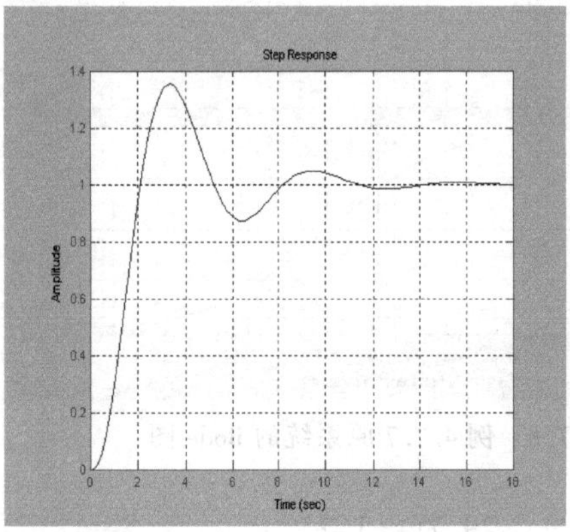

图 4.7.10　例 4.7.7 原系统的阶跃响应

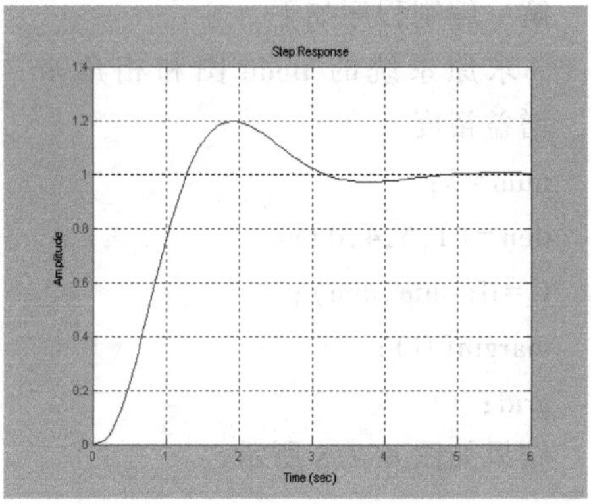

图 4.7.11　例 4.7.7 附加零、极点后系统的阶跃响应

4.8　小结及习题

本章小结

1）线性定常系统在谐波作用下，频率响应与输入的幅值之比为幅频特性，频率响应与输入的相位之差为相频特性，合称频率特性。它与传递函数有对应关系，即系统的频率特性 $G(j\omega)=G(s)\big|_{s=j\omega}$，也是线性定常系统的一种数学模型。由于频率特性可用图形表示，相应的计算也简单，故频率特性分析法在控制工程中得到了广泛的应用。

2）频率特性曲线主要包括幅相频率特性曲线和对数频率特性曲线。幅相频率特性曲线又称 Nyquist（奈奎斯特）曲线或极坐标图，对数频率特性曲线又称 Bode（伯德）图。频率特性法的重要特点一：可以根据系统的开环频率特性曲线分析系统的闭环性能。频率特性法的重要特点二：可用实验的方法来获取线性系统的 Bode 图，进而得到系统的传递函数。

3）系统传递函数的极点和零点均在复平面左半平面的系统称为最小相位系统。由于这类系统的幅频和相频特性之间有着唯一的对应关系，因而只要根据它的对数幅频特性曲线就能确定其数学模型及相应的性能。

4）Nyquist 稳定判据是根据开环频率特性曲线绕（-1，0j）点的情况或曲线对实轴上（-1，0j）点左侧的穿越次数，与复平面右半平面上的开环极点数 p 的关系来判别对应闭环系统的稳定性的。相应的，在对数频率特性曲线上，可采用对数频率稳定判据。

5）考虑到系统内部参数和外界环境变化对系统稳定性的影响，要求控制系统不仅能稳定工作，还要有足够的稳定裕量。稳定裕量一般用相位裕量 γ 和幅值裕量 K_g 来表征。在控制工程中，通常要求系统的相位裕量 γ 在 30°~60°范围内，幅值裕量大于 6dB。

习　题

1. 什么是频率响应？什么是频率特性？

2. 什么是频率特性的极坐标图？怎么根据频率特性的极坐标图确定系统的幅频特性、相频特性、实频特性和虚频特性？

3. 2020 年 11 月 24 日我国成功发射探月工程嫦娥五号探测器，嫦娥五号由 4 个部分组成：着陆器、上升器、轨道器、返回器。为了探月工程的顺利实施，我国航天人进行了大量的模拟实验，其中某一装置的实验中，给系统加不同频率的正弦信号，测量出系统的对数幅频特性和相频特性曲线如图 4.8.1 所示，请分析出该装置的数学模型。

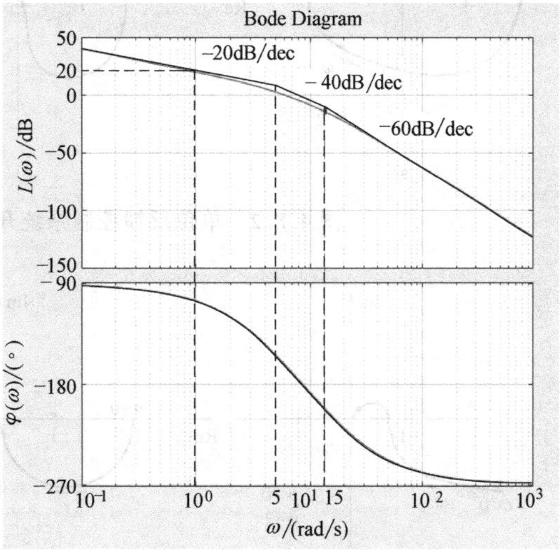

图 4.8.1　系统的特性曲线

4. 设单位负反馈控制系统的开环传递函数为 $G(s)=\dfrac{7}{3s-5}$，当把下列输入信号作用在闭环系统输入端时，求系统的稳态输出。

（1）$\dfrac{1}{7}\sin\left(\dfrac{2}{3}t+45°\right)$；

（2）$2\cos(2t-45°)$；

（3）$\dfrac{1}{7}\sin\left(\dfrac{2}{3}t+45°\right)-2\cos(2t-45°)$。

5. 系统开环传递函数如下，请绘制各个系统的 Nyquist 图和 Bode 图。

（1）$G(s)=\dfrac{750}{s(s+5)(s+15)}$；（2）$G(s)=\dfrac{10s-1}{3s+1}$；

（3）$G(s)=\dfrac{10(s+1)}{s^2(s+0.1)(s+10)}$；（4）$G(s)=\dfrac{50(0.6s+1)}{s^2(4s+1)}$。

6. 利用开环 Nyquist 图判断题 4 中各闭环系统的稳定性，并说明判定依据。

7. 利用开环 Bode 图判断题 4 中各闭环系统的稳定性，并说明判定依据。

8. 系统的开环传递函数如下，试分别绘制各系统的开环对数频率特性图。

(1) $G(s)=\dfrac{100}{s(s^2+s+1)(6s+1)}$；

(2) $G(s)=\dfrac{10}{s^2(s+10)(0.025s^2+0.4s+1)}$。

9. 系统的开环传递函数为 $G(s)=\dfrac{T_2s+1}{s^2(T_1s+1)}$，当 $T_1>T_2$ 时和 $T_1<T_2$ 时，分别绘制幅相特性图和对数频率特性图，并判断其稳定性。

10. 已知系统的开环传递函数 $G_K(s)=\dfrac{K}{s(2s+1)(s+1)}$，试根据 Nyquist 稳定判据，确定使其闭环系统稳定的 K 值范围 ($K>0$)。

11. 如图 4.8.2 所示是单位反馈控制系统开环传递函数的幅相频特性曲线，图中 P 是位

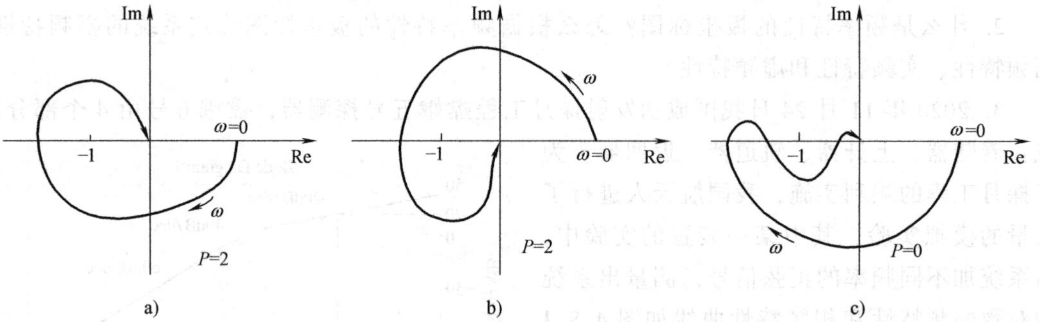

图 4.8.2 单位反馈控制系统开环传递函数的幅相频特性曲线

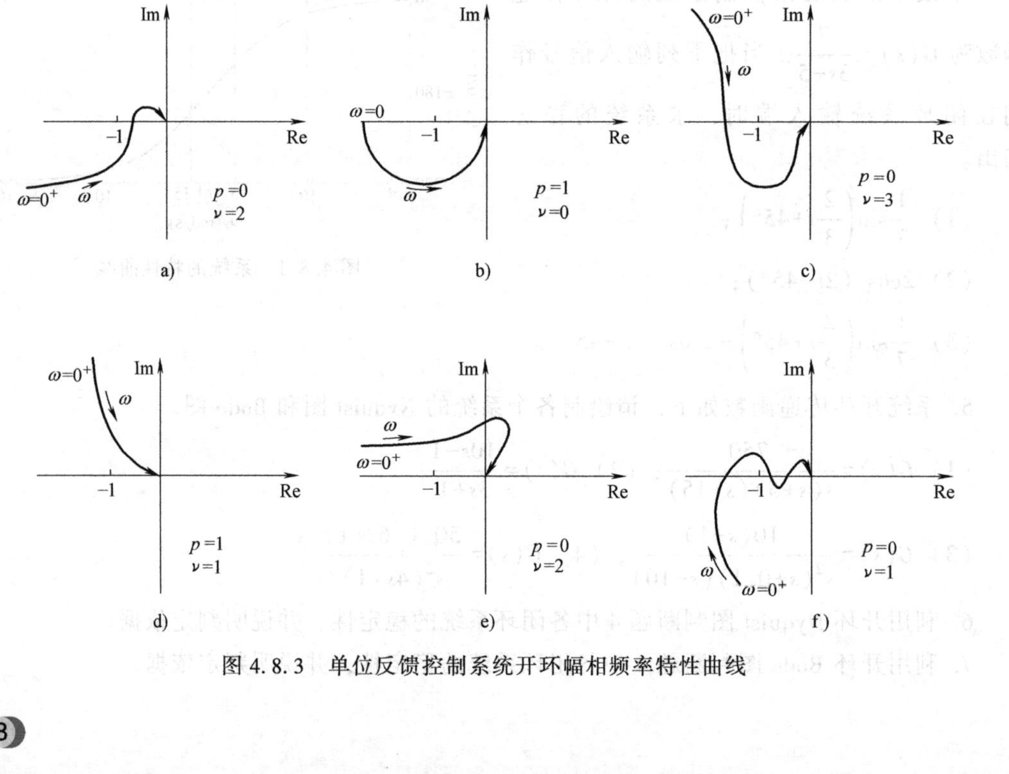

图 4.8.3 单位反馈控制系统开环幅相频率特性曲线

于虚轴右侧的开环极点数。试判断各自对应闭环系统是否稳定，并说明判断过程。

12. 设单位反馈控制系统开环幅相频率特性曲线如图 4.8.3 所示。图中 p 是位于虚轴右侧的开环极点数，v 为开环积分环节个数。试用虚线补上 $\omega: 0^- \to 0^+$ 的曲线部分，并判断各自对应闭环系统是否稳定，说明判断过程。

13. 系统的开环传递函数为 $G(s)=\dfrac{1}{s(s+1)(0.1s+1)}$，试求闭环系统的幅值裕量和相位裕量。

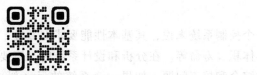

“两弹一星”功勋科学家：孙家栋

第5章

控制系统的综合与校正

对一个控制系统来说，其基本性能要求是稳定、准确、快速，其他的要求还有经济性、工艺性、体积、寿命等。在分析和设计系统时，需要具备一定的实践经验。本章主要讨论控制系统的综合和校正问题。如果一个系统的元（部）件及参数已经给定，就要分析它能否满足所要求的各项性能指标，这就是性能分析问题。若系统不能全面地满足所要求的性能指标，则可考虑对原已选定的系统增加必要的元件或环节，或者调节某些参数，使系统能够全面地满足所要求的性能指标，这就是系统的综合与校正。

本章首先介绍系统校正的基本概念、时域性能指标和频域性能指标，接着重点介绍利用频域法如何分析和综合一个系统，介绍几种校正的作用，同时讲几个典型实例，以期对控制系统的校正和设计有所了解。在系统性能分析的基础上，主要介绍系统校正的作用和方法，分析串联校正、反馈校正和复合校正对系统动、静态性能的影响，对工程中经常用到的 PID 调参进行了讨论。最后介绍利用 MATLAB 软件进行系统校正的方法。

5.1 校正的基本概念

5.1.1 校正的概念

当控制系统的性能不能满足实际工程中所要求的性能指标时，首先可以考虑调整系统中可以调整的参数。若通过调整参数仍无法满足要求时，则可以**在原有系统中增添一些装置和元件，人为改变系统的结构和性能，使之满足要求的性能指标，这种方法称为校正**。增添的装置和元件称为校正装置和校正元件。系统中除增加的校正装置以外的部分，组成了系统的不可变部分，我们称为固有部分。

所谓校正（或称补偿、调节）就是给系统附加一些具有某种典型环节特性的电路、运算部件或测控装置等，靠这些环节的配置来有效地改善整个系统的控制性能，这一附加的部分称为校正元件或校正装置，通常是一些无源或有源微积分电路，以及速度、加速度检测元件等。

5.1.2 校正的方式

根据校正装置在系统中的不同位置，一般可分为串联校正、反馈校正和顺馈补偿校正。

1. 串联校正

校正装置串联在系统固有部分的前向通路中，称为串联校正，如图 5.1.1 所示。为减小校正装置的功率等级，降低校正装置的复杂程度，串联校正装置通常安排在前向通道中功率等级最低的点上。

2. 反馈校正

校正装置与系统固有部分按反馈连接，形成局部反馈回路，称为反馈校正，如图 5.1.2 所示。

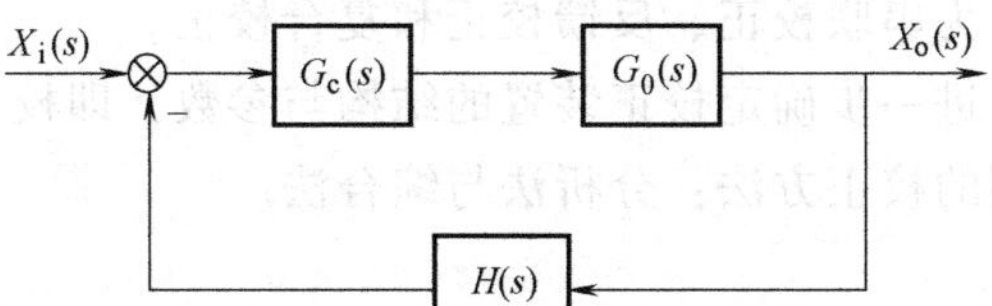

图 5.1.1　串联校正系统框图

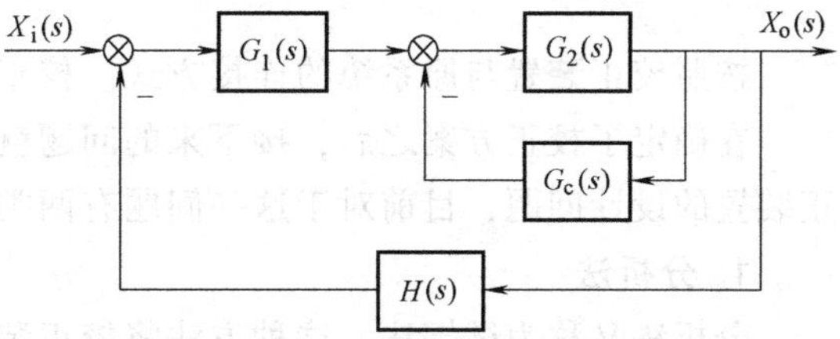

图 5.1.2　反馈校正系统框图

3. 顺馈补偿校正

顺馈补偿校正是在反馈控制的基础上，引入输入补偿构成的校正方式，可以分为以下两种。一种是引入给定输入信号补偿，另一种是引入扰动输入信号补偿。校正装置将直接或间接测出给定输入信号 $X_i(s)$ 和扰动输入信号 $N(s)$，经过适当变换以后，作为附加校正信号输入系统，使可测扰动对系统的影响得到补偿。从而控制和抵消扰动对输出的影响，提高系统的控制精度。

5.1.3　校正装置

根据校正装置本身是否有电源，可分为无源校正装置和有源校正装置。

1. 无源校正装置

无源校正装置通常是由电阻和电容组成的电路，根据它们对频率特性的影响，又分为相位超前校正、相位滞后校正和相位滞后-超前校正。

无源校正装置线路简单、组合方便、无须外供电源，但本身没有增益，只有衰减。且输入阻抗低，输出阻抗高，因此在应用时要增设放大器或隔离放大器。

2. 有源校正装置

有源校正装置是由运算放大器组成的调节器。有源校正装置本身有增益，且输入阻抗高，输出阻抗低，所以目前较多采用有源校正装置。缺点是需另供电源。

5.1.4　控制系统设计的步骤

自动控制系统的设计是指为了完成给定的任务，寻找一个符合要求的实际工程系统。一般应经过以下三步。

1）根据任务要求，选定控制对象。

2）根据性能指标要求，确定系统的控制规律，并设计出满足这个控制规律的控制器，初步选定构成控制器的元器件。

3）将选定的控制对象和控制器组成控制系统，如果构成的系统不能满足或不能全部满足设计要求的性能指标，还必须增加合适的元件，按一定的方式连接到原系统中，使重新组合起来的系统全面满足设计要求。

这些能使系统的控制性能满足设计要求所增添的元件称为校正元件（或校正装置）。把由控制器和控制对象组成的系统称为原系统（或系统的不可变部分），把加入了校正装置的系统称为校正系统。为了使原系统的性能指标得到改善，按照一定的方式接入校正装置和选择校正元件参数的过程就是控制系统设计中的校正与综合的问题。

5.1.5 校正方法

按照校正装置与原系统的连接方式。校正可分为串联校正、反馈校正和复合校正。

在确定了校正方案之后，接下来的问题就是要进一步确定校正装置的结构与参数，即校正装置的设计问题，目前对于这一问题有两类不同的校正方法：分析法与综合法。

1. 分析法

分析法又称为试探法，这种方法将校正装置按照其相移特性划分成几种简单容易实现的类型，如相位超前校正、相位滞后校正、相位滞后-超前校正等。这些校正装置的结构已定，而参数可调。分析法要求设计者首先根据经验确定校正方案，然后根据性能指标的要求，有针对性地选择某一种类型的校正装置，再通过系统的分析和计算求出校正装置的参数，这种方法的设计结果必须经过验算。若不能满足全部性能指标，则需重新调整参数，甚至重新选择校正装置的结构，直至校正后全部满足性能指标为止。

因此分析法本质上是一种试探法。分析法的优点是校正装置简单、容易实现，因此在工程上得到广泛应用。

2. 综合法

综合法又称为期望特性法，它的基本思路是根据性能指标的要求，构造出期望的系统特性，如期望频率特性，然后再根据固有特性和期望特性去选择校正装置的特性及参数，使得系统校正后的特性与期望特性一致。

综合法思路清晰，操作简单，但是所得到的校正装置数学模型可能很复杂。在实现中会遇到一些困难，然而它对校正装置的选择有很好的指导作用。

5.2 性能指标

性能指标的提出要有根据，不能脱离实际的可能。要求响应快，必然使运动部件具有较高的速度和加速度，这样将承受较大的惯性载荷和离心载荷，如果超过强度极限就会遭到破坏，再者能源的功率也受到限制，超出最大可能也将无法实现。另外，几个性能指标的要求也经常互相矛盾。例如，减小系统的稳态误差往往会降低系统的相对稳定性，甚至导致系统不稳定。在这种情况下，就要考虑哪个性能是主要的，首先加以满足。有时，在另一些情况下就要采取折中的方案，并加上必要的校正，使两方面的性能都能得到部分满足。

系统的性能指标，按其类型可分为以下三类：

1）时域性能指标。包括瞬态性能指标和稳态性能指标。

2）频域性能指标。不仅反映系统在频域方面的特性，而且，当时域性能不易求得时，可首先用频率特性分析和实验来求得该系统在频域中的性能，再由此推出时域中的动态性能。

3）综合性能指标。它是考虑对系统的某些重要参数应如何取值才能保证系统获得某一最优的综合性能的测度，即若对这个性能指标取极值，则可获得有关重要参数值，而这些参数值可保证这一综合性能为最优。

5.2.1　时域性能指标

评价控制系统优劣的性能指标，一般是根据系统在典型输入下输出响应的某些特点统一规定的。常用的时域指标如：M_p 为最大超调量；t_s 为调整时间，单位为 s；t_p 为峰值时间，单位为 s；t_r 为上升时间，单位为 s。

5.2.2　频域性能指标

1. 开环频域指标

一般要画出开环对数幅频特性，并给出如下开环频域指标：ω_c 为开环剪切频率，单位为 rad/s；γ 为相位裕量，单位为（°）；K_g 为幅值裕量。

2. 闭环频域指标

一般应对闭环频率特性提出要求。例如，给出闭环频率特性曲线，并给出如下闭环频域指标：ω_r 为谐振角频率。ω_M 为复现频率。若事先规定一个 Δ 作为反映低频正弦输入信号作用下的允许误差，那么 ω_M 就是幅频特性值与 $A(0)$ 的差第一次达到 Δ 时的频率值，称为复现频率。若频率超过 ω_M，输出就不能复现输入，所以，$0\sim\omega_M$ 表示复现低频正弦输入信号的带宽，称为复现带宽，或称为工作带宽。ω_b 为闭环截止频率。一般规定，$A(\omega)$ 是由零频幅值 $A(0)$ 下降 3dB 时的频率，亦即 $A(\omega)$ 由 $A(0)$ 下降到 $0.707A(0)$ 的频率称为系统的闭环截止频率 ω_b。$0\sim\omega_b$ 的范围称为系统的闭环带宽。闭环频域指标如图 5.2.1 所示。

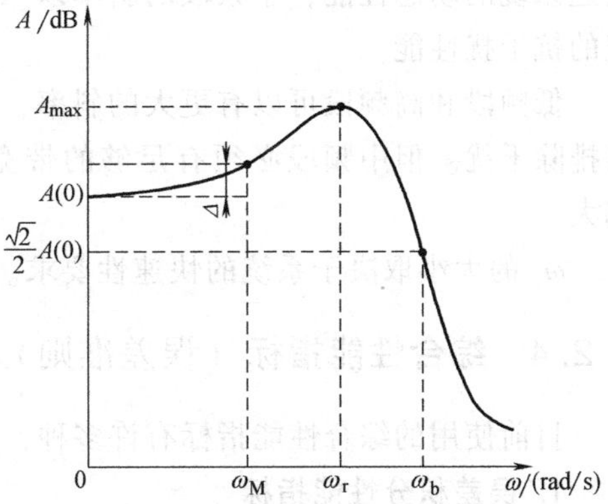

图 5.2.1　闭环频域指标

5.2.3　时域和频域的关系

在控制工程实践中，综合与校正的方法应根据特定的性能指标来确定。如果性能指标以单位阶跃响应的稳态误差 e_{ss}、峰值时间 t_p、最大超调量 M_p 和调整时间 t_s 等给出，一般应用根轨迹法进行综合与校正比较方便。如果性能指标以相位裕度 γ、幅值裕度 K_g、谐振峰值 M_r、谐振角频率 ω_r 和系统频域带宽 ω_b 等给出，一般应用频率特性法进行综合与校正更合适。两种性能指标之间有一定的联系。

时域和频域有如下关系成立。

1. 二阶系统频域指标与时域指标的关系

谐振峰值

$$M_r=\frac{1}{2\xi\sqrt{1-\xi^2}},\xi\leqslant 0.707 \tag{5.2.1}$$

谐振频率

$$\omega_r=\omega_n\sqrt{1-2\xi^2},\xi\leqslant 0.707 \tag{5.2.2}$$

带宽频率

$$\omega_b=\omega_n\sqrt{1-2\xi^2+\sqrt{2-4\xi^2+4\xi^4}} \tag{5.2.3}$$

截止频率 $$\omega_c=\omega_n\sqrt{\sqrt{1+4\xi^4}-2\xi^2} \tag{5.2.4}$$

相位裕度 $$\gamma=\arctan\frac{\xi}{\sqrt{\sqrt{1+4\xi^4}-2\xi^2}} \tag{5.2.5}$$

超调量 $$M_p=e^{-\xi\pi/\sqrt{1-\xi^2}}\times 100\% \tag{5.2.6}$$

调整时间 $$t_s=\frac{3.5}{\xi\omega} \tag{5.2.7}$$

2. 高阶系统频域指标与时域指标的关系

谐振峰值 $$M_r=\frac{1}{\sin\gamma} \tag{5.2.8}$$

超调量 $$\sigma=0.16+0.4(M_r-1),\ 1\leqslant M_r\leqslant 1.8 \tag{5.2.9}$$

调整时间 $$t_s=\frac{K_0\pi}{\omega_c} \tag{5.2.10}$$

$$K_0=2+1.5(M_r-1)+2.5(M_r-1)^2,\ 1\leqslant M_r\leqslant 1.8$$

3. 控制系统带宽

低频段（第一个转折频率 ω_1 之前的频段）表达系统的稳态性能；中频段（$\omega_1\sim 10\omega_c$）表达系统的动态性能，中频段的斜率以-20dB/dec 为宜；高频段（$10\omega_c$ 以后的频段）表达系统的抗干扰性能。

低频段和高频段可以有更大的斜率，低频段斜率大，提高稳态性能；高频段斜率大，可以排除干扰。但中频段必须有足够的带宽，以保证系统的相位裕量，带宽越大，相位裕量越大。

ω_c 的大小取决于系统的快速性要求。ω_c 大快速性好，但抗扰能力下降。

5.2.4 综合性能指标（误差准则）

目前使用的综合性能指标有许多种，简单介绍如下。

1. 误差积分性能指标

对于一个理想的系统，若给予其阶跃输入，则其输出也应是阶跃函数。实际上，输入输出之间总存在误差，我们只能使误差 $e(t)$ 尽可能小。图 5.2.2a 所示为系统在单位阶跃输入下无超调的过渡过程，其误差示于图 5.2.2b。

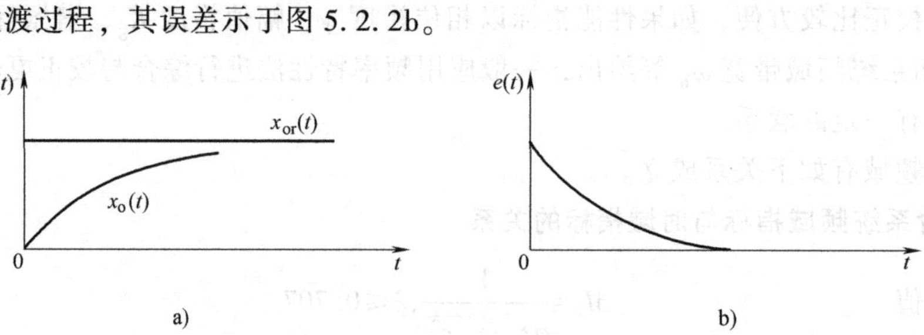

图 5.2.2 无超调阶跃响应及其误差

在无超调的情况下，误差 $e(t)$ 是单调变化的，因此，如果考虑所有时间里误差的总和，那么系统的综合性能指标可取为

$$I = \int_0^\infty e(t)\,dt \tag{5.2.11}$$

式中，误差 $e(t)=x_{or}(t)-x_o(t)=x_i(t)-x_o(t)$

因
$$E_1(s)=\int_0^\infty e(t)e^{-st}dt$$

所以
$$I=\lim_{s\to 0}\int_0^\infty e(t)e^{-st}dt=\lim_{s\to 0}E_1(s) \tag{5.2.12}$$

只要是系统在阶跃输入下其过渡过程无超调，就可以根据式（5.2.12）计算其 I 值，并根据此式计算出系统的使 I 值最小的参数。

2. 误差平方积分性能指标

若给系统以单位阶跃输入后，其输出过渡过程有振荡时，则常取误差平方的积分为系统的综合性能指标，即

$$I=\int_0^\infty e^2(t)\,dt \tag{5.2.13}$$

由于积分号中为平方项，因此在式（5.2.13）中，$e(t)$ 的正负号不会互相抵消，而在式（5.2.11）中，$e(t)$ 的正负会互相抵消。式（5.2.13）中的积分上限，也可以由足够大的时间 T 来代替，因此性能最优系统就是式（5.2.13）中积分取极小值的系统。因为用分析和实验的方法来计算式（5.2.13）右边的积分比较容易，所以在实际应用时，往往采用这种性能指标来评价系统性能的优劣。这也是现代控制理论中二次型性能指标的一种。

图 5.2.3a 中实线表示实际的输出，虚线表示希望的输出；图 5.2.3b、图 5.2.3c 所示分别为误差 $e(t)$ 及误差平方 $e^2(t)$ 的曲线；图 5.2.3d 所示为积分式 $\int e^2(t)\,dt$ 的曲线，$e^2(t)$ 从 0 到 T 的积分就是曲线 $e^2(t)$ 下的总面积。

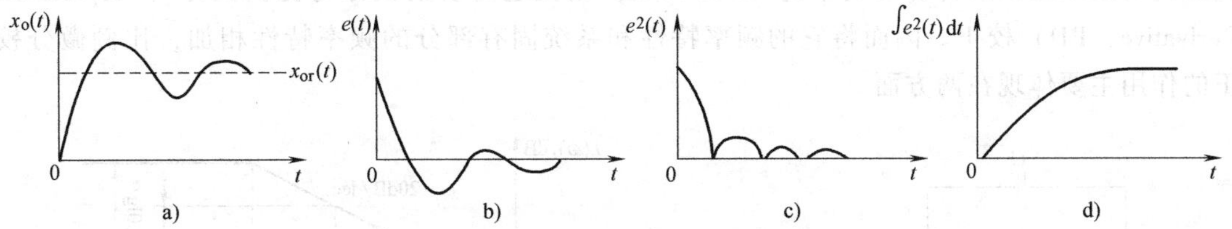

图 5.2.3　阶跃响应及误差、误差平方、误差平方积分曲线

误差平方积分性能指标的特点是重视大的误差，忽略小的误差。因为误差大时，其平方更大，对性能指标 I 的影响大，所以根据这种指标设计的系统，能使大的误差迅速减小，但系统容易产生振荡。

3. 广义误差平方积分性能指标

$$I=\int_0^\infty [e^2(t)+\alpha\dot{e}^2(t)]\,dt \tag{5.2.14}$$

式中，α 为给定的加权系数，因此，最优系统就是使此性能指标 I 取极小值的系统。

此指标的特点是，既不允许大的动态误差 $e(t)$ 长期存在，又不允许大的误差变化率 $\dot{e}(t)$ 长期存在。因此，按此指标设计的系统，不仅过渡过程结束得快，而且过渡过程的变

化也比较平稳。

5.3 串联校正

5.3.1 三频段对系统性能的影响

1）低频段的代表参数是斜率和高度，它们反映系统的型别和增益，表达系统的稳态精度。

2）中频段是指穿越频率附近的一段区域。代表参数是斜率、宽度（中频宽）、幅值穿越频率和相位裕量，它们反映系统的最大超调量和调整时间。表明了系统的相对稳定性和快速性。

3）高频段的代表参数是斜率，反映系统对高频干扰信号的衰减能力。

5.3.2 串联校正方法

1. 相位超前校正

(1) 相位超前校正装置

图 5.3.1 所示为一相位超前校正装置，其传递函数为

$$\alpha G_c(s)=\frac{1+\alpha Ts}{1+Ts} \tag{5.3.1}$$

式中，$T=\dfrac{R_1R_2}{R_1+R_2}C$，$\alpha=\dfrac{R_1+R_2}{R_2}>1$。

其 Bode 图如图 5.3.2 所示，从该图中可见，该装置提供了超前相位角，并且相位超前校正的对数渐近幅频特性的斜率为+20dB/dec，相位超前校正也称为比例微分（Proportional Derivative，PD）校正。因而将它的频率特性和系统固有部分的频率特性相加，比例微分校正的作用主要体现在两方面。

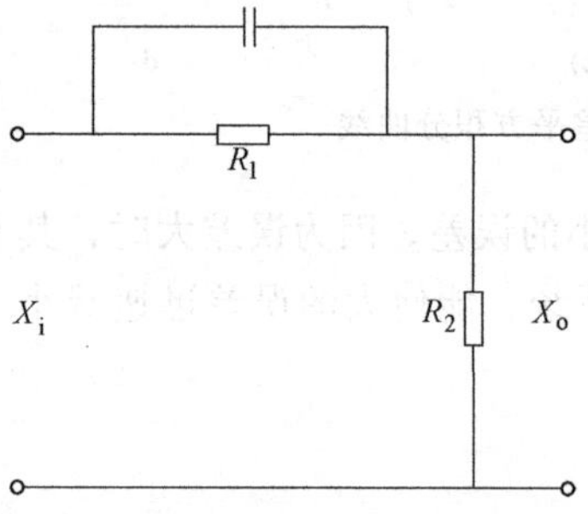

图 5.3.1 无源相位超前校正装置

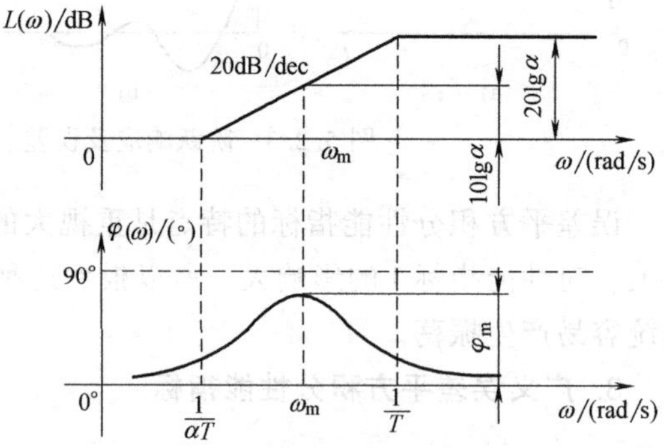

图 5.3.2 PD 调节器的 Bode 图

1）使系统的中、高频段特性上移，相位超前校正的对数渐近幅频特性的斜率为+20dB/dec，幅值穿越频率增大，使系统的快速性提高。

2）相位超前校正提供一个正的相位角，使相位裕量增大，改善了系统的相对稳定性。但是，由于高频段上升，降低了系统的抗干扰能力。

（2）超前校正参数的确定

超前网络的相角为

$$\varphi_c(\omega)=\arctan\alpha T\omega-\arctan T\omega=\arctan\frac{(\alpha-1)T\omega}{1+\alpha T^2\omega^2} \tag{5.3.2}$$

将式（5.3.2）对 ω 求导并令其为零，得最大超前角频率：$\omega_m=\frac{1}{T\sqrt{\alpha}}$，因此

$$\varphi_m=\arctan\frac{\alpha-1}{2\sqrt{\alpha}}=\arcsin\frac{\alpha-1}{\alpha+1} \tag{5.3.3}$$

可以证明：ω_m 为$\frac{1}{\alpha T}$与$\frac{1}{T}$的几何中心，$\lg\omega_m=\frac{\lg\frac{1}{\alpha T}+\lg\frac{1}{T}}{2}$。

由式（5.3.2）可以看出，φ_m 的值随着 α 值的增大而增大，图 5.3.3 为在不同 α 值的情况下，带惯性的 PD 控制器的相频特性。由式（5.3.2）可以计算出不同的 α 值所对应的 φ_m 的值，如表 5.3.1 所示，图 5.3.4 则以曲线的方式表示出了 α 与 φ_m 之间的关系。从表 5.3.1 和图 5.3.3 可以看出，当 α 的取值介于 5~20 之间的时候，φ_m 的取值介于 41.8°~64.8°之间。而当 α 较小时，φ_m 值过小；α 较大时，φ_m 随 α 增大的变化较小。故通常在超前校正中取 α 值在 5~20 的范围内。

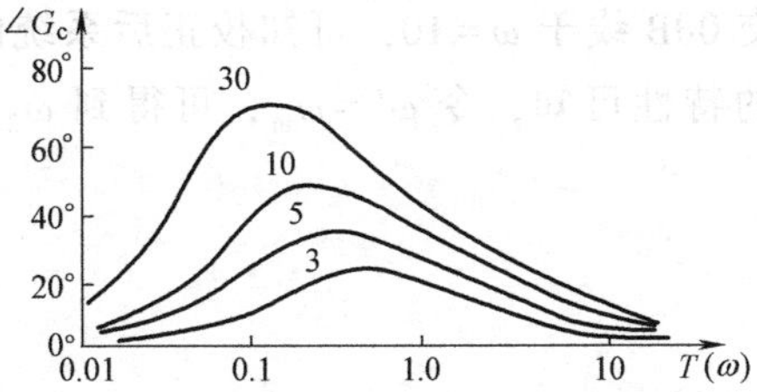

图 5.3.3　带惯性的 PD 控制器的相频特性

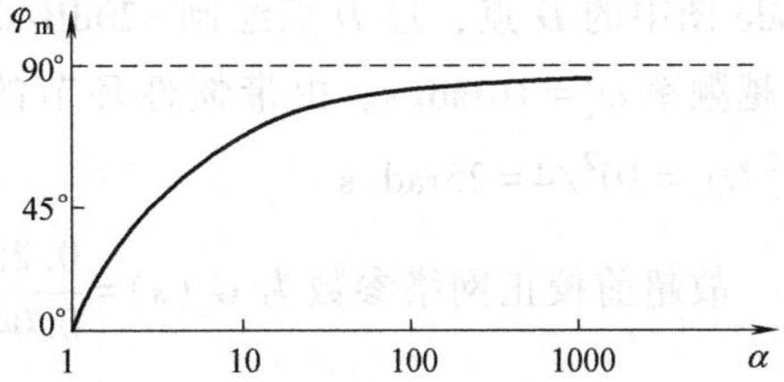

图 5.3.4　φ_m-α 关系曲线

表 5.3.1　φ_m-α 关系表

α	3	5	8	10	15	20	30	40	50	100	∞
φ_m	30°	41.8°	51°	55°	61°	64.8°	69.3°	72°	74°	78.6°	90°

例 5.3.1　设有一单位负反馈系统固有部分的传递函数为 $G_0=\frac{K}{s(0.5s+1)}$，要求校正后系统的性能指标为：开环放大系数 $K=20s^{-1}$，相位裕度 $\gamma'>50°$，设计超前校正网络。

解：1）根据开环放大系数的要求，系统固有部分的传递函数为

$$G_0=\frac{20}{s(0.5s+1)}$$

绘制其幅频特性图，如图 5.3.5 中 *ABC* 段所示。由图可知 $20\lg|G_0|$的幅值穿越频率 $\omega_c=6.3\text{rad/s}$，校正前系统的相位裕度 $\gamma=180°-90°-\arctan(0.5\times6.3)=17.6°$。

根据系统性能指标要求相位裕度 $\gamma'>50°$，采用带惯性的 PD 超前校正网络。

2）求超前校正网络参数。通常校正后的系统 Bode 图以−20dB/dec 穿越 0dB 线并具有足

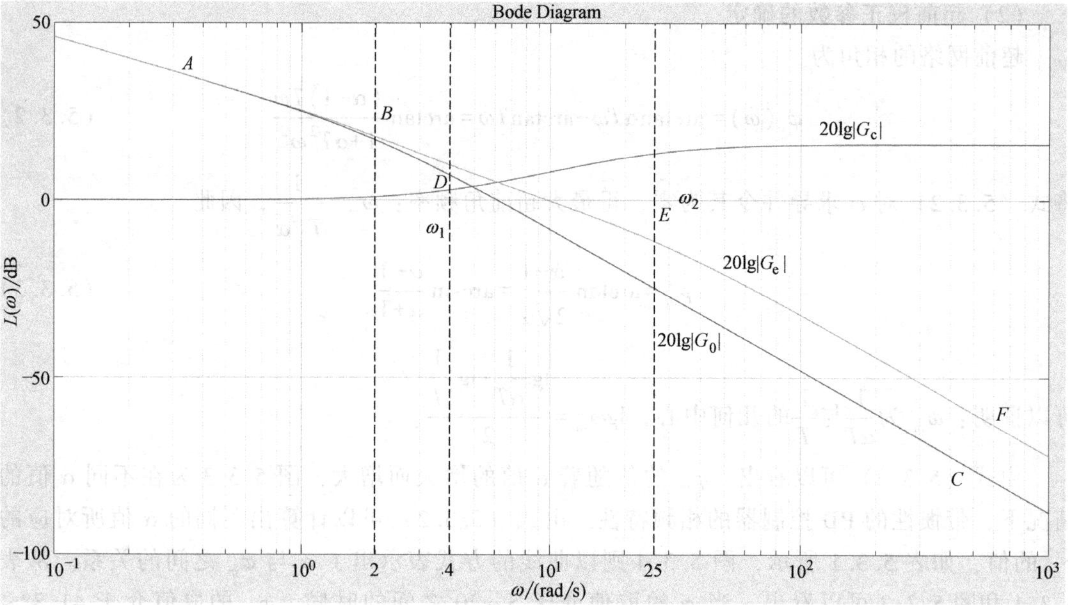

图 5.3.5　例 5.3.1 的 Bode 图

够的宽度，就可以满足上述的相位裕度的要求。在 2～6.3 之间取 $\omega_1=4\text{rad/s}$，对应系统 Bode 图中的 D 点，过 D 点绘制 -20dB/dec 的直线，交 0dB 线于 $\omega=10$，可知校正后系统的穿越频率 $\omega_c'=10\text{rad/s}$。由带惯性环节的 PD 控制器的特性可知，令 $\omega_c'=\omega_m$，可得到 $\omega_2=\omega_c'^2/\omega_1=10^2/4=25\text{rad/s}$

故超前校正网络参数为 $G_c(s)=\dfrac{0.25s+1}{0.04s+1}$

校正后系统开环传递函数为 $G_e(s)=\dfrac{20(0.25s+1)}{s(0.5s+1)(0.04s+1)}$

3）检验。系统开环放大系数为 20，满足要求。相位裕度为

$$\gamma'=180°-90°+\arctan(0.25\times10)-\arctan(0.5\times10)-\arctan(0.04\times10)=57.7°$$

满足要求。

若相位裕度不满足要求，重复第 2）步，减小 ω_1 或者增大 ω_2，直到满足要求。

由例 5.3.1 可知，超前校正可以提高系统穿越频率 ω_c，从而提高系统频带宽度。

例 5.3.2　设图 5.3.6 所示系统的开环传递函数为 $G(s)=\dfrac{K_1}{s(T_1s+1)(T_2s+1)}$，其中 $T_1=0.2$，$T_2=0.01$，$K=35$，采用相位超前校正装置（$K=1$，$T=0.2\text{s}$），对系统进行串联校正。试比较系统校正前后的性能。

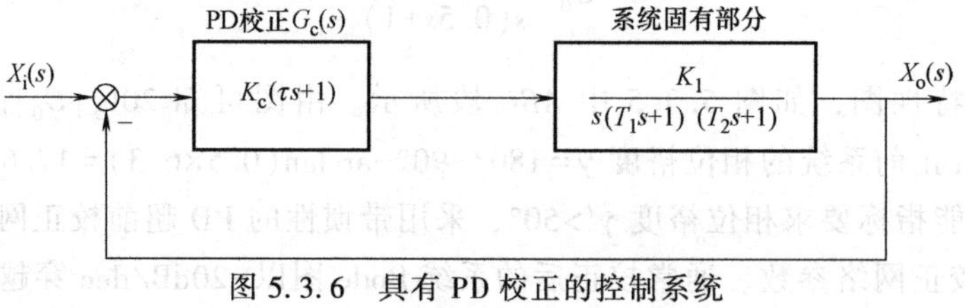

图 5.3.6　具有 PD 校正的控制系统

解：原系统的 Bode 图如图 5.3.7 中曲线 Ⅰ 所示。特性曲线以 −40dB/dec 的斜率穿越 0dB 线，穿越频率 $\omega_c = 12.7\text{rad/s}$，相位裕量 $\gamma = 14.2$。采用相位超前校正，其传递函数 $G_c(s) = 0.2s+1$，Bode 图为图 5.3.7 中的曲线 Ⅱ。校正后的曲线如图 5.3.7 中的曲线 Ⅲ。

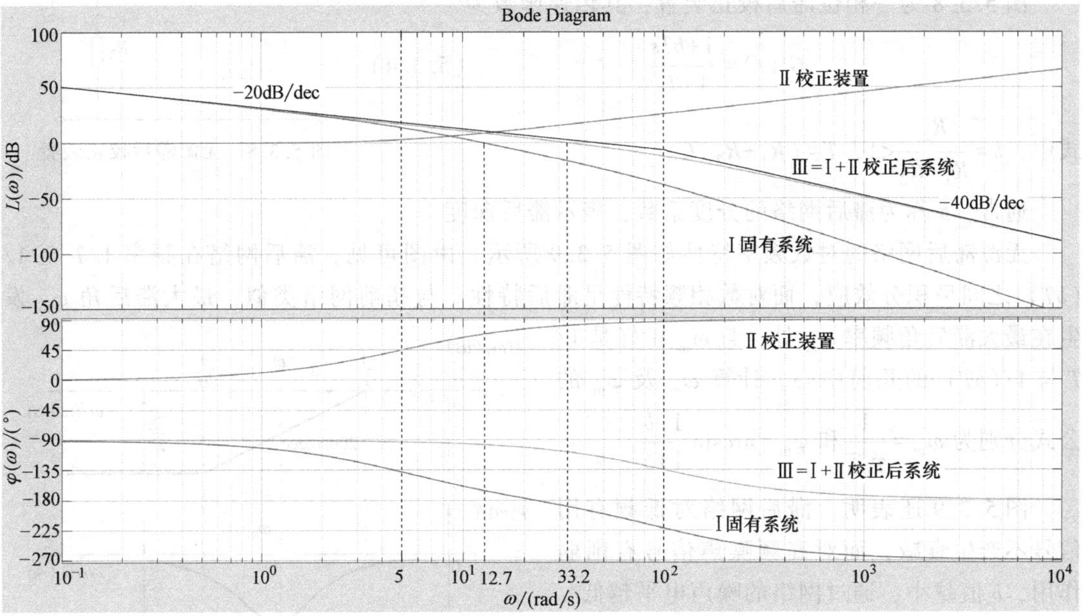

图 5.3.7　PD 校正对系统性能的影响

由图 5.3.7 可见，增加比例微分校正装置后：

低频段，$L(\omega)$ 的斜率和高度均没变，所以不影响系统的稳态精度。

中频段，$L(\omega)$ 的斜率由校正前的 −40dB/dec 变为校正后的 −20dB/dec，相位裕量由原来的 14.2°提高为 71.6°，提高了系统的相对稳定性；穿越频率 ω_c 由 12.7 变为 33.2，快速性提高。

高频段，$L(\omega)$ 的斜率由校正前的 −60dB/dec 变为校正后的 −40dB/dec，系统的抗高频干扰能力下降。

综上所述，比例微分校正将使系统的稳定性和快速性改善，但是抗高频干扰能力下降。

应当指出，在有些情况下采用串联超前校正是无效的，它受以下两个因素的限制。

1）闭环带宽要求。若待校正系统不稳定，为了得到规定的相角裕度，需要超前网络提供很大的相角超前量。这样，超前网络的 α 值必须选得很大，从而造成已校正系统带宽过大，使得通过系统的高频噪声电平很高，很可能使系统失控。

2）在截止频率附近相角迅速减小的待校正系统，一般不宜采用串联超前校正。因为随着截止频率的增大，待校正系统相角迅速减小，使已校正系统的相角裕度改善不大，很难得到足够的相角超前量。在一般情况下，产生这种相角迅速减小的原因是，在待校正系统截止频率的附近，或有两个交接频率彼此靠近的惯性环节，或有两个交接频率彼此相等的惯性环节，或有一个振荡环节。

在上述情况下，系统可采用其他方法进行校正，如采用两级（或两级以上）的串联超前网络（若选用无源网络，中间需要串接隔离放大器）进行串联超前校正，或采用一个滞后网络进行串联滞后校正。

2. 相位滞后校正

(1) 相位滞后校正装置

图 5.3.8 为一相位滞后校正装置，其传递函数为

$$G_c(s)=\frac{1+bTs}{1+Ts} \tag{5.3.4}$$

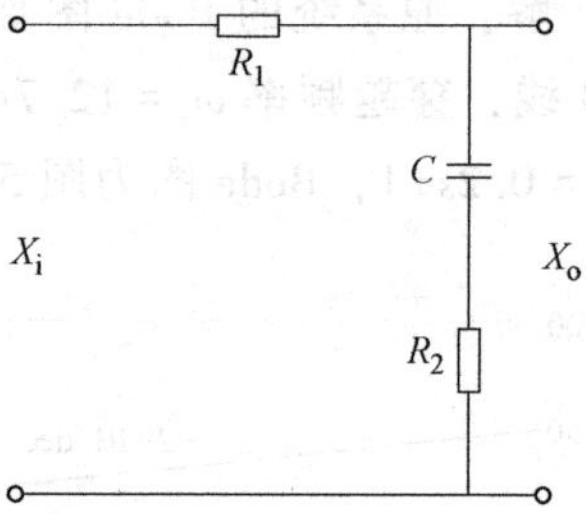

图 5.3.8 无源滞后校正装置

式中，$b=\dfrac{R_2}{R_1+R_2}<1$，$T=(R_1+R_2)C$。

通常，b 称为滞后网络的分度系数，表示滞后深度。

无源滞后网络的对数频率特性如图 5.3.9 所示。由图可见，滞后网络在频率 $1/T$ 至 $1/(bT)$ 之间呈积分效应，而对数相频特性呈滞后特性。与超前网络类似，最大滞后角 φ_m 发生在最大滞后角频率 ω_m 处，且 ω_m 正好是 $1/T$ 与 $1/(bT)$ 的几何中心。计算 ω_m 及 φ_m 的公式分别为 $\omega_m=\dfrac{1}{T\sqrt{b}}$ 和 $\varphi_m=\arcsin\dfrac{1-b}{1+b}$

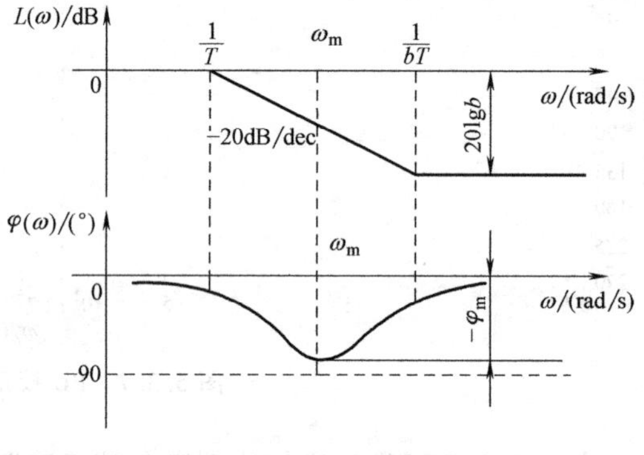

图 5.3.9 滞后校正环节的 Bode 图

图 5.3.9 还表明，滞后网络对低频有用信号不产生衰减，而对高频噪声信号有削弱作用，b 值越小，通过网络的噪声电平越低。

(2) 滞后校正参数的确定

采用无源滞后网络进行串联校正时，主要是利用其高频幅值衰减的特性，以降低系统的开环截止频率，提高系统的相角裕度。因此，力求避免最大滞后角发生在已校正系统开环截止频率 ω_c'' 附近。选择滞后网络参数时，通常使网络的交接频率 $1/(bT)$ 远小于 ω_c''，一般取 $\dfrac{1}{bT}=\dfrac{\omega_c''}{10}$，此时，滞后网络在 ω_c'' 处产生的相角滞后按下式确定：

$$\varphi_c(\omega_c'')=\arctan bT\omega_c''-\arctan T\omega_c''$$

例 5.3.3 设图 5.3.10 所示系统的固有开环传递函数为 $G(s)=\dfrac{K_1}{(T_1s+1)(T_2s+1)}$，其中 $T_1=0.33$，$T_2=0.0333$，$K_1=3.2$。采用 PI 调节器（$K=1.3$，$T=0.33$s），对系统进行串联校正。试比较系统校正前后的性能。

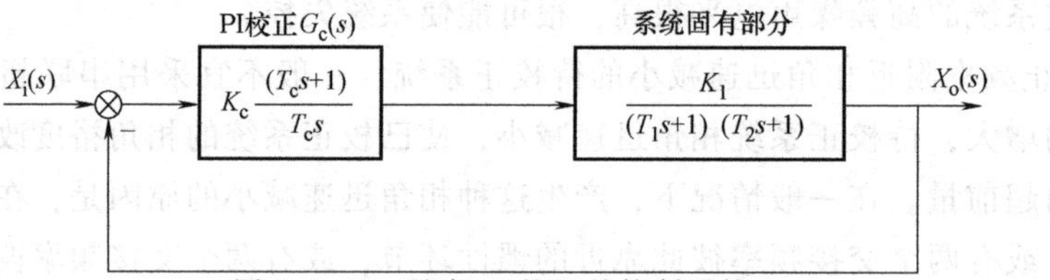

图 5.3.10 具有 PI 校正的控制系统

解： 原系统的 Bode 图如图 5.3.11 中曲线Ⅰ所示。特性曲线低频段的斜率为 0dB，显然是有差系统。穿越频率 $\omega_c=8.72$rad/s，相位裕量 $\gamma=92.8°$。

采用 PI 调节器校正，其传递函数 $G_c(s)=\dfrac{1.3(0.33s+1)}{0.33s}$，Bode 图为图 5.3.11 中的曲线Ⅱ。校正后的曲线如图 5.3.11 中的曲线Ⅲ。

由图 5.3.11 可见，增加比例积分校正装置后。

1）在低频段，$L(\omega)$ 的斜率由校正前的 0dB/dec 变为校正后的-20dB/dec，系统由 0 型变为Ⅰ型，系统的稳态精度提高。

2）在中频段，$L(\omega)$ 的斜率不变，但由于 PI 调节器提供了负的相位角，相位裕量由原来的 92.8°减小为 68.8°，降低了系统的相对稳定性。穿越频率 ω_c 有所增大，快速性略有提高。

3）在高频段，$L(\omega)$ 的斜率不变，对系统的抗高频干扰能力影响不大。

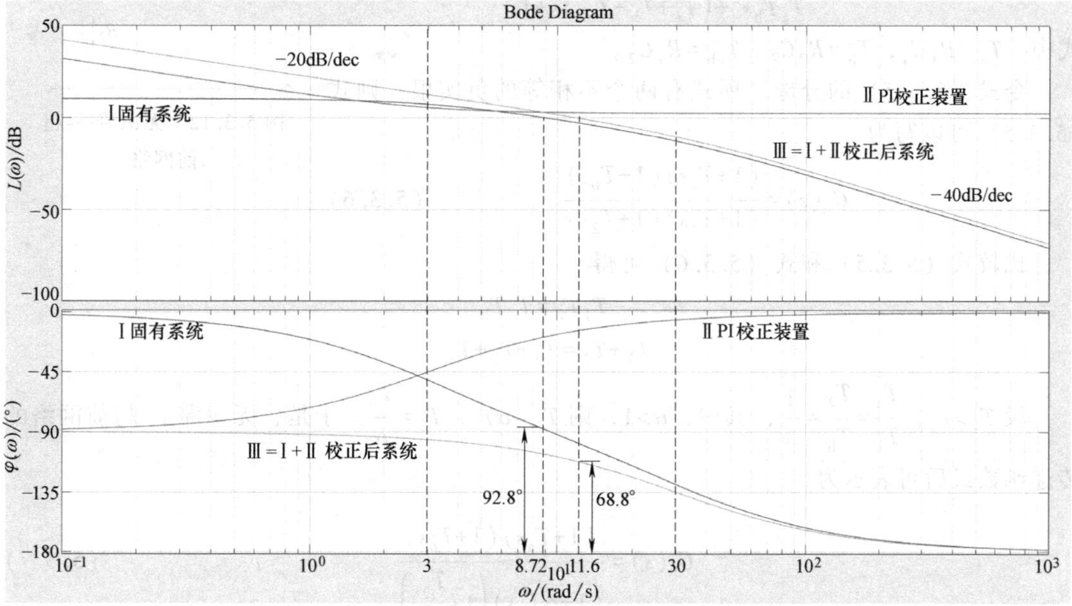

图 5.3.11　PI 校正对系统性能的影响

综上所述，比例积分校正虽然对系统的动态性能有一定的副作用，使系统的相对稳定性变差，但它却能使系统的稳态误差大大减小，显著改善系统的稳态性能。而稳态性能是系统在运行中长期起着作用的性能指标，往往是首先要求保证的。因此，在许多场合，宁愿牺牲一点动态性能指标的要求，而首先保证系统的稳态精度，这就是比例积分校正获得广泛应用的原因。

串联滞后校正与串联超前校正两种方法，在完成系统校正任务的目的是相同的，但有以下不同之处：

1）超前校正是利用超前网络的相角超前特性，而滞后校正则是利用滞后网络的高频幅值衰减特性。

2）为了满足严格的稳态性能要求，当采用无源校正网络时，超前校正要求一定的附加增益，而滞后校正一般不需要附加增益。

3）对于同一系统，采用超前校正的系统带宽大于采用滞后校正的系统带宽。从提高系统响应速度的观点来看，希望系统带宽越大越好。与此同时，带宽越大则系统越易受噪声干扰的影响，因此如果系统输入端噪声电平较高，一般不宜选用超前校正。

超前校正的作用在于提高系统的相对稳定性和响应快速性，但对稳态性能改善不大。滞后校正的主要作用在于，在基本上不影响原有动态性能的前提下，提高系统的开环放大系数，从而显著改善稳态性能。而采用滞后-超前校正环节，则可同时改善系统的动态性能和稳态性能。

3. 串联滞后-超前校正

无源滞后-超前网络的电路图如图 5.3.12 所示，其传递函数为

$$G_c(s)=\frac{(1+T_a s)(1+T_b s)}{T_a T_b s^2+(T_a+T_b+T_{ab})s+1} \tag{5.3.5}$$

式中，$T_a=R_1C_1$，$T_b=R_2C_2$，$T_{ab}=R_1C_2$。

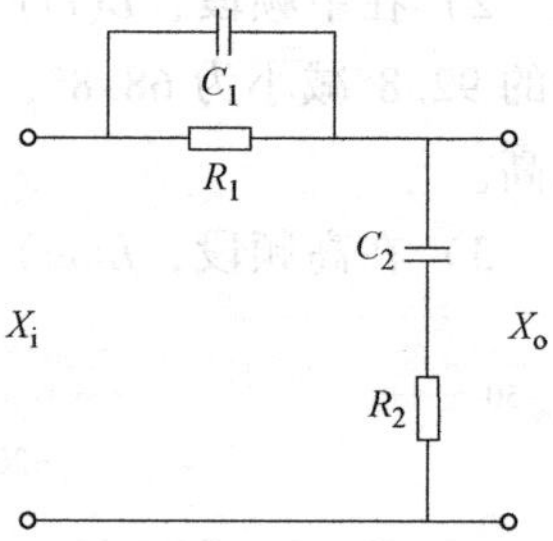

图 5.3.12　无源滞后-超前网络

令式 (5.3.5) 的分母二项式有两个不相等的负实根，则式 (5.3.5) 可以写为

$$G_c(s)=\frac{(1+T_a s)(1+T_b s)}{(1+T_1 s)(1+T_2 s)} \tag{5.3.6}$$

比较式 (5.3.5) 和式 (5.3.6) 可得

$$T_1T_2=T_aT_b$$
$$T_1+T_2=T_a+T_b+T_{ab}$$

设 $T_1>T_a$，$\frac{T_a}{T_1}=\frac{T_2}{T_b}=\frac{1}{\alpha}$，其中，$\alpha>1$，则 $T_1=\alpha T_a$，$T_2=\frac{T_b}{\alpha}$。于是，无源滞后-超前网络的传递函数最后可表示为

$$G_c(s)=\frac{(1+T_a s)(1+T_b s)}{(1+\alpha T_a s)\left(1+\frac{T_b}{\alpha}s\right)} \tag{5.3.7}$$

式中，$(1+T_a s)/(1+\alpha T_a s)$ 为网络的滞后部分，$(1+T_b s)/(1+T_b s/\alpha)$ 为网络的超前部分。无源滞后-超前网络的对数幅频渐近特性如图 5.3.13 所示，其低频部分和高频部分均起于和终于零分贝水平线。由此可见，只要确定 ω_a、ω_b 和 α，或者确定 T_a、T_b 和 α 三个独立变量，图 5.3.13 的形状即可确定。

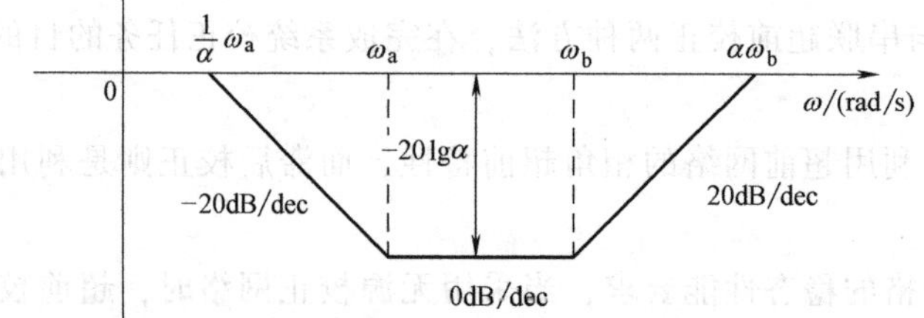

图 5.3.13　无源滞后-超前网络的 Bode 图

这种校正方法兼有滞后校正和超前校正的优点，即已校正系统响应速度较快，超调量较小，抑制高频噪声的性能也较好。当待校正系统不稳定，且要求校正后系统的响应速度、相角裕度和稳态精度较高时，以采用串联滞后-超前校正为宜。其基本原理是利用滞后-超前网络的超前部分来增大系统的相角裕度，同时利用滞后部分来改善系统的稳态性能。滞后-超前校正具有滞后校正和超前校正的特点。

有源网络校正的电路及特性如表 5.3.2 所示。

表 5.3.2　有源网络校正的电路及特性

电路图	传递函数	对数幅频渐近特性
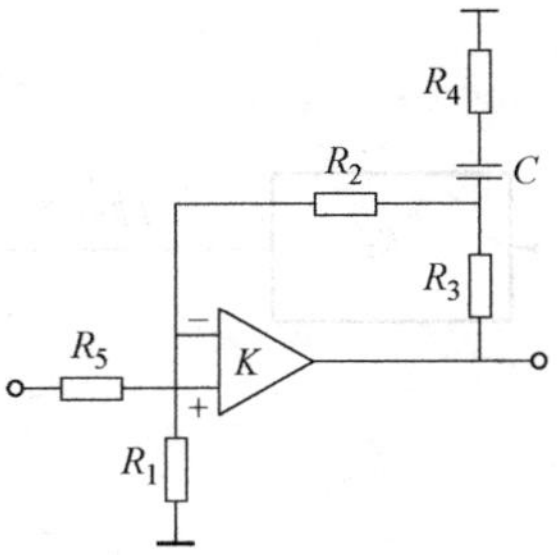	$G_0\dfrac{T_1s+1}{T_2s+1}$ $G_0=(R_1+R_2+R_3)/R_1$ $T_1=(R_3+R_4)C$ $T_2=R_4C$ $R_2\gg R_3\gg R_4$ $K\dfrac{R_1}{R_1+R_2+R_3}$ $\dfrac{R_4}{R_3+R_4}\gg 1$ $R_1\ll R_r;R_5\ll R_r$	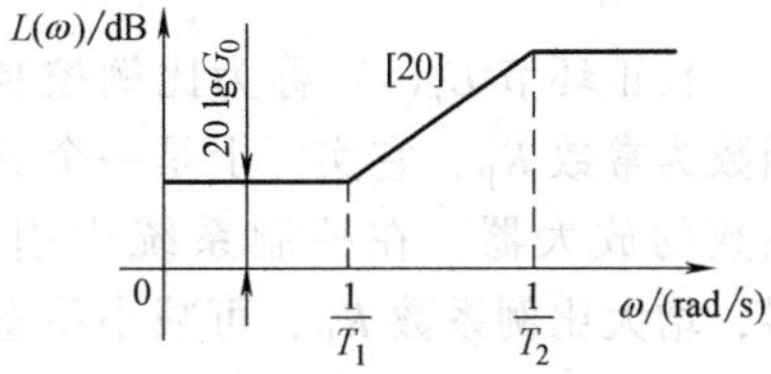
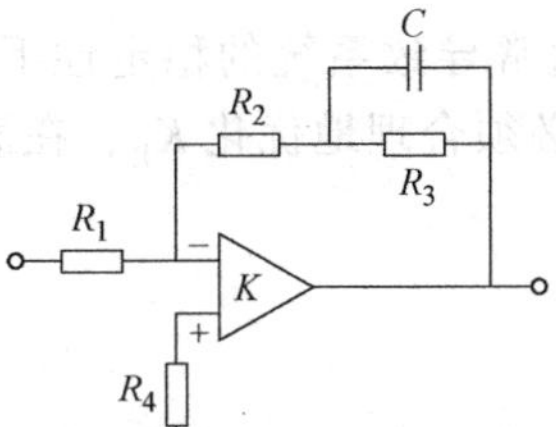	$G_0\dfrac{T_2s+1}{T_1s+1}$ $G_0=\dfrac{R_2+R_3}{R_1}$ $T_1=R_3C$ $T_2=\dfrac{R_2R_3}{R_2+R_3}C$ $K\dfrac{R_1}{R_2+R_3}\gg 1$	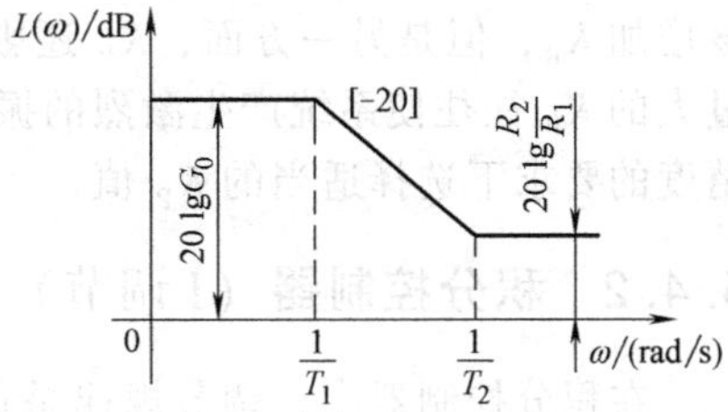
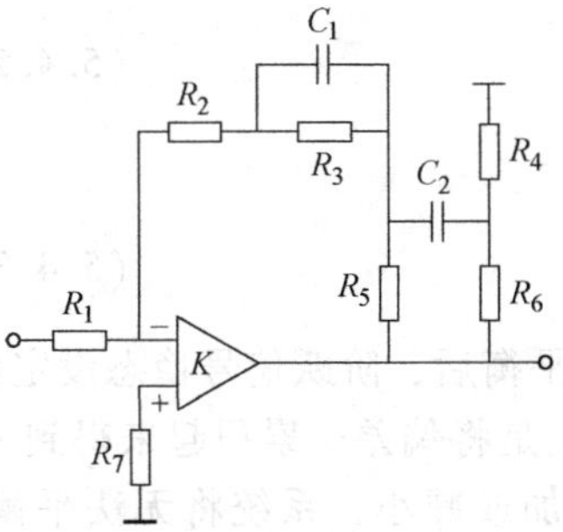	$G_0\dfrac{(T_2s+1)(T_3s+1)}{(T_1s+1)(T_4s+1)}$ $G_0=(R_2+R_3+R_5)/R_1$ $T_1=R_3C_1$ $T_2=[(R_2+R_5)/R_3]C_1$ $T_3=R_5C_2$ $T_4=R_4T_3/(R_4+R_6)$ $(R_2\gg R_5\gg R_6>R_4)$	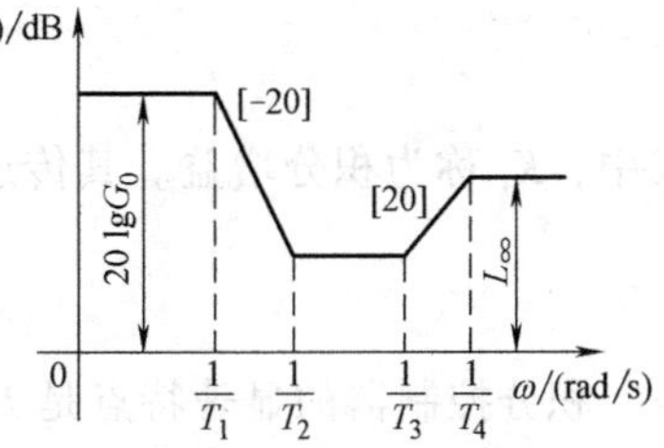 $L_\infty=20\lg\left[\dfrac{(R_2+R_5)(R_4+R_6)}{R_1R_4}\right]$

5.4　基本控制规律分析

按偏差的比例（Proportional）、积分（Integral）和微分（Derivative）进行控制的控制器称为 PID 控制器。PID 控制器又称 PID 调节器，是工业过程控制系统中应用最为广泛的一种调节器。经过长期应用检验，PID 调节器已经形成了典型结构，其参数整定方便、结构改变灵活（P、PI、PD、PID 等），在许多工业控制过程中获得了良好的效果，对于那些数学模型不易精确求得、参数变化较大的被控对象，采用 PID 调节器往往能取得满意的控制效果。PID 控制器在经典控制理论中技术成熟，从 20 世纪 30 年代末出现的模拟式 PID 调节器开始，至今仍有非常广泛的应用。今天，随着计算机技术的迅速发展，计算机算法越来越多地代替了模拟式 PID 调节器，实现了数字 PID 控制，其控制作用更灵活、更易于改进和完善。

5.4.1 P 控制（比例控制）规律

具有比例规律的控制器称为比例控制器（或称 P 控制器），如图 5.4.1 所示，其中

$$G_c(s)=\frac{M(s)}{E(s)}=K_P \tag{5.4.1}$$

$$m(t)=K_P e(t)$$

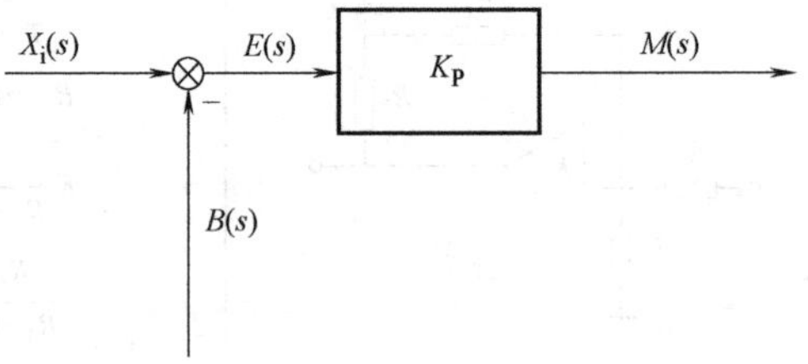

图 5.4.1 P 控制器

校正环节 $G_c(s)$ 称为比例控制器，其传递函数为常数 K_P，它实际上是一个具有可调放大系数的放大器。在控制系统中引入比例控制器，增大比例系数 K_P，可减小稳态误差，提高系统的快速性，但使系统稳定性下降，因此，工程设计中一般很少单独使用比例控制器。

增益调整是系统校正与综合时最基本、最简单的方法。从减小偏差的角度出发，我们应该增加 K_P，但是另一方面，K_P 还影响系统的稳定性，K_P 增加通常导致系统的稳定性下降，过大的 K_P 往往使系统产生激烈的振荡和不稳定。因此在设计时必须合理地优化 K_P，在满足精度的要求下选择适当的 K_P 值。

5.4.2 积分控制器（I 调节）

在积分控制器中，调节规律是偏差 e 经过积分控制器的积分作用得到控制器的输出信号，其方程如下

$$u = K_I\int_0^t e\mathrm{d}t \tag{5.4.2}$$

式中，K_I 称为积分增益。其传递函数表示为

$$G_c(s)=\frac{K_I}{s} \tag{5.4.3}$$

积分控制器的显著特点是无差调节，也就是说当系统达到平衡后，阶跃信号稳态设定值和被调量无差，偏差 e 等于 0。直观理解为：积分的作用实际上是将偏差 e 累积起来得到 u，如果偏差 e 不为 0，积分作用将使积分控制器的输出 u 不断增加或减小，系统将无法平衡，故而只有 e 为 0，积分控制器的输出 u 才不发生变化。

5.4.3 微分控制器（D 调节）

在微分控制器中，调节规律是偏差 e 经过微分控制器的微分作用得到控制器的输出信号 u，即控制器的输出 u 与偏差的变化速率 $\frac{\mathrm{d}e}{\mathrm{d}t}$ 成正比。其方程如下

$$u=K_D\frac{de}{dt} \tag{5.4.4}$$

式中，K_D 称为微分增益。其传递函数表示为

$$G_c(s)=K_Ds \tag{5.4.5}$$

比例控制器和积分控制器都是出现了偏差才进行调节，而微分控制器则针对被调量的变化速率来进行调节，不需要等到被调量已经出现较大的偏差后才开始动作，即微分调节器可以对被调量的变化趋势进行调节，及时避免出现大的偏差。

一般情况下，实现微分作用不是直接对检测信号进行微分操作，因为这样会引入很大的冲击造成某些器件工作不正常。另外，对于噪声干扰信号，由于其突变性，直接微分将引起很大的输出，从而忽略实际信号的变化趋势，也即直接微分会造成对于线路的噪声过于敏感。故而对于性能要求较高的系统，往往使用检测信号的速率传感器来避免对信号的直接微分。

5.4.4　PD 控制（比例+微分）规律

具有比例加微分控制规律的控制器称为比例加微分控制器（或称 PD 控制器），如图 5.4.2 所示。其中

$$G_c(s)=\frac{M(s)}{E(s)}=(1+T_ds)K_P \tag{5.4.6}$$

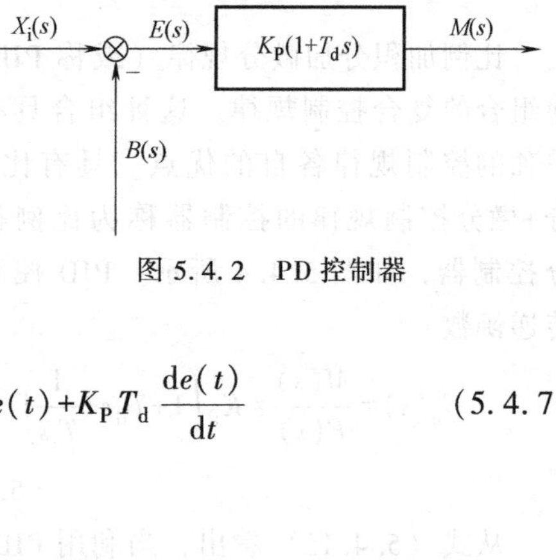

图 5.4.2　PD 控制器

校正环节 $G_c(s)$ 称为比例加微分控制器（或 PD 控制器）。该控制器的输出时间函数 $m(t)$ 成比例地反映输入信号 $e(t)$，又成比例地反映输入信号 $e(t)$ 的导数（变化率），即

$$m(t)=K_P\left[e(t)+T_d\frac{de(t)}{dt}\right]=K_Pe(t)+K_PT_d\frac{de(t)}{dt} \tag{5.4.7}$$

设 PD 控制器的输入信号 $e(t)$ 为正弦函数

$$e(t)=e_m\sin\omega t$$

式中，e_m 为振幅，ω 为角频率。PD 控制器的输出信号 $m(t)$ 为

$$\begin{aligned}m(t)&=K_P\left[e(t)+T_d\frac{de(t)}{dt}\right]=K_P(e_m\sin\omega t+e_mT_d\omega\cos\omega t)\\&=K_Pe_m\sqrt{1+(T_d\omega)^2}\sin(\omega t+\tan^{-1}T_d\omega)\end{aligned} \tag{5.4.8}$$

式（5.4.8）表明，PD 控制器的输入信号为正弦函数时，其输出仍为同频率的正弦函数，只是幅值改变了 $K_P\sqrt{1+(T_d\omega)^2}$ 倍，并且随 ω 的改变而改变。相位超前于输入正弦函数，超前的相位角为 $\tan^{-1}T_d\omega$，随 T_d、ω 的改变而改变，最大超前相位角（当 $\omega\to\infty$）为 $90°$。

由于 PD 控制器具有使输出信号相位超前于输入信号相位的特性，因此又称为超前校正装置或微分校正装置。工程实践中可应用这一特性来改善系统的稳定性。而当原闭环系统稳定，但稳定裕度不足时，可以增加稳定裕度，改善系统的动态性能。

5.4.5　PI 控制（比例+积分）规律

具有比例加积分控制规律的控制器，称为比例积分控制器（或称 PI 控制器），如图

5.4.3 所示。其中

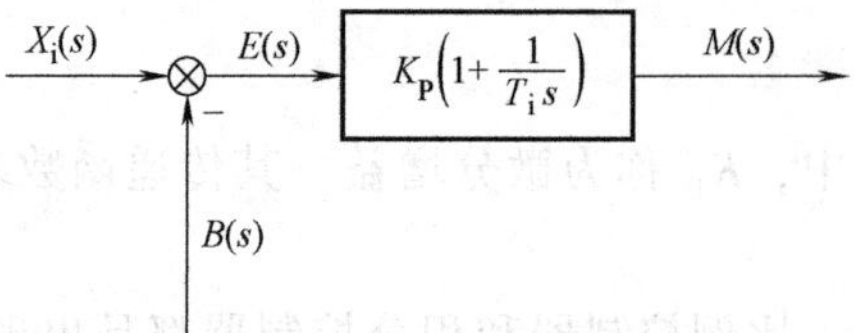

图 5.4.3 PI 控制器

$$G_c(s)=\frac{M(s)}{E(s)}=K_P\left(1+\frac{1}{T_is}\right) \tag{5.4.9}$$

控制器输出的时间函数

$$m(t)=K_P\left[e(t)+\frac{1}{T_i}\int_0^t e(\tau)\mathrm{d}\tau\right] \tag{5.4.10}$$

为了讨论方便，令比例系数 $K_P=1$，则式(5.4.9) 变为

$$G_c(s)=\frac{M(s)}{E(s)}=\left(1+\frac{1}{T_is}\right)=\frac{T_is+1}{T_is} \tag{5.4.11}$$

由式（5.4.11）看出，PI 控制器的传递函数中包含有积分因子，即整个系统的开环通路中包含有积分因子，其可以提高系统的型次，减小或消除稳态误差，改善稳态性能。但会使系统的相位产生滞后，相位裕度有所减小，稳定性变差，剪切频率 ω_c 减小，快速性变差，系统的动态性能下降。

5.4.6 PID 控制（比例+积分+微分）规律

比例加积分加微分规律（或称 PID 控制规律）是一种由比例、积分、微分基本控制规律组合的复合控制规律。这种组合具有三个单独的控制规律各自的优点。具有比例+积分+微分控制规律的控制器称为比例积分微分控制器，如图 5.4.4 所示。PID 控制器的传递函数

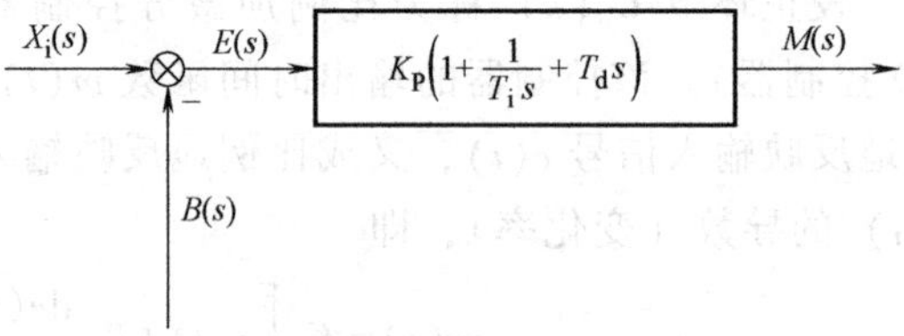

图 5.4.4 PID 控制器

$$G_c(s)=\frac{M(s)}{E(s)}=K_P\left(1+T_ds+\frac{1}{T_is}\right) \tag{5.4.12}$$

从式（5.4.12）看出，当利用 PID 控制器进行串联校正时，可以使系统的型次提高一级，而且增加了两个负实数零点，用来改善系统的动态性能。综上所述，PID 控制器可以做到同时改善系统的稳态性能与动态性能。当然，为了取得上述效果，必须正确选择积分与微分时间常数 T_i 和 T_d。

PID 控制原理简单，使用方便，适应性强，可以广泛应用于机电控制系统，同时也可用于化工、热工、冶金、炼油、造纸、建材等各种生产部门，同时 PID 调节器鲁棒性强，即其控制品质对环境条件和被控制对象参数的变化不太敏感。对于系统性能要求较高的情况，往往使用 PID 控制器。在合理地优化各参数后，可以使系统具有提高稳定性、快速响应、无残差等理想的性能。在使用 PI 或者 PD 控制器就能满足性能要求的情况下，往往选 PI 或者 PD 控制器以简化设计。

5.4.7 确定 PID 参数的其他方法

PID 控制器参数整定是控制器设计的核心内容，即对 PID 控制器的 K_P、K_I 和 K_D 参数进行整定。本节主要介绍使系统闭环极点落在希望的位置，依靠解析的方法确定 PID 参数，

以及针对复杂的受控对象数学模型，借助于实验的方法确定 PID 参数。

PID 校正传递函数应为

$$G_c(s)=K_P+\frac{K_I}{s}+K_D s=\frac{K_D s^2+K_P s+K_I}{s} \tag{5.4.13}$$

这里有 3 个待定系数。

1. 任意极点配置法

设系统固有开环传递函数为

$$G_0(s)=\frac{n_0(s)}{d_0(s)} \tag{5.4.14}$$

系统的特征方程为

$$1+G_c(s)G_0(s)=0$$

或

$$sd_0(s)+(K_D s^2+K_P s+K_I)n_0(s)=0 \tag{5.4.15}$$

通过对 3 个系数的不同赋值，可以改变闭环系统的全部或部分极点的位置，从而改变系统的动态性能。

由于 PID 调节器只有 3 个任意赋值的系数，因此一般情况下只能对固有传递函数是一阶和二阶的系统进行极点位置的任意配置。对于一阶系统，只需采用局部的 PI 或 PD 校正即可实现任意极点配置。

设一阶系统开环固有传递函数和校正环节传递函数分别为 $G_0(s)=\dfrac{1}{s+a}$ 和 $G_c(s)=\dfrac{K_P s+K_I}{s}$，则系统的闭环传递函数为

$$\frac{X_o(s)}{X_i(s)}=\frac{G_c(s)G_0(s)}{1+G_c(s)G_0(s)}=\frac{K_P s+K_I}{s^2+(K_P+a)s+K_I} \tag{5.4.16}$$

为了使该系统校正后的阻尼比为 ξ，无阻尼自振角频率为 ω_n，选择 $K_I=\omega_n^2$，$K_P=2\xi\omega_n-a$。对于二阶系统，必须采用完整的 PID 校正才能实现任意极点配置。设二阶系统开环固有传递函数和校正环节传递函数分别为

$$G_0(s)=\frac{1}{s^2+a_1 s+a_0}\text{和 }G_c(s)=\frac{K_D s^2+K_P s+K_I}{s}$$

则系统的闭环传递函数为

$$\frac{X_o(s)}{X_i(s)}=\frac{G_c(s)G_0(s)}{1+G_c(s)G_0(s)}=\frac{K_D s^2+K_P s+K_I}{s^3+(K_D+a_1)s^2+(K_P+a_0)s+K_I}$$

假设得到的闭环传递函数三阶特征多项式可分解为

$$(s+\beta)(s^2+2\xi\omega_n s+\omega_n^2)=s^3+(2\xi\omega_n+\beta)s^2+(2\xi\omega_n\beta+\omega_n^2)s+\beta\omega_n^2$$

令对应系数相等，有

$$\left.\begin{aligned}K_D+a_1&=2\xi\omega_n+\beta\\K_P+a_0&=2\xi\omega_n\beta+\omega_n^2\\K_I&=\beta\omega_n^2\end{aligned}\right\} \tag{5.4.17}$$

2. 高阶系统累试法

对于固有传递函数高于二阶的高阶系统，PID 校正不可能做到全部闭环极点的任意配置。但可以控制部分极点，以达到系统预期的性能指标。

根据相位裕量的定义，有

$$G_c(j\omega_c)G_0(j\omega_c)=1\angle(-180°+\gamma) \tag{5.4.18}$$

由式（5.4.18），有

$$|G_c(j\omega_c)|=\frac{1}{|G_0(j\omega_c)|}$$

$$\theta=\angle G_c(j\omega_c)=-180°+\gamma-\angle G_0(j\omega_c) \tag{5.4.19}$$

则 PID 控制器在剪切频率处的频率特性可表示为

$$K_P+j\left(K_D\omega_c-\frac{K_I}{\omega_c}\right)=|G_c(j\omega_c)|(\cos\theta+j\sin\theta) \tag{5.4.20}$$

由式（5.4.19）和式（5.4.20），得

$$K_P=\frac{\cos\theta}{|G_0(j\omega_c)|} \tag{5.4.21}$$

$$K_D\omega_c-\frac{K_I}{\omega_c}=\frac{\sin\theta}{|G_0(j\omega_c)|} \tag{5.4.22}$$

由式（5.4.21）可独立地解出比例增益 K_P，而式（5.4.22）包含两个未知参数 K_I 和 K_D，不是唯一解。当采用局部 PI 控制器或 PD 控制器时，由于减少了一个未知数，可唯一解出 K_I 或 K_D。当采用完整的 PID 控制器时，通常由稳态误差要求，通过开环放大倍数，先确定积分增益 K_I，然后由式（5.4.22）计算出微分增益 K_D。同时通过数字仿真，反复试探，最后确定 K_P、K_I 和 K_D 3 个参数。

例 5.4.1 设单位反馈的受控对象的传递函数为 $G_0(s)=\dfrac{4}{s(s+1)(s+2)}$，试设计 PID 控制器，实现系统剪切频率 $\omega_c=1.7\text{rad/s}$，相角裕量 $\gamma=50°$。

解： $G_0(j1.7)=0.454\angle-189.9°$

$$\theta=\angle G_j(j\omega_c)=-180°+50°+189.9°=59.9°$$

由式（5.4.21），得 $K_P=\dfrac{\cos59.9°}{0.454}=1.10$

输入引起的系统误差象函数表达式为

$$E(s)=\frac{s^2(s+1)(s+2)}{s^4+3s^3+2(2K_D+1)s^2+4K_Ps+4K_I}X_i(s)$$

令单位加速度输入的稳态误差 $e_{ss}=2.5$，利用上式可得 $K_I=0.2$，再利用式（5.4.22），得

$$K_D=\frac{\sin59.9°}{1.7\times0.454}+\frac{0.2}{1.7^2}=1.19$$

3. 试探法

采用试探法，首先仅选择比例校正，使系统闭环后满足稳定性指标。然后，在此基础上根据稳态误差要求加入适当参数的积分校正。积分校正的加入往往使系统稳定裕量和快速性

下降，此时再加入适当参数的微分校正，以保证系统的稳定性和快速性。以上过程通常需要循环试探几轮，方能使系统闭环后达到理想的性能指标。

4. 齐格勒-尼柯尔斯法

对于受控对象比较复杂、数学模型难以建立的情况，在系统的设计和调试过程中，可以考虑借助实验方法，采用齐格勒-尼柯尔斯（Ziegler-Nichols）法对 PID 调节器进行设计。用该方法使系统实现所谓“1/4 衰减”响应（quarter-decay），即设计的调节器使系统闭环阶跃响应相邻后一个周期的超调衰减为前一个周期的 25%左右。

当开环受控对象阶跃响应没有超调，其响应曲线有如图 5.4.5 所示的 S 形状时，采用齐格勒-尼柯尔斯第一法设定 PID 调节器参数。如图 5.4.5 所示，在单位阶跃响应曲线上斜率最大的拐点作切线，得参数 L 和 T，则齐格勒-尼柯尔斯法参数设定如下。

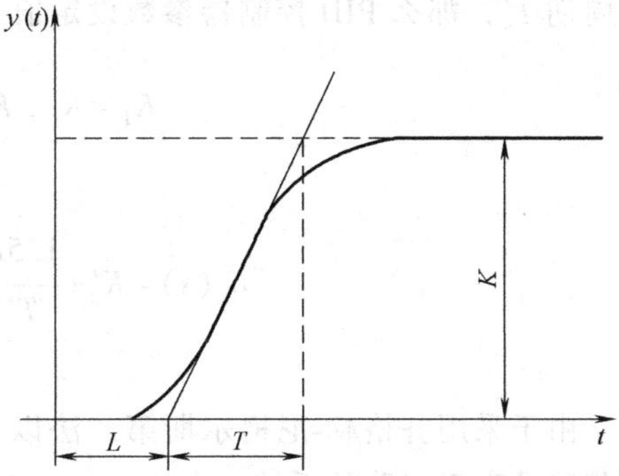

图 5.4.5　齐格勒-尼柯尔斯第一法参数定义

（1）比例控制器

$$K_P=\frac{T}{L} \tag{5.4.23}$$

（2）比例-积分控制器

$$K_P=0.9\frac{T}{L},\ K_I=\frac{K_P}{\dfrac{L}{0.3}}=\frac{0.9\dfrac{T}{L}}{\dfrac{L}{0.3}}=\frac{0.27T}{L^2} \tag{5.4.24}$$

（3）比例-积分-微分控制器

$$K_P=1.2\frac{T}{L},\ K_I=\frac{K_P}{2L}=\frac{1.2\dfrac{T}{L}}{2L}=\frac{0.6T}{L^2}$$

$$K_D=K_P\times0.5L=\frac{1.2T}{L}\times0.5L=0.6T \tag{5.4.25}$$

对于低增益时稳定而高增益时不稳定会产生振荡发散的系统，采用齐格勒-尼柯尔斯第二法（即连续振荡法）设定参数。开始只加比例校正，系统以低增益值工作，然后慢慢增加增益，直到闭环系统输出等幅度振荡为止。这表明受控对象加该增益的比例控制已达稳定性极限，为临界稳定状态，此时测量并记录振荡周期 T_u 和比例增益值 K_u。然后，齐格勒-尼柯尔斯法做参数设定如下。

（1）比例控制器

$$K_P=0.5K_u \tag{5.4.26}$$

（2）比例-积分控制器

$$K_P=0.45K_u,\ K_I=\frac{1.2K_P}{T_u}=\frac{0.54K_u}{T_u} \tag{5.4.27}$$

(3) 比例-积分-微分控制器

$$K_P=0.6K_u,\ K_I=\frac{K_P}{0.5T_u}=\frac{1.2K_u}{T_u},\ K_D=0.125K_PT_u=0.075T_uK_u \tag{5.4.28}$$

对于那些在调试过程中不允许出现持续振荡的系统，则可以从低增益值开始慢慢增加，直到闭环衰减率达到希望值（通常采用“1/4 衰减”响应），此时记录下系统的增益 K'_u 和振荡周期 T'_u，那么 PID 控制器参数设定值为

$$K_P=K'_u,\ K_I=\frac{1.5K'_u}{T'_u},\ K_D=\frac{T'_uK'_u}{6} \tag{5.4.29}$$

即

$$G_c(s)=K'_u+\frac{1.5K'_u}{T'_us}+\frac{T'_uK'_us}{6}=0.5K'_u\frac{\left(\frac{T'_u}{3}s+1\right)^2}{\frac{T'_u}{3}s} \tag{5.4.30}$$

由于采用齐格勒-尼柯尔斯第二法以连续振荡法作为前提，显然，应用该方法的系统开环起码是高于二阶的系统。

值得注意的是，由于齐格勒-尼柯尔斯法采用所谓“1/4 衰减”响应，动态波动较大，故可在此基础上进行一定的修正。还有其他的一些设定法都可以提供简单的调整参数的手段，以达到较好的控制效果。

5.5 反馈校正

在主反馈环内，为改善系统性能而加入的反馈称为局部反馈。反馈校正除了具有串联校正同样的校正效果外，还具有串联校正所不可替代的效果。在机电随动系统和调速系统中，转速、加速度、电枢电流等，都可用作反馈信号源，而具体的反馈元件实际上就是一些测量传感器，如测速发电机、加速度计、电流互感器等。从控制的观点来看，反馈校正比串联校正有其突出的特点，它能有效地改变被包围环节的动态结构和参数，从而可以大大减弱这部分环节由于特性参数变化及各种干扰给系统带来的不利影响。

1. 反馈校正的方式

通常反馈校正可分为位置反馈和速度反馈。位置反馈校正装置的主体是比例环节（可能还含有小惯性环节），$G_c(s)=\alpha$（常数），它在系统的动态和稳态过程中都起反馈校正作用。速度反馈校正装置的主体是微分环节（可能还含有小惯性环节），$G_c(s)=\alpha s$，它只在系统的动态过程中起反馈校正作用，而在稳态时，反馈校正支路如同断路，不起作用。

2. 反馈校正的作用

如图 5.5.1 所示，设固有系统被包围环节的传递函数为 $G_2(s)$，反馈校正环节的传递函数为 $G_c(s)$，则校正后系统被包围部分传递函数为

$$\frac{X_2}{X_1}=\frac{G_2(s)}{1+G_c(s)G_2(s)} \tag{5.5.1}$$

可以改变系统被包围环节的结构和参数，使系统的性能达到所要求的指标。

(1) 对系统的比例环节 $G_2(s)=K$ 进行局部反馈

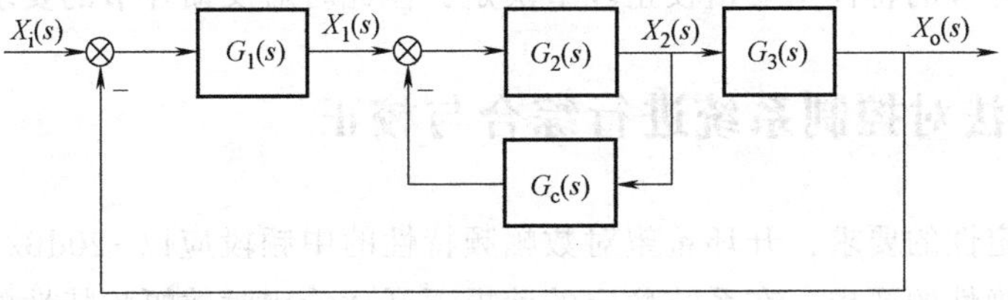

图 5.5.1 反馈校正在系统中的作用

1）当采用位置反馈，即 $G_c(s)=\alpha$ 时，校正后的传递函数为 $G(s)=\dfrac{K}{1+\alpha K}$，增益降低为 $\dfrac{K}{1+\alpha K}$倍，对于那些因为增益过大而影响系统性能的环节，采用位置反馈是一种有效的方法。

2）当采用速度反馈，即 $G_c(s)=\alpha s$ 时，校正后的传递函数为 $G(s)=\dfrac{K}{1+\alpha Ks}$，比例环节变为惯性环节，惯性环节时间常数变为 αK，动态过程变得平缓。对于希望过渡过程平缓的系统，经常采用速度反馈。

（2）对系统的积分环节 $G_2(s)=\dfrac{K}{s}$进行局部反馈

1）当采用位置反馈，即 $G_c(s)=\alpha$ 时，校正后的传递函数为

$$G(s)=\frac{K}{s+\alpha K}=\frac{1/\alpha}{\frac{1}{\alpha K}s+1} \tag{5.5.2}$$

含有积分环节的单元，被位置反馈包围后，积分环节变为惯性环节，惯性环节时间常数变为 $1/(\alpha K)$，增益变为 $1/\alpha$。有利于系统的稳定，但稳态性能变差。

2）当采用速度反馈，即 $G_c(s)=\alpha s$ 时，校正后的传递函数为 $G(s)=\dfrac{K/s}{1+\alpha K}=\dfrac{K}{(\alpha K+1)s}$，仍为积分环节，增益降为 $1/(1+\alpha K)$ 倍。

（3）对系统的惯性环节 $G_2(s)=\dfrac{K}{Ts+1}$进行局部反馈

1）当采用位置反馈，即 $G_c(s)=\alpha$ 时，校正后的传递函数为

$$G(s)=\frac{K}{Ts+1+\alpha K}=\frac{K/(1+\alpha K)}{\frac{T}{1+\alpha K}s+1} \tag{5.5.3}$$

惯性环节时间常数和增益均降为 $1/(1+\alpha K)$，可以提高系统的稳定性和快速性。

2）当采用速度反馈，即 $G_c(s)=\alpha s$ 时，校正后的传递函数为 $G(s)=\dfrac{K}{(T+\alpha K)s+1}$，仍为惯性环节，时间常数增加为（$T+\alpha K$）倍。

可以消除系统固有部分中不希望有的特性，从而可以削弱被包围环节对系统性能的不利影响。

当 $G_2(s)G_c(s)\gg 1$ 时，$\dfrac{X_2}{X_1}=\dfrac{G_2(s)}{1+G_c(s)G_2(s)}\approx\dfrac{1}{G_c(s)}$

所以被包围环节的特性主要由校正环节决定，但此时对反馈环节的要求较高。

5.6 用频率法对控制系统进行综合与校正

根据系统稳定性的要求，开环希望对数幅频特性的中频段应以-20dB/dec的斜率过0dB线。根据系统准确性的要求，在系统稳定的前提下开环希望对数幅频特性的低频段应越高越好。由于噪声多数在高频段，故开环希望对数幅频特性的高频段应尽量锐截止。根据以上定性要求，得到以下开环最优模型。

1. 二阶最优模型

图5.6.1a所示Bode图为典型二阶Ⅰ型系统，其开环传递函数为

$$G(s)=\frac{K_v}{s(Ts+1)} \tag{5.6.1}$$

闭环传递函数为

$$\phi(s)=\frac{K_v/T}{s^2+\frac{1}{T}s+\frac{K_v}{T}}=\frac{\omega_n^2}{s^2+2\xi\omega_n s+\omega_n^2}$$

式中，$\omega_n=\sqrt{\frac{K_v}{T}}$，$\xi=\frac{1}{2}\sqrt{\frac{1}{K_vT}}$。

于是，就可以根据阻尼比和 T 或 K 等已知参数计算出系统指标。最佳阻尼比是$\frac{\sqrt{2}}{2}$，即0.707，此时$\frac{1}{T}=2\omega_c$，称之为二阶开环最佳模型。其特点是稳定储备大，是Ⅰ型系统，静态位置误差系数是无穷大。快速性则取决于剪切频率值，剪切频率值越大，则系统反应越快。

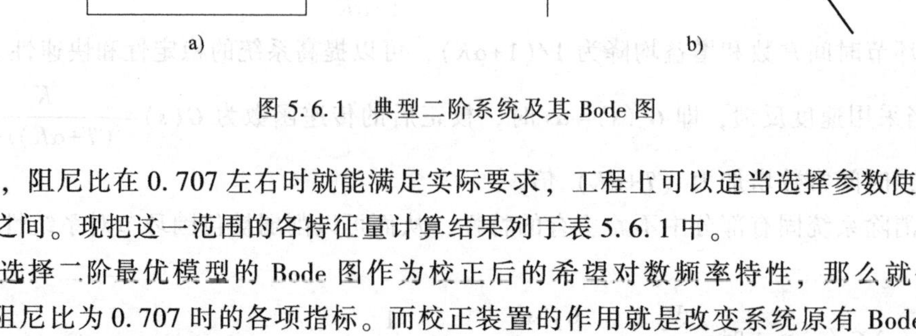

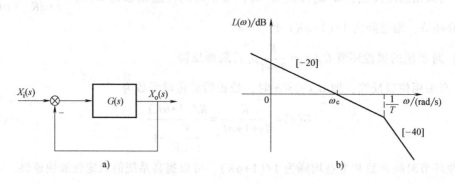

图5.6.1 典型二阶系统及其Bode图

当然，阻尼比在0.707左右时就能满足实际要求，工程上可以适当选择参数使阻尼比在0.5和1之间。现把这一范围的各特征量计算结果列于表5.6.1中。

如果选择二阶最优模型的Bode图作为校正后的希望对数频率特性，那么就会达到表5.6.1中阻尼比为0.707时的各项指标。而校正装置的作用就是改变系统原有Bode图形状，达到图5.6.2所示的形状。

表 5.6.1　二阶最优模型各特征参量的关系

参数关系 K,T	0.25	0.39	0.5	0.69	1.0
阻尼比 ξ	1.0	0.8	0.707	0.6	0.5
超调量 $M_p/\%$	0	1.5	4.3	9.5	16.3
调整时间 t_s	$9.4T$	$6T$	$6T$	$6T$	$6T$
上升时间 t_r	∞	$6.67T$	$4.72T$	$3.34T$	$2.41T$
相角裕量 $\gamma/(°)$	76.3	69.9	65.3	59.2	51.8
谐振峰值 M_r	1	1	1	1.04	1.15
谐振频率 ω_r	0	0	0	$0.44/T$	$0.707/T$
闭环带宽 ω_b	$0.32/T$	$0.54/T$	$0.707/T$	$0.95/T$	$1.27/T$
剪切频率 ω_c'	$0.24/T$	$0.37/T$	$0.46/T$	$0.59/T$	$0.79/T$
无阻自振 ω_n	$0.5/T$	$0.62/T$	$0.707/T$	$0.83/T$	$1/T$

2. 高阶最优模型

图 5.6.3 所示为典型三阶系统，也叫典型Ⅱ型系统，其开环传递函数为

$$G(s)H(s)=\frac{K(T_2s+1)}{s^2(T_3s+1)},\ T_2>T_3 \tag{5.6.2}$$

$$G(\mathrm{j}\omega)H(\mathrm{j}\omega)=\frac{K(\mathrm{j}\omega T_2+1)}{(\mathrm{j}\omega)^2(\mathrm{j}\omega T_3+1)} \tag{5.6.3}$$

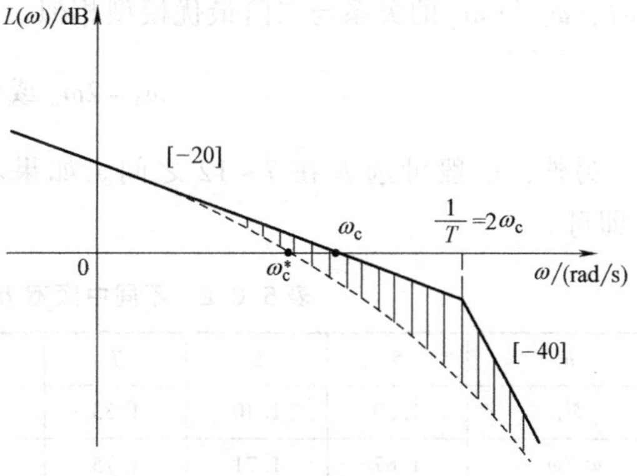

图 5.6.2　典型二阶最优模型的 Bode 图

$$\begin{aligned}\gamma &= 180°+[-180°+\arctan(\omega_c T_2)-\arctan(\omega_c T_3)] \\ &=\arctan(\omega_c T_2)-\arctan(\omega_c T_3)\end{aligned} \tag{5.6.4}$$

相角裕量角为正，系统闭环后稳定。

这个模型既保证了 ω_c 附近的斜率为-20dB/dec，又保证了低频段有高增益，既保证了稳定性，又保证了准确性。

为便于分析，再引入一个参量 h，令

$$h=\frac{\omega_3}{\omega_2}=\frac{T_2}{T_3} \tag{5.6.5}$$

式中，h 称为中频宽。在一般情况下，T_3 是调节对象的固有参数，不便改动，只有 T_2 和 K 可以变动。改变 T_2，就相当于改变了 h。当 h 不变，只改动 K 时，即相当于改变了 ω_c 值。因此对典型Ⅱ型系统的动态设计，便归结为 h 和 ω_c 这两个参量的选择问题。h 越大，系统相对稳定性越好；ω_c 越大，系统快速性越好。

由图 5.6.3 可知，如果知道了 K 值及 h 值，可得到

$$20\lg K=20\lg\omega_2^2+20\lg\frac{\omega_c}{\omega_2}=20\lg\omega_2\omega_c \tag{5.6.6}$$

故 $K=\omega_2\omega_c$ 或 $\omega_c=\frac{K}{\omega_2}$

显然，知道了 h 和 ω_c，ω_2 的值，Bode 图就可以完全确定了。那么，根据什么原则来选择 ω_c 与 ω_3 的比例关系呢？当 T_3 是系统固有时间常数时，如果给定了中频宽 h，则 ω_c 随 K 的增大而增大。当选择

$$\omega_c=\frac{h+1}{2h}\omega_3 \text{或} \omega_c=\frac{h+1}{2}\omega_2 \qquad (5.6.7)$$

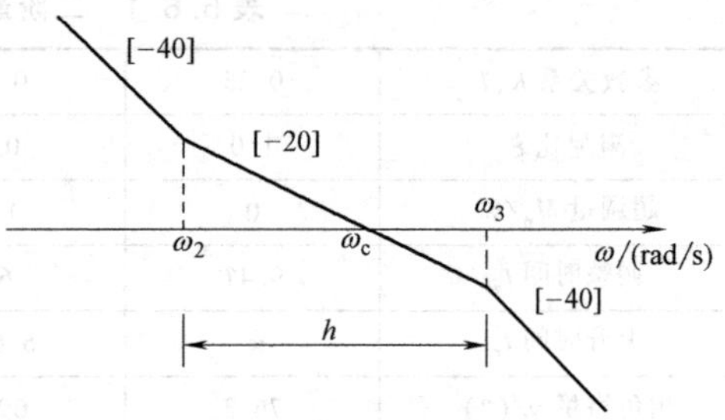

图 5.6.3　高阶最优模型中频段

时，闭环的谐振峰最小，阶跃作用时的超调量也最小，相对稳定性最好。

表 5.6.2 给出了一些特征参量的关系。从表 5.6.2 中可以看出，初步设计时，可认为

$$M_r\approx\frac{1}{\sin\gamma} \qquad (5.6.8)$$

同时，ω_c 与 ω_3 的关系与二阶最优模型相似。因此初步设计时，可认为

$$\omega_3=2\omega_c \text{ 或者 } \omega_c=\frac{1}{2}\omega_3 \qquad (5.6.9)$$

另外，一般可选 h 在 7～12 之间。如果希望进一步增大稳定储备，把 h 增大至 15～18 即可。

表 5.6.2　不同中频宽 h 的最小 M_r 值和最佳频比

h	5	6	7	8	10	12	15	18
M_r	1.50	1.40	1.33	1.29	1.22	1.18	1.14	1.12
ω_3/ω_c	1.67	1.71	1.75	1.78	1.82	1.85	1.875	1.90
ω_c/ω_2	3.0	3.5	4.0	4.5	5.5	6.5	8.0	9.5
$\gamma(\omega_c)/(°)$	40.6	43.8	46.1	48	50.9	52.9	54.9	56.2

3. 希望对数频率特性与系统性能指标的关系

在系统综合的过程中，通常需要时域、频域性能指标互相转换。中频段为高阶最优模型时，时域和频域性能指标转换经验公式如下（可根据具体情况，选用其中一部分）。

（1）相对稳定性经验公式

$$M_r=\frac{1}{\sin\gamma}$$

$$M_p(\%)=\begin{cases}100(M_r-1), & M_r\leqslant 1.25\\ 50\sqrt{M_r-1}, & M_r>1.25\end{cases}$$

$$M_p(\%)=\frac{2000}{\gamma}-20(\gamma \text{ 为以度(°)为单位的值})$$

$$M_p(\%)=\frac{64+16h}{h-1} \quad \text{或} \quad h=\frac{M_p+64}{M_p-16}$$

$$M_r=0.6+2.5M_p,\ 1.1\leqslant M_r\leqslant 1.8 \quad \text{或} \quad M_p=0.16+0.4(M_r-1)$$

$$M_r=\frac{h+1}{h-1} \quad 或 \quad h=\frac{M_r+1}{M_r-1}$$

(2) 快速性经验公式

$$t_s=\frac{\pi[2+1.5(M_r-1)+2.5(M_r-1)^2]}{\omega_c},\ 1.1\leqslant M_r\leqslant 1.8$$

$$t_s=\left(8-\frac{3.5}{\omega_c/\omega_2}\right)\frac{1}{\omega_c}$$

$$t_s=\frac{1}{\omega_c}(4\sim 9)$$

(3) 其他经验公式

$$\frac{\omega_3}{\omega_t}=\frac{M_r+1}{M_r}=\frac{2h}{h+1}$$

$$\frac{\omega_c}{\omega_2}=\frac{M_r}{M_r-1}=\frac{h+1}{2}$$

$$\omega_r=\sqrt{\omega_2\omega_3}$$

$$\omega_b=\omega_3$$

例 5.6.1　已知某闭环系统给定性能指标为 $t_s=0.19\text{s}$，相角裕量为 45°，试设计系统开环对数幅频特性中频段的参数。

解：

$$M_r=\frac{1}{\sin\gamma}=\frac{1}{\sin 45°}\approx 1.4$$

$$h=\frac{M_r+1}{M_r-1}=\frac{1.4+1}{1.4-1}=6$$

$$\omega_c=\frac{\pi[2+1.5(M_r-1)+2.5(M_r-1)^2]}{t_s}(\text{rad/s})\approx 50(\text{rad/s})$$

$$\omega_3=\frac{M_r+1}{M_r}\omega_c=\frac{1.4+1}{1.4}\times 50(\text{rad/s})\approx 86(\text{rad/s})$$

$$\omega_2=\frac{\omega_3}{h}\approx\frac{86}{6}(\text{rad/s})\approx 14.3(\text{rad/s})$$

其对数幅频特性图见图 5.6.4。

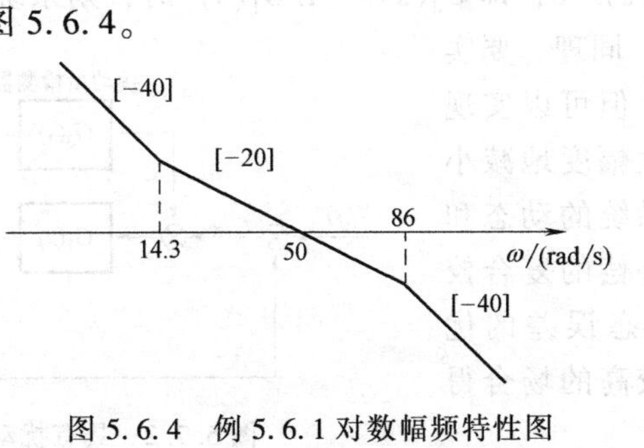

图 5.6.4　例 5.6.1 对数幅频特性图

5.7 复合校正

1. 按输入补偿的复合校正

当系统的输入量可以直接或间接获得时，由输入端通过引入输入补偿这一控制环节时，构成复合控制系统，如图 5.7.1 所示。通过计算可得

$$G(s)=\frac{G_2(s)G_c(s)+G_1(s)G_2(s)}{1+G_1(s)G_2(s)} \tag{5.7.1}$$

误差

$$E(s)=X_i(s)-X_o(s)=\frac{G_c(s)G_2(s)}{1+G_1(s)G_2(s)}X_i(s) \tag{5.7.2}$$

当 $G_c(s)=1/G_2(s)$ 时，$G(s)=1$，即 $X_i(s)=X_o(s)$，则系统完全复现输入信号（即 $E(s)=0$），从而实现输入信号的全补偿。当然，要实现全补偿是非常困难的，可以实现近似的全补偿，从而可大幅度地减小输入误差改善系统的跟随精度。

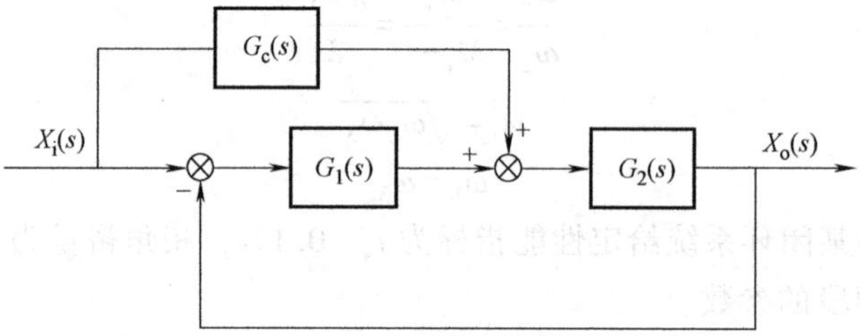

图 5.7.1 具有输入补偿的复合校正

2. 按扰动补偿的复合校正

当系统的扰动量可以直接或间接获得时，可以采用按扰动补偿的复合控制，如图 5.7.2 所示。不考虑输入控制，即 $X_i(s)=0$ 时，扰动作用下的误差为

$$E(s)=X_i(s)-X_o(s)=-X_o(s)$$

$$=-\frac{G_2(s)}{1+G_1(s)G_2(s)}D(s)-\frac{G_d(s)G_1(s)G_2(s)}{1+G_1(s)G_2(s)}D(s) \tag{5.7.3}$$

$$=-\frac{G_2(s)+G_d(s)G_1(s)G_2(s)}{1+G_1(s)G_2(s)}D(s)$$

如果满足$1+G_d(s)G_1(s)=0$，即 $G_d(s)=-1/G_1(s)$ 时，则系统因扰动而引起的误差已全部被补偿（即 $E(s)=0$）。同理，要实现全补偿是非常困难的，但可以实现近似的全补偿，从而可大幅度地减小扰动误差，显著地改善系统的动态和稳态性能。由于按扰动补偿的复合校正具有显著减小扰动稳态误差的优点，因此，在很多要求较高的场合得到广泛应用。

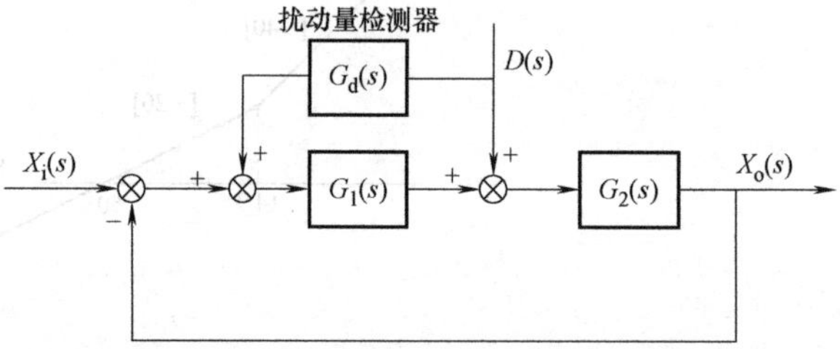

图 5.7.2 具有扰动补偿的复合校正

5.8　应用 MATLAB 进行系统校正

本节借助 MATLAB，进一步讨论系统校正的设计问题，所采用的设计方法仍然是基于 Bode 图的频率分析法。本节将以多个例子展示如何用 MATLAB 进行计算机辅助设计，以获得满意的系统性能。

1. 超前校正

例 5.8.1　已知单位负反馈系统被控对象的传递函数为

$$G_0(s)=k_0\frac{1}{s(0.1s+1)(0.001s+1)}$$

试用 Bode 图设计方法对系统进行超前串联校正设计，使之满足：

1）在斜坡信号 $r(t)=v_0t$ 作用下，系统的稳态误差 $e_{ss}\leqslant 0.001v_0$。

2）系统校正后，相角稳定裕度 γ 有：$40°<\gamma<50°$。

解：1）求 k_0。由题可知，给定系统为 I 型系统，在斜坡信号 $r(t)=v_0t$ 作用下，速度误差系数 $k_v=k=k_0$，式中 k 是系统的开环增益。系统的稳态误差

$$e_{ss}=\frac{v_0}{k_v}=\frac{v_0}{k}=\frac{v_0}{k_0}\leqslant 0.001v_0$$

$k_v=k=k_0\geqslant 1000\mathrm{s}^{-1}$，取 $k_0=1000\mathrm{s}^{-1}$。

即被控对象的传递函数为

$$G_0(s)=1000\frac{1}{s(0.1s+1)(0.001s+1)}$$

2）绘制原系统的 Bode 图与阶跃响应曲线，检查是否满足题目要求。检查原系统的频率性能指标是否满足题目要求，并观察其阶跃响应曲线形状。编写其 MATLAB 程序。

```
%MATLAB PROGRAM
clear
k0=1000;n1=1;
d1=conv(conv([1 0],[0.1 1]),[0.001
1]);
s1=tf(k0*n1,d1);figure(1);margin(s1);
hold on
figure(2);sys=feedback(s1,1);step(sys)
```

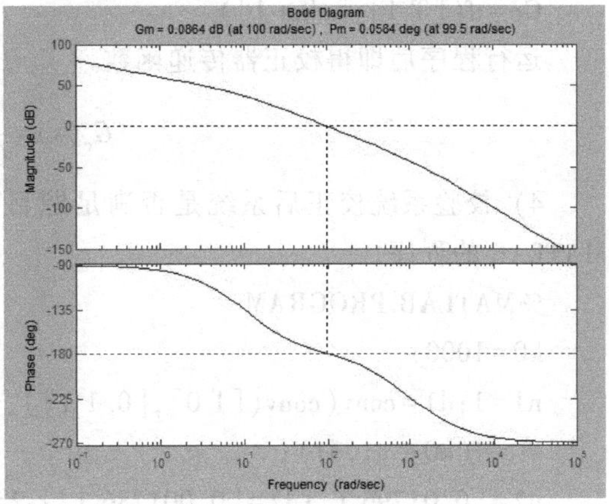

图 5.8.1　未校正系统的 Bode 图

程序运行后，可得到如图 5.8.1 所示的未经校正系统的 Bode 图及其性能指标，还有如图 5.8.2 所示的未校正系统的阶跃给定响应曲线。由图 5.8.1 可知系统的

幅值稳定裕度：$K_g=0.0864\mathrm{dB}$　　$-\pi$ 穿越频率：$\omega_g=100\mathrm{rad/s}$

相位稳定裕度：$\gamma=0.0584°$　　剪切频率：$\omega_c=99.5\mathrm{rad/s}$

由计算的数据即相位稳定裕度与幅值稳定裕度几乎为零可知，这样的系统是根本不能工作的。其阶跃响应曲线（见图 5.8.2）剧烈振荡（虽然衰减），同样说明系统不能工作。

3）求超前校正器的传递函数。

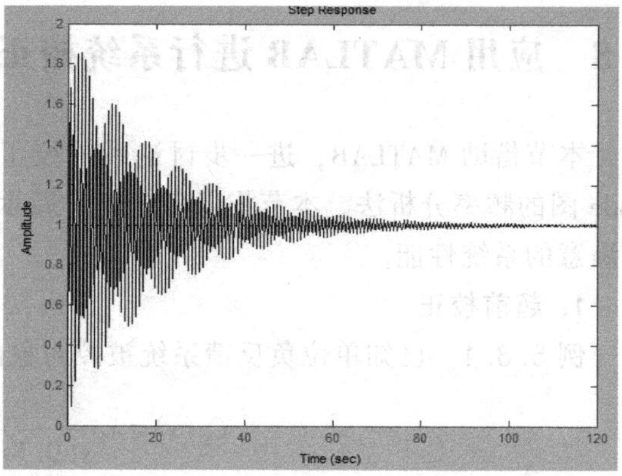

图 5.8.2 未校正系统的单位阶跃响应

由于原系统的固有缺陷，要想达到题意要求，必须对系统进行校正（设计补偿器）。根据要求的相角稳定裕度中间值 $\gamma=45°$并附加 5°，即取 $\gamma=50°$。

根据超前校正的原理，可知 $k_v=k_0\geqslant 1000s^{-1}$，取 $k_0=1000s^{-1}$。编写 MATLAB 程序求其超前校正器传递函数。

```
%MATLAB PROGRAM
clear
k0=1000;
n1=1;d1=conv(conv([1 0],[0.1 1]),
[0.001 1]);
sope=tf(k0*n1,d1);[mag,phase,w]=bode(sope);
gama=50;[mu,pu]=bode(sope,w);gama1=gama+5;
gam=gama1*pi/180;
alfa=(1-sin(gam))/(1+sin(gam));
adb=20*log10(mu);
am=10*log10(alfa);
ca=adb+am;
wc=spline(adb,w,am);
T=1/(wc*sqrt(alfa));
alfat=alfa*T;
Gc=tf([T 1],[alfat 1])
```

运行程序后即得校正器传递函数

$$G_c(s)=\frac{0.01796s+1}{0.001786s+1}$$

4）校验系统校正后系统是否满足题目的要求。根据校正后系统的结构与参数，编写 MATLAB 的程序。

```
%MATLAB PROGRAM
k0=1000;
n1=1;d1=conv(conv([1 0],[0.1 1]),[0.001 1]);
s1=tf(k0*n1,d1);
n2=[0.01796 1];d2=[0.001786 1];s2=tf(n2,d2);
sope=s1*s2;margin(sope)
```

程序运行后，可得校正后的 Bode 图如图 5.8.3 所示。由图 5.8.3 可知系统的

幅值稳定裕度：$K_g=17.6$dB　　$-\pi$ 穿越频率：$\omega_g=699$rad/s

相角稳定裕度：$\gamma=48.2°$　　剪切频率：$\omega_c=177$rad/s

由程序算出的相角稳定裕度 $\gamma=48.2°$，已经满足题目 $40°<\gamma<50°$的要求。幅值稳定裕度

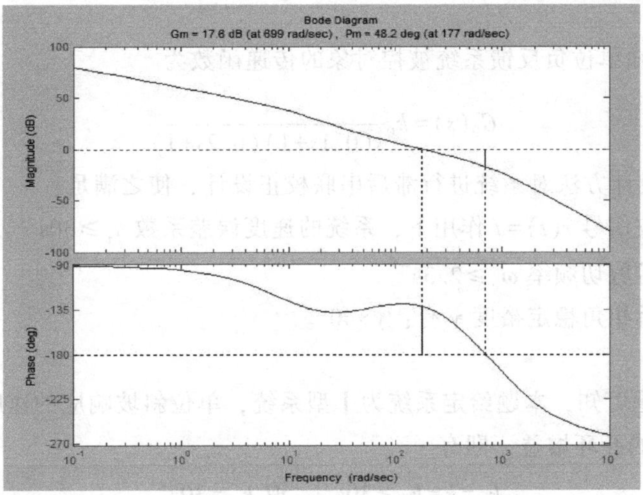

图 5.8.3　校正后系统的 Bode 图与频率性能指标

由 $K_g = 0.0864\text{dB}$ 提高到 17.6dB，已很理想。

5）计算系统校正后阶跃给定响应曲线及其性能指标。根据校正后系统的结构与参数，编写求出阶跃响应及其性能指标的 MATLAB 程序。

```
%MATLAB PROGRAM
k0=1000;
n1=1;d1=conv(conv([1 0],[0.1 1]),[0.001 1]);
s1=tf(k0*n1,d1);n2=[0.01796 1];d2=[0.001786 1];
s2=tf(n2,d2);sope=s1*s2;
sys=feedback(sope,1);
step(sys);[y,t]=step(sys);
[sigma,tp,ts]=perf(1,y,t);
[mp,tp,b1,b2,n,pusi,T,f]=targ(y,t);
```

程序运行后可得校正后系统响应曲线如图 5.8.4 所示。

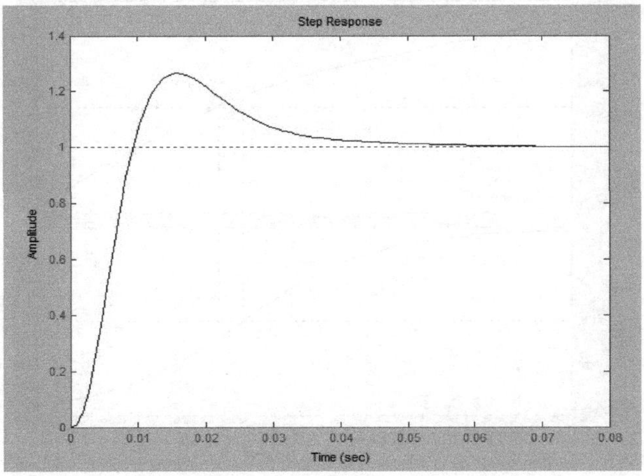

图 5.8.4　校正后系统单位给定响应曲线

2. 滞后校正

例 5.8.2 已知单位负反馈系统被控对象的传递函数为

$$G_0(s)=k_0\frac{1}{s(0.1s+1)(0.2s+1)}$$

试用 Bode 图设计方法对系统进行滞后串联校正设计，使之满足：

1）在单位斜坡信号 $r(t)=t$ 作用下，系统的速度误差系数 $k_v \geqslant 30\text{s}^{-1}$。

2）系统校正后剪切频率 $\omega_c \geqslant 2.3\text{s}^{-1}$。

3）系统校正后相角稳定裕度 γ 有：$\gamma>40°$。

解：

1）求 k_0。由题可知，本题给定系统为 I 型系统，单位斜坡响应的速度误差系数 $k_v=k=k_0$，式中 k 是系统的开环增益。即有

$$k_v=k=k_0\geqslant 30\text{s}^{-1}\text{，取 } k_0=30\text{s}^{-1}$$

则被控对象的传递函数为

$$G_0(s)=30\frac{1}{s(0.1s+1)(0.2s+1)}$$

2）绘制原系统的 Bode 图与阶跃响应曲线，检查是否满足题目要求。根据系统校正设计的步骤，首先检查原系统的频率性能指标是否满足题目要求，并观察其阶跃响应曲线形状。为此编写 MATLAB 程序。

```
%MATLAB PROGRAM
clear
k0=30;n1=1;d1=conv(conv([1 0],[0.1 1]),[0.2 1]);
s1=tf(k0*n1,d1);
figure(1);margin(s1);hold on
figure(2);sys=feedback(s1,1);step(sys)
```

程序运行后，可得未校正系统的 Bode 图与频域性能，如图 5.8.5 所示，还有如图 5.8.6

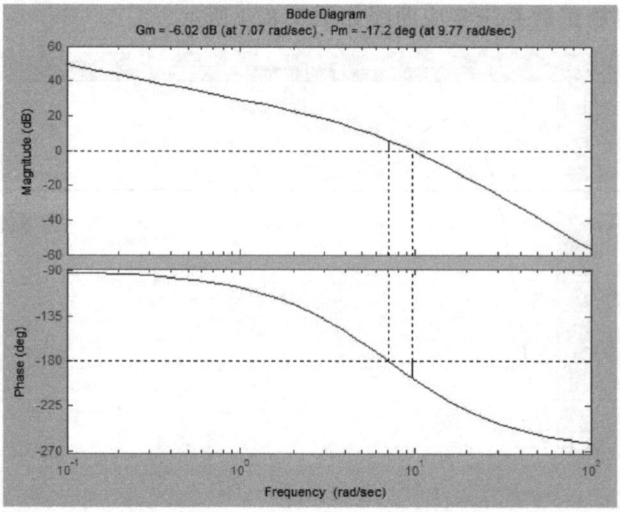

图 5.8.5 未校正系统的 Bode 图与频域性能

所示的未校正系统阶跃响应曲线。

由技术数据可知未校正系统的频域性能指标。

幅值稳定裕度：$K_g=-6.02\text{dB}$　　$-\pi$ 穿越频率：$\omega_g=7.07\text{rad/s}$

相角稳定裕度：$\gamma=-17.2°$　　剪切频率：$\omega_c=9.77\text{rad/s}$

由计算的数据即相角稳定裕度与模稳定裕度均为负值可知，这样的系统是根本不能工作的。这也可从发散振荡的阶跃响应曲线（见图 5.8.6）看到，系统必须校正。

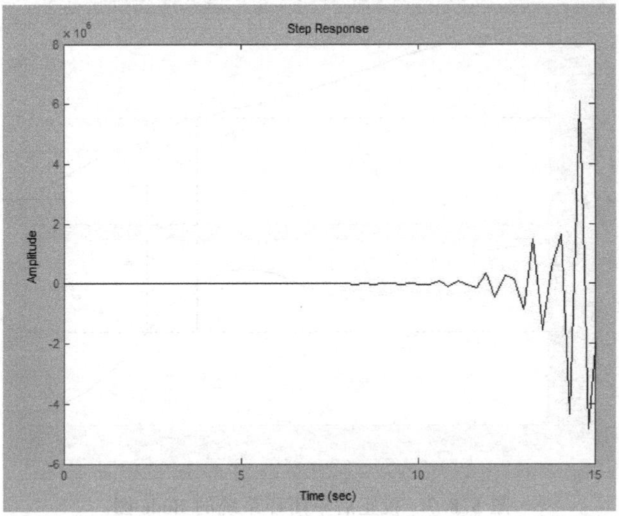

图 5.8.6　未校正系统阶跃响应曲线

3）求滞后校正器的传递函数。取校正后系统的剪切频率 $\omega_c=2.3\text{s}^{-1}$。根据滞后校正的原理及题意，编写出求滞后校正器传递函数的 MATLAB 程序。

```
%MATLAB PROGRAM
clear
wc=2.3;k0=30;n1=1;d1=conv(conv([1 0],[0.1 1]),[0.2 1]);
na=polyval(k0*n1,j*wc);da=polyval(d1,j*wc);
g=na/da;g1=abs(g);h=20*log10(g1);beta=10^(h/20);
T=1/(0.1*wc);bt=beta*T;Gc=tf([T 1],[bt 1])
```

程序运行后即得校正补偿器传递函数

$$G_c(s)=\frac{4.348s+1}{50.21s+1}$$

4）校验系统校正后频域性能是否满足题目要求

包含有校正器的系统传递函数为

$$G_0(s)G_c(s)=\frac{4.348s+1}{50.21s+1}G_0(s)=30\frac{1}{s(0.1s+1)(0.2s+1)}\frac{4.348s+1}{50.21s+1}$$

根据校正后系统的结构与参数，用 MATLAB 函数编写绘制 Bode 图程序。

```
%MATLAB PROGRAM
clear
```

```
k0=30;n1=1;d1=conv(conv([1 0],[0.1 1]),[0.2 1]);
s1=tf(k0*n1,d1);n2=[4.348 1];d2=[50.21 1];s2=tf(n2,d2);
sope=s1*s2;
margin(sope)
```

程序运行后，可得校正后系统的 Bode 图，如图 5.8.7 所示。

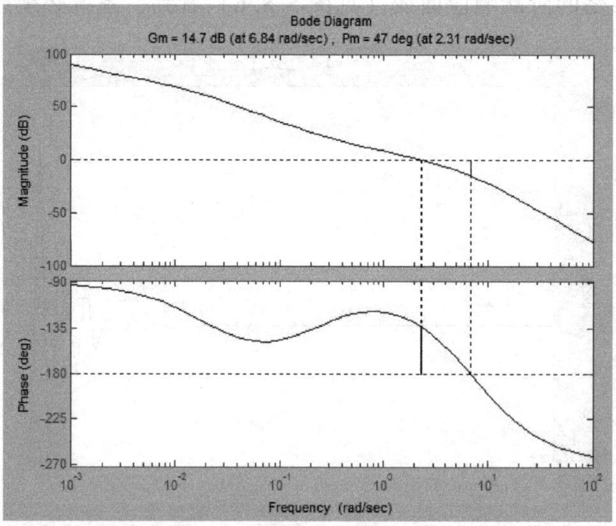

图 5.8.7　校正后单闭环系统的 Bode 图

由图 5.8.7 可知系统的

幅值稳定裕度：$K_g=14.7\text{dB}$　　　$-\pi$ 穿越频率：$\omega_g=6.84\text{rad/s}$

相角稳定裕度：$\gamma=47°$　　　剪切频率：$\omega_c=2.31\text{rad/s}$

由程序计算出的数据可以看出，系统校正后相角稳定裕度 $\gamma=47°>40°$，系统校正后的剪切频率 $\omega_c=2.31\text{rad/s}>2.3\text{rad/s}$，均已满足题目要求。

5）计算系统校正后阶跃响应曲线及其性能指标

根据校正后系统的结构与参数，用 MATLAB 命令函数，编写求阶跃响应及其性能指标的程序。

```
%MATLAB PROGRAM
clear
k0=30;n1=1;d1=conv(conv([1 0],[0.1 1]),[0.2 1]);
s1=tf(k0*n1,d1);n2=[4.348 1];d2=[50.21 1];s2=tf(n2,d2);
sope=s1*s2;
sys=feedback(sope,1);
step(sys)
[y,t]=step(sys);
[sgm,tp,ts]=perf(1,y,t);
```

运行程序，校正后系统的单位阶跃响应曲线如图 5.8.8 所示，其校正后系统的阶跃响应品质指标为：超调量 $\sigma\%=24.7759\%$；峰值时间 $t_p=1.2043\text{s}$；调节时间（5%）$t_s=1.9768\text{s}$。

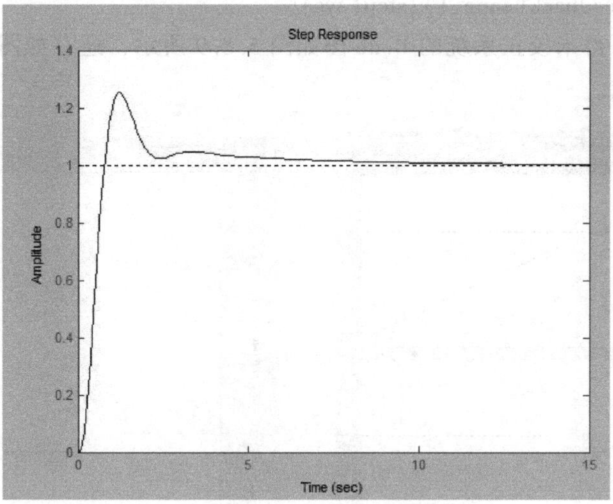

图 5.8.8 校正后系统的单位阶跃响应

3. 滞后-超前校正

例 5.8.3 已知单位负反馈系统被控对象的传递函数为

$$G_0(s)=k_0\frac{1}{s(s+1)(s+2)}$$

试用 Bode 图设计方法对系统进行滞后-超前串联校正设计，使之满足：

1）在单位斜坡信号 $r(t)=t$ 作用下，系统的速度误差系数 $k_v=10\mathrm{s}^{-1}$。

2）系统校正后剪切频率 $\omega_c\geqslant 1.5\mathrm{s}^{-1}$。

3）系统校正后相角稳定裕度 γ 有：$\gamma\geqslant 45°$。

4）计算校正后系统时域性能指标：$\sigma\%\leqslant 25\%$，$t_p\leqslant 2\mathrm{s}$，$t_s\leqslant 6\mathrm{s}$。

解：

1）求 k_0。已知单位负反馈系统被控对象为 I 型系统。根据自控理论，单位斜坡响应的速度误差系数 $k_v=k=10\mathrm{s}^{-1}$，式中 k 是系统开环增益。根据速度误差系数的定义，有

$$k_v=\lim_{s\to 0}s\cdot G_0(s)=\lim_{s\to 0}s\cdot k_0\frac{1}{s(s+1)(s+2)}=10$$

则得 $k_0=20\mathrm{s}^{-1}$。即被控对象的传递函数为

$$G_0(s)=\frac{20}{s(s+1)(s+2)}$$

2）绘制原系统的 Bode 图与阶跃响应曲线，检查是否满足题目要求。根据系统校正设计的步骤，首先检查原系统的频域性能指标是否满足题目要求，并观察其阶跃响应曲线形状。为此，编写 MATLAB 程序。

```
% MATLAB PROGRAM
clear
k0=20;n1=1;d1=conv(conv([1 0],[1 1]),[1 2]);
sope=tf(k0*n1,d1);figure(1);
margin(sope);hold on
```

figure(2);sys=feedback(sope,1);step(sys)

程序运行后，可得未校正系统的 Bode 图如图 5.8.9 所示，还有如图 5.8.10 所示的未校正系统阶跃响应曲线。

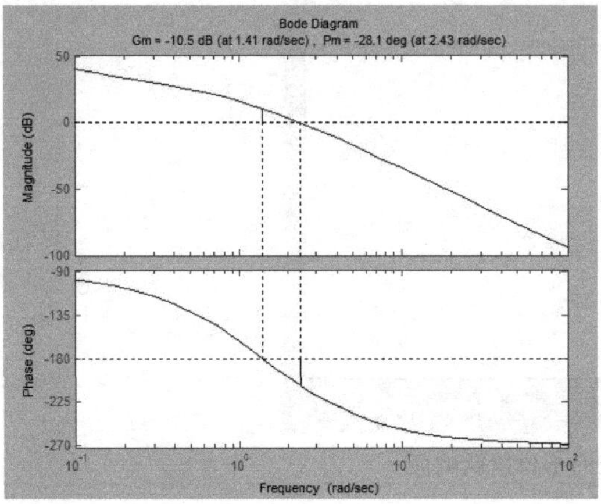

图 5.8.9　未校正系统的 Bode 图与频域指标

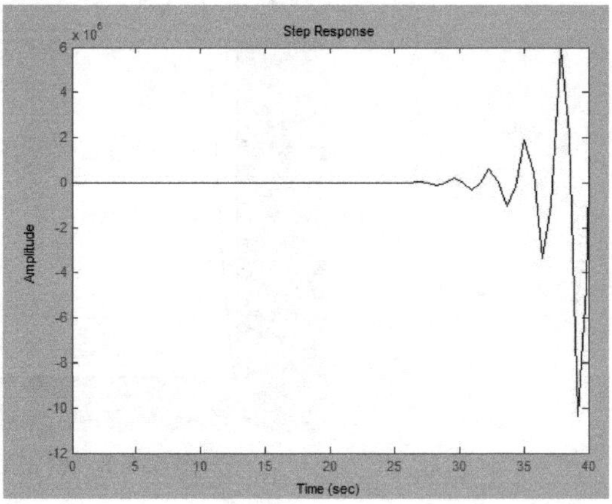

图 5.8.10　未校正系统的阶跃响应曲线

由图 5.8.9 可知

幅值稳定裕度：$K_g=-10.5\text{dB}$　　　$-\pi$ 穿越频率：$\omega_g=1.41\text{rad/s}$

相角稳定裕度：$\gamma=-28.1°$　　　剪切频率：$\omega_c=2.43\text{rad/s}$

由计算得相稳定裕量与模稳定裕量均为负值可知，这样的系统是根本不能工作的。这也可从发散振荡的阶跃响应曲线（见图 5.8.10）看到，系统必须校正。

3）求滞后校正器的传递函数。

根据题目要求，取校正后系统的剪切频率 $\omega_c=1.5\text{rad/s}$，$\beta=9.5$。并编写求滞后校正器传递函数的 MATLAB 程序。

```
%MATLAB PROGRAM
wc=1.5;k0=20;n1=1;
d1=conv(conv([1 0],[1 1]),[1 2]);
beta=9.5;T=1/(0.1*wc);
betat=beta*T;Gc1=tf([T 1],[betat 1])
```

程序运行后即得滞后校正补偿器传递函数

$$G_{c1}(s)=\frac{6.667s+1}{63.33s+1}$$

4）求超前校正器的传递函数。串联有滞后校正器的系统传递函数为

$$G_0(s)G_{c1}(s)=\frac{20}{s(s+1)(s+2)}\cdot\frac{6.667s+1}{63.33s+1}$$

根据校正后系统的结构参数，给出求超前校正器传递函数的 MATLAB 程序如下。

```
%MATLAB PROGRAM
clear
```

```
n1=conv([0 20],[6.667 1]);
d1=conv(conv(conv([1 0],[1 1]),[ 1 2]),[63.33 1]);
sope=tf(n1,d1);
wc=1.5;
[Gc]=leadc(2,sope,[wc])
```

程序运行后，即得超前校正器的传递函数

$$G_{c2}(s)=\frac{2.13s+1}{0.2087s+1}$$

5）计算系统校正后阶跃给定响应曲线及其性能指标。根据校正后系统的结构与参数，编写求阶跃响应的 MATLAB 程序。

```
%MATLAB PROGRAM
n1=20;d1=conv(conv([1 0],[1 1]),[1 2]);s1=tf(n1,d1);
s2=tf([6.667 1],[63.33 1]);s3=tf([2.13 1],[0.2087 1]);
sope=s1 * s2 * s3;sys=feedback(sope,1);step(sys)
[y,t]=step(sys);
[sigma,tp,ts]=perf(1,y,t);
```

运行程序，校正后系统的单位阶跃给定响应曲线如图 5.8.11 所示，其性能指标：超调量 $\sigma\%=21.8863\%$；峰值时间 $t_p=1.9151s$；调节时间 $t_s=5.9850s$。核对题目要求，时域性能指标均合格。

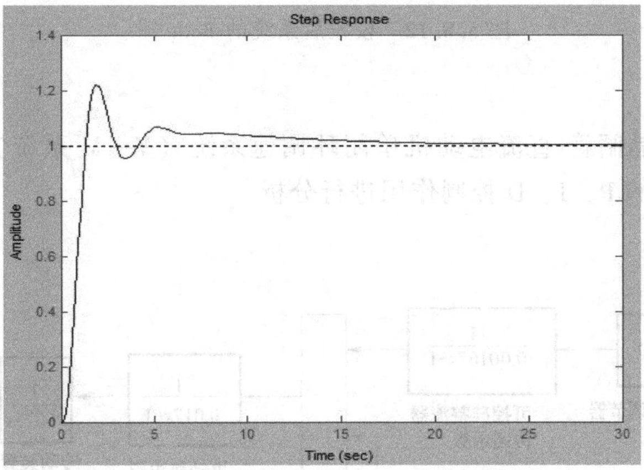

图 5.8.11　校正后单闭环系统的单位阶跃响应

6）校验系统校正后频域性能是否满足题目要求。包含滞后校正器与超前校正器的系统传递函数为

$$G_0(s)G_{c1}(s)G_{c2}(s)=\frac{20}{s(s+1)(s+2)}\cdot\frac{6.667s+1}{63.33s+1}\cdot\frac{2.13s+1}{0.2087s+1}$$

通过编写 MATLAB 程序，校验系统校正后频域性能是否满足题目要求。

```
%MATLAB PROGRAM
```

```
n1=20;d1=conv(conv([1 0],[1 1]),[1 2]);s1=tf(n1,d1);
s2=tf([6.667 1],[63.33 1]);s3=tf([2.13 1],[0.2087 1]);
sope=s1*s2*s3;
margin(sope)
```

程序运行后，可得校正后的 Bode 图如图 5.8.12 所示。由图可知系统的

幅值稳定裕度：$K_g=12\text{dB}$　　$-\pi$ 穿越频率：$\omega_g=3.48\text{rad/s}$

相角稳定裕度：$\gamma=47°$　　剪切频率：$\omega_c=1.5\text{rad/s}$

由程序计算出的相角稳定裕度 $\gamma=47°$，已经满足题目系统校正后 $\gamma>45°$ 的要求；剪切频率 $\omega_c=1.5\text{rad/s}$ 也已经满足题目要求。

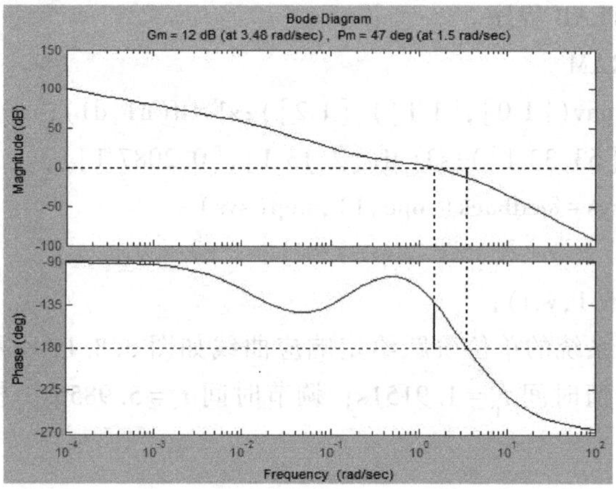

图 5.8.12　校正后系统的 Bode 图

4. PID 校正

例 5.8.4　已知晶闸管-直流电动机单闭环调速系统（V—M 系统）的框图如图 5.8.13 所示。试对调速系统的 P、I、D 控制作用进行分析。

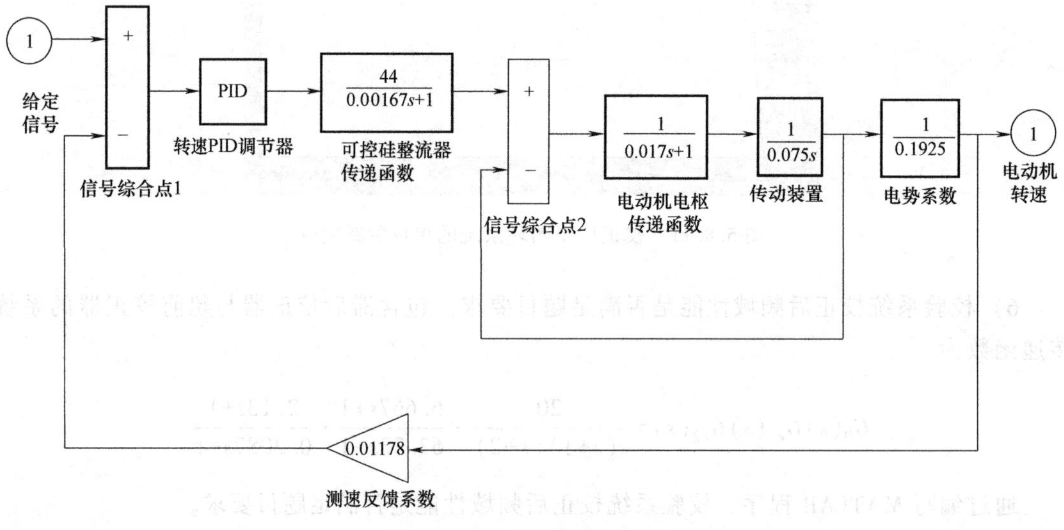

图 5.8.13　单闭环调速系统

解：1）根据已知对系统进行比例调节作用分析并写出 MATLAB 程序。为分析纯比例调节作用，考查当 $T_D=0$、$T_I=\infty$、$K_P=1\sim5$ 时对系统阶跃给定响应的影响，根据图 5.8.13 框图的数据，其 MATLAB 程序如下。

```
% MATLAB PROGRAM
clear
G1=tf(1,[0.017 1]);
G2=tf(1,[0.075 0]);
G12=feedback(G1*G2,1);
G3=tf(44,[0.00167 1]);
G4=tf(1,0.1925);
G=G12*G3*G4;
kp=[1:1:5];
for i=1:length(kp)
    Gc=feedback(kp(i)*G,0.01178);
    step(Gc),hold on
end
axis([0,0.2,0,130]);
gtext('1 kp=1'),
gtext('2 kp=2'),
gtext('3 kp=3'),
gtext('4 kp=4'),
gtext('5 kp=5'),
```

2）运行 MATLAB 程序得出系统的阶跃给定响应曲线，并对曲线进行分析。运行程序后，比例（P）控制作用下系统阶跃给定响应曲线如图 5.8.14 所示。

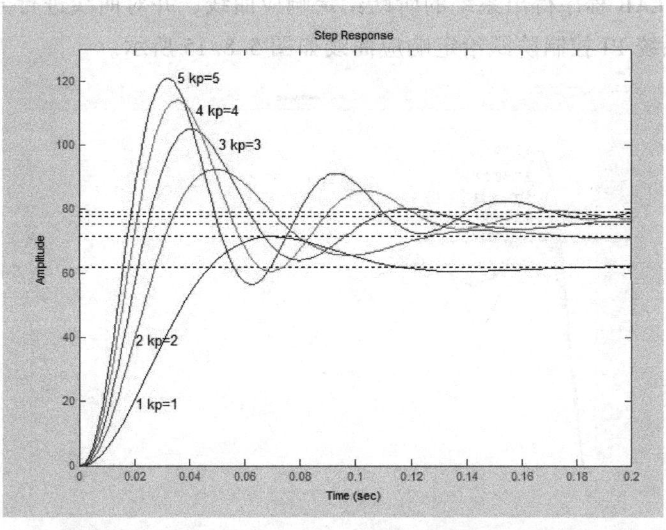

图 5.8.14　单闭环调速系统 P 控制阶跃给定响应曲线

从系统 P 控制阶跃给定响应曲线（图 5.8.14）可以看出，随着 K_P 值的增大，闭环系统的超调量增大，系统响应速度加快。仿真还表明，当 $K_P \geqslant 21$ 后，系统变为不稳定。

为分析方便，对于比例积分调节器 $K_P = 1$，考查当 $T_I = 0.03 \sim 0.07$ 时，系统阶跃给定响应，根据图 5.8.13 的数据编写 MATLAB 程序。

```
% MATLAB PROGRAM
clear
G1=tf(1,[0.017 1]);
G2=tf(1,[0.075 0]);
G12=feedback(G1*G2,1);
G3=tf(44,[0.00167 1]);
G4=tf(1,0.1925);
G=G12*G3*G4;
kp=1;Ti=[0.03:0.01:0.07];
for i=1:length(Ti)
    Gc=tf(kp*[Ti(i) 1],[Ti(i) 0]);
    Gcc=feedback(G*Gc,0.01178);
    step(Gcc),hold on
end


gtext('1 Ti=0.01'),
gtext('2 Ti=0.02'),
gtext('3 Ti=0.03'),
gtext('4 Ti=0.04'),
gtext('5 Ti=0.05'),
```

3）运行 MATLAB 程序得出系统的阶跃给定响应曲线，并对曲线进行分析。

运行程序后系统 PI 控制阶跃给定响应曲线如图 5.8.15 所示。

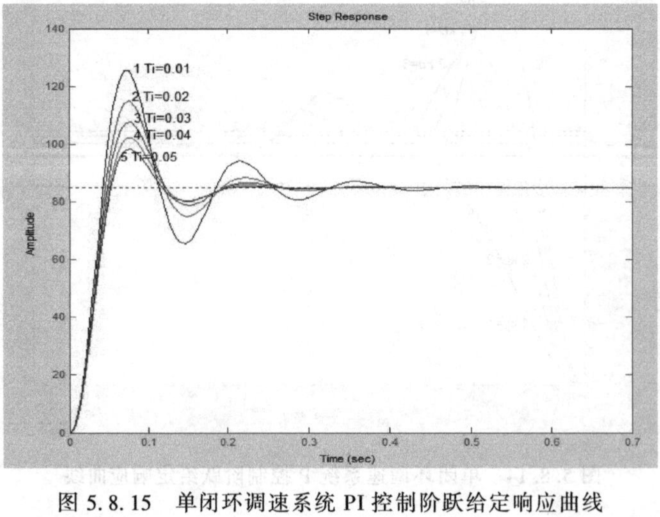

图 5.8.15　单闭环调速系统 PI 控制阶跃给定响应曲线

从曲线可以看出，保持 $K_P=1$ 不变时，在本程序设定值的范围内，随着 T_I 值的加大，闭环系统的超调量减小，系统响应速度略微变慢。

为分析方便起见，对比例微分调节器 $K_P=0.01$、$T_I=0.01$，特别考查当 $T_D=12\sim84$ 时，系统阶跃给定响应，由图 5.8.13 框图的数据，编写 MATLAB 程序。

```
% MATLAB PROGRAM
clear
G1=tf(1,[0.017 1]);
G2=tf(1,[0.075 0]);
G12=feedback(G1*G2,1);
G3=tf(44,[0.00167 1]);
G4=tf(1,0.1925);
G=G12*G3*G4;
kp=0.01;Ti=0.01;Td=[12:36:84];
for i=1:length(Td)
    Gc=tf(kp*[Ti*Td(i)Ti 1],[Ti 0]);
    Gcc=feedback(G*Gc,0.01178);
    step(Gcc),hold on
end

gtext('1 Td=12'),
gtext('2 Td=48'),
gtext('3 Td=84'),
```

4）运行 MATLAB 程序得出系统的阶跃给定响应曲线，并对曲线进行分析。运行程序后可得系统 PID 控制阶跃给定响应曲线如图 5.8.16 所示。

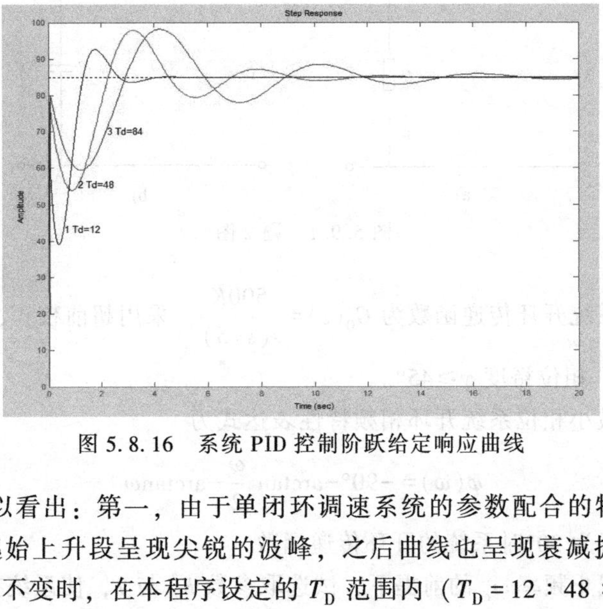

图 5.8.16　系统 PID 控制阶跃给定响应曲线

从图 5.8.16 可以看出：第一，由于单闭环调速系统的参数配合的特殊性，及微分环节的作用，在曲线的起始上升段呈现尖锐的波峰，之后曲线也呈现衰减振荡。第二，当保持 $K_P=0.01$、$T_I=0.01$ 不变时，在本程序设定的 T_D 范围内（$T_D=12:48:84$），随着 T_D 值的加大，闭环系统的超调量增大，但经曲线尖锐的起始上升段后响应速度有所变慢。

5.9 小结及习题

本章小结

1）系统校正就是在原有的系统中，有目的地增添一些装置（或部件），人为地改变系统的结构和参数，使系统的性能得到改善，以满足所要求的性能指标。根据校正装置在系统中所处位置的不同，一般可分为串联校正、反馈校正和复合校正。

2）串联校正对系统结构、性能改善效果明显，校正方法直观、实用。但无法克服系统中元件（或部件）参数变化对系统性能的影响。

3）反馈校正能改变被包围环节的参数、性能，甚至可以改变原环节的性质。这一特点使反馈校正，能用来抑制元件（或部件）参数变化和内、外扰动对系统性能的消极影响，有时甚至可取代局部环节。

4）在系统的反馈控制回路中加入前馈补偿，可组成复合控制。只要参数选择得当，则可以保持系统稳定，减小乃至消除稳态误差，但补偿要适度，过量补偿会引起振荡。

5）本章在系统时域性能指标和频域性能指标的基础上，重点讨论了利用频域法 Bode 图如何综合反馈控制系统，包括串联校正、反馈校正等几种校正的作用，同时通过 MATLAB 校正及机电系统典型实例，加深对实用控制系统的了解。

习　　题

1. 在系统校正中，常用的性能指标有哪些？

2. 试分别求出图 5.9.1 超前网络和滞后网络的传递函数，并绘制 Bode 图。

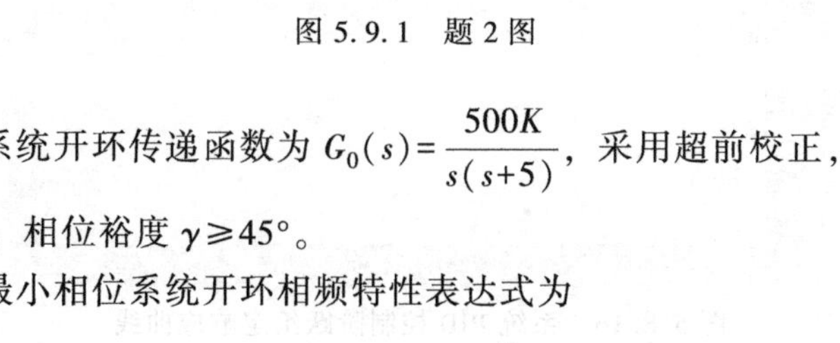

图 5.9.1　题 2 图

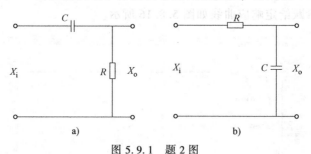

3. 单位负反馈系统开环传递函数为 $G_0(s)=\dfrac{500K}{s(s+5)}$，采用超前校正，使校正后系统速度误差系数 $K_v=100/s$，相位裕度 $\gamma \geqslant 45°$。

4. 单位负反馈最小相位系统开环相频特性表达式为

$$\varphi(\omega)=-90°-\arctan\frac{\omega}{2}-\arctan\omega$$

（1）求相位裕度为 30°时系统的开环传递函数。

（2）在不改变截止频率 ω_c 的前提下，试选取参数 K_c 与 T，使系统在加入串联校正环节

$G_c(s)=\dfrac{K_c(Ts+1)}{s+1}$后，系统的相位裕度提高到 60°。

5. 设有单位反馈的火炮指挥仪伺服系统，其开环传递函数为

$$G_0(s)=\frac{K}{s(0.2s+1)(0.5s+1)}$$

若要求系统最大输出速度为 12°/s，输出位置的允许误差小于 2°。

(1) 确定满足上述指标的最小 K 值，计算该 K 值下系统的相角裕度和幅值裕度。

(2) 在前向通路中串联超前校正网络 $G_c(s)=\dfrac{0.4s+1}{0.08s+1}$，计算校正后系统的相角裕度和幅值裕度，说明超前校正对系统动态性能的影响。

6. 设单位反馈系统的开环传递函数

$$G_0(s)=\frac{K}{s(s+1)}$$

试设计一串联超前校正装置，使系统满足如下指标：

(1) 相角裕度 $\gamma \geqslant 45°$。

(2) 在单位斜坡输入下的稳态误差 $e_{ss}(\infty)<\dfrac{1}{15}\text{rad}$。

(3) 截止频率 $\omega_c \geqslant 7.5\text{rad/s}$。

7. 某单位负反馈控制系统的开环传递函数为

$$G_0(s)=\frac{6}{s(s^2+4s+6)}$$

(1) 计算校正前系统的剪切频率和相位裕度。

(2) 串联传递函数为 $G_c(s)=\dfrac{s+1}{0.2s+1}$的超前校正装置，求校正后系统的剪切频率和相位裕度。

(3) 串联传递函数为 $G_c(s)=\dfrac{10s+1}{100s+1}$的滞后校正装置，求校正后系统的剪切频率和相位裕度。

(4) 讨论串联超前、串联滞后校正的不同作用。

8. 已知一单位反馈最小相位控制系统，其固定不变部分传递函数 $G_0(s)$ 和串联校正装置 $G_c(s)$ 分别如图 5.9.2a、b、c 所示。要求：

(1) 写出校正后各系统的开环传递函数。

(2) 分析各 $G_c(s)$ 对系统的作用，并比较其优缺点。

9. 设单位负反馈控制系统的开环传递函数为 $G_0(s)=\dfrac{K}{s(s+1)(0.2s+1)}$，试设计一串联校正装置，使系统满足 $K_v=8$，$\gamma(\omega_c)=40°$，并比较校正前后的剪切频率。

10. 图 5.9.3 所示是一采用 PD 串联校正的控制系统。

(1) 当 $K_P=10$，$K_D=1$ 时，求系统的相角裕度。

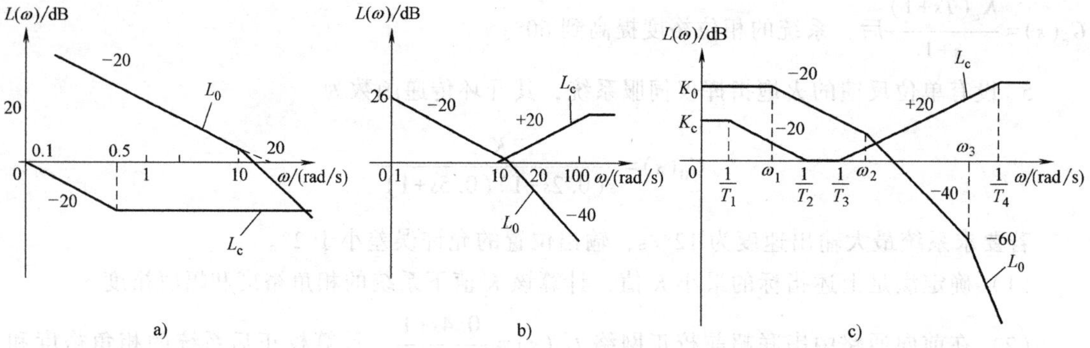

图 5.9.2 单位反馈最小相位控制系统

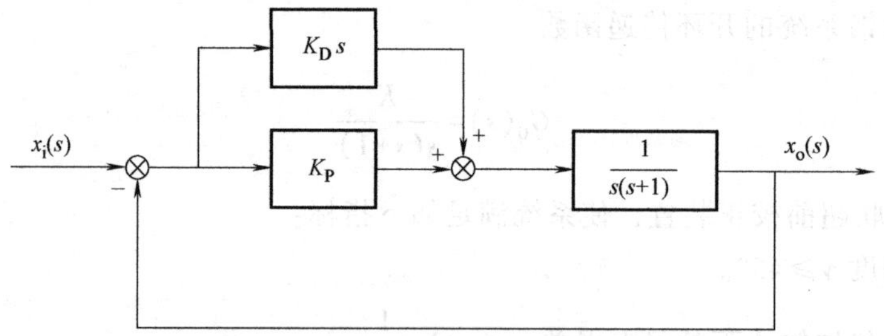

图 5.9.3 PD 串联校正的控制系统

（2）若要求该系统的剪切频率为 $\omega_c = 5\text{rad/s}$，相位裕度 $\gamma = 50°$，求 K_P 和 K_D 的值。

“两弹一星”功勋科学家：杨嘉墀

第6章

智能制造与智能控制

20世纪后期，以信息化和工业化融合为基本特征的新一轮科技革命和产业变革一直在孕育发展，人们称此为第四次工业革命。这一轮科技革命和产业变革对于我国工业化、现代化，对于我国经济与社会长远发展至关重要。新一轮科技革命和产业变革提高了劳动力、资本等生产要素的素质，极大地提高了全要素生产率，进而为经济增长带来新动能。从需求来看，新一轮科技革命和产业变革的发展将引致大数据、云技术、互联网、物联网、智能终端等新一代基础设施的巨大投资需求。同时，这一轮革命使得共享经济、网络协同、众包合作等协作方式日益普及，在保证规模经济的基础上又极大地拓展了经济范围，挖掘了经济增长的新源泉。当前，我国正处于经济结构转型升级的关键时期，新一轮科技革命和产业变革催发了大量新技术、新产业、新业态和新模式。抓住新一轮科技革命和产业变革带来的机遇，大力发展新技术、新产业、新业态、新模式，不仅是我国经济建设、产业布局需要高度重视的任务，也是关系今后我国经济社会长远发展的战略前提。

随着更为宏大的“十四五”规划和2035远景目标出炉，必然可以预见的是，云计算、人工智能技术、智能制造等将在产业现代化发展中扮演更为重要的角色，赢得更为巨大的发展空间。

6.1 对智能制造的认识

1. 智能制造的时代背景

20世纪80年代以来，产品性能的复杂化及功能的多样化，使其包含的制造信息量猛增，导致了生产线与生产设备内部信息流量的增长，制造业技术发展的热点与前沿也因此日益转向提高制造系统处理爆炸增长的制造信息的能力、效率及规模上。制造系统正由原先的能量驱动型转变为信息驱动型，而这一转变对其性能提出了全新的要求。首先，制造系统不仅要具备柔性，还要表现出智能，否则难以处理如此庞杂的信息工作。其次，瞬息万变的市场需求和竞争激烈的复杂环境，也要求制造系统向更加灵活、敏捷和智能的方向转型。因此，智能制造越来越受到高度重视。

纵览全球，虽然总体而言智能制造尚处于概念和实验阶段，但各国政府均已将其列入国家发展计划，并大力推动实施。

在欧洲，2012年年初，德国提出了工业4.0（即第四次工业革命）战略，从工业1.0到工业4.0的发展历程如图6.1.1所示。德国政府认为，当今世界正处于“信息网络世界与物理世界的结合”时期，应重点围绕“智慧工厂”和“智能生产”两大方向，巩固和提升本国在制造业的领先优势。为此，德国政府将工业4.0作为国家战略，并设立专项资金支持该

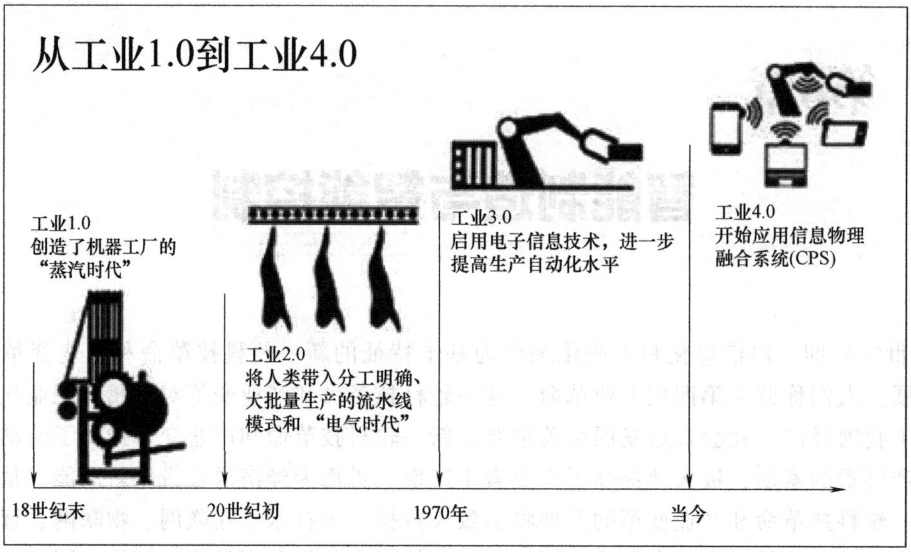

图 6.1.1　德国工业发展进程

计划的实施。

在 2013 年的德国汉诺威工业博览会上，西门子展示了如何运用其世界领先的科技创新成果，帮助制造业应对当今挑战，打造未来制造业发展的新模式，同时还展示了融合规划、工程和生产工艺以及相关机电系统于一体的工业 4.0 全面解决方案。德国电子电气工业协会预测，工业 4.0 将使现有企业工业生产效率提高 30%。

法国一些企业高层管理人员也认为，虽然法国政府没有提出明确计划，但新一轮的工业革命已然正在进行，并将推动人类的显著进步。据预测，未来几年工业信息技术与软件市场的规模将以年均 8%的速度增长，这一速度将是西门子在工业业务领域相关市场总体规模的两倍。

2009 年年初，美国开始调整经济发展战略，并于同年 12 月公布了“重振美国制造业框架”；2011 年 6 月和 2012 年 2 月又相继启动了“先进制造业伙伴计划”“先进制造业国家战略计划”，推行再工业化和制造业回归。

在亚洲，日本也十分重视高端制造业的发展，2014 年，经济产业省继续把 3D 打印机列为优先扶持对象，计划当年投资 45 亿日元，开展名为“以 3D 打印造型技术为核心的产品制造革命”的大规模研究开发项目，加大企业开发 3D 打印技术等智能制造技术的财政投入。

2015 年 5 月 19 日，国务院印发《中国制造 2025》，部署全面实施制造强国战略。提出要以智能制造作为主攻方向，强化工业基础能力，提高综合集成水平，促进产业转型升级。

21 世纪，基于信息与知识的产品设计、制造和生产管理将成为知识经济和信息社会的重要组成部分，在此背景下，智能制造的提出必然得到学术界和工业界的广泛关注。

2. 智能制造的概念

智能制造（Intelligent Manufacturing，IM）简称智造，源于人工智能的研究成果，是一种由智能机器和人类专家共同组成的人机一体化智能系统。该系统在制造过程中可以进行诸如分析、推理、判断、构思和决策等智能活动，同时基于人与智能机器的合作，扩大、延伸

并部分地取代人类专家在制造过程中的脑力劳动。智能制造更新了自动化制造的概念，使其向柔性化、智能化和高度集成化扩展。

智能制造包括智能制造技术（Intelligent Manufacturing Technology，IMT）与智能制造系统（Intelligent Manufacturing System，IMS）。

（1）智能制造技术

智能制造技术是指一种利用计算机模拟制造专家的分析、判断、推理、构思和决策等智能活动，并将这些智能活动与智能机器有机融合，使其贯穿应用于制造企业的各个子系统（如经营决策、采购、产品设计、生产计划、制造、装配、质量保证和市场销售等）的先进制造技术。该技术能够实现整个制造企业经营运作的高度柔性化和集成化，取代或延伸制造环境中专家的部分脑力劳动，并对制造业专家的智能信息进行收集、存储、完善、共享、继承和发展，从而极大地提高生产效率。

（2）智能制造系统

智能制造系统是一种由部分或全部具有一定自主性和合作性的智能制造单元组成的，在制造活动全过程中表现出相当智能行为的制造系统。其最主要的特征在于工作过程中对知识的获取、表达与使用。根据其知识来源，智能制造系统可分为两类。

1）以专家系统为代表的非自主式制造系统。该类系统的知识由人类的制造知识总结归纳而来。

2）建立在系统自学习、自进化与自组织基础上的自主型制造系统。该类系统可以在工作过程中不断自主学习、完善与进化自有的知识，因而具有强大的适应性以及高度开放的创新能力。随着以神经网络、遗传算法与遗传编程为代表的计算机智能技术的发展，智能制造系统正逐步从非自主式智能制造系统向具有自学习、自进化与自组织的具有持续发展能力的自主式智能制造系统过渡发展。

6.2　智能制造核心技术

众所周知，要着力发展实体经济，打造制造强国、质量强国和数字中国，离不开技术创新力量的广泛支撑与充分赋能，特别是要善用云计算、人工智能等新一代前沿技术。诸如具有适应性、资源效率及智慧工厂的工业 4.0，就要充分依托物联网、大数据、云计算和人工智能等技术，与传统制造技术进行充分结合，实现信息化、自动化的生产制造，提升制造业智能化水平。

智能制造的核心技术主要包含智能硬件、工业识别、信息技术等。

6.2.1　智能硬件

智能制造是通过智能化的感知、人机交互等技术，实现制造装备的智能化，是信息技术、智能技术与装备制造技术的深度融合与集成。因此，智能制造的发展是和智能硬件密不可分的。传统的制造装备通过应用智能硬件技术而具有了信息采集、分析和执行的能力，从而在智能制造的全生命周期中占据了重要的地位。

如图 6.2.1 所示，智能制造体系中的智能硬件可以分为三类，分别是高端制造装备、关键基础器件和智能产品，各自以工业机器人、智能传感器和智能终端为代表。本节重点讲述这三类的代表硬件及其关键技术。

1. 工业机器人

工业机器人是面向工业领域的多关节机械手或多自由度的现代制造业智能化装备，它集机械、电子、控制、计算机、传感器和人工智能等多学科先进技术于一体，能自动执行工作，靠自身动力和控制能力来实现各种功能。它既可以接受人类的指挥，也可以按照预先编排的程序运行。

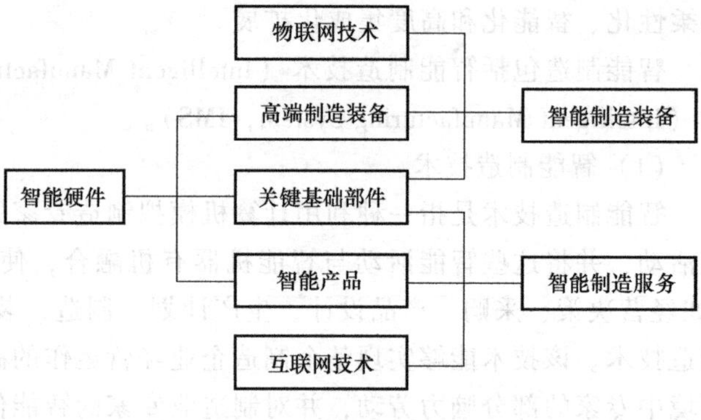

图 6.2.1　智能硬件的分类

2. 智能传感器

智能传感器是具有信息处理功能的传感器，它带有微处理器，具有采集、处理、交换信息的能力，是传感器集成化与微处理器相结合的产物。智能制造把智能传感器引入工业生产中，利用它独有的数据采集能力优势打造高度自动化的生产模式。智能传感器的基本结构图如图 6.2.2 所示。

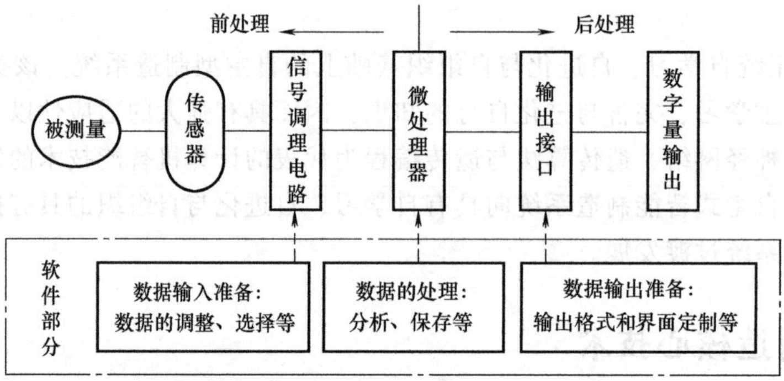

图 6.2.2　智能传感器基本结构图

传感器将被测量转换成相应的电信号，送到信号调理电路中，经过滤波、放大、A-D 转换后送到微处理器。微处理器对接收的信号进行计算、存储、数据分析和处理后，一方面通过反馈回路对传感器与信号调理电路进行调节以实现对测量过程的调节和控制，另一方面将处理后的结果传送到输出接口，经过接口电路的处理后按照输出格式和界面定制输出数字化的测量结果。智能传感器中微处理器是智能化的核心，图中的软件部分的运算及其相关的调节与控制只能通过它才能实现。

3. 智能终端

智能终端是一类智能化和网络化的嵌入式计算机系统设备，如图 6.2.3 所示。它能够感知环境信息，对采集的数据进行初步处理和加密，并通过网络，将数据传输至服务器或数据平台。不仅如此，为了向用户提供最佳的使用体验，智能终端还应当具有一定的判断能力，为用户选择最佳的服务通道。

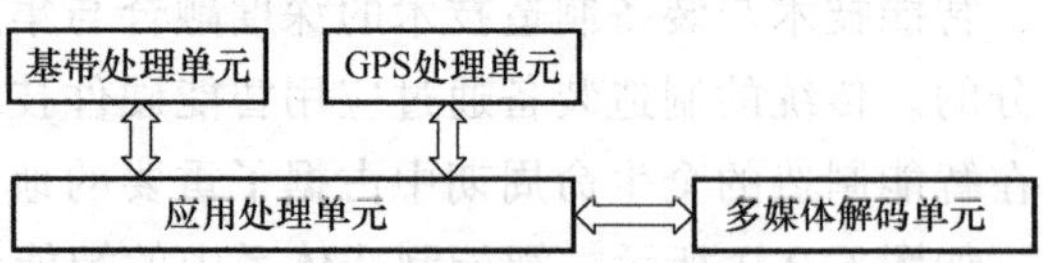

图 6.2.3　智能终端系统组成

每一个处理单元都可以看作一个单独的计算机系统，运行着不同的程序。按照其在智能终端硬件中的作用，可分为主处理单元和从处理单元。每个从处理单元（如基带处理单元、GPS 处理单元和多媒体解码单元等）通过一定的方式与主处理单元（在图 6.2.3 中应用处理单元为主处理单元）通信，接受主处理单元的指令，进行相应的操作，并向主处理单元返回结果。

6.2.2　工业识别

工业识别是实现智能制造技术的基础。未来的智能工厂将实现高度互联与集成，而编码与识别技术是企业实现设备互联、信息集成与共享的基础。工业识别技术能够为生产、物流过程实时提供准确的信息，助力企业实现智能制造。

1. 机器视觉技术

机器视觉系统是指用计算机实现人的视觉功能，也就是用计算机来实现对客观的三维世界的识别。人类视觉系统的感受部分是视网膜，它是一个三维采样系统，三维物体的可见部分投影到视网膜上，人们按照投影到视网膜上的二维的像来对该物体进行三维理解（对被观察对象的形状、尺寸、离开观察点的距离、质地和运动特征等的理解）。

机器视觉系统主要由三部分组成：图像的获取、图像的处理和分析、图像的输出或显示。图像的获取实际上是将被测物体的可视化图像和内在特征转换成能被计算机处理的一系列数据，它主要由三部分组成：照明、图像聚焦形成、图像确定和形成摄像机输出信号。视觉信息的处理主要依赖于图像处理技术，它包括图像增强、数据编码和传输、平滑、边缘锐化、分割、特征抽取、图像识别与理解等内容。经过这些处理后，输出图像的质量得到相当程度的提升，既改善了图像的视觉效果，又便于计算机对图像进行分析、处理和识别。

2. 工业物联网

工业物联网是物联网技术在制造企业或智能工厂中的应用，它指通过传感器技术、标识识别技术、图像视频技术、定位技术等感知技术，实时感知企业或工厂中需要监控、连接和互动的装备，并构建企业办公室的信息化系统，打通办公信息化系统与生产现场设备的直接联系。

工业物联网从下至上由三个层次构成，包括感知控制层、网络层和应用层。生产指标由企业信息化系统通过网络层自动下达至机器的执行系统。生产结果由感知控制层自动采集并通过网络层上传至应用层（一般是企业信息化系统），并在生产现场实现智能化的自动监控和报警。还可在云制造平台上对大数据进行分析挖掘，提高生产制造的智能化水平。

6.2.3　信息技术

信息技术是用于管理和处理信息的各种技术的总称，它运用计算机科学和通信技术，设计、开发、安装和实施信息系统及应用软件。

随着信息化在全球的快速发展，信息技术已成为支撑当前经济活动和社会生活的基石。信息技术代表着先进生产力的发展方向，其广泛应用让信息作为重要生产要素的作用得以发挥，使人们能更高效地进行资源优化配置，从而推动传统产业不断升级，提高社会劳动生产率和社会运行效率。

1. 工业大数据

近年来，随着互联网、物联网、云计算等信息技术与通信技术的迅猛发展，数据量的暴涨成了许多行业共同面对的严峻挑战和宝贵机遇。随着制造技术的进步和现代化管理理念的普及，制造业企业的运营越来越依赖信息技术。如今，制造业整个价值链以及制造业产品的整个生命周期都涉及诸多的数据。

工业大数据是指在工业领域中，围绕典型智能制造模式，从客户需求到销售、订单、计划、研发、设计、工艺、制造、采购、供应、库存、发货和交付、售后服务、运维、报废或回收再制造等整个产品全生命周期各个环节所产生的各类数据及相关技术和应用的总称。其以产品数据为核心，极大延展了传统工业数据范围，同时还包括工业大数据相关技术和应用。其主要来源可分为以下三类：第一类是生产经营相关业务数据；第二类是设备物联数据；第三类是外部数据。

工业大数据技术是使工业数据中所蕴含的价值得以挖掘和展现的一系列技术与方法，包括数据规划、采集、预处理、存储、分析挖掘、可视化和智能控制等。工业大数据应用，则是对特定的工业大数据集，集成应用工业大数据系列技术与方法，获得有价值信息的过程。工业大数据技术的研究与突破，其本质目标就是从复杂的数据集中发现新的模式与知识，挖掘得到有价值的新信息，从而促进制造型企业的产品创新、提升经营水平和生产运作效率以及拓展新型商业模式。

2. 云计算技术

“云”实质上就是一个网络，狭义上讲，云计算就是一种提供资源的网络，使用者可以随时获取“云”上的资源，按需求量使用，并且可以看成是无限扩展的，只要按使用量付费就可以，“云”就像自来水厂一样，我们可以随时接水，并且不限量，按照自己家的用水量，付费给自来水厂就可以。

从广义上说，云计算是与信息技术、软件、互联网相关的一种服务，这种计算资源共享池称为“云”，云计算把许多计算资源集合起来，通过软件实现自动化管理，只需要很少的人参与，就能让资源被快速提供。也就是说，计算能力作为一种商品，可以在互联网上流通，就像水、电、煤气一样，可以方便地取用，且价格较为低廉。

总之，云计算不是一种全新的网络技术，而是一种全新的网络应用概念，云计算的核心概念就是以互联网为中心，在网站上提供快速且安全的云计算服务与数据存储，让每一个使用互联网的人都可以使用网络上的庞大计算资源与数据中心。

云计算是继互联网、计算机后在信息时代又一种新的革新，云计算是信息时代的一个大飞跃，未来的时代可能是云计算的时代，虽然目前有关云计算的定义有很多，但总体上来说，云计算的基本含义是一致的，即云计算具有很强的扩展性和需要性，可以为用户提供一种全新的体验，云计算的核心是可以将很多的计算机资源协调在一起，因此，使用户通过网络就可以获取到无限的资源，同时获取的资源不受时间和空间的限制。

3. 虚拟制造技术

虚拟制造是指以信息技术为基础，以计算机仿真和建模技术为支持，对生产制造过程进行系统化组织与分析，并对整个制造过程建模，在计算机上进行设计评估和制造活动仿真的技术。虚拟制造技术强调用虚拟模型描述制造全过程，在实际物理制造之前就具有了对产品性能及其可制造性的预测能力。

虚拟制造集成了三维模型与虚拟仿真的制造活动，从而代替现实世界中的物体与操作，是一种知识与计算机辅助系统技术，是虚拟现实技术在生产制造过程中的一种应用。用户可以通过虚拟现实技术进入一个三维的虚拟世界，在这个世界中不仅能够感知三维可视化环境，还能够对物体进行交互操作，从而可以综合质量与数量两个层面的因素，提高解决策略的可行性。

4. 制造信息系统

制造信息系统是整个智能制造环节的管理中枢，是贯穿车间、连接部门、跨越企业的以制造为核心的集成系统。制造信息系统可以根据生产环节产生的大量实时数据，进行信息汇总和分析管理。不仅如此，通过工业互联网，制造信息系统还能与制造企业的人事、财务、生产环节管理、运营管理等系统互通和集成，实现内部信息共享，提高企业执行力和市场反应力。

6.3　智能控制的概念与发展

智能控制是控制理论发展的高级阶段，它主要用来解决那些用传统控制方法难以解决的复杂系统的控制问题。智能控制研究对象具备以下一些特点。

1）不确定性的模型。智能控制适合于不确定性对象的控制，其不确定性包括两层意思：一是模型未知或知之甚少；二是模型的结构和参数可能在很大范围内变化。

2）高度的非线性。采用智能控制方法可以较好地解决非线性系统的控制问题。

3）复杂的任务要求。例如，智能机器人要求控制系统对一个复杂的任务具有自行规划和决策的能力，有自动躲避障碍运动到期望目标位置的能力。又如，在复杂的工业过程控制系统中，除了要求对各被控物理量实现定值调节外，还要求能实现整个系统的自动启停、故障的自动诊断及紧急情况下的自动处理等功能。

智能控制是一门交叉学科，著名美籍华人傅京逊教授于 1971 年首先提出智能控制是人工智能与自动控制的交叉，即二元论。美国学者 G. N. Saridis 于 1977 年在二元论基础上引入运筹学，提出了三元论的智能控制概念，即

$$IC = AC \cap AI \cap OR \qquad (6.3.1)$$

式中，IC 为智能控制（Intelligent Control）；AI 为人工智能（Artificial Intelligence）；AC 为自动控制（Automatic Control）；OR 为运筹学（Operational Research）。

基于三元论的智能控制如图 6.3.1 所示。

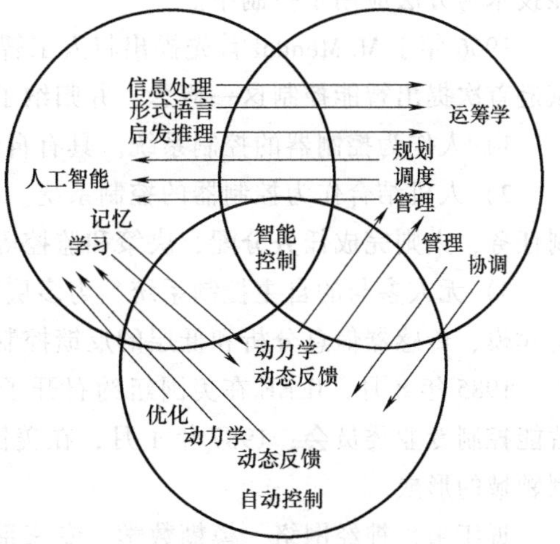

图 6.3.1　基于三元论的智能控制

人工智能（AI）是一个用来模拟人的思维的知识处理系统，具有记忆、学习、信息处理、形式语言和启发推理等功能。

自动控制（AC）描述系统的动力学特性，是一种动态反馈。

运筹学（OR）是一种定量优化方法，如线性规划、网络规划、调度、管理、优化决策和

多目标优化方法。

三元论除了“智能”与“控制”外，还强调了更高层次控制中调度、规划和管理的作用，为递阶智能控制提供了理论依据。

所谓智能控制，即设计一个控制器（或系统），使之具有学习、抽象、推理和决策等功能，并能根据环境（包括被控对象或被控过程）信息的变化做出适应性反应，从而实现由人来完成的任务。智能控制实际只是研究与模拟人类智能活动及其控制与信息传递过程的规律，研制具有仿人智能的工程控制与信息处理系统的一个新兴分支学科。智能控制是自动控制发展的最新阶段，主要用于解决传统控制难以解决的复杂系统的控制问题。控制科学的发展过程如图 6.3.2 所示。

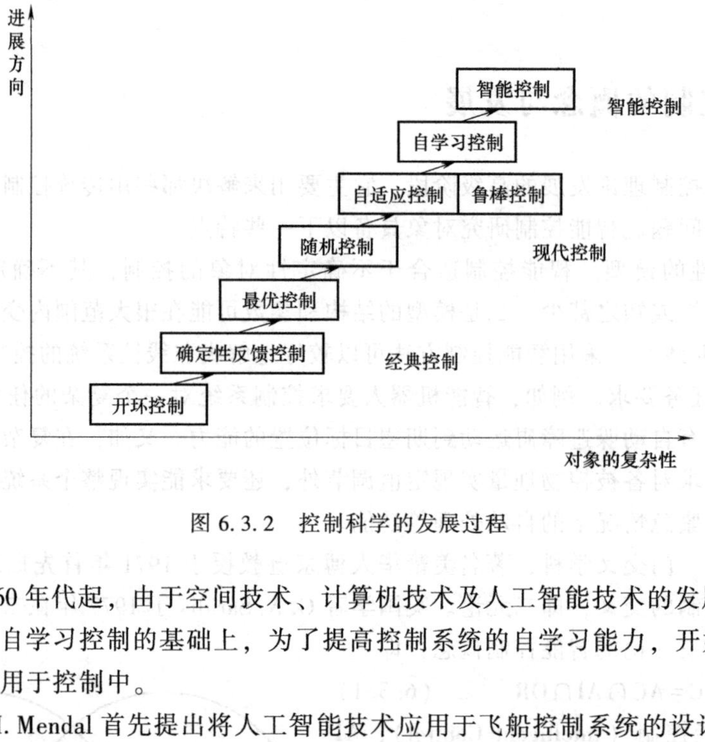

图 6.3.2　控制科学的发展过程

从 20 世纪 60 年代起，由于空间技术、计算机技术及人工智能技术的发展，控制界学者在研究自组织、自学习控制的基础上，为了提高控制系统的自学习能力，开始注意将人工智能技术与方法应用于控制中。

1966 年 J. M. Mendal 首先提出将人工智能技术应用于飞船控制系统的设计；1971 年，傅京逊首次提出智能控制这一概念，并归纳了如下 3 种类型的智能控制系统。

1）人作为控制器的控制系统。具有自学习、自适应和自组织的功能。

2）人机结合作为控制器的控制系统。机器完成需要连续进行的并需快速计算的常规控制任务，人则完成任务分配、决策和监控等任务。

3）无人参与的自主控制系统。为多层的智能控制系统，需要完成问题求解和规划、环境建模、传感器信息分析和低层的反馈控制任务，如自主机器人。

1985 年 8 月，IEEE 在美国纽约召开了第一届智能控制学术讨论会，随后成立了 IEEE 智能控制专业委员会；1987 年 1 月，在美国举行第一次国际智能控制大会，标志着智能控制领域的形成。

近年来，神经网络、模糊数学、专家系统和进化论等各门学科的发展给智能控制注入了巨大的活力，由此产生了各种智能控制方法。

6.4　模糊控制

以往的各种传统控制方法均是建立在被控对象精确数学模型的基础上，然而，随着系统复杂程度的提高，将难以建立系统的精确数学模型。

在工程实践中，人们发现，一个复杂的控制系统可由一个操作人员凭着丰富的实践经验得到满意的控制效果。这说明，如果通过模拟人脑的思维方法设计控制器，可实现复杂系统的控制，由此产生了模糊控制。

1965 年美国加州大学自动控制系 L. A. Zedeh 提出模糊集合理论，奠定了模糊控制的基础；1974 年伦敦大学的 Mamdani 博士利用模糊逻辑，开发了世界上第一台模糊控制的蒸汽机，从而开创了模糊控制的历史；1983 年日本富士电机开创了模糊控制在日本的第一项应用——水净化处理，之后，富士电机致力于模糊逻辑元件的开发与研究，并于 1987 年在仙台地铁线上采用了模糊控制技术，1989 年将模糊控制消费品推向高潮，使日本成为模糊控制技术的主导国家。模糊控制的发展可分为 3 个阶段。

1）1965—1974 年，为模糊控制发展的第一阶段，即模糊数学发展和形成阶段。

2）1974—1979 年，为模糊控制发展的第二阶段，产生了简单的模糊控制器。

3）1979 年至今，为模糊控制发展的第三阶段，即高性能模糊控制阶段。

6.4.1　模糊控制原理

模糊控制是以模糊集理论、模糊语言变量和模糊逻辑推理为基础的一种智能控制方法，它从行为上模仿人的模糊推理和决策过程。该方法首先将操作人员或专家经验编成模糊规则，然后将来自传感器的实时信号模糊化，将模糊化后的信号作为模糊规则的输入，完成模糊推理，将推理后得到的输出量加到执行器上。

模糊控制的基本原理框图如图 6.4.1 所示。它的核心部分为模糊控制器，如图中点画线框中部分所示，模糊控制器的控制律由计算机的程序实现。

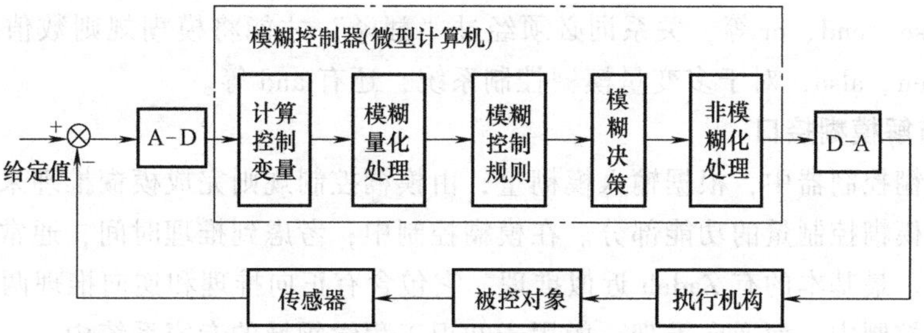

图 6.4.1　模糊控制的基本原理框图

6.4.2　模糊控制器

模糊控制器的组成框图如图 6.4.2 所示。

1. 模糊化接口

模糊控制器的输入必须通过模糊化才能用于控制输出的求解，因此它实际上是模糊控制器的输入接口。它的主要作用是将真实的确定量输入转换为一个模糊向量。对于一个模糊输

入变量 e，其模糊子集通常可以按如下方式划分。

1）e={负大，负小，零，正小，正大}={NB，NS，ZO，PS，PB}

2）e={负大，负中，负小，零，正小，正中，正大}={NB，NM，NS，ZO，PS，PM，PB}

3）e={负大，负中，负小，零负，零正，正小，正中，正大}={NB，NM，NS，NZ，PZ，PS，PM，PB}

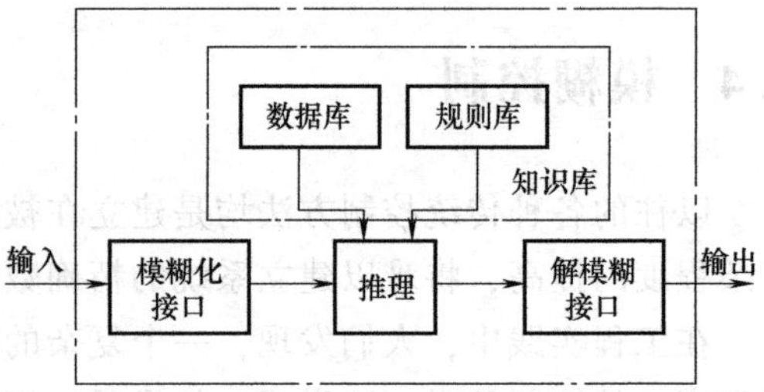

图 6.4.2　模糊控制器的组成框图

将方式 3）用三角形隶属度函数表示，如图 6.4.3 所示。

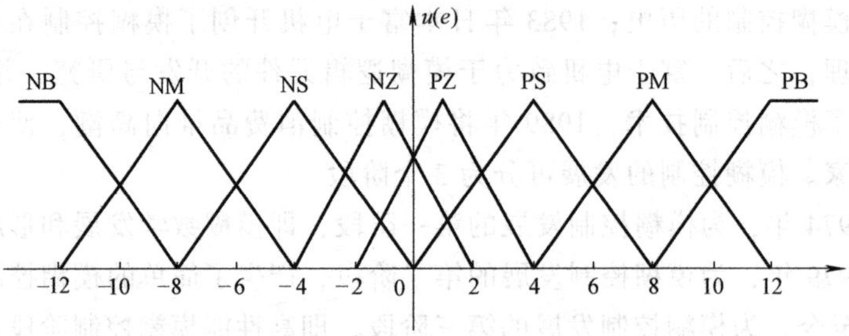

图 6.4.3　模糊子集和模糊化等级

2. 知识库

知识库由数据库和规则库两部分构成。

1）数据库。数据库所存放的是所有输入、输出变量的全部模糊子集的隶属度矢量值（即经过论域等级离散化以后对应值的集合），若论域为连续域则为隶属度函数。在规则推理的模糊关系方程求解过程中，向推理机提供数据。

2）规则库。模糊控制器的规则是基于专家知识或手动操作人员长期积累的经验，它是按人的直觉推理的一种语言表示形式。模糊规则通常由一系列的关系词连接而成，如 if-then、else、also、end、or 等，关系词必须经过“翻译”才能将模糊规则数值化。最常用的关系词为 if-then、also，对于多变量模糊控制系统，还有 and 等。

3. 推理与解模糊接口

推理是模糊控制器中，根据输入模糊量，由模糊控制规则完成模糊推理来求解模糊关系方程，并获得模糊控制量的功能部分。在模糊控制中，考虑到推理时间，通常采用运算较简单的推理方法。最基本的有 Zadeh 近似推理，它包含有正向推理和逆向推理两类。正向推理常被用于模糊控制中，而逆向推理一般用于知识工程学领域的专家系统中。

推理结果的获得，表示模糊控制的规则推理功能已经完成。但是，至此所获得的结果仍是一个模糊矢量，不能直接用来作为控制量，还必须做一次转换，求得清晰的控制量输出，即为解模糊。通常把输出端具有转换功能作用的部分称为解模糊接口。

6.5　神经网络控制

神经网络的研究已经有几十年的历史了。1943 年 McCulloch 和 Pitts 提出了神经元数学模型；1950—1980 年为神经网络的形成期，有少量成果，如 1975 年 Albus 提出了人脑记忆模型 CMAC 网络，1976 年 Grossberg 提出了用于无导师指导下模式分类的自组织网络；1980 年以后为神经网络的发展期，1982 年 Hopfield 提出了 Hopfield 网络，解决了回归网络的学习问题，1986 年美国的 PDP 研究小组提出了 BP 网络，实现了有导师指导下的网络学习，为神经网络的应用开辟了广阔的发展前景。

将神经网络引入控制领域就形成了神经网络控制。神经网络控制是从机理上对人脑生理系统进行简单结构模拟的一种新兴智能控制方法。神经网络具有并行机制、模式识别、记忆和自学习能力的特点，它能充分逼近任意复杂的非线性系统，能够学习与适应不确定系统的动态特性，有很强的鲁棒性和容错性。神经网络控制在控制领域有着广泛的应用。

6.5.1 神经网络原理

神经生理学和神经解剖学的研究表明，人脑极其复杂，由一千多亿个神经元交织在一起的网状结构构成，其中大脑皮层约 140 亿个神经元，小脑皮层约 1000 亿个神经元。

人脑能完成智能和思维等高级活动，为了能利用数学模型来模拟人脑的活动，引出了神经网络的研究。

单个神经元的解剖图如图 6.5.1 所示，神经系统的基本构造是神经元（神经细胞），它是处理人体内各部分之间相互信息传递的基本单元。每个神经元都由一个细胞体，一个连接其他神经元的轴突和一些向外伸出的其他较短分支——树突组成。轴突的功能是将本神经元的输出信号（兴奋）传递给别的神经元，其末端的许多神经末梢使得兴奋可以同时传送给多个神经元。树突的功能是接受来自其他神经元的兴奋。神经元细胞体将接收到的所有信号进行简单地处理后，由轴突输出。神经元的轴突与另外神经元神经末梢相连的部分称为突触。

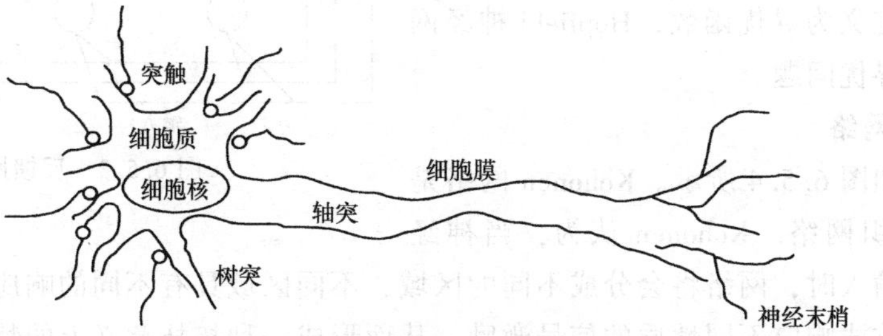

图 6.5.1 单个神经元的解剖图

神经元由下面 4 部分构成。

1）细胞体（主体部分）。包括细胞质、细胞膜和细胞核。

2）树突。用于为细胞体传入信息。

3）轴突。为细胞体传出信息，其末端是轴突末梢，含传递信息的化学物质。

4）突触。是神经元之间的接口（104~105 个/每个神经元）。

通过树突和轴突，神经元之间实现了信息的传递。

神经网络的研究主要分为 3 个方面的内容，即神经元模型、神经网络结构和神经网络学习算法。

6.5.2 神经网络的分类

人工神经网络是以数学手段来模拟人脑神经网络的结构和特征的系统。利用人工神经元可以构成各种不同拓扑结构的神经网络，从而实现对生物神经网络的模拟和近似。

目前神经网络模型的种类相当丰富，已有近 40 余种，其中典型的有多层前向传播网络（BOP 网络）、Hopfield 网络、CMAC 小脑模型、ART 自适应共振理论、BAM 双向联想记忆、SOM 自组织网络、Blotzman 机网络和 Madaline 网络等。

根据神经网络的连接方式，神经网络可分为下面 3 种形式。

1. 前向网络

如图 6.5.2 所示，神经元分层排列，组成输入层、隐含层和输出层。每一层的神经元只接收前一层神经元的输入。输入模式经过各层的顺次变换后，由输出层输出。在各神经元之间不存在反馈。感知器和误差反向传播网络采用前向网络形式。这种网络实现信号从输入空间到输出空间的变换，它的信息处理能力来自于简单非线性函数的多次复合。网络结构简单，易于实现。BP 网络是一种典型的前向网络。

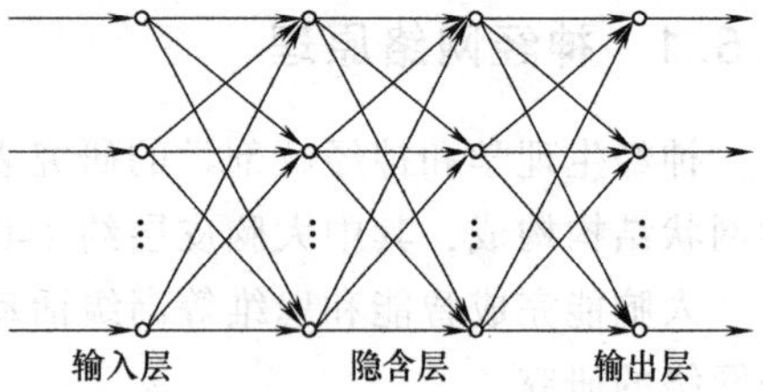

图 6.5.2 前向网络

2. 反馈网络

网络结构如图 6.5.3 所示，该网络结构从输出层到输入层存在反馈，即每一个输入节点都有可能接收来自外部的输入和来自输出神经元的反馈。这种神经网络是一种反馈动力学系统，它需要工作一段时间才能达到稳定。Hopfield 神经网络是反馈网络中最简单且应用最广泛的模型，它具有联想记忆的功能，如果将 Lyapunov 函数定义为寻优函数，Hopfield 神经网络还可以解决寻优问题。

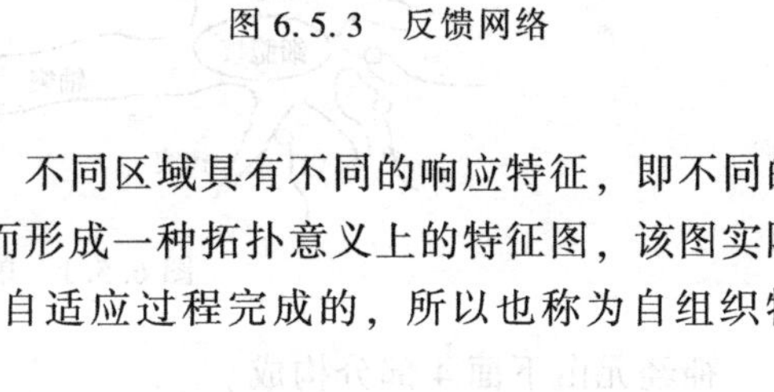

图 6.5.3 反馈网络

3. 自组织网络

网络结构如图 6.5.4 所示。Kohonen 网络是最典型的自组织网络。Kohonen 认为，当神经网络接受外界输入时，网络将会分成不同的区域，不同区域具有不同的响应特征，即不同的神经元以最佳方式响应不同性质的信号激励，从而形成一种拓扑意义上的特征图，该图实际上是一种非线性映射。这种映射是通过无监督的自适应过程完成的，所以也称为自组织特征图。

Kohonen 网络通过无导师的学习方式进行权值的学习，稳定后的网络输出就对输入模式生成自然的特征映射，从而达到自动聚类的目的。

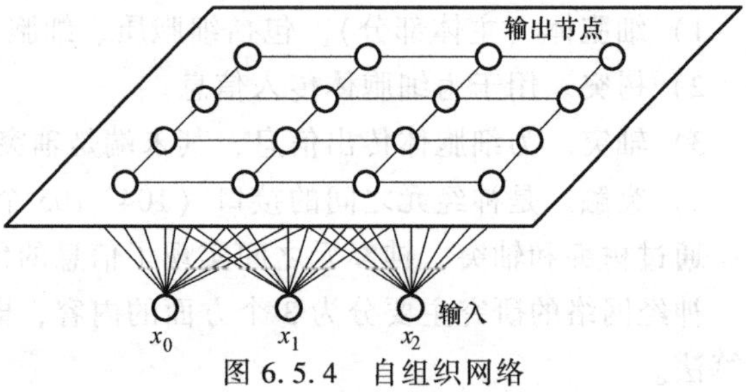

图 6.5.4 自组织网络

6.5.3 神经网络学习算法

神经网络学习算法是神经网络智能

特性的重要标志，神经网络通过学习算法，实现了自适应、自组织和自学习的能力。

目前神经网络的学习算法有多种，按有无指导分类，可分为有指导学习（Supervised Learning）、无指导学习（Unsupervised Learning）和再励学习（Reinforcement Learning）等。在有指导的学习方式中，网络的输出和期望的输出（即指导信号）进行比较，然后根据两者之间的差异调整网络的权值，最终使差异变小，如图 6.5.5 所示。

在无指导的学习方式中，输入模式进入网络后，网络按照一预先设定的规则（如竞争规则）自动调整权值，使网络最终具有模式分类等功能，如图 6.5.6 所示。再励学习是介于上述两者之间的一种学习方式。

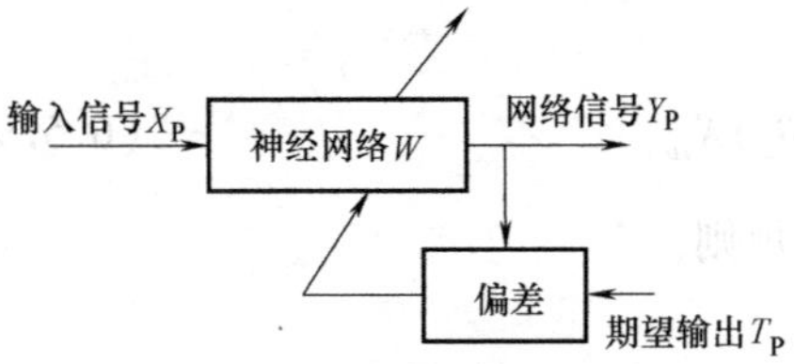

图 6.5.5　有指导的神经网络学习

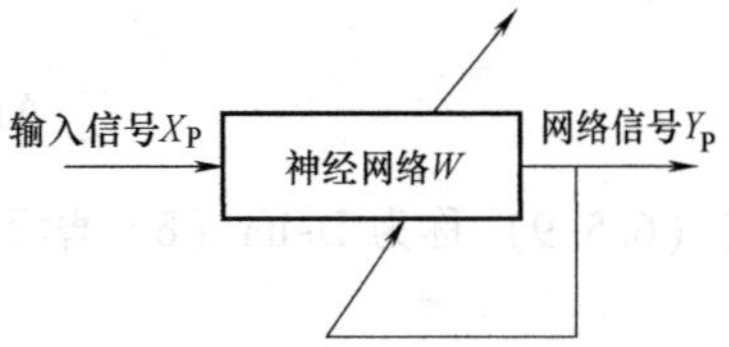

图 6.5.6　无指导的神经网络学习

下面介绍两个基本的神经网络学习算法。

1. Hebb 学习规则

Hebb 学习规则是一种联想式学习算法。生物学家 D. O. Hebbian 基于对生物学和心理学的研究，认为两个神经元同时处于激发状态时，它们之间的连接强度将得到加强，这一论述的数学描述被称为 Hebb 学习规则，即

$$w_{ij}(k+1)=w_{ij}(k)+I_iI_j \tag{6.5.1}$$

式中，$w_{ij}(k)$ 为连接从神经元 i 到神经元 j 的当前权值，I_i 和 I_j 为神经元的激活水平。

Hebb 学习规则是一种无指导的学习方法，它只根据神经元连接间的激活水平改变权值，因此，这种方法又称为相关学习或并联学习。

2. Delta（δ）学习规则

假设误差准则函数为

$$E=\frac{1}{2}\sum_{p=1}^{P}(d_p-y_p)^2=\sum_{p=1}^{P}E_p \tag{6.5.2}$$

式中，d_p 代表期望的输出（教师信号）；y_p 为网络的实际输出，$y_p=f(W^{\mathrm{T}}X_p)$；W 为网络所有权值组成的向量。

$$\boldsymbol{W}=(w_0,w_1,\cdots,w_n)^{\mathrm{T}} \tag{6.5.3}$$

$\boldsymbol{X}_p$ 为输入模式

$$\boldsymbol{X}_p=(x_{p0},x_{p1},\cdots,x_{pn})^{\mathrm{T}} \tag{6.5.4}$$

其中，训练样本数为 $p=1$，2，…，P。

神经网络学习的目的是通过调整权值 W，使误差准则函数最小。可采用梯度下降法来实现权值的调整，其基本思想是沿着 E 的负梯度方向不断修正 W 值，直到 E 达到最小，这种方法的数学表达式为

$$\Delta\boldsymbol{W}=\eta\left(-\frac{\partial E}{\partial \boldsymbol{W}_i}\right) \tag{6.5.5}$$

$$\frac{\partial E}{\partial \boldsymbol{W}_i}=\sum_{p=1}^{P}\frac{\partial E_p}{\partial \boldsymbol{W}_i} \tag{6.5.6}$$

其中

$$E_p=\frac{1}{2}(d_p-y_p)^2 \tag{6.5.7}$$

令网络输出为 $\theta_p=\boldsymbol{W}^{\mathrm{T}}\boldsymbol{X}_p$，则 $y_p=f(\theta_p)$

$$\frac{\partial E_p}{\partial W_i}=\frac{\partial E_p}{\partial \theta_p}\frac{\partial \theta_p}{\partial W_i}=\frac{\partial E_p}{\partial y_p}\frac{\partial y_p}{\partial \theta_p}X_{ip}=-(d_p-y_p)f'(\theta_p)X_{ip} \tag{6.5.8}$$

W 的修正规则为

$$\Delta w=\eta\sum_{p=1}^{P}(d_p-y_p)f'(\theta_p)X_{ip} \tag{6.5.9}$$

式（6.5.9）称为 Delta（δ）学习规则，又称误差修正规则。

6.6 专家控制

6.6.1 专家控制的概述与结构

瑞典学者 K. J. Astrom 于 1983 年首先把人工智能中的专家系统引入智能控制领域，于 1986 年提出“专家控制”的概念，构成一种智能控制方法。

专家控制是智能控制的一个重要分支，又称专家智能控制。所谓专家控制，是将专家系统的理论和技术同控制理论、方法与技术相结合，在未知环境下，仿效专家的经验，实现对系统的控制。

专家控制试图在传统控制的基础上“加入”一个富有经验的控制工程师，实现控制的功能，它由知识库和推理机构构成主体框架，通过对控制领域知识（先验经验、动态信息、目标等）的获取与组织，按某种策略及时地选用恰当的规则进行推理输出，实现对实际对象的控制。专家控制的结构如图 6.6.1 所示。

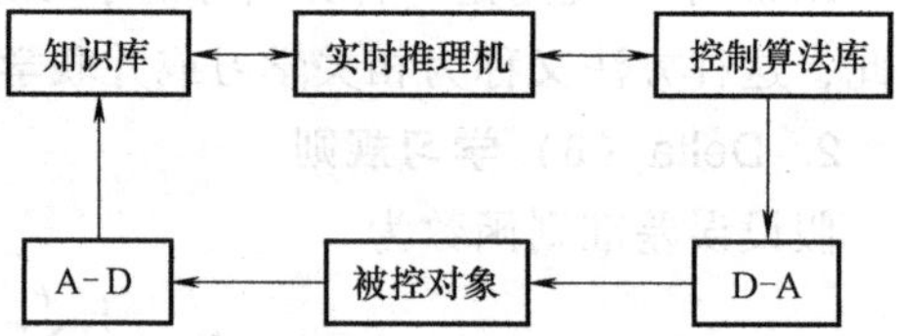

图 6.6.1　专家控制结构图

6.6.2 专家控制的功能与分类

1. 功能

1）能够满足任意动态过程的控制需要，尤其适用于带有时变、非线性和强干扰的控制。

2）控制过程可以利用对象的先验知识。

3）通过修改、增加控制规则，可不断积累知识，改进控制性能。

4）可以定性地描述控制系统的性能，如“超调小”“偏差增大”等。

5）对控制性能可进行解释。

6）可通过对控制闭环中的单元进行故障检测来获取经验规则。

2. 分类

按专家控制在控制系统中的作用和功能，可将专家控制器分为以下两种类型。

(1) 直接型专家控制器

直接型专家控制器用于取代常规控制器，直接控制生产过程或被控对象。具有模拟（或延伸，扩展）操作人工智能的功能。该控制器的任务和功能相对比较简单，但是需要在线、实时控制。因此，其知识表达和知识库较简单，通常由几十条产生式规则构成，以便于增删和修改。直接型专家控制器如图6.6.2所示。

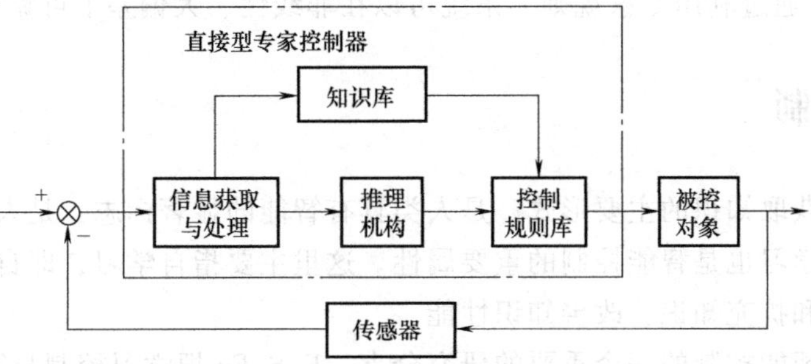

图6.6.2 直接型专家控制器

(2) 间接型专家控制器

间接型专家控制器用于和常规控制器相结合，组成对生产过程或被控对象进行间接控制的智能控制系统。具有模拟（或延伸，扩展）控制工程师智能的功能。该控制器能够实现优化适应、协调、组织等高层决策的智能控制。按照高层决策功能的性质，间接型专家控制器可分为以下几种类型。

1) 优化型专家控制器。是基于最优控制专家的知识和经验的总结和运用。通过设置整定值、优化控制参数或控制器，实现控制器的静态或动态优化。

2) 适应型专家控制器。是基于自适应控制专家的知识和经验的总结和运用。根据现场运行状态和测试数据，相应地调整控制规律，校正控制参数，修改整定值或控制器，适应生产过程、对象特性或环境条件的漂移和变化。

3) 协调型专家控制器。是基于协调控制专家和调度工程师的知识和经验的总结和运用。用以协调局部控制器或各子控制系统的运行，实现大系统的全局稳定和优化。

4) 组织型专家控制器。是基于控制工程的组织管理专家或总设计师的知识和经验的总结和运用。用以组织各种常规控制器，根据控制任务的目标和要求，构成所需要的控制系统。

间接型专家控制器可以在线或离线运行。通常，优化型、适应型需要在线、实时、联机运行。协调型、组织型可以离线、非实时运行，作为相应的计算机辅助系统。间接型专家控制器的示意图如图6.6.3所示。

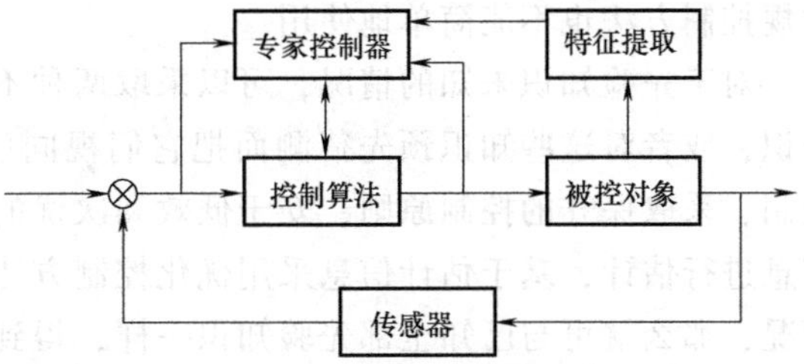

图6.6.3 间接型专家控制器

6.6.3 专家控制的关键技术及特点

专家控制的关键技术：

1) 知识的表达方法。

2）从传感器中识别和获取定量的控制信号。

3）将定性知识转化为定量的控制信号。

4）控制知识和控制规则的获取。

专家控制的特点：

1）灵活性。根据系统的工作状态及误差情况，可灵活地选取相应的控制律。

2）适应性。能根据专家知识和经验，调整控制器的参数，适应对象特性及环境的变化。

3）鲁棒性。通过利用专家规则，系统可以在非线性、大偏差下可靠地工作。

6.7 学习控制

学习是人类获取知识的主要形式，是人类具有智能的显著标志，是人类提高智能水平的基本途径。因此学习也是智能控制的重要属性。这里主要指自学习，即自动获取知识、积累经验、不断更新和扩充知识，改善知识性能。

学习控制是智能控制的一个重要的研究分支。K. S. Fu 把学习控制与智能控制相提并论，从发展学习控制的角度首先提出智能控制的概念（K. S. Fu，1971）。他推崇在控制问题中引入拟人的自学习功能，研究各种机器系统可以实现的学习机制。

6.7.1 学习控制问题的提出

智能控制的任务也可以这样来表达：要使闭环控制系统在相当广泛的运行条件范围内，在相当广泛的运行事件范围内，保持系统的完善功能和期望性能，而实现这任务的困难是受控对象和系统的性能目标具有一定的复杂性和不确定性。例如，受控对象通常存在非线性和时变性。尤其是受控对象的动力学特性往往建模不良，也可能是设计者主观上未能完整表达所致，或者是客观上无法得到对象的合适模型。其他还有多输入多输出、高阶结构、复杂的性能目标函数、运行条件有约束、测量不完全、部件发生故障等因素，学习控制的作用是为了解决主要由于对象的非线性和系统建模不良所造成的不确定性问题，即努力降低这种缺乏必要的先验知识给系统控制带来的困难。K. S. Fu 指出，在设计一个工程控制系统时，如果受控对象或过程的先验知识全部是已知的，而且能确定地描述，那么从合适的常规控制到最优控制的各种方法都可利用，求得满意的控制性能。如果受控对象或过程的先验知识是全部地或者局部地已知，但只能得到统计的描述（例如概率分布、密度函数等），那么就要利用随机设计或统计设计技术来解决控制问题。然而如果受控对象或过程的先验知识是全部未知的或者局部未知的，这时就谈不上完整的建模，传统的优化控制设计方法就无法进行，甚至常规控制方法也不能简单地使用。

对于先验知识未知的情况，可以采取两种不同的解决方法。一种是忽略未知部分的先验知识，或者对这些知识预先猜测而把它们视同已知。这样就可以基于知识“已知”来设计控制，采取保守的控制原则，安于低效和次优的结果。另一种方法是，在运行过程中对未知信息进行估计，基于估计信息采用优化控制方法，如果这种估计能逐渐逼近未知信息的真实情况，那么就可与已知全部先验知识一样，得到满意的优化控制性能。

由于对未知信息的估计逐步改善而导致控制性能的逐步改善，这就是学习控制。

应当指出，学习控制所面临的系统特性在一定环境条件下实际上是确定的，而不是不确定的，只是在于事先并不清楚，但随着过程的进展可以设法弄清楚。换言之，不可知的信息无法学习，学习是对事先未知的规律性知识的学习。

6.7.2 学习控制的表述

学习这一概念在日常生活中使用极其广泛，非常通俗，目前没有公认的统一定义。人们从不同的学科角度、不同的理解层次来表述学习、学习控制和学习控制系统。

Wiener 从物种随时间变异的现象给出了学习的最一般的定义（Wiener，1965），即有生存能力的动物，是那些在它的个体的一生中，能被它所经历的环境所改造的动物：一个能繁殖的动物，至少能够产生与它自己大略相似的动物，虽然这种动物不会完全相似到随时间的推移不再发生变化的程度。如果这种变化是自我可遗传的，则就有了一种能受自然选择的原料。如果这种变化以某种行为形式显现出来，则只要该行为不是有害的，则这种变化就会一代接一代地继续下去。这种从一代到下一代的变化形式就称为种族学习或系统发育学习，而特定个体中发生的行为变化或行为学习，则称为个体发育学习。

Shannon 对于学习的定义考虑了所有可能的个体发育学习中的一个子集（R. M. Glorioso，1975）：假定一个有机体或一台机器处于某类环境中，或者同该类环境有联系，而且假定存在一个对该环境是“成功”的量度或“自适应”的量度。进一步假定这种量度在时间上是比较局部的量度，即人们能在比该有机体生命期短的时间内，测定这个成功的量度。如果对于所考虑的这类环境，这种局部的成功量度有随时间而改善的趋向，那么我们可以说，相对于所选择的成功量度，该有机体或机器正在为适应这类环境而学习着。

Osgood 从生理学角度表述了学习的定义（R. M. Glorioso，1975）：所谓学习是指在同类特征的重复情境中，有机体靠自己的自适应性，使自己的行为和在竞争反应中的选择不断地改变、增强。这类选择变异是由个体的经验形成的。

上述定义对于学习本质的认识，有助于我们在工程控制系统中研究开发学习功能。

K. S. Fu 详细阐述了学习控制的意义，指出学习控制器的任务是在系统运行中估计未知的信息并基于这种估计的信息确定最优控制，逐步改进系统的性能（K. S. Fu，1970）。

Y. Z. Tsypkin 把系统中的学习一词理解为一种过程，通过重复各输入信号并从外部校正该系统，这样从而使系统对于特定的输入信号具有特定的响应。而自学习就是不具有外来校正的学习，或即不具惩罚和奖励的学习（Y. Z. Tsypkin，1966）。

G. N. Saridis 认为，如果一个系统能对一个过程或其环境的未知特征所固有的信息进行学习，并将得到的经验用于进一步估计、分类、决策或控制，从而使系统的品质得到改善，那就称此系统为学习系统。而学习系统将其得到的学习信息用于控制具有未知特征的过程，就成为学习控制系统（G. N. Saridis，1977）。

综合上述各种解释，有一种比较完整、规范的学习控制表述是值得推荐的：一个学习控制系统是具有这样一种能力的系统，它能通过与控制对象和环境的闭环交互作用，根据过去获得的经验信息，逐步改进系统自身的未来性能（L. Walter 和 J. A. Farrell，1992）。

这种表述说明了学习控制的一般特点：

1）有一定的自主性。学习控制系统的性能是自我改进的。

2）是一种动态过程。学习控制系统的性能随时间而变，性能的改进在与外界反复作用的过程中进行。

3）有记忆功能。学习控制系统需要积累经验，用以改进其性能。

4）有性能反馈，学习控制系统需要明确它的当前性能与某个目标性能之间的差距，施加改进操作。

6.7.3 学习控制的研究状况和分类

工程上对于学习的研究起源于人工智能中对学习机制的模拟。一条途径是基于人脑结构模型来模拟人的形象思维。40年代初，McCulloch 和 Pitts 就提出了一种最基本的神经元突触模型。50多年来，已有数百种神经模型和神经网络模型被发表。这些学习模型具有联想和分布记忆的特征，与非线性动力学关系密切，导致了非线性问题的学习控制的发展。另一条途径是基于人脑的外部功能来模拟人的逻辑思维。50年代末 Samuel 研制了能与人对弈而且能积累经验的跳棋程序。60年代 Feigenbaum 的语言学习模型标志从参数学习到概念学习的发展。70年代中 Buchanan 和 Mitchell 的 Meta-DENDRA1 系统等研究标志从孤立概念的符号学习到知识基系统的结构学习。80年代以来，示例式、观察式、发现式、类比式等多种学习机制被深入研究，一些工具式学习系统可供应用。以上阶段的研究形成了“机器学习”的人工智能学科分支，它以知识为中心，综合应用知识的表达、存储、推理等技术，是自动知识获取的重要手段。

人工智能对于学习的研究有力地推动了学习控制理论的发展。60年代以来，学习控制的研究方向主要有3类。

1. 基于模式识别的学习控制

这一方向主要起源于人工神经元的研究，采用的方法基本上是模式识别，着重于参数的自学习控制。

K. S. Narendra 等最先研究了基于性能反馈进行校正的方法（1962 年）；其后由 F. W. Smith 提出了一种利用自适应模式识别技术的开关控制方法（1964 年）；F. B. Smith 研究了一种可训练飞行控制系统（1964 年）；A. R. Bute 推出学习 Bang-Bang 调节器（1964 年）；A. M. Mendel 等进一步将可训练阈值逻辑（模式分类器）方法应用于控制系统（1968 年）。

M. D. Waltz 和 K. S. Fu 将线性再励技术引入学习控制系统，被认为是在控制系统中最早应用了人工智能启发式方法。这类研究是基于模式识别的学习控制的另一个思路，J. M. Mendel 根据这类方法研究了一个卫星的精确姿态控制问题（1966 年）。

K. S. Fu 还首先提出了利用 Bayes 学习估计的方法（1965 年）。对于这类自学习控制系统，Y. Z. Tsypkin 等还研究了随机逼近方法，并利用随机自动机构成学习系统的模型。J. S. Riordo 讨论了 Markov 学习模型（1969 年）。

总之，随着基于模式识别的参数自学习控制方法的发展，出现了利用模式分类器、再励学习、Bayes 学习、随机逼近、随机自动机、模糊自动机和语义学方法的各种学习控制系统。

2. 基于迭代和重复的学习控制

这一方向主要针对在一定周期内进行重复运行的系统，它不但与传统的控制理论相联系，而且可导出易于工程实现的简单的学习控制规律。

这类方法最早见之于日本学者内山的一篇有关机器人控制的论文（1978 年）。其后，井上和中野等从频域角度将其发展为重复自学习控制（1980 年）。有本、川村和宫崎等又将内山的初步研究结果理论化为时域的迭代自学习控制。自此，这类方法主要从时域、频域两方面开始得到独立的研究和发展。

主要在时域中发展的迭代自学习控制应用较广，成果较多。有本等人研究了迭代自学习控制与逆系统，有界实性、灵敏度和最优调节等问题的关系，深刻地指出这种自学习过程实质上是逼近逆系统的过程。一些研究者随后又提出了多变量系统的最优迭代自学习控制、离散时间系统的迭代自学习控制，自适应迭代自学习控制以及非线性系统的迭代自学习控制等方法。

主要在频域中发展的重复自学习控制只适用于有界连续周期性期望输出的精确伺服跟踪问题，应用面较窄，研究不够深入。这类方法实际上是围统稳定条件的逐步放宽和学习控制系统的综合这两方面问题展开的，有关在多变量系统、离散时间系统中的运用问题也得到了研究。

迭代与重复自学习控制分别在时域、频域中研究，但基本思想是一致的，都是基于系统不变性的假设、基于记忆系统的间断的重复训练过程。鉴于此，我国的邓志东将这两种方法统一起来，提出了一种异步自学习控制理论，建立了包含更多新内容的体系和框架（算子描述、稳定与渐近稳定，系统周期不变性的约束等）。

3. 联结主义学习控制

主要基于人工神经元网络机制的联结主义是人工智能学科领域中近年来蓬勃发展的一大学派。联结主义与学习控制的结合已被认为是一种新型的学习控制方法，它与基于知识推理的符号主义学习方法（机器学习）相比，更具有效性。

W. L. Baker 和 J. A. Farrell 在 1990 年前后提出了联结主义学习控制系统（connectionist learning control systems）的概念，论述了它的理论方法。这种方法把控制系统看作是从对象输出和控制目标到控制作用的映射，学习就是一种自动地综合多变址函数映射的过程，而学习过程的根据则是某种优化原则以及在运行中逐步积累的经验信息，学习过程的实现是通过系统参数和结构的选择调整完成的。

联结主义的学习机制源于生物学和行为科学，在神经元网络等方面的研究中也得到了大量实践。

6.8　小结及习题

本章小结

1）制造业已经历了机械化制造、电气化制造、自动化制造阶段，并将朝着智能化、个性化制造的方向发展。随着智能制造技术的普及，其带来的优势越发明显，在不远的将来，智能制造将成为下一代制造业的重要生产模式。

2）智能制造源于人工智能，是一种由智能机器和人类专家共同组成的人机一体化智能系统。智能制造包括智能制造技术与智能制造系统。智能制造技术是指利用计算机，模拟制造专家的分析、判断、推理、构思和决策等智能活动的一种技术。智能制造系统是一种由智能制造单元组成的、在制造活动全过程中表现出相当智能行为的制造系统。智能制造是信息物理系统与制造技术、物流技术、物联网、互联网、大数据等多门学科知识成果的融合。

3）智能制造是通过智能化的感知、人机交互等技术，实现制造装备的智能化，是信息技术、智能技术与装备制造技术的深度融合与集成。传统的制造装备通过应用智能硬件技术而具有了信息采集、分析和执行能力，从而在智能制造的全生命周期中占据了重要的地位。

4）智能控制是自动控制发展的最新阶段，主要用于解决传统控制难以解决的复杂系统的控制问题。随着神经网络、模糊数学、专家系统、进化论等各门学科的发展给智能控制注入了巨大的活力，由此产生了各种智能控制方法。智能控制的几个重要分支为专家控制、模糊控制、神经网络控制和遗传算法。

习　题

1. 什么是智能制造？
2. 简述智能控制的概念。
3. 智能控制由哪几部分组成？各自的特点是什么？
4. 比较智能控制和传统控制的特点。
5. 智能控制有哪些应用领域？试各举出一个应用实例。
6. 简述机器视觉技术的定义。
7. 简述智能传感器的概念和组成。
8. 简述制造企业需要管理的数据的种类和来源。

附　　录

1. 拉普拉斯变换的概念

傅里叶变换具有广泛的应用，特别是在信号处理领域，直到今天它仍然是最基本的分析和处理工具，甚至可以说信号分析本质就是傅里叶变换。但任何东西都有局限性，傅里叶变换也一样，人们对傅里叶变换的局限性做了各种各样的改进：比如加窗傅里叶变换、小波变换等提高它对问题的刻画能力。我们知道傅里叶变换对函数有一定的要求，即满足狄里赫莱条件，要求在（$-\infty$，$+\infty$）上绝对可积，才有古典意义下的傅里叶变换，而绝对可积是一个很强的条件，即使一些简单函数，有时也不能满足这个条件；另外傅里叶变换必须在整个实轴上定义，但在工程实际问题中，许多以时间为自变量的函数，就不能在整个实轴上定义，因此傅里叶变换在处理这样的问题时，有一定的局限性。19 世纪末英国工程师海维赛德（Heaviside）提出了一种算子法，最后发展成了今天的拉普拉斯积分变换，而其数学上的根源还是来自拉普拉斯，所以称其为拉普拉斯变换。

（1）拉普拉斯变换的定义

定义 1：设函数 $f(t)$ 在［0，$+\infty$）上有定义，如果对于复参数 $s=\beta+\mathrm{j}\omega$，积分 $F(s)=\int_0^{+\infty}f(t)\mathrm{e}^{-st}\mathrm{d}t$ 在复平面 s 的某一域内收敛，则称 $F(s)$ 为 $f(t)$ 的拉普拉斯变换，记为：

$$L[f(t)]=F(s)=\int_0^{+\infty}f(t)\mathrm{e}^{-st}\mathrm{d}t \tag{1}$$

称 $f(t)$ 为 $F(s)$ 的拉普拉斯逆变换，记为 $f(t)=L^{-1}[F(s)]$，$F(s)$ 称为像函数，$f(t)$ 称为像原函数。

事实上，我们从下面可以看出傅里叶变换和拉普拉斯变换的关系：

$$F[f(t)u(t)\mathrm{e}^{-\beta t}]=\int_{-\infty}^{+\infty}f(t)u(t)\mathrm{e}^{-\beta t}\mathrm{e}^{-\mathrm{j}\omega t}\mathrm{d}t=\int_0^{+\infty}f(t)\mathrm{e}^{-(\beta+\mathrm{j}\omega)t}\mathrm{d}t$$

令 $s=\beta+\mathrm{j}\omega$，则 $F[f(t)u(t)\mathrm{e}^{-\beta t}]=\int_0^{+\infty}f(t)\mathrm{e}^{-st}\mathrm{d}t=F(s)=L[f(t)]$

由此可以知道，$f(t)$ 的拉普拉斯变换就是 $f(t)u(t)\mathrm{e}^{-\beta t}$ 的傅里叶变换，首先通过单位阶跃函数 $u(t)$ 使函数 $f(t)$ 在 $t<0$ 的部分为 0；其次对函数 $f(t)$ 在 $t>0$ 的部分乘一个衰减的指数函数 $\mathrm{e}^{-\beta t}$ 以降低其增长速度，这样就有希望使函数 $f(t)u(t)\mathrm{e}^{-\beta t}$ 满足傅里叶变换的条件，从而对它进行傅里叶变换。

例 1　现有一单位阶跃输入 $u(t)=\begin{cases}0, & t<0\\ 1, & t\geqslant 0\end{cases}$，求其拉普拉斯变换。

解：$L[u(t)]=\int_0^{+\infty}u(t)\mathrm{e}^{-st}\mathrm{d}t=\int_0^{+\infty}1\cdot\mathrm{e}^{-st}\mathrm{d}t=\left[-\frac{1}{s}\mathrm{e}^{-st}\right]_0^{+\infty}=\frac{1}{s}$。

例 2 求指数函数 $f(t)=\mathrm{e}^{kt}$ 的拉普拉斯变换（k 为实数）。

解：$L[f(t)]=\int_0^{+\infty}\mathrm{e}^{kt}\mathrm{e}^{-st}\mathrm{d}t=\int_0^{+\infty}\mathrm{e}^{-(s-k)t}\mathrm{d}t=-\frac{1}{s-k}\mathrm{e}^{-(s-k)t}\Big|_0^{+\infty}=\frac{1}{s-k}$，所以 $L(\mathrm{e}^{kt})=\frac{1}{s-k}$。

（2）拉普拉斯变换存在条件

若函数 $f(t)$ 满足：

1）在 $t>0$ 的任一有限区间上分段连续。

2）当 $t\to+\infty$ 时，$f(t)$ 的增长速度不超过某一指数函数，即存在常数 $M>0$ 及 $c\geqslant 0$，使得 $|f(t)|\leqslant M\mathrm{e}^{ct}$，（$0\leqslant t<+\infty$），则 $f(t)$ 的拉普拉斯变换 $F(s)=\int_0^{+\infty}f(t)\mathrm{e}^{-st}\mathrm{d}t$ 在半平面 $\mathrm{Re}(s)>c$ 上一定存在，并且在 $\mathrm{Re}(s)>c$ 的半平面内，$F(s)$ 为解析函数。

证明：设 $s=\beta+\mathrm{j}\omega$，则 $|\mathrm{e}^{-st}|=\mathrm{e}^{-\beta t}$，所以

$$|F(s)|=\left|\int_0^{+\infty}f(t)\mathrm{e}^{-st}\mathrm{d}t\right|\leqslant M\int_0^{+\infty}\mathrm{e}^{-(\beta-c)t}\mathrm{d}t$$

由 $\mathrm{Re}(s)=\beta>c$，可以知道右端积分在上半平面上收敛。关于解析性的证明省略。

注意 1）大部分常用函数的拉普拉斯变换都存在。

2）存在定理的条件是充分但非必要条件。

例 3 求斜坡函数 $f(t)=at$（$t\geqslant 0$，a 为常数）的拉普拉斯变换。

解：$L(at)=\int_0^{+\infty}at\mathrm{e}^{-st}\mathrm{d}t=\frac{a}{s^2}(-st-1)\mathrm{e}^{-st}\big|_0^{+\infty}=\frac{a}{s^2}$。

（3）单位脉冲函数及其拉普拉斯变换

研究线性电路在脉冲电动势作用后所产生的电流时，要涉及到脉冲函数，在原来电流为零的电路中，某一瞬时（设为 $t=0$）进入一单位电量的脉冲，现要确定电路上的电流 $i(t)$，以 $Q(t)$ 表示上述电路中的电量，则：

$$Q(t)=\begin{cases}0, t\neq 0\\1, t=0\end{cases}$$

由于电流强度是电量对时间的变化率，即：

$$i(t)=\frac{\mathrm{d}Q(t)}{\mathrm{d}t}=\lim_{\Delta t\to 0}\frac{Q(t+\Delta t)-Q(t)}{\Delta t}$$

所以，当 $t\neq 0$ 时，$i(t)=0$；当 $t=0$ 时，

$$i(0)=\lim_{\Delta t\to 0}\frac{Q(0+\Delta t)-Q(0)}{\Delta t}=\lim_{\Delta t\to 0}\left(-\frac{1}{\Delta t}\right)=\infty$$

上式说明，在通常意义下的函数类中找不到一个函数能够用来表示上述电路的电流强度。为此，引进一个新的函数，这个函数称为狄拉克函数。

定义 2：

设 $\delta_\varepsilon(t)=\begin{cases}0, & t<0\\ \dfrac{1}{\varepsilon}, & 0\leqslant t\leqslant\varepsilon\\ 0, & t>\varepsilon\end{cases}$，当 $\varepsilon\to0$ 时，$\delta_\varepsilon(t)$ 的极限 $\delta(t)=\lim\limits_{\varepsilon\to0}\delta_\varepsilon(t)$，称为狄拉克（Dirac）函数，简称为 δ 函数。

当 $t\neq0$ 时，$\delta(t)$ 的值为 0；当 $t=0$ 时，$\delta(t)$ 的值为无穷大，即 $\delta(t)=\begin{cases}0, & t\neq0\\ \infty, & t=0\end{cases}$

显然，对任何 $\varepsilon>0$，有 $\int_{-\infty}^{+\infty}\delta_\varepsilon(t)\,\mathrm{d}t=\int_0^{\varepsilon}\dfrac{1}{\varepsilon}\mathrm{d}t=1$，所以 $\int_{-\infty}^{+\infty}\delta(t)\,\mathrm{d}t=1$

工程技术中，常将 δ 函数称为单位脉冲函数，有些书上，将 δ 函数用一个长度等于 1 的有向线段来表示，这个线段的长度表示 δ 函数的积分，称为 δ 函数的强度。

例 4 求单位脉冲信号 $\delta(t)$ 的拉普拉斯变换。

解：根据拉普拉斯变换的定义，有

$$L[\delta(t)]=\int_0^{+\infty}\delta(t)\mathrm{e}^{-st}\mathrm{d}t=\int_0^{\varepsilon}\left(\lim_{\varepsilon\to0}\frac{1}{\varepsilon}\right)\mathrm{e}^{-st}\mathrm{d}t+\lim_{\varepsilon\to0}\int_{\varepsilon}^{+\infty}0\cdot\mathrm{e}^{-st}\mathrm{d}t=\lim_{\varepsilon\to0}\int_0^{\varepsilon}\frac{1}{\varepsilon}\mathrm{e}^{-st}\mathrm{d}t$$

$$=\lim_{\varepsilon\to0}\frac{1}{\varepsilon}\left[-\frac{\mathrm{e}^{-st}}{s}\right]_0^{\varepsilon}=\frac{1}{s}\lim_{\varepsilon\to0}\frac{1-\mathrm{e}^{-s\varepsilon}}{\varepsilon}=\frac{1}{s}\lim_{\varepsilon\to0}\frac{(1-\mathrm{e}^{-s\varepsilon})'}{(\varepsilon)'}=\frac{1}{s}\lim_{\varepsilon\to0}\frac{s\mathrm{e}^{-s\varepsilon}}{1}=1$$

即：$L[\delta(t)]=1$

类似可得 $L(\sin\omega t)=\dfrac{\omega}{s^2+\omega^2}$，

$$L(\cos\omega t)=\frac{s}{s^2+\omega^2}。$$

例 5 求函数 $f(t)=\begin{cases}1-t, & 0\leqslant t\leqslant1\\ 0, & t<0,\ t>1\end{cases}$ 的像函数。

解：将函数 $f(t)$ 写为

$$f(t)=(1-t)u(t)+(t-1)u(t-1)=u(t)-tu(t)+(t-1)u(t-1)$$

则 $L[f(t)]=\dfrac{1}{s}-\dfrac{1}{s^2}+\dfrac{1}{s^2}\mathrm{e}^{-s}$。

(4) 周期函数的像函数

设 $f(t)$ 是 $[0,+\infty]$ 内以 T 为周期的函数，且 $f(t)$ 在一个周期内逐段光滑，则

$$L[f(t)]=\frac{1}{1-\mathrm{e}^{-sT}}\int_0^T f(t)\mathrm{e}^{-st}\mathrm{d}t \tag{2}$$

证明：由定义有

$$L[f(t)]=\int_0^{+\infty}f(t)\mathrm{e}^{-st}\mathrm{d}t=\int_0^T f(t)\mathrm{e}^{-st}\mathrm{d}t+\int_T^{+\infty}f(t)\mathrm{e}^{-st}\mathrm{d}t$$

对第二个积分令 $t_1=t-T$，由于 $f(t)$ 是 $[0,+\infty]$ 内以 T 为周期的函数，则：

$$L[f(t)]=\int_0^{+\infty}f(t)\mathrm{e}^{-st}\mathrm{d}t=\int_0^T f(t)\mathrm{e}^{-st}\mathrm{d}t+\int_0^{+\infty}f(t_1)\mathrm{e}^{-st_1}\mathrm{e}^{-sT}\mathrm{d}t_1$$

$$=\int_0^T f(t)\mathrm{e}^{-st}\mathrm{d}t+\mathrm{e}^{-sT}L[f(t)]$$

故 $L[f(t)]=\dfrac{1}{1-\mathrm{e}^{-sT}}\int_0^T f(t)\,\mathrm{e}^{-st}\mathrm{d}t$

例 6 求全波整流后的正弦波 $f(t)=|\sin\omega t|$ 的像函数。

解：$f(t)$ 的周期是 $\dfrac{\pi}{\omega}$，故：

$$L[f(t)]=L[|\sin\omega t|]=\frac{1}{1-\mathrm{e}^{-sT}}\int_0^T \sin\omega t\mathrm{e}^{-st}\mathrm{d}t$$

$$=\frac{1}{1-\mathrm{e}^{-sT}}\cdot\left.\frac{\mathrm{e}^{-st}(-s\sin\omega t-\omega\cos\omega t)}{s^2+\omega^2}\right|_0^T$$

$$=\frac{\omega}{s^2+\omega^2}\cdot\frac{1+\mathrm{e}^{-sT}}{1-\mathrm{e}^{-sT}}$$

常用函数的拉普拉斯变换见表 1。

表 1 常用函数的拉普拉斯变换表

序号	$f(t)$	$F(s)$
1	$\delta(t)$	1
2	$u(t)$	$\frac{1}{s}$
3	t	$\frac{1}{s^2}$
4	$t^n(n=1,2,\cdots)$	$\frac{n!}{s^{n+1}}$
5	e^{at}	$\frac{1}{s-a}$
6	$1-\mathrm{e}^{-at}$	$\frac{a}{s(s+a)}$
7	$t\mathrm{e}^{at}$	$\frac{1}{(s-a)^2}$
8	$t^n\mathrm{e}^{at}(n=1,2,\cdots)$	$\frac{n!}{(s-a)^{n+1}}$
9	$\sin\omega t$	$\frac{\omega}{s^2+\omega^2}$
10	$\cos\omega t$	$\frac{s}{s^2+\omega^2}$
11	$\sin(\omega t+\varphi)$	$\frac{s\sin\varphi+\omega\cos\varphi}{s^2+\omega^2}$
12	$\cos(\omega t+\varphi)$	$\frac{s\cos\varphi-\omega\sin\varphi}{s^2+\omega^2}$
13	$t\sin\omega t$	$\frac{2\omega s}{(s^2+\omega^2)^2}$
14	$\sin\omega t-\omega t\cos\omega t$	$\frac{2\omega^3}{(s^2+\omega^2)^2}$

（续）

序号	$f(t)$	$F(s)$
15	$t\cos\omega t$	$\dfrac{s^2-\omega^2}{(s^2+\omega^2)^2}$
16	$e^{-at}\sin\omega t$	$\dfrac{\omega}{(s+a)^2+\omega^2}$
17	$e^{-at}\cos\omega t$	$\dfrac{s+a}{(s+a)^2+\omega^2}$
18	$\dfrac{1}{a^2}(1-\cos at)$	$\dfrac{1}{s(s^2+a^2)}$
19	$e^{at}-e^{bt}$	$\dfrac{a-b}{(s-a)(s-b)}$
20	$2\sqrt{\dfrac{t}{\pi}}$	$\dfrac{1}{s\sqrt{s}}$
21	$\dfrac{1}{\sqrt{\pi t}}$	$\dfrac{1}{\sqrt{s}}$

2. 拉普拉斯变换的运算

（1）拉普拉斯变换的性质

1）线性性质

$$L[\alpha f(t)\pm\beta g(t)]=\alpha L[f(t)]\pm\beta L[g(t)] \tag{3}$$

$$L^{-1}[\alpha f(t)\pm\beta g(t)]=\alpha L^{-1}[f(t)]\pm\beta L^{-1}[g(t)] \tag{4}$$

2）相似性质

设 $L[f(t)]=F(s)$，则对任意常数 $a>0$，有

$$L[f(at)]=\frac{1}{a}F\left(\frac{s}{a}\right) \tag{5}$$

证明：令 $x=at$，则

$$L[f(at)]=\int_0^{+\infty}f(at)e^{-st}dt=\frac{1}{a}\int_0^{+\infty}f(x)e^{-\frac{s}{a}x}dx=\frac{1}{a}F\left(\frac{s}{a}\right)$$

3）微分性质

① 设 $L[f(t)]=F(s)$，则有 $L[f'(t)]=sF(s)-f(0)$，一般有

$$L[f^{(n)}(t)]=s^nF(s)-s^{n-1}f(0)-s^{n-2}f'(0)-\cdots-f^{(n-1)}(0) \tag{6}$$

证明：利用分部积分方法和拉普拉斯变换的定义，有

$$L[f'(t)]=\int_0^{+\infty}f'(t)e^{-st}dt=f(t)e^{-st}\Big|_0^{+\infty}+s\int_0^{+\infty}f(t)e^{-st}dt=sF(s)-f(0)$$

用数学归纳法可以得

$$L[f^{(n)}(t)]=s^nF(s)-s^{n-1}f(0)-s^{n-2}f'(0)-\cdots-f^{(n-1)}(0)$$

此性质可以使我们将 $f(t)$ 的微分方程转化为 $F(s)$ 的代数方程。

② 设 $L[f(t)]=F(s)$，则有 $F'(s)=-L[tf(t)]$，一般有

$$F^{(n)}(s)=(-1)^nL[t^nf(t)] \tag{7}$$

证明：$F'(s)=\int_0^{+\infty}f(t)(e^{-st})'dt=-\int_0^{+\infty}tf(t)e^{-st}dt=-L[tf(t)]$，用数学归纳法可以得到

$F^{(n)}(s)=(-1)^n L[t^n f(t)]$。可以用来求 $t^n f(t)$ 的拉普拉斯变换。

例 7 求解微分方程 $\ddot{y}(t)+\omega^2 y(t)=0$，$y(0)=0$，$y'(0)=\omega$。

解：对方程的两边做拉普拉斯变换，可得

$$s^2Y(s)-sy(0)-y'(0)+\omega^2Y(s)=0$$

得到 $Y(s)=\dfrac{\omega}{s^2+\omega^2}$，$y(t)=L^{-1}[Y(s)]=L^{-1}\left(\dfrac{\omega}{s^2+\omega^2}\right)=\sin\omega t$

例 8 求 $f(t)=t^m$ 的拉普拉斯变换。

解：设 $f(t)=t^m$，则 $f^{(m)}(t)=m!$，且 $f(0)=f'(0)=\cdots=f^{(m-1)}(0)=0$

故 $L(t^m)=\dfrac{1}{s^m}L(m!)=\dfrac{m!}{s^{m+1}}$。

例 9 求函数 $f(t)=t\sin\omega t$ 的拉普拉斯变换。

解：$L[f(t)]=L(t\sin\omega t)=-\{L(\sin\omega t)\}'=-\left\{\dfrac{s}{s^2+\omega^2}\right\}'=\dfrac{2\omega s}{(s^2+\omega^2)^2}$

例 10 求函数 $f(t)=t^2\cos^2 t$ 的拉普拉斯变换。

解：$L[f(t)]=L[t^2\cos^2 t]=\dfrac{1}{2}L[t^2(1+\cos 2t)]$

$\dfrac{1}{2}\dfrac{d^2}{ds^2}L[(1+\cos 2t)]=\dfrac{1}{2}\dfrac{d^2}{ds^2}\left(\dfrac{1}{s}+\dfrac{s}{s^2+4}\right)=\dfrac{2(s^6+24s^2+32)}{s^3(s^2+4)^3}$

4）积分性质

① 设 $L[f(t)]=F(s)$，则有 $L\left[\int_0^t f(t)\,dt\right]=\dfrac{1}{s}F(s)$，一般有

$$L\left[\int_0^t dt\int_0^t dt\cdots\int_0^t dt\int_0^t f(t)\,dt\right]=\frac{1}{s^n}F(s) \tag{8}$$

证明：设 $g(t)=\int_0^t f(t)\,dt$，则 $g'(t)=f(t)$，且 $g(0)=0$，利用微分性质可得

$L[f(t)]=L[g'(t)]=sL[g(t)]-g(0)=sL[g(t)]$，所以 $L\left[\int_0^t f(t)\,dt\right]=\dfrac{1}{s}F(s)$。

用数学归纳法可以得到 $L\left[\int_0^t dt\int_0^t dt\cdots\int_0^t dt\int_0^t f(t)\,dt\right]=\dfrac{1}{s^n}F(s)$。

② 设 $L[f(t)]=F(s)$，则有 $\int_s^\infty F(s)\,ds=L\left[\dfrac{f(t)}{t}\right]$，一般有

$$\int_s^\infty ds\int_s^\infty ds\int_s^\infty ds\cdots\int_s^\infty F(s)\,ds=L\left[\frac{f(t)}{t^n}\right] \tag{9}$$

可以用来求$\dfrac{f(t)}{t^n}$的拉普拉斯变换。

证明：$\int_s^\infty F(s)\,ds=\int_s^\infty\left[\int_0^{+\infty}f(t)e^{-st}dt\right]ds=\int_0^{+\infty}f(t)\left[\int_s^\infty e^{-st}ds\right]dt$

$$=\int_0^{+\infty}f(t)\left[-\frac{e^{-st}}{t}\bigg|_s^\infty\right]dt=\int_0^{+\infty}f(t)\left[\frac{e^{-st}}{t}\right]dt=L\left[\frac{f(t)}{t}\right]$$

反复利用上式可以得到 $\int_s^{\infty}\mathrm{d}s\int_s^{\infty}\mathrm{d}s\int_s^{\infty}\mathrm{d}s\cdots\int_s^{\infty}F(s)\,\mathrm{d}s=L\left[\frac{f(t)}{t^n}\right]$。

例 11　求函数 $f(t)=\frac{\sin t}{t}$ 的拉普拉斯变换。

解：由于 $L[\sin t]=\frac{1}{s^2+1}$，则 $L\left[\frac{\sin t}{t}\right]=\int_s^{\infty}\frac{1}{s^2+1}\mathrm{d}s=\operatorname{arctan}s$。

令 $s=0$，有 $\int_0^{+\infty}\frac{\sin t}{t}\mathrm{d}t=\frac{\pi}{2}$。

例 12　求函数 $f(t)=\frac{1}{a}(1-\mathrm{e}^{-at})$ 的拉普拉斯变换。

解：

$$\begin{aligned}L\left[\frac{1}{a}(1-\mathrm{e}^{-at})\right]&=\frac{1}{a}L[1-\mathrm{e}^{-at}]=\frac{1}{a}[L(1)-L(\mathrm{e}^{-at})]\\&=\frac{1}{a}\left(\frac{1}{s}-\frac{1}{s+a}\right)=\frac{1}{s(s+a)}\end{aligned}$$

5）延迟性质

设 $L[f(t)]=F(s)$，当 $t<0$ 时 $f(t)=0$，则对任一非负实数 τ 有

$$L[f(t-\tau)]=\mathrm{e}^{-st}L[f(t)]=\mathrm{e}^{-st}F(s)\tag{10}$$

证明：令 $t_1=t-\tau$，则

$$L[f(t-\tau)]=\int_0^{+\infty}f(t_1)\mathrm{e}^{-s(t_1+\tau)}\mathrm{d}t_1=\mathrm{e}^{-s\tau}L[f(t)]=\mathrm{e}^{-s\tau}F(s)$$

在拉普拉斯变换的定义说明中已指出，当 $t<0$ 时，$f(t)=0$。因此，对于函数 $f(t-a)$，当 $t-a<0$（即 $t<a$）时，$f(t-a)=0$。所以上式右端的第一个积分为 0，对于第二个积分，令 $t-a=\tau$，则：

$$L[f(t-a)]=\int_0^{+\infty}f(\tau)\mathrm{e}^{-s(\tau+a)}\mathrm{d}\tau=\mathrm{e}^{-as}\int_0^{+\infty}f(\tau)\mathrm{e}^{-s\tau}\mathrm{d}\tau=\mathrm{e}^{-as}F(s)$$

延迟性质指出：像函数乘以 e^{-as} 等于其像原函数的图形沿 t 轴向右平移 a 个单位。

由于函数 $f(t-a)$ 是当 $t\geqslant a$ 时才有非零数值。故与 $f(t)$ 相比，在时间上延迟了一个 a 值，正是这个道理，我们才称它为延迟性质。在实际应用中，为了突出“延迟”这一特点，常在 $f(t-a)$ 这个函数上再乘 $u(t-a)$。

例 13　用延迟性质求 $L[u(t-a)]$。

解：因为 $L[u(t)]=\frac{1}{s}$，由延迟性质得 $L[u(t-a)]=\mathrm{e}^{-as}\frac{1}{s}$。

例 14　求 $L[\mathrm{e}^{a(t-\tau)}u(t-\tau)]$。

解：因为 $L(\mathrm{e}^{at})=\frac{1}{s-a}$，所以 $L[\mathrm{e}^{a(t-\tau)}u(t-\tau)]=\mathrm{e}^{-\tau s}\frac{1}{s-a}$。

例 15　设 $f(t)=\sin t$，求 $L\left[f\left(t-\frac{\pi}{2}\right)\right]$。

解：

$$L\left[f\left(t-\frac{\pi}{2}\right)\right]=L\left[\sin\left(t-\frac{\pi}{2}\right)\right]=\frac{1}{s^2+1}\mathrm{e}^{-\frac{\pi}{2}s}$$

6）位移性质

设 $L[f(t)]=F(s)$，则有

$$L[e^{at}f(t)]=F(s-a)，a\text{ 为常数} \tag{11}$$

证明： $L[e^{at}f(t)]=\int_{0}^{+\infty}e^{at}f(t)e^{-st}dt=\int_{0}^{+\infty}f(t)e^{-(s-a)t}dt=F(s-a)$

位移性质表明：像原函数乘以 e^{at} 等于其像函数左右平移 $|a|$ 个单位。

例 16 求 $L^{-1}\left(\frac{1}{s-1}e^{-s}\right)$。

解： 因为 $L^{-1}\left(\frac{1}{s-1}\right)=e^{t}u(t)$

所以 $L^{-1}\left(\frac{1}{s-1}e^{-s}\right)=e^{t-1}u(t-1)=\begin{cases}e^{t-1}, & t>1\\ 0, & t<1\end{cases}$

例 17 求 $L(te^{at})$，$L(e^{-at}\sin\omega t)$ 和 $L(e^{-at}\cos\omega t)$。

解： 因为 $L(t)=\frac{1}{s^2}$，$L(\sin\omega t)=\frac{\omega}{s^2+\omega^2}$，$L(\cos\omega t)=\frac{s}{s^2+\omega^2}$，由位移性质得

$$L(te^{at})=\frac{1}{(s-a)^2}$$

$$L(e^{-at}\sin\omega t)=\frac{\omega}{(s+a)^2+\omega^2}$$

$$L(e^{-at}\cos\omega t)=\frac{s+a}{(s+a)^2+\omega^2}$$

7）初值定理

如果信号 $x(t)$ 的拉普拉斯变换为 $X(s)$，且 $x(t)$ 在 $t=0$ 点不含有任何阶次的冲激函数 $\delta^{n}(t)$，则初值定理表明，$X(s)$ 的极限值等于信号 $x(t)$ 在 $t=0^{+}$ 点的初值，而且，无论拉普拉斯变换采用 0^{-} 系统还是 0^{+} 系统，所求得的初值都是在 $t=0^{+}$ 时刻的值，证明如下。

根据微分性质可知：

$$L\left[\frac{dx(t)}{dt}\right]=sX(s)-x(0) \tag{12}$$

而由拉普拉斯变换的定义可得

$$\begin{aligned}L\left[\frac{dx(t)}{dt}\right]&=\int_{0}^{\infty}\left[\frac{dx(t)}{dt}\right]e^{-st}dt\\&=\int_{0^-}^{0^+}\left[\frac{dx(t)}{dt}\right]e^{-st}dt+\int_{0^+}^{\infty}\left[\frac{dx(t)}{dt}\right]e^{-st}dt\\&=x(0^+)-x(0^-)+\int_{0^+}^{\infty}\left[\frac{dx(t)}{dt}\right]e^{-st}dt\end{aligned}$$

于是有

$$sX(s)=x(0^+)+\int_{0^+}^{\infty}\left[\frac{dx(t)}{dt}\right]e^{-st}dt$$

对此式两边取 $s\to\infty$ 的极限，由于当且仅当 $t>0$ 时，$\lim\limits_{s\to\infty}e^{-st}=0$，因此：

$$\lim_{s\to\infty} sX(s) = x(0^+) + \int_{0^+}^{\infty} \left[\frac{\mathrm{d}x(t)}{\mathrm{d}t}\right] (\lim_{s\to\infty} \mathrm{e}^{-st})\, \mathrm{d}t = x(0^+)$$

8）终值定理

终值定理的形式类似于初值定理，它是通过变换式在 $s\to 0$ 时的极限值来求得信号的终值，即

$$\lim_{s\to 0} sX(s) = \lim_{t\to\infty} x(t) \tag{13}$$

利用初值定理可以证明终值定理。

$$sX(s) = x(0^+) + \int_{0^+}^{\infty} \left[\frac{\mathrm{d}x(t)}{\mathrm{d}t}\right] \mathrm{e}^{-st}\mathrm{d}t$$

于是有

$$\begin{aligned}\lim_{s\to 0} sX(s) &= x(0^+) + \lim_{s\to 0}\int_{0^+}^{\infty} \left[\frac{\mathrm{d}x(t)}{\mathrm{d}t}\right] \mathrm{e}^{-st}\mathrm{d}t \\ &= x(0^+) + \int_{0^+}^{\infty} \left[\frac{\mathrm{d}x(t)}{\mathrm{d}t}\right] \mathrm{d}t \\ &= x(0^+) + \lim_{t\to\infty} x(t) - x(0^+) \\ &= \lim_{t\to\infty} x(t)\end{aligned}$$

显然只有当信号 $x(t)$ 的终值存在时，才能利用上式求得它的终值，否则将得到错误的结果。

（2）卷积和卷积定理

1）卷积的定义

$$f_1(t) * f_2(t) = \int_0^t f_1(\tau) f_2(t-\tau)\, \mathrm{d}\tau \tag{14}$$

结合率、交换律和分配率仍然成立。

2）卷积定理

设 $L[f_1(t)] = F_1(s)$，$L[f_2(t)] = F_2(s)$，则有

$$L[f_1(t) * f_2(t)] = F_1(s) \cdot F_2(s) \tag{15}$$

$$L^{-1}[F_1(s) \cdot F_2(s)] = f_1(t) * f_2(t) \tag{16}$$

证明：由定义

$$L[f_1(t) * f_2(t)] = \int_0^{+\infty} [f_1(t) * f_2(t)]\mathrm{e}^{-st}\mathrm{d}t = \int_0^{+\infty} \left[\int_0^t f_1(\tau) f_2(t-\tau)\, \mathrm{d}\tau\right] \mathrm{e}^{-st}\mathrm{d}t$$

然后交换二重积分的次序，令 $t_1 = t - \tau$，则

$$\begin{aligned}L[f_1(t) * f_2(t)] &= \int_0^{+\infty} f_1(\tau) \left[\int_0^t f_2(t-\tau)\mathrm{e}^{-st}\mathrm{d}t\right] \mathrm{d}\tau \\ &= \int_0^{+\infty} f_1(\tau) \left[\int_0^{+\infty} f_2(t_1)\mathrm{e}^{-s\tau}\mathrm{e}^{-st_1}\mathrm{d}t_1\right] \mathrm{d}\tau = F_2(s)\int_0^{+\infty} f_1(\tau)\mathrm{e}^{-s\tau}\mathrm{d}\tau = F_1(s) \cdot F_2(s)\end{aligned}$$

例 18 求函数 $f_1(t) = t$ 与 $f_2(t) = \sin t$ 的卷积。

解：$f_1(t) * f_2(t) = \int_0^t f_1(\tau) f_2(t-\tau)\, \mathrm{d}\tau$

$$= \int_0^t \tau \sin(t-\tau)\, \mathrm{d}\tau = \tau\cos(t-\tau)\Big|_0^t - \int_0^t \cos(t-\tau)\, \mathrm{d}\tau = t - \sin t$$

例 19 已知 $F(s)=\dfrac{s^2}{(s^2+1)^2}$，求 $f(t)=L^{-1}[F(s)]$。

解：由于 $F(s)=\dfrac{s^2}{(s^2+1)^2}=\dfrac{s}{s^2+1}\cdot\dfrac{s}{s^2+1}$，$L^{-1}\left(\dfrac{s}{s^2+1}\right)=\cos t$。

所以 $f(t)=L^{-1}[F(s)]=\cos t*\cos t=\int_0^t\cos\tau\cos(t-\tau)\mathrm{d}\tau$

$$=\frac{1}{2}\int_0^t[\cos t+\cos(2\tau-t)]\mathrm{d}\tau=\frac{1}{2}(t\cos t+\sin t)$$

在运用拉普拉斯变换解决具体问题时，在求得像函数后，常常需要进一步求得像原函数。从前面我们知道可以利用拉普拉斯变换的性质并根据一些已知的变换来求像函数的原像，其中对像函数进行分解和分离非常关键，对于已知的变换可以从拉普拉斯变换表中查得。这是一种很常用的方法，但使用范围有限，下面介绍一般的求拉普拉斯逆变换的方法。

3. 拉普拉斯逆变换

拉普拉斯逆变换：在应用拉普拉斯变换分析问题时，首先要将时域中的参量变换为复频域中的参量，并求得用像函数表示的解，然后，再对像函数形式的解进行拉普拉斯逆变换，以求得时域中的解答。

(1) 反演积分公式

拉普拉斯变换和傅里叶变换有密切的关系，$f(t)$ 的拉普拉斯变换其实就是 $f(t)u(t)\mathrm{e}^{-\beta t}$ 的傅里叶变换：

$F(s)=F(\beta+\mathrm{j}\omega)=\int_{-\infty}^{+\infty}f(t)u(t)\mathrm{e}^{-\beta t}\cdot\mathrm{e}^{-\mathrm{j}\omega t}\mathrm{d}t$，这样我们可以得到：

$$f(t)u(t)\mathrm{e}^{-\beta t}=\frac{1}{2\pi}\int_{-\infty}^{+\infty}F(\beta+\mathrm{j}\omega)\mathrm{e}^{\mathrm{j}\omega t}\mathrm{d}\omega$$

两边同乘以 $\mathrm{e}^{\beta t}$，并且令 $s=\beta+\mathrm{j}\omega$，则

$$f(t)u(t)=\frac{1}{2\pi j}\int_{\beta-\mathrm{j}\infty}^{\beta+\mathrm{j}\infty}F(s)\mathrm{e}^{st}\mathrm{d}s$$

因此
$$f(t)=\frac{1}{2\pi j}\int_{\beta-\mathrm{j}\infty}^{\beta+\mathrm{j}\infty}F(s)\mathrm{e}^{st}\mathrm{d}s,(t>0)\tag{17}$$

这就是求像函数的原像的一般方法，成为反演积分公式，其中右端的部分称为反演积分。积分路径是一条直线 $\mathrm{Re}(s)=\beta$，在此直线的右边 $F(s)$ 没有奇点。可以考虑用孤立奇点留数理论来研究拉普拉斯逆变换。

(2) 利用留数计算反演积分

定理 1 设 $F(s)$ 除在半平面 $\mathrm{Re}(s)\leqslant\beta$ 内有限个孤立奇点 s_1，s_2，…，s_n 外是解析的，且当 $s\to\infty$ 时，$F(s)\to 0$，则有

$$f(t)=\frac{1}{2\pi\mathrm{j}}\int_{\beta-\mathrm{j}\infty}^{\beta+\mathrm{j}\infty}F(s)\mathrm{e}^{st}\mathrm{d}s=\sum_{k=1}^{n}\mathop{\mathrm{Res}}_{s=s_k}[F(s)\mathrm{e}^{st}],(t>0)$$

即
$$f(t)=\sum_{k=1}^{n}\mathop{\mathrm{Res}}_{s=s_k}[F(s)\mathrm{e}^{st}],\ (t>0)\tag{18}$$

证明：令曲线 $C=L+C_R$，L 在半平面 $\mathrm{Re}(s)\leqslant\beta$ 内，C_R 是半径为 R 的半圆弧，当 R 充分

大，可以使 s_1，s_2，…，s_n 都在 C 内。由于 $F(s)e^{st}$ 除孤立奇点 s_1，s_2，…，s_n 外是解析的，故由留数定理有

$$\oint_C F(s)e^{st}ds = 2\pi j\sum_{k=1}^{n}\underset{s=s_k}{\text{Res}}[F(s)e^{st}]$$

即
$$\frac{1}{2\pi j}\left[\int_{\beta-j\infty}^{\beta+j\infty}F(s)e^{st}ds + \int_{C_R}F(s)e^{st}ds\right] = \sum_{k=1}^{n}\underset{s=s_k}{\text{Res}}[F(s)e^{st}]$$

根据约当定理，可知：

$$\lim_{R\to\infty}\int_{C_R}F(s)e^{st}ds = 0$$

因此有 $f(t) = \dfrac{1}{2\pi j}\displaystyle\int_{\beta-j\infty}^{\beta+j\infty}F(s)e^{st}ds = \sum_{k=1}^{n}\underset{s=s_k}{\text{Res}}[F(s)e^{st}]$，$(t > 0)$。

例 20 已知 $F(s)=\dfrac{5s-1}{(s+1)(s-2)}$，求 $L^{-1}[F(s)]$。

解：$L^{-1}[F(s)]=L^{-1}\left[\dfrac{5s-1}{(s+1)(s-2)}\right]=L^{-1}\left(\dfrac{2}{s+1}+\dfrac{3}{s-2}\right)$

$$=2L^{-1}\left(\frac{1}{s+1}\right)+3L^{-1}\left(\frac{1}{s-2}\right)=2e^{-t}+3e^{2t}$$

例 21 已知 $F(s)=\dfrac{1}{(s-2)(s-1)^2}$，求 $f(t)=L^{-1}[F(s)]$。

解：由于 $s_1=2$，$s_2=1$ 是像函数的简单极点和二阶极点，所以

$$f(t)=\text{Res}[F(s)e^{st},2]+\text{Res}[F(s)e^{st},1]=e^{2t}-e^{t}-te^{t}$$

另外还可以用部分分式和卷积的方法解答。

(3) 部分分式求解法

求拉普拉斯逆变换最简单的方法是利用拉普拉斯变换表，但一般必须进行一些数学处理，使其变为表中所列的形式。可直接应用部分分式展开法；将 $F(s)$ 化为如下形式：

$$F(s)=\frac{N(s)}{D(s)}=\hat{N}(s)+\frac{R(s)}{D(s)} \tag{19}$$

式中，$\hat{N}(s)$ 是 $N(s)$ 被 $D(s)$ 所除而得的商；$R(s)$ 是余式，其次数低于 $D(s)$ 的次数。

1) $D(s)=0$ 有 n 个单实根。设 $D(s)=0$ 的 n 个单实根分别为 p_1，p_2，…，p_n，则 $F(s)$ 可展开为

$$F(s)=\frac{k_1}{s-p_1}+\frac{k_2}{s-p_2}+\cdots+\frac{k_n}{s-p_n} \tag{20}$$

式中，k_1，k_2，…，k_n 为待定系数。

若要求 k_1，将上式两边都乘 $(s-p_1)$，得

$$(s-p_1)F(s)=k_1+(s-p_1)\left(\frac{k_2}{s-p_2}+\cdots+\frac{k_n}{s-p_n}\right)$$

令 $s=p_1$，则等式右端除 k_1 外，其余各项均为零。

故
$$k_1=(s-p_1)F(s)\big|_{s=p_1}$$

同理可求得 k_2，k_3，…，k_n。所以，确定待定系数的公式为

$$k_i=(s-p_i)F(s)\big|_{s=p_1} \quad i=1,2,\cdots,n \tag{21}$$

由于 $F(s)=\dfrac{R(s)}{D(s)}$，所以

$$k_i=(s-p_i)F(s)\big|_{s=p_1}=\left[(s-p_i)\frac{R(s)}{D(s)}\right]\Bigg|_{s=p_i} \tag{22}$$

$F(s)$ 对应的原函数为

$$f(t)=L^{-1}[F(s)]=\sum_{i=1}^{n}k_i e^{p_i} \tag{23}$$

例 22 求 $F(s)=\dfrac{s^3+6s^2+15s+11}{s^2+5s+6}$的原函数 $f(t)$。

解：先将 $F(s)$ 变为多项式与有理真分式：

$$F(s)=s+1+\frac{4s+5}{s^2+5s+6}$$

将$\dfrac{4s+5}{s^2+5s+6}$进行部分分式展开：

$$\frac{4s+5}{s^2+5s+6}=\frac{4s+5}{(s+2)(s+3)}=\frac{k_1}{s+2}+\frac{k_2}{s+3}$$

$$k_1=(s+2)\frac{4s+5}{s^2+5s+6}\Bigg|_{s=-2}=-3$$

$$k_2=(s+3)\frac{4s+5}{s^2+5s+6}\Bigg|_{s=-3}=7$$

所以 $F(s)=s+1+\dfrac{-3}{s+2}+\dfrac{7}{s+3}$

对应的原函数：$f(t)=\delta'(t)+\delta(t)-3e^{-2t}+7e^{-3t}$

2）$D(s)=0$ 有共轭复根的情况。在式 $F(s)=\dfrac{N(s)}{D(s)}=\dfrac{k_1}{s-p_1}+\dfrac{k_2}{s-p_2}+\cdots+\dfrac{k_n}{s-p_n}$中，设 $D(s)=0$ 有一对共轭复根，记为 $p_1=\alpha+j\beta$，$p_2=\alpha-j\beta$。则在 $F(s)$ 的展开式中将包含以下两项：

$$\frac{k_1}{s-(\alpha+j\beta)}+\frac{k_2}{s-(\alpha-j\beta)}$$

其中，

$$k_1=[s-(\alpha+j\beta)]\frac{R(s)}{D(s)}\Bigg|_{s=\alpha+j\beta}$$

$$k_2=[s-(\alpha-j\beta)]\frac{R(s)}{D(s)}\Bigg|_{s=\alpha-j\beta} \tag{24}$$

由于 $F(s)$ 实系数为有理分式，故 k_1，k_2 必为共轭复数。若设 $k_1=|k|e^{j\theta}$，则 $k_2=|k|e^{-j\theta}$，于是，$F(s)$ 对应的原函数 $f(t)$ 将是

$$f(t)=k_1e^{(\alpha+j\beta)t}+k_2e^{(\alpha-j\beta)t}=|k|e^{\alpha t}[e^{j(\beta t+\theta)}+e^{-j(\beta t+\theta)}]$$

$$=2|k|e^{\alpha t}\cos(\beta t+\theta)$$

例 23 求 $F(s)=\dfrac{s+3}{(s+1)(s^2+2s+5)}$的原函数。

解：$D(s)=0$ 的根为 $p_1=-1$，$p_2=-1+j2$，$p_3=-1-j2$。

$F(s)$ 的部分分式展开式为 $F(s)=\dfrac{k_1}{s+1}+\dfrac{k_2}{s+1-j2}+\dfrac{k_3}{s+1+j2}$。

$$k_1=(s+1)F(s)\big|_{s=-1}=\left.\frac{s+3}{s^2+2s+5}\right|_{s=-1}=0.5$$

$$k_2=(s+1-j2)F(s)\big|_{s=-1+j2}=\left.\frac{s+3}{(s+1)(s+1+j2)}\right|_{s=-1+j2}$$

$$=-0.25\sqrt{2}\,e^{j45°}$$

$$k_3=k_2^*=-0.25\sqrt{2}\,e^{-j45°}$$

相应的原函数为

$$f(t)=L^{-1}[F(s)]=0.5e^{-t}-0.5\sqrt{2}\,e^{-t}\cos(2t+45°)$$

3）$D(s)=0$ 有重根的情况。设 $D(s)=0$ 有一个 r 阶重根 p_1，其他均为单根，则 $F(s)$ 的部分分式展开式为

$$F(s)=\frac{k_{1r}}{(s-p_1)^r}+\frac{k_{1(r-1)}}{(s-p_1)^{r-1}}+\cdots+\frac{k_{11}}{s-p_1}+\frac{k_2}{s-p_2}+\cdots+\frac{k_n}{s-p_n} \tag{25}$$

式中，系数 k_{r+1}，…，k_n 可按前面介绍的方法确定。

为了求得系数 k_{11}，…，k_{1r}，可将式（25）两端同乘以 $(s-p_1)^r$，得

$$(s-p_1)^rF(s)=k_{1r}+(s-p_1)k_{1(r-1)}+\cdots+(s-p_1)^{r-1}k_{11}+(s-p_1)^r\times\left(\frac{k_{r+1}}{s-p_{r+1}}+\cdots+\frac{k_n}{s-p_n}\right)$$

令 $s=p_1$，即可求得

$$k_{1r}=(s-p_1)^rF(s)\big|_{s=p_1}$$

为了求出 $k_{1(r-1)}$，可将上式两端对 s 求一次导数，再令 $s=p_1$，即得

$$k_{1(r-1)}=\frac{d}{ds}[(s-p_1)^rF(s)]\big|_{s=p_1}$$

以此类推，可求得

$$k_{1(r-2)}=\left.\frac{1}{2!}\frac{d^2}{ds^2}(s-p_1)^rF(s)\right|_{s=p_1}$$

$$\vdots$$

$$k_{11}=\left.\frac{1}{(r-1)!}\frac{d^{(r-1)}}{ds^{(r-1)}}[(s-p_1)^rF(s)]\right|_{s=p_1} \tag{26}$$

例 24 求 $F(s)=\dfrac{s+4}{(s+2)^3\ (s+1)}$的原函数。

解：$D(s)=0$ 有一个三重根 $p_1=-2$ 和一个单根 $p_2=-1$，所以，$F(s)$ 可展开为

$$F(s)=\frac{k_{13}}{(s+2)^3}+\frac{k_{12}}{(s+2)^2}+\frac{k_{11}}{s+2}+\frac{k_2}{s+1}$$

式中，

$$k_{13}=(s+2)^3F(s)\big|_{s=-2}=\left.\frac{s+4}{s+1}\right|_{s=-2}=-2$$

$$k_{12}=\frac{\mathrm{d}}{\mathrm{d}s}[(s+2)^3F(s)]\big|_{s=-2}=\left.\frac{-3}{(s+1)^2}\right|_{s=-2}=-3$$

$$k_{11}=\frac{\mathrm{d}^2}{\mathrm{d}s^2}[(s+2)^3F(s)]\big|_{s=-2}=\left.\frac{3}{(s+1)^2}\right|_{s=-2}=-3$$

$$k_2=(s+1)F(s)\big|_{s=-1}=\left.\frac{s+4}{(s+2)^3}\right|_{s=-1}=3$$

所以 $F(s)=\dfrac{-2}{(s+2)^3}+\dfrac{-3}{(s+2)^2}+\dfrac{-3}{s+2}+\dfrac{3}{s+1}$

其相应的原函数为

$$f(t)=L^{-1}[F(s)]=-2t^2\mathrm{e}^{-2t}-3t\mathrm{e}^{-2t}-3\mathrm{e}^{-2t}+3\mathrm{e}^{-t}=-(2t^2+3t+3)\mathrm{e}^{-2t}+3\mathrm{e}^{-t}$$

4. 拉普拉斯逆变换的应用及综合举例

(1) 利用拉普拉斯变换求微分方程

许多工程实际问题可以用微分方程来描述，下面举例说明用拉普拉斯变换求解微分(常微分，偏微分) 方程、积分方程。首先通过拉普拉斯变换将微分方程化为像函数的代数方程，由代数方程求出像函数，然后再用拉普拉斯逆变换，就得到微分方程的解。

例 25 求解微分方程

$$x''(t)-2x'(t)+2x(t)=2\mathrm{e}^t\cos t,\ x(0)=x'(0)=0。$$

解： 令 $X(s)=L[x(t)]$，将方程的两边进行拉普拉斯变换，并利用初始条件，得

$$s^2X(s)-2sX(s)+2X(s)=\frac{2(s-1)}{(s-1)^2+1}$$

解此方程得 $X(s)=\dfrac{2(s-1)}{[(s-1)^2+1]^2}$

求拉普拉斯逆变换，可以得

$$x(t)=L^{-1}[F(s)]=L^{-1}\left\{\frac{2(s-1)}{[(s-1)^2+1]^2}\right\}=\mathrm{e}^tL^{-1}\left[\frac{2s}{(s^2+1)^2}\right]$$

$$=\mathrm{e}^tL^{-1}\left[\left(\frac{-1}{s^2+1}\right)'\right]=t\mathrm{e}^tL^{-1}\left[\frac{1}{s^2+1}\right]=t\mathrm{e}^t\sin t$$

例 26 求解微分方程组

$$\begin{cases}x'(t)+x(t)-y(t)=\mathrm{e}^t,\ x(0)=y(0)=1\\ y'(t)+3x(t)-2y(t)=2\mathrm{e}^t\end{cases}$$

解： 令 $X(s)=L[x(t)]$，$Y(s)=L[y(t)]$，对方程的两边进行拉普拉斯变换，并利用初始条件，可以得

$$\begin{cases}sX(s)-1+X(s)-Y(s)=\dfrac{1}{s-1}\\ sY(s)-1+3X(s)-2Y(s)=2\dfrac{1}{s-1}\end{cases}$$

求解方程组可以得 $$X(s)=Y(s)=\frac{1}{s-1}$$

因此 $$x(t)=y(t)=e^{t}。$$

例 27 设质量为 m 的物体静止在原点，在 $t=0$ 时受到 x 轴方向的冲击力 $F_0\delta(t)$，求物体的运动方程。

解：运动的微分方程为 $m\frac{d^2}{dt^2}x(t)=F_0\delta(t)$，$x(0)=x'(0)=0$。令 $X(s)=L[x(t)]$，在方程两边进行拉普拉斯变换，可以得 $ms^2X(s)=F_0$，即 $X(s)=\frac{F_0}{ms^2}$。故物体的运动方程为 $x(t)=\frac{F_0}{m}t$。

（2）综合举例

例 28 求解微分方程组

$$\begin{cases}x''(t)+y''(t)+x(t)+y(t)=0,\ x(0)=y(0)=0\\2x''(t)-y''(t)-x(t)+y(t)=\sin t,\ x'(0)=y'(0)=-1\end{cases}$$

解：令 $X(s)=L[x(t)]$，$Y(s)=L[y(t)]$，对方程的两边进行拉普拉斯变换，并利用初始条件，可以得

$$\begin{cases}s^2X(s)+1+s^2Y(s)+1+X(s)+Y(s)=0\\2s^2X(s)+1-s^2Y(s)-1-X(s)+Y(s)=\frac{1}{s^2+1}\end{cases}$$

解得 $X(s)=Y(s)=-\frac{1}{s^2+1}$，所以，取拉普拉斯逆变换，可以得 $x(t)=y(t)=-\sin t$。

例 29 求解积分方程 $f(t)=at-\int_0^t\sin(x-t)f(x)dx$，$(a\neq 0)$。

解：由于 $f(t)*\sin t=\int_0^t\sin(x-t)f(x)dx$，所以原方程可以变化为

$$f(t)=at-f(t)*\sin t$$

令 $F(s)=L[f(t)]$，因而 $L(t)=\frac{1}{s^2}$，$L(\sin t)=\frac{1}{s^2+1}$，对原方程的两边进行拉普拉斯变换，可以得到 $F(s)=\frac{a}{s^2}+\frac{1}{s^2+1}F(s)$。故 $F(s)=a\left(\frac{1}{s^2}+\frac{1}{s^4}\right)$，取拉普拉斯逆变换，可以得到 $f(t)=a\left(t+\frac{t^3}{6}\right)$。

例 30 求图 1 所示电路的输入运算阻抗 $Z_{in}(s)$。

解：由串并联关系得

$$Z_{in}(s)=\frac{2(s^2+1)}{s^2+2s+1}=\frac{2(s^2+1)}{(s+1)^2}$$

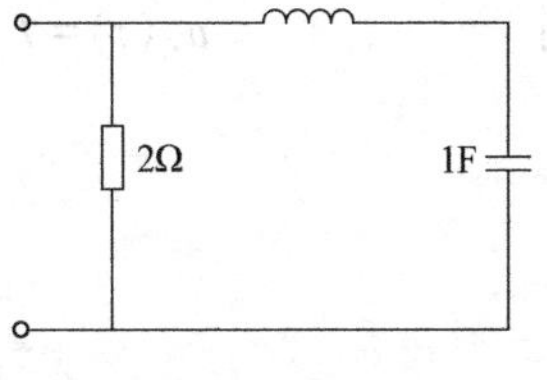

图 1 电路

例 31 求图 2a 所示电路中的 $i(t)$、$u_C(t)$。

解：先画出运算电路如图 2b 所示。由运算电路得

$$I(s)=\frac{\frac{1}{s+1}}{6+s+\frac{10}{s}}=\frac{s}{(s+1)(s^2+6s+10)}=\frac{K_1}{s+1}+\frac{K_2}{s+3-\mathrm{j}}+\frac{K_3}{s+3+\mathrm{j}}$$

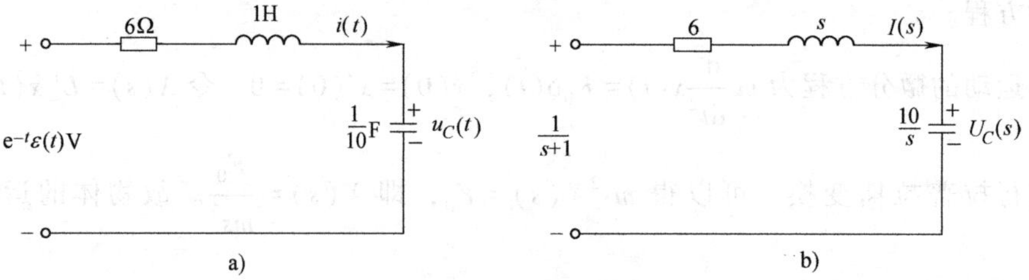

图 2　电路及运算电路图

其中，

$$K_1=I(s)(s+1)\big|_{s=-1}=\left.\frac{s}{s^2+6s+10}\right|_{s=-1}=-\frac{1}{5}$$

$$K_2=I(s)(s+3-\mathrm{j})\big|_{s=-3+\mathrm{j}}=\left.\frac{s}{(s+1)(s+3+\mathrm{j})}\right|_{s=-3+\mathrm{j}}$$

$$=0.1-\mathrm{j}0.7=\frac{1}{\sqrt{2}}\angle-81.87°$$

$$K_3=I(s)(s+3+\mathrm{j})\big|_{s=-3-\mathrm{j}}=0.1+\mathrm{j}0.7=\frac{1}{\sqrt{2}}\angle 81.87°$$

则

$$i(t)=L^{-1}[I(s)]=\left[-\frac{1}{5}\mathrm{e}^{-t}+\sqrt{2}\,\mathrm{e}^{-3t}\cos(t-81.87°)\right]\varepsilon(t)\,\mathrm{A}$$

$$U_C(s)=\frac{10}{s}I(s)=\frac{10}{(s+1)(s^2+6s+10)}=\frac{K_1}{s+1}+\frac{K_2}{s+3-\mathrm{j}}+\frac{K_3}{s+3+\mathrm{j}}$$

其中，

$$K_1=U_C(s)(s+1)\big|_{s=-1}=\left.\frac{10}{s^2+6s+10}\right|_{s=-1}=2$$

$$K_2=U_C(s)(s+3-\mathrm{j})\big|_{s=-3+\mathrm{j}}=\left.\frac{10}{(s+1)(s+3+\mathrm{j})}\right|_{s=-3+\mathrm{j}}$$

$$=-1+\mathrm{j}2=\sqrt{5}\angle 116.565°$$

$$K_3=U_C(s)(s+3+\mathrm{j})\big|_{s=-3-\mathrm{j}}=\sqrt{5}\angle-116.565°$$

则

$$u_C(t)=L^{-1}[U_C(s)]=[2\mathrm{e}^{-t}+2\sqrt{5}\,\mathrm{e}^{-3t}\cos(t+116.565°)]\varepsilon(t)\,\mathrm{V}$$

参考文献

[1] 杨叔子，杨克冲，吴波．机械工程控制基础［M］．7版．武汉：华中科技大学出版社，2019.

[2] 胡寿松．自动控制原理［M］．7版．北京：科学出版社，2019.

[3] 董景新，赵长德．控制工程基础［M］．4版．北京：清华大学出版社，2015.

[4] 刘金琨．智能控制［M］．4版．北京：电子工业出版社，2017.

[5] 孙增圻．智能控制理论与技术［M］．北京：清华大学出版社，1997.

[6] 赵广元．MATLAB与控制系统仿真实践［M］．3版．北京：北京航空航天大学出版社，2016.

[7] 孔祥东，王益群．控制工程基础［M］．3版．北京：机械工业出版社，2011.

[8] 王晓梅．控制工程基础［M］．北京：冶金工业出版社，2013.

[9] 王仲民．机械控制工程基础［M］．北京：国防工业出版社，2010.

[10] 王得胜．控制工程基础［M］．北京：北京邮电大学出版社，2009.

[11] 王建平，刘宏昭．控制工程基础［M］．西安：西安电子科技大学出版社，2008.

[12] 廉自生．机械控制工程基础［M］．北京：国防工业出版社，2008.

[13] 黄坚．自动控制原理及其应用［M］．北京：高等教育出版社，2009.

[14] 吴晓燕，张双选．MATLAB在自动控制中的应用［M］．西安：西安电子科技大学出版社，2006.

[15] 宋志安，徐瑞银．机械工程控制基础：MATLAB工程应用［M］．北京：国防工业出版社，2008.

[16] 程鹏．自动控制原理［M］．北京：高等教育出版社，2003.

[17] 刘凌．智能制造：原理、案例、策略一本通［M］．北京：电子工业出版社，2020.

[18] 刘强，丁德宇．智能制造之路［M］．北京：机械工业出版社，2017.

[19] 朱铎先，赵敏．机智：从数字化车间走向智能制造［M］．北京：机械工业出版社，2018.

[20] 夏玮．MATLAB控制系统仿真与实例详解［M］．北京：人民邮电出版社，2008.

[21] 李景和，徐勇．正弦函数拉普拉斯变换的几种求法［J］．高师理科学刊，2018，38（04）：57-59.

[22] 吴昊宇，屈川，刘思扬．信号的复频域分析中拉普拉斯变换求解微分方程［J］．南方农机，2016，47（02）：87-88.

[23] 郭维斌．拉普拉斯（Laplace）变换法解常微分方程的初值问题［J］．数学学习与研究，2014（15）：124.

[24] 徐娟．拉普拉斯变换［J］．黑龙江科技信息，2010（30）：4.

[25] 单陇红．基于MATLAB的机电控制系统时域分析法研究［J］．内燃机与配件，2019（09）：217-218.

[26] 谭艳春，张莹，樊海红，等．基于MATLAB的动态电路时域分析［J］．教育现代化，2018，5（36）：202-204，216.

[27] 乔世坤，田锐，夏宇．基于Matlab的连续时间线性系统时域分析求解探讨［J］．电气电子教学学报，2019，41（01）：69-73.

[28] 吴余华，孙月明，程耀东．机械系统频响函数的高阶统计分析法［J］．中国机械工程，1994（06）：57-58.

[29] 张正文，钟东．基于Matlab的离散时间系统分析［J］．咸宁学院学报，2007（06）：38-40.

[30] 潘湘高，杨民生，敖章洪．MATLAB在控制系统时域分析中的应用［J］．湖南文理学院学报（自然科学版），2016，28（03）：83-87，91.

[31] 张勇，张君霞．MATLAB在Nyquist图绘制中的应用［J］．郑州铁路职业技术学院学报，2005（02）：39-40.

[32] 陈凤祥．自动控制原理教学之Matlab控制系统工具箱函数使用［J］．教育教学论坛，2017（03）：204-206.

[33] 吴应山，张启灿．傅里叶变换轮廓术的Matlab仿真实现［J］．电子科技，2017，30（06）：9-12.

[34] 陈丽静．基于Matlab最优控制主动悬架对汽车侧翻稳定性仿真分析［J］．黑龙江工程学院学报，2019，33（06）：40-46.

[35] 曹少科，陈海宇，邓暄．基于MATLAB分析阻尼比对控制系统稳定性的影响［J］．南方农机，2019，50（14）：220.

[36] 张萍，王秀玲．MATLAB在自动控制原理课程中的应用探析［J］．湖北农机化，2019（23）：88.

[37] 陈磐，薛锐，朱红霞．基于Labview和Matlab的时域特性虚拟分析平台的构建［J］．教育现代化，2020，7（10）：105-107.

[38] 汪娟娟，叶运铭，黄星海．“基于MATLAB的高压直流输电系统小扰动稳定性分析仿真”教学研究［J］．实验技术与管理，2020，37（04）：191-195，216.

[39] 路甬祥．走向绿色和智能制造（三）中国制造发展之路［J］．电气制造，2010（06）：14-19.

[40] 方毅芳，石镇山．智能制造系统与标准化发展分析［J］．电器与能效管理技术，2017（24）：5-8，12.

[41] 张继焦，杨林．19世纪60年代以来中国发生了五轮的经济社会结构转型：国际人类学与民族学联合会副主席张继焦教授访谈［J］．广西师范学院学报（哲学社会科学版），2017，38（05）：87-94.

[42] 米良川．以智能化转身重塑新优势：浅析服装智能制造现状及趋势［J］．纺织服装周刊，2016（34）：54-55.

[43] 魏筱瑜，芦金华，常晓辉．智能制造与数字化制造在工业制造的应用［J］．科技资讯，2020，18（05）：30，32.

[44] 吴晓园．传统制造业智能化转型的动力机制分析：以晋江纺织业为例［J］．创新科技，2019，19（01）：19-24.

[45] 秦峰．浅析数据集成在数字化工厂建设中定位与实现［J］．信息系统工程，2017（10）：138-139，141.

[46] 李长天．计算机智能信息处理技术的应用现状和发展前景［J］．数码世界，2018（11）：41.

[47] 董建中．深圳应在我国智能制造的发展中有所作为［J］．特区实践与理论，2016（04）：51-55.

[48] 尹超．工业互联网的内涵及其发展［J］．电信工程技术与标准化，2017，30（06）：1-6.

[49] 路喜锋．实施“中国制造2025”的员工技能保障分析［J］．人才资源开发，2017（12）：172-174.

[50] 吴兴杰．产业4．0时代是什么？：从2010年到2050年人类经济发展的总趋势分析［J］．商业文化，2015（01）：6-20.

[51] 裴洲奇，马振峰．基于智能制造岗位：自动化专业应用型人才实践技能培养模式的研究［J］．现代经济信息，2017（19）：421.

[52] 董奎勇．向德国制造学什么？［J］．纺织导报，2015（05）：4.

[53] 曹军．全球化背景下制造业的发展趋势及我们的对策［J］．天津经济，2011（12）：32-36.

[54] 苗圩．投身制造强国网络强国建设：谱写新时代最美的青春篇章［J］．时事报告，2019（02）：38-43.